卓越计划·工程力学丛书

材料力学基础

杨少红　胡明勇　主　编

科学出版社

北　京

内 容 简 介

本书根据高等学校理工科非力学专业材料力学课程教学基本要求编写而成。全书包括材料力学基本知识，轴向拉伸与压缩，剪切，扭转，弯曲内力，弯曲应力，弯曲变形，应力状态分析与强度理论，组合变形，压杆稳定，动载荷和能量法等12章。附录列出了静力学平衡问题，截面的几何性质，应变分析和电测法。书后还附有型钢表、主要符号及部分习题答案。教材内容丰富，与工程实际问题联系密切，适用范围广。

本书既可以作为高等学校理工科非力学专业材料力学教学用书，也可作为少学时的工程力学教学用书，还可以供高职高专与成人教育师生及有关技术人员参考。

图书在版编目(CIP)数据

材料力学基础/杨少红，胡明勇主编. —北京：科学出版社，2017.6
(卓越计划・工程力学丛书)
ISBN 978-7-03-053898-7

Ⅰ.①材… Ⅱ.①杨… ②胡… Ⅲ.①材料力学—高等学校—教材
Ⅳ.①TB301

中国版本图书馆CIP数据核字(2017)第143481号

责任编辑：吉正霞/责任校对：肖 婷
责任印制：彭 超/封面设计：苏 波

科学出版社 出版
北京东黄城根北街16号
邮政编码：100717
http://www.sciencep.com
武汉市首壹印务有限公司印刷
科学出版社发行 各地新华书店经销
*
开本：787×1092 1/16
2017年6月第 一 版 印张：20
2020年1月第二次印刷 字数：474 000

定价：65.00元

(如有印装质量问题，我社负责调换)

卓越计划·工程力学丛书

《材料力学基础》编委会

主　编　杨少红　胡明勇

副主编　郑　波　吴　菁

编　委　（按姓氏笔画排序）

杨少红　吴　菁　吴蒙蒙

郑　波　胡明勇　黄　方

主　审　章向明　施华民

前 言

为了培养人才、服务教学、促进高等学校力学基础课程的改革与建设，增进青年学生学习力学的兴趣，培养分析、解决实际问题的能力，我们精心编写了这本《材料力学基础》教材。本书属于海军工程大学材料力学精品课程建设的研究成果，是根据高等学校理工科非力学专业材料力学课程教学基本要求编写而成。

本书包括材料力学基本知识、轴向拉伸与压缩、剪切、扭转、弯曲内力、弯曲应力、弯曲变形、应力状态分析与强度理论、组合变形、压杆稳定、动载荷和能量法 12 章。附录列出了静力学平衡问题、截面的几何性质、电测法和应变分析。书后还附有型钢表、主要符号及部分习题答案。

在本书编写过程中，力图体现以下特色：

(1)教材内容丰富。教材融汇了作者多年的教学经验，叙述清晰，文字简练，并形成一个完整的教学体系。教材在内容安排上以概念为基础、以方法为手段、以工程应用为需求牵引，注重知识体系的创新与延展，既强调理论基础，又重视工程应用；在教学体系上体现了技术基础课内容的系统性、前沿性和宽口径、厚基础的教育思想。

(2)教学内容与工程实际问题密切联系。书中部分内容是从科研内容、工程实际中简化来的力学问题，有较强的研究和工程应用背景，有利于加强学生的工程概念和工程意识，培养学生解决工程实际问题的能力。每章都有思考与讨论，对于增强学生的思维能力非常重要，可在学习中形成良性互动。

(3)适用范围广。本书既可以作为高等学校理工科非力学专业材料力学教学用书，也可作为少学时的工程力学(静力学＋材料力学)教学用书，还可以供高职高专与成人教育师生及有关技术人员参考。

本书第 1～4 章和附录由杨少红编写，第 5 和 6 章由吴菁编写，第 7 章由黄方编写，第 8、9 和 12 章由胡明勇编写，第 10 和 11 章由郑波编写。吴蒙蒙编写了部分习题，研究生刘海燕和魏昭祎画了部分图形。全书由杨少红负责统稿。

本书由章向明教授和施华民副教授主审。两位老师在力学教学方面经验丰富，提出许多宝贵意见和建议，在此表示衷心感谢。

由于编者水平有限，教材中难免存在一些不足之处，恳请读者批评指正。

编 者

2017 年 3 月

目　录

第1章 材料力学基本知识

本章介绍材料力学(mechanics of materials)的任务、基本假设、基本概念和基本方法,这些内容对于学习材料力学具有指导意义。

1.1 材料力学的任务

1.1.1 材料力学的研究对象

如图 1.1 ~ 图 1.6 所示,在工程实际中,建筑、桥梁、机械、船舶等结构承受各种外力作用,组成这些结构的零部件统称为构件。如图 1.1 所示屋架中的横梁、檩条;图 1.2 所示斜拉索桥的拉索、桥墩;图 1.3 所示油井打油装置的支座、横梁;图 1.4 所示舰艇上层建筑的杆件;图 1.5 所示桥式起重机的主梁、吊钩、钢丝绳;图 1.6 所示悬臂吊车架的横梁 AB,支撑杆 CD 都是构件。

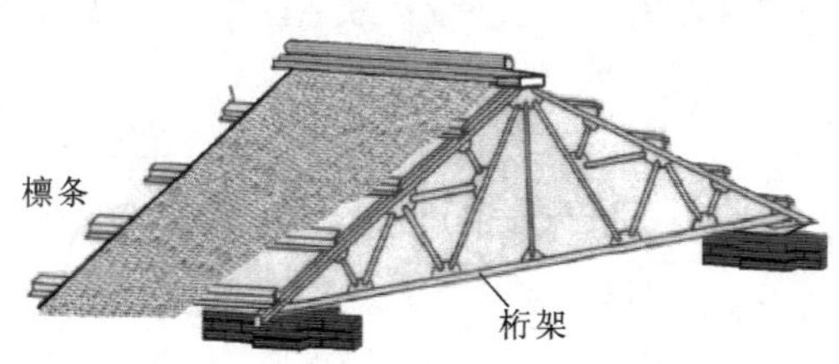

图 1.1 屋架

图 1.2 斜拉索桥

图 1.3 油井打油装置

图 1.4 舰艇上层建筑

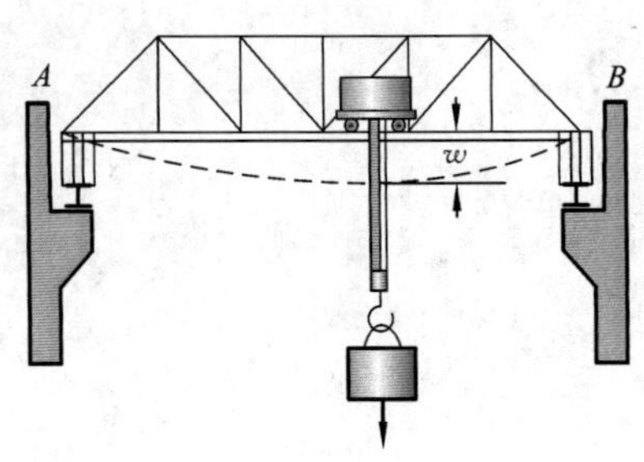

图 1.5　桥式起重机

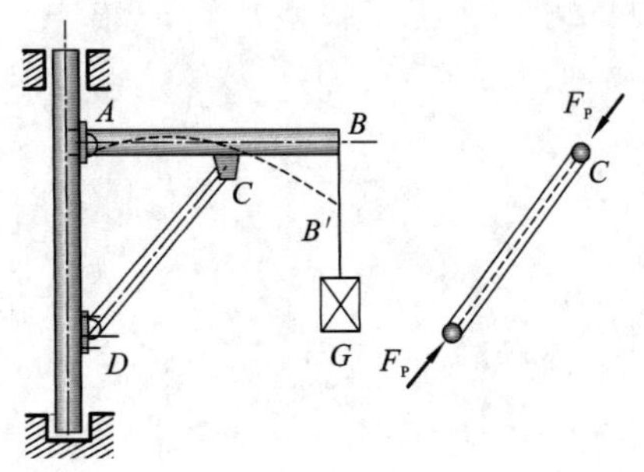

图 1.6　悬臂吊车

构件所承受的外力称为载荷(force)。在载荷作用下，构件会发生形状或尺寸的改变，称为变形(deformation)。如图 1.6 所示悬臂吊车架的横梁 AB，受力后将由原来的位置弯曲到 AB' 位置，即产生了变形。

构件的变形分为两类：卸除荷载后可恢复的变形称为弹性变形(elastic deformation)，卸除荷载后不可恢复的变形称为塑性变形(plasitic deformation)。例如：一张弓在拉力作用下，会产生变形，但当去掉力后(不拉它)，弓能恢复其原来的形状，弓的变形全部是弹性的。用力踩一个易拉罐，易拉罐会发生变形，但当去掉力后(不踩它)，易拉罐不能恢复其原来的形状，易拉罐的变形是塑性的。

绝大多数工程构件的变形都极其微小，比构件本身尺寸要小得多，以至在分析构件所受外力(写出静力平衡方程)时，通常不考虑变形的影响，而仍可以用变形前的尺寸，此即所谓“原始尺寸原理”。材料力学研究的变形通常局限于小变形范围，即小变形前提。如图 1.7(a) 所示桥式起重机主梁，变形后简图如图 1.7(b) 所示，截面最大垂直位移 w 一般仅为跨度 l 的 1/1500～1/700，B 支撑的水平位移 u 则更微小，在求解支座反力 F_A、F_B 时，不考虑这些微小变形的影响。

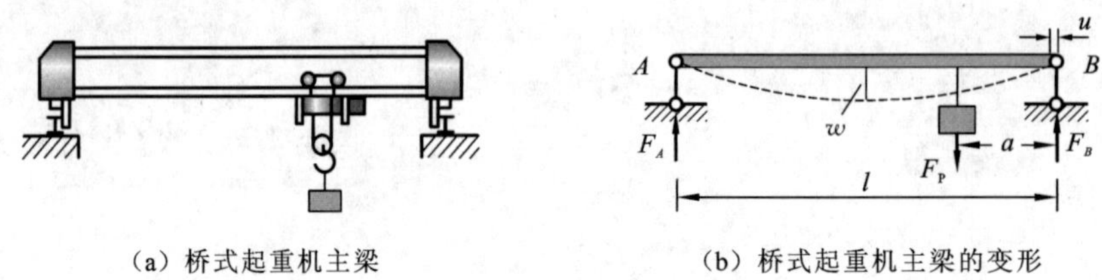

(a) 桥式起重机主梁　　(b) 桥式起重机主梁的变形

图 1.7　桥式起重机及变形

工程中实际构件有各种不同的形状，所以根据形状的不同将构件分为：杆件、板、壳和块体。杆件(bars 或 rods)是长度远大于横向尺寸的构件，其几何要素是横截面和轴线，如图 1.8(a) 所示，其中横截面(section)是与轴线垂直的截面；轴线是横截面形心的连线。

按横截面和轴线两个因素可将杆件分为：等截面直杆，如图 1.8(a)、图 1.8(d) 所示；变截面直杆，如图 1.8(c) 所示；曲杆，如图 1.8(b) 所示。在材料力学中，主要研究等截面直杆。

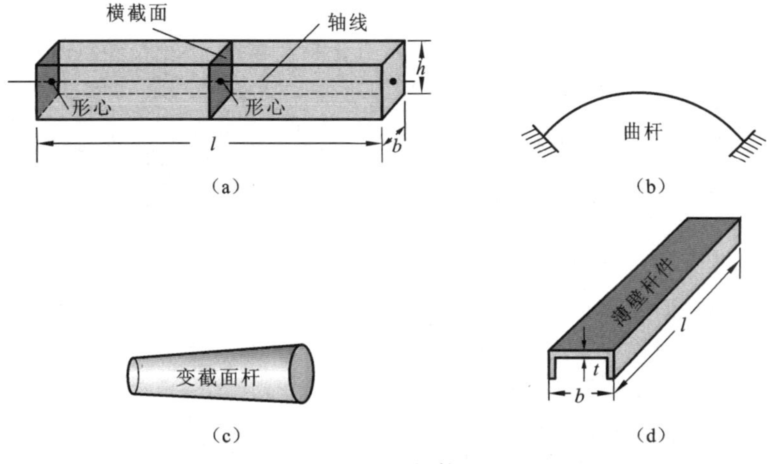

图 1.8　杆件

1.1.2　材料力学的研究内容

工程结构工作时，我们该关心什么问题呢？构件能否正常工作？对不同的变形，构件可能发生失效。如图 1.9 所示的油轮断裂，图 1.10 中的曲轴断裂。

图 1.9　油轮断裂

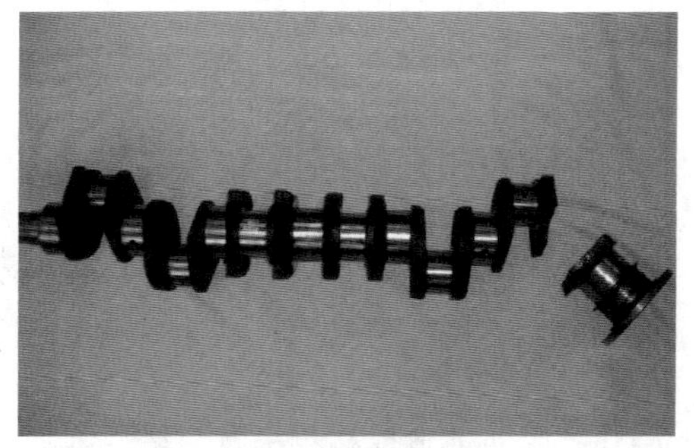

图 1.10　曲轴断裂

构件在较大的外力（载荷）作用下，丧失正常功能的现象称为失效（failure）。为保证构件安全正常地工作，要求构件具有足够的承载能力，不能发生失效。

材料力学是研究构件承载能力的科学，构件的承载能力体现在以下三个方面：

(1) 具备足够的强度。

强度（strength）是构件抵抗破坏的能力。构件在外力作用下，具有足够的强度，不发生断裂或显著塑性变形。例如储气罐不应爆破；机器中的齿轮轴不应断裂等。

如图 1.11 所示，负载过大时，吊钩发生断裂。

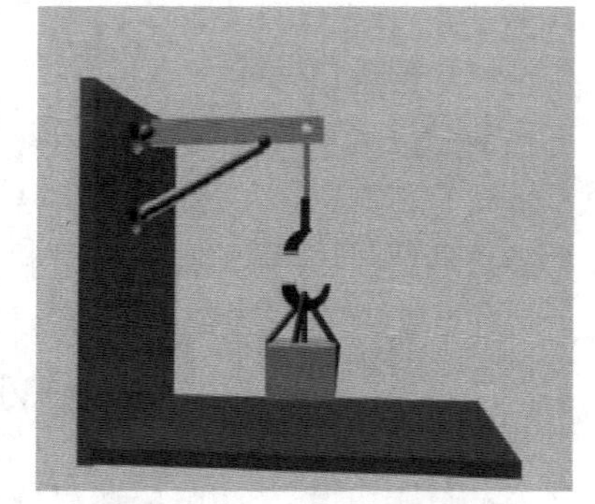

图 1.11　吊钩发生断裂

(2) 具备足够的刚度。

刚度(stiffness)是构件抵抗变形的能力。构件在外力作用下,具有足够的刚度,不产生过大的变形。如机床主轴不应变形过大,否则影响加工精度。

如图 1.12 所示,齿轮传动轴的弹性变形过大,将影响齿轮间的正常啮合,加大磨损,缩短齿轮在役寿命,导致传动机构丧失正常功能,甚至可能造成严重事故。

(3) 具备足够的稳定性。

稳定性(stability)是构件在受到载荷作用时保持原有平衡状态的能力。某些构件在特定外力,如压力作用下,会突然变弯,失去稳定。例如千斤顶的螺杆,内燃机凸轮机构的挺杆等。

如图 1.13 所示,导弹发射车的顶杆,由于过于细长,当压缩载荷超过一定数值时,顶杆便会从直线平衡状态突然转变到弯曲平衡状态,致使顶杆丧失正常功能。

图 1.12 齿轮传动轴的变形过大

图 1.13 导弹发射车

构件的强度、刚度和稳定性问题是材料力学所要研究的主要内容。

在设计构件时,除应满足上述要求外,还应尽可能地合理选用材料与节省材料,从而降低制造成本并减轻构件重量。为了安全可靠,往往希望选用优质材料与较大截面尺寸,但是,由此又可能造成材料浪费与结构笨重。可见,安全与经济以及安全与重量之间存在矛盾。因此,如何合理地选用材料,如何恰当地确定构件的截面形状与尺寸,便成为构件设计中十分重要的问题。

材料力学的主要任务就是为合理设计构件提供强度、刚度和稳定性分析的理论基础和计算方法,保证构件在一定的外力作用下正常工作而不失效,构件有足够的强度、足够的刚度和足够的稳定性。

构件的强度、刚度和稳定性问题均与所用材料的力学性能有关,而材料的力学性能主要是由实验来测定,一些理论分析结果也需要实验来检验。因此实验研究和理论分析是完成材料力学的任务所必需的手段。

1.2 材料力学的基本假设

在外力作用下,一切固体都将发生变形,故称为变形固体,而构件一般均由固体材料制成,所以构件一般都是变形固体。变形固体的组成与微观结构非常复杂,为了便于进行强度、刚度和稳定性的理论分析，需要对材料的性质做出假设。

1.2.1 连续性假设

连续性假设(continuity assumption) 是指构件的材料在其整个体积内都毫无空隙地充满了物质，忽略了体积内空隙对材料力学性质的影响。材料在变形后仍然保持连续性，既不产生新的空隙或孔洞，也不出现重叠现象。按此假设，构件中的一些力学量(例如各点的位移)，可用坐标的连续函数表示。

1.2.2 均匀性假设

材料在外力作用下所表现的性能，称为材料的力学性能。在材料力学中，均匀性假设(homogenization assumption) 是指假设构件的材料各部分的力学性能是相同的，与构件位置无关。从任意一点取出的微元体，都具有与整体同样的力学性能。同样，通过试样所测得的力学性能，也可用于构件内的任何部位。

对于实际材料，其基本组成部分的力学性能往往存在不同程度的差异。例如，金属是由无数微小晶粒所组成(图 1.14)，各个晶粒的力学性能不完全相同，晶粒交界处的晶界物质与晶粒本身的力学性能也不完全相同。但是，由于构件的尺寸远大于其组成部分的尺寸(例如 1 mm^3 的钢材中包含了数万甚至数十万个晶粒)，因此，按照统计学观点，仍可将材料看成是均匀的。

1.2.3 各向同性假设

各向同性假设(isotropy assumption) 是指构件的材料在各个方向的力学性能是相同的，即认为是各向同性的。沿各个方向具有相同力学性能的材料，称为各向同性材料。例如，玻璃即为典型的各向同性材料。金属的各个晶粒，均属于各向异性体，但由于金属构件所含晶粒极多，而且在构件内的排列又是随机的，因此宏观上仍可将金属看成是各向同性材料。至于由增强纤维(碳纤维、玻璃纤维等) 与基体材料(环氧树脂、陶瓷等) 制成的复合材料(图 1.15)，则属于各向异性(anistropy) 材料，应按各向异性问题处理。

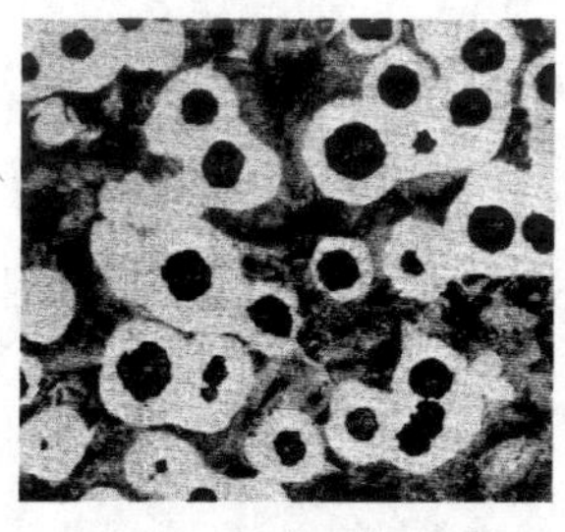

图 1.14　金属显微组织

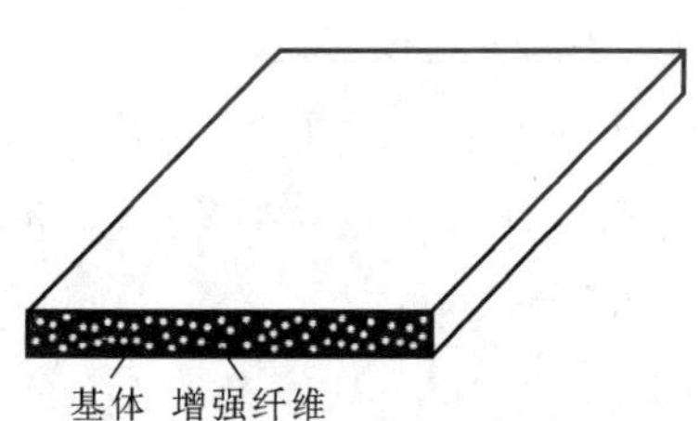

图 1.15　复合材料

综上所述，在材料力学中，一般将实际材料看成是连续、均匀和各向同性的可变形固体。实践表明，在此基础上所建立的理论与分析计算结果，符合工程要求。

1.3 外力和内力

1.3.1 外力

外力(external forces)是外部物体对构件的作用力,包括外加载荷和约束反力。

按外力的作用方式可分为体积力和表面力。表面力是作用在构件表面的力,又可分为分布力与集中力。分布力是连续分布在构件表面某一范围的力,如作用在船体上的水压力。如果分布力的作用范围远小于构件的表面面积,或沿杆件轴线的分布范围远小于杆件长度,则可将分布力简化为作用于一点处的力,称为集中力,如列车车轮对钢轨的压力。体积力是连续分布于构件内部各质点上的力,如重力和惯性力。

按外力的性质可分为静载荷(statical load)和动载荷(dynamical load)。随时间变化极缓慢或不变化的载荷,称为静载荷。其特征是在加载过程中,构件的加速度很小,可以忽略不计。随时间显著变化或使构件各质点产生明显加速度的载荷,称为动载荷。例如,图1.16所示锻造时汽锤锤杆受到的冲击力 F_B 为动载荷,连杆 AB 所受压力 F_P 随时间变化,也属于动载荷。

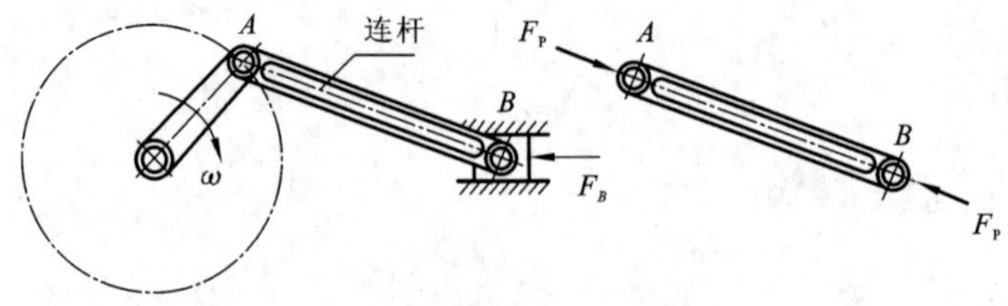

图 1.16 锻造机的汽锤锤杆

动载荷可分为构件具有较大加速度、受交变载荷和冲击载荷三种情况。交变载荷是随时间作周期性变化的载荷;冲击载荷是物体的运动在瞬时内发生急剧变化所引起的载荷。构件在静载荷与动载荷作用下的力学表现或行为不同,分析方法也不完全相同,但前者是后者的基础。

外力以不同方式作用在杆件上,杆件产生不同的变形,在工程结构中,杆件的基本变形有以下四种:轴向拉伸与压缩(tension or compression)、剪切(shearing)、扭转(torsion)、弯曲(bending),如图1.17所示。杆件同时发生几种基本变形,称为组合变形(complex deformation)。

1.3.2 内力

由于构件变形,其内部各部分材料之间因相对位置发生改变,从而引起相邻部分材料间因力图恢复原有形状而产生的相互作用力,称为内力(internal forces)。

从微观角度看,变形固体内部微粒之间相互有引力和斥力,称为固有内力,它们使固

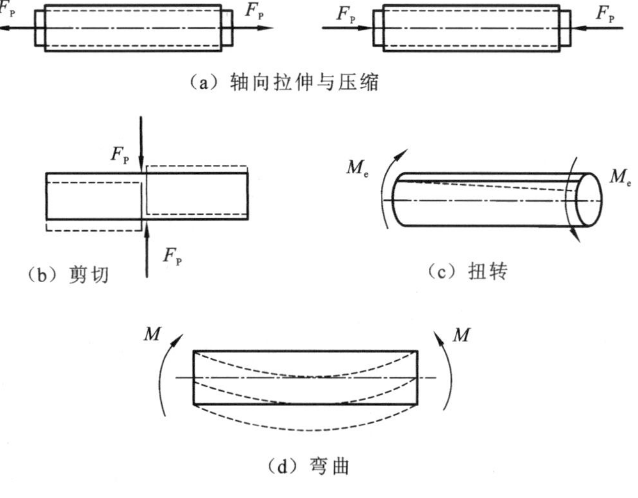

图 1.17　杆件的基本变形

体保持确定的形状。微粒之间的引力和斥力的大小由微粒之间的距离决定，如图 1.18 所示，无外力时，物体截面上各点的引力等于斥力。外力作用后，固体发生变形，微粒之间的距离发生变化，引力和斥力值也随之变化，由外力引起的引力和斥力的差称为附加内力。

材料力学中的内力，是指外力作用下材料反抗变形而引起的内力的变化量，也就是"附加内力"，它与构件所受外力密切相关。构件的强度、刚度及稳定性，与内力的大小及其在构件内的分布情况密切相关。因此，内力分析是解决构件强度、刚度与稳定性问题的基础。

附加内力是分布力系，在截面各处的集度、方向都不相同，直接计算较为困难，为便于分析和研究，从两方面着手：一是总体考虑，即研究截面上附加内力的总和；二是局部考虑，即研究截面上一点的附加内力。

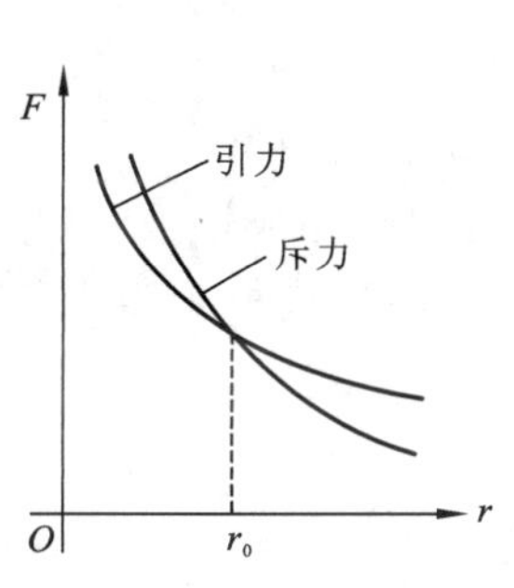

图 1.18　引力斥力变化图

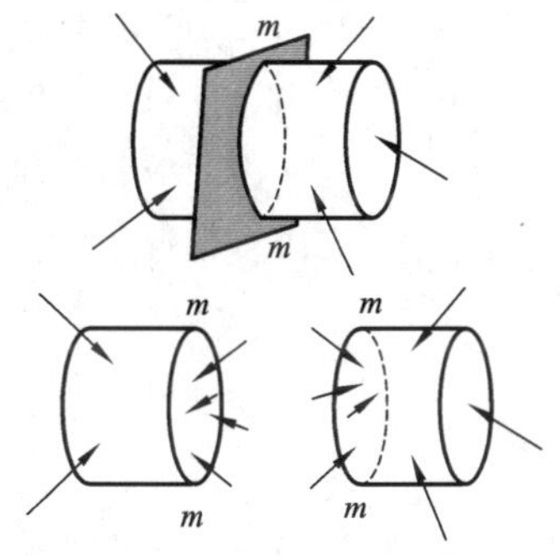

图 1.19　杆件截开后的附加内力

要分析构件的内力，例如要分析图 1.19 所示杆件横截面 m-m 上的内力，必须假想地沿该截面将杆件切开，于是得切开截面的内力如图 1.19 所示。应用力系简化理论，将上述分布内力向横截面的形心 C 简化，得主矢 $\boldsymbol{F}_R$ 与主矩 $\boldsymbol{M}$[图 1.20(a)]。为了分析内力，沿截面轴线方向建立坐标轴 x，在所切横截面内建立坐标轴 y 与 z，并将主矢 $\boldsymbol{F}_R$ 与主矩 $\boldsymbol{M}$ 沿上述三轴分解[图 1.20(b)]，得内力分量 F_N，F_{Sy} 与 F_{Sz}，以及内力偶矩分量 M_x，M_y 与 M_z。

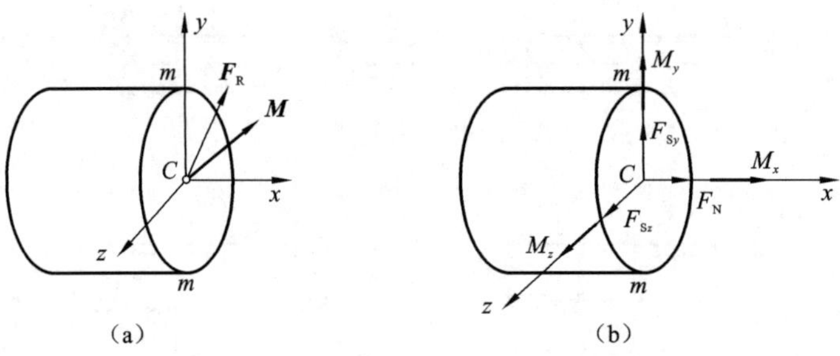

图 1.20　横截面上的内力

沿轴线的内力分量 F_N，称为轴力(normal force)；作用线位于所切横截面的内力分量 F_{Sy} 与 F_{Sz}，称为剪力(shearing force)；矢量沿轴线的内力偶矩分量 M_x，称为扭矩(twist moment)；矢量位于所切横截面的内力偶矩分量 M_y 与 M_z，称为弯矩(bending moment)。上述内力及内力偶矩分量与作用在切开杆段上的外力保持平衡，因此，由平衡方程

$$\sum F_x = 0, \quad \sum F_y = 0, \quad \sum F_z = 0$$

$$\sum M_x = 0, \quad \sum M_y = 0, \quad \sum M_z = 0$$

即可建立内力与外力间的关系，或由外力确定内力。为叙述简单，以后将内力分量及内力偶矩分量统称为内力，并用代数量表示。

1.3.3　截面法

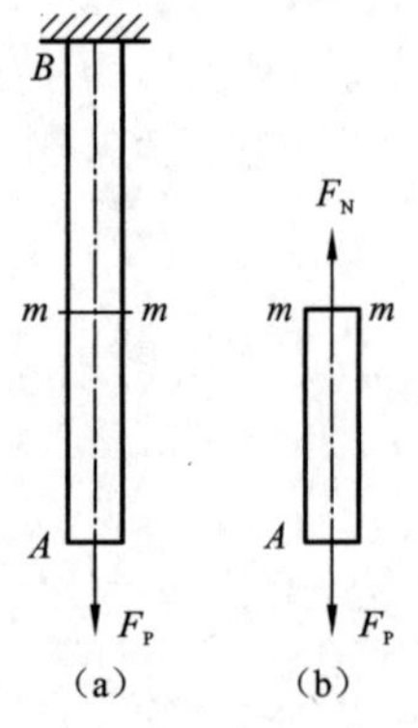

图 1.21　截面法

假想用截面把构件分成两部分，以显示内力，并由平衡方程建立内力与外力间的关系或由外力确定内力的方法，称为截面法(section-method)，它是分析构件内力的一般方法。

例如，图 1.21(a) 所示杆 AB，A 端承受沿杆件轴线的集中载荷 F_p 作用，假想地沿 m-m 截面将杆件切开，留下半段杆，去掉上半段杆，用内力表示。由于截面的内力必定与外力相平衡，因此杆件横截面上的唯一内力分量为轴力 F_N[图 1.21(b)]，其值则为 $F_N = F_P$。应该指出，在很多情况下，杆件横截面上仅存在一种、两种或三种内力分量。

例 1.1　钻床如图 1.22(a) 所示，在载荷 $\boldsymbol{F}_P$ 作用下，试确定截面 m-m 上的内力。

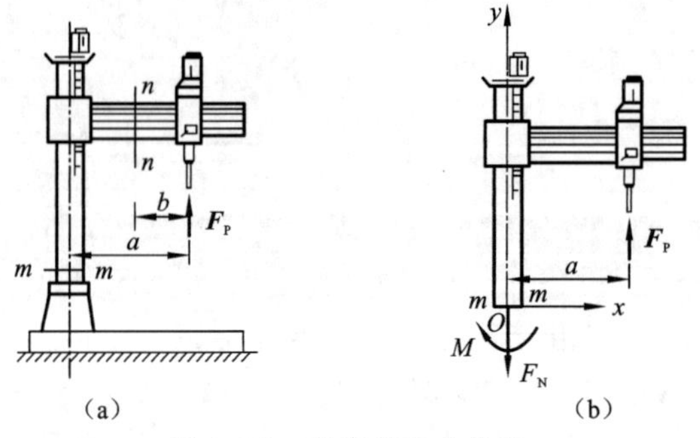

图 1.22　钻床的内力分析

解　(1) 沿 m-m 截面假想地将钻床分成两部分。取 m-m 截面以上部分进行研究[图 1.22(b)],并以截面的形心 O 为原点。选取坐标系如图所示。

(2) 为保持上部的平衡,m-m 截面上必然有通过点 O 的内力 F_N 和绕点 O 的力偶矩 M。

(3) 由平衡方程

$$\sum F_y = 0, \quad F_P - F_N = 0$$

$$\sum M_O = 0, \quad F_P a - M = 0$$

解得

$$F_N = F_P, \quad M = F_P a$$

因此用截面法求内力可归纳为 4 个字:

(1) 截:欲求某一截面的内力,沿该截面将构件假想地截成两部分。

(2) 取:取其中任意部分为研究对象,而弃去另一部分。

(3) 代:用作用于截面上的内力,代替弃去部分对留下部分的作用力。

(4) 平:建立留下部分的平衡方程,由外力确定未知的内力。

1.4　应力和应变

1.4.1　应力

采用截面法,可以分析构件截面上的内力,但只能得到分布内力系的主矢和主矩。一般情况下,内力在截面上不是均匀分布,还需要研究截面上一点的内力。

如图 1.23 所示,围绕 K 点取微面积 ΔA。根据均匀连续假设,ΔA 上必存在内力 ΔF,ΔF 与 ΔA 的比值为

$$p_m = \frac{\Delta F}{\Delta A} \tag{1.1}$$

p_m 是代表在 ΔA 范围内,单位面积上的内力的平均集度,称为平均应力。当 ΔA 趋于零时,p_m 的大小和方向都将趋于一定极限,得到

$$p = \lim_{\Delta A \to 0} p_m = \lim_{\Delta A \to 0} \frac{\Delta F}{\Delta A} = \frac{dF}{dA} \tag{1.2}$$

p 称为 K 点处的应力(stresses)。通常把应力 p 分解成垂直于截面的分量 σ 和切于截面的分量 τ,σ 称为正应力(normal stress),τ 称为切应力(shear stress)。显然,有

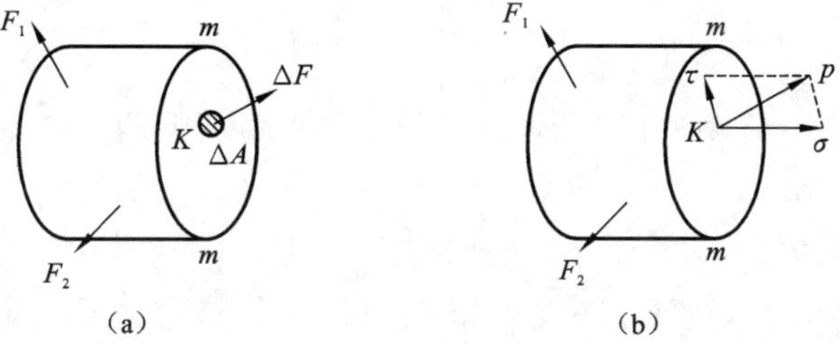

图 1.23　截面上一点的内力和应力

$$p^2 = \sigma^2 + \tau^2 \tag{1.3}$$

应力即单位面积上的内力，表示某微面积 $\Delta A \to 0$ 处内力的密集程度。

应力的国际单位为 $\mathrm{N/m^2}$，且 $1\ \mathrm{N/m^2} = 1\ \mathrm{Pa}$（帕斯卡），$1\ \mathrm{GPa} = 10^9\ \mathrm{N/m^2} = 10^9\ \mathrm{Pa}$，$1\ \mathrm{MPa} = 10^6\ \mathrm{N/m^2} = 10^6\ \mathrm{Pa}$。在工程上，也用 $\mathrm{kg/cm^2}$ 为应力单位，它与国际单位的换算关系为 $1\ \mathrm{kg/cm^2} = 0.1\ \mathrm{MPa}$。

内力和应力是附加内力的两个描述方式，二者有确定的关系，称为静力学关系。如图 1.24 所示，作用在杆件横截面的微面积 $\mathrm{d}A$ 上正应力 σ_x 和切应力 τ_{xy}、τ_{xz}，将它们乘以微面积，得到微面积上的内力：$\sigma_x \mathrm{d}A$，$\tau_{xy}\mathrm{d}A$，$\tau_{xz}\mathrm{d}A$。将这些内力分别对 $Cxyz$ 坐标系中的 x、y 和 z 轴取投影或取矩，并且沿整个横截面积分，即可得到应力与 6 个内力分量之间的关系式：

$$\left.\begin{aligned}
F_{\mathrm{N}} &= \int_A \sigma_x \mathrm{d}A \\
F_{\mathrm{S}y} &= \int_A \tau_{xy} \mathrm{d}A \\
F_{\mathrm{S}z} &= \int_A \tau_{xz} \mathrm{d}A \\
M_x &= \int_A (\tau_{xz} y - \tau_{xy} z)\mathrm{d}A \\
M_y &= \int_A \sigma_x z \mathrm{d}A \\
M_z &= -\int_A \sigma_x y \mathrm{d}A
\end{aligned}\right\} \tag{1.4}$$

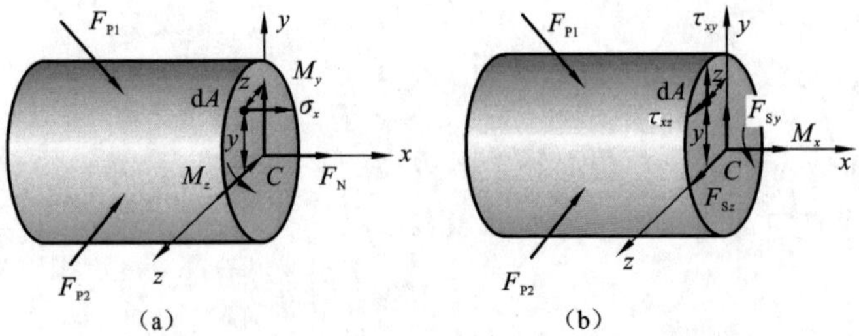

(a) (b)

图 1.24　应力与内力之间的关系

1.4.2　线应变

对于构件上任“一点”材料的变形，只有线变形和角变形两种基本变形，它们分别由线应变和角应变来度量。

通常用正微六面体（下称微元体）来代表构件上某“一点”。如图 1.25(a) 所示，微元体的棱边边长为 Δx，Δy，Δz，变形后其边长和棱边的夹角都发生了变化。如图 1.25(b) 所示，变形前平行于 x 轴的线段 MN 原长为 Δx，变形后 M 和 N 分别移到 M' 和 N'，$M'N'$ 的长度为 $\Delta x + \Delta u$，这里

$$\Delta u = \overline{M'N'} - \overline{MN}$$

于是

$$\varepsilon_m = \frac{\Delta u}{\Delta x}$$

表示线段 MN 每单位长度的平均伸长或缩短，称为平均线应变，若使$\overline{MN}$ 趋近于零，则有一点线应变

$$\varepsilon = \lim_{\Delta x \to 0} \frac{\Delta u}{\Delta x} = \frac{\mathrm{d}u}{\mathrm{d}x} \tag{1.5}$$

称为 M 点沿 x 方向的正应变或线应变(normal strain)，或简称为应变。

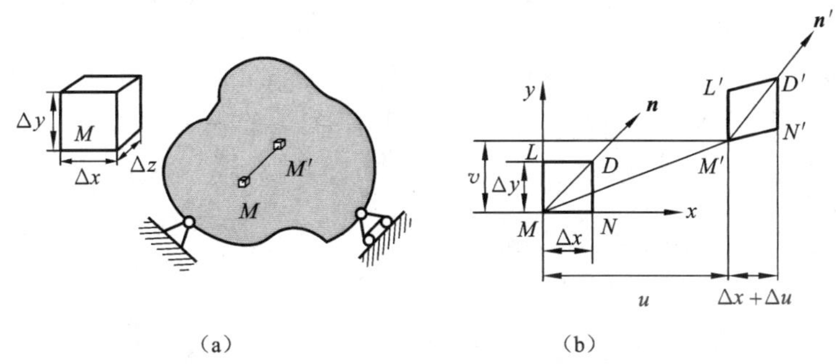

图 1.25　材料微元体的变形

线应变，即单位长度上的变形量，为无量纲量，其物理意义是构件上一点沿某一方向线变形量的大小。

1.4.3　切应变

如图 1.25(b) 所示，正交线段 MN 和 ML 经变形后，分别是 $M'N'$ 和 $M'L'$。变形前后其角度的变化是$\left(\frac{\pi}{2} - \angle L'M'N'\right)$，当 N 和 L 趋近于 M 时，上述角度变化的极限值为

$$\gamma = \lim_{\substack{\overline{MN} \to 0 \\ \overline{ML} \to 0}} \left(\frac{\pi}{2} - \angle L'M'N'\right) \tag{1.6}$$

称为 M 点在 xy 平面内的切应变或角应变(shearing strain)。

切应变，即微元体两棱边所夹直角的改变量，为无量纲量。

例 1.2　图 1.26 所示为一矩形截面薄板受均布力 p 作用，已知边长 $l = 400$ mm，受力后沿 x 方向均匀伸长 $\Delta l = 0.05$ mm。试求板中 a 点沿 x 方向的正应变。

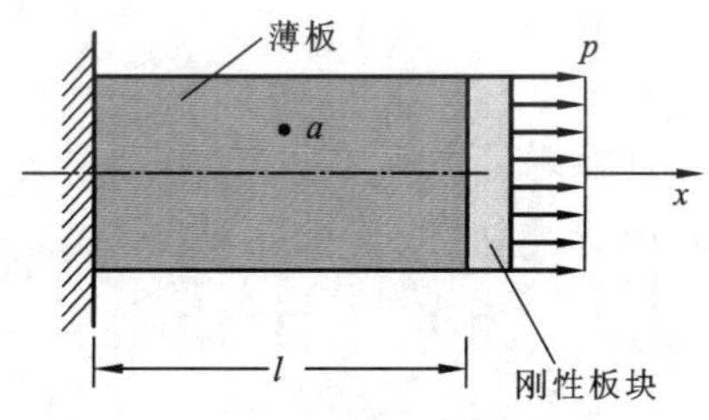

图 1.26　矩形截面薄板均匀受拉

解　由于矩形截面薄板沿 x 方向均匀受力，可认为板内各点沿 x 方向具有正应力与正应变，且处处相同，所以平均应变即 a 点沿 x 方向的正应变。

$$\varepsilon_a = \varepsilon_m = \frac{\Delta l}{l} = \frac{0.05}{400} = 125 \times 10^{-6}, \quad x \text{ 方向}$$

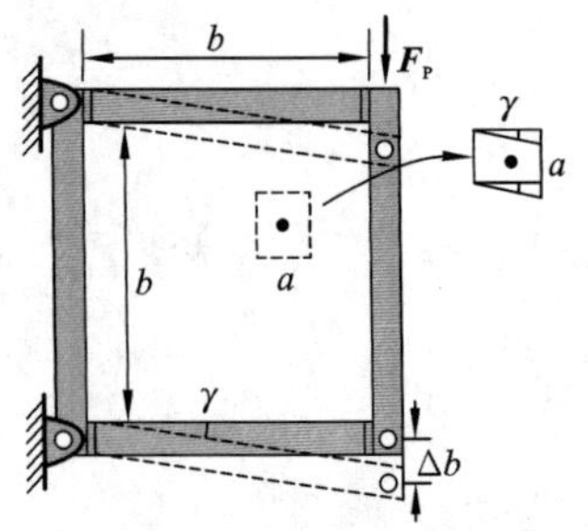

图 1.27　四连杆机构内的薄方板的变形

例 1.3　图 1.27 所示为一嵌于四连杆机构内的薄方板，$b = 250\ \text{mm}$。若在 $\boldsymbol{F}_P$ 力作用下 CD 杆下移 $\Delta b = 0.025$，试求薄板中 a 点的切应变。

解　由于薄方板变形受四连杆机构的制约，可认为板中各点均产生切应变，且处处相同。

$$\gamma_a = \frac{\Delta b}{b} = \frac{0.025}{250} = 100 \times 10^{-6}$$

1.4.4　应力应变关系

在实际构件中，经常可以在构件内的某一点处取得如图 1.28 和图 1.29 所示应力情况的微元体，这是微元体受力最基本、最简单的两种形式，前者称为单向应力状态，后者称为纯剪切应力状态。

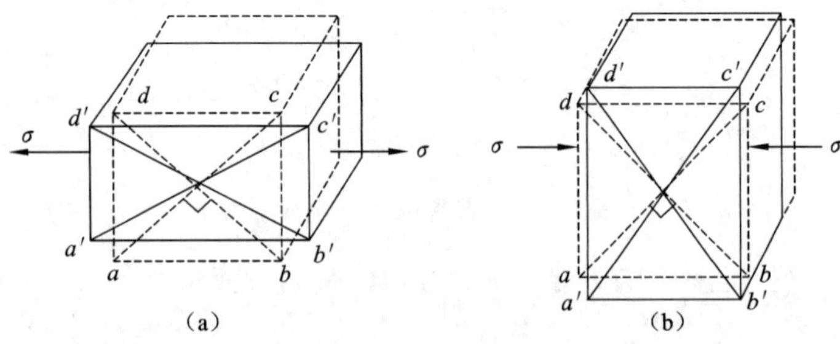

图 1.28　单向应力状态

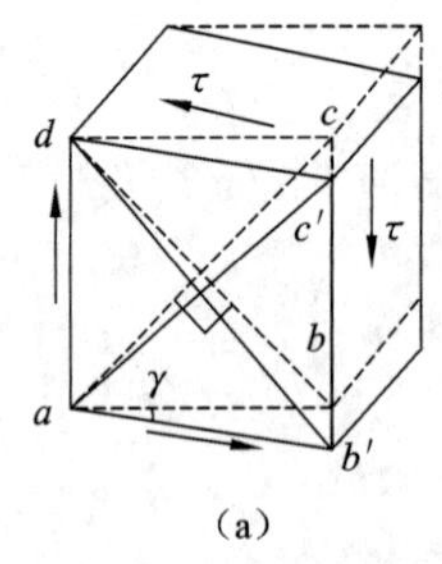

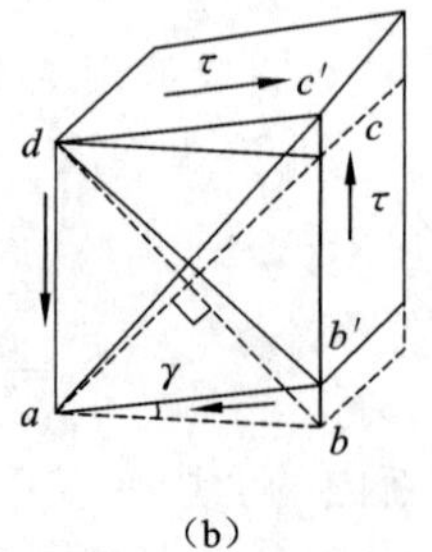

图 1.29　纯剪切应力状态

对于工程中常用材料制成的构件，实验结果表明：若在线弹性范围内加载（应力小于某一极限值），对于只承受单向应力状态或纯剪切应力状态的微元体，正应力与正应变以及切应力与切应变之间存在线性关系，即

$$\sigma = E\varepsilon \tag{1.7}$$

$$\tau = G\gamma \tag{1.8}$$

式中，E 和 G 为与材料有关的常数，分别为弹性模量（modulus of elasticity）或杨氏模量（Young's modulus）和剪切弹性模量或切变模量（shearing modulus）。式（1.7）和式（1.8）即为描述线弹性材料物理关系的方程，前者称为胡克定律（Hooke's law），后者称为剪切胡克定律。

1.5　思考与讨论

1.5.1　材料力学模型

所有工程结构的构件，实际上是可变形的弹性体，当变形很小时，变形对物体运动效应的影响甚小，因而在研究运动和平衡问题时一般可将变形略去，从而将弹性体抽象为刚体。从这一意义讲，刚体和弹性体都是工程构件在确定条件下的简化力学模型。例如在求解弹性体受到的支座反力时，忽略弹性体的变形，可以利用静力学平衡方程求解。

弹性体在载荷作用下，将产生连续分布的内力。弹性体内力应满足与外力的平衡关系、弹性体自身变形协调关系以及力与变形之间的物理关系。这是材料力学与理论力学的重要区别。在利用截面法求内力时也需利用静力学平衡方程求解。

是不是刚体静力学中关于平衡的理论和方法都能应用于材料力学中？例如：

(1) 若将作用在弹性杆上的力[图 1.30(a)]，沿其作用线方向移动[图 1.30(b)]。

(2) 若将作用在弹性杆上的力[图 1.31(a)]，向另一点平移[图 1.31(b)]。

请分析：上述两种情形下对弹性杆的平衡和变形将会产生什么影响？

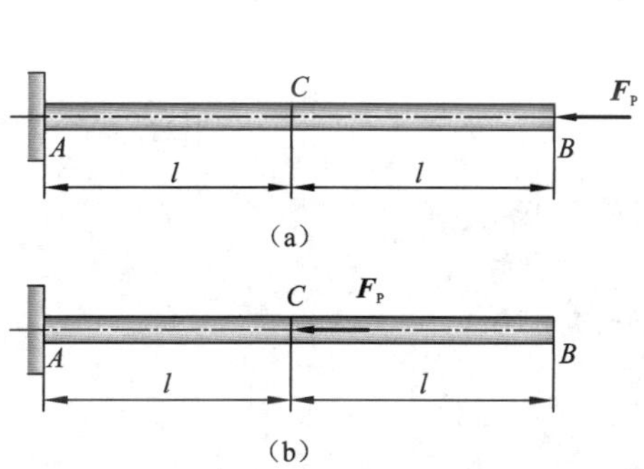

图 1.30　力沿作用线移动的结果

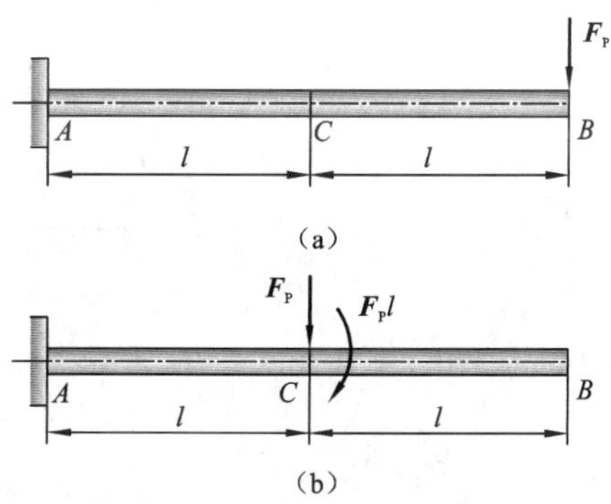

图 1.31　力沿作用线向一点平移的结果

1.5.2　材料力学分析方法

为了确定杆件受力后发生的变形以及由变形产生的内力和应力，进而解决工程构件的强度、刚度和稳定问题，根据弹性体受力和变形的特点以及应力与应变、应力与内力分量之间的关系，材料力学形成了不同于理论力学的分析方法。

1. 平衡的方法

分析构件受力后发生的变形，以及由于变形而产生的内力，需要采用平衡的方法。主要解决的问题是：在不同的外力作用下，构件横截面上将产生什么样的内力，以及这些内力的大小和方向。此外，在应力状态分析(参见第 8 章) 以及稳定性分析(参见第 10 章) 中所采用的也是平衡的方法。

2. 变形分析方法

采用平衡的方法，只能确定横截面上内力的合力，并不能确定横截面上各点内力的大小。研究构件的强度、刚度与稳定性，不仅需要确定内力的合力，还需要知道内力的分布。内力是不可见的，而变形却是可见的，并且各部分的变形相互协调，变形通过物理关系与内力相联系。所以，确定内力的分布，除了考虑平衡，还需要考虑变形协调与物理关系。

3. 简化假定分析方法

对于工程构件，所能观察到的变形，只是构件外部表面的。内部的变形状况，必须根据所观察到的表面变形作一些合理的推测，这种推测通常也称为假定。对于杆状的构件，考察相距很近的两个横截面之间微段的变形，这种假定是不难作出的。

以梁的弯曲为例，研究方法如图 1.32 所示。通过观察变形现象（实验验证），提出变形的基本假设，通过几何关系找出变形的分布规律；利用物理关系（胡克定律）建立应力分布规律；再通过静力平衡方程，建立应力计算公式。最后，利用强度条件研究强度问题。

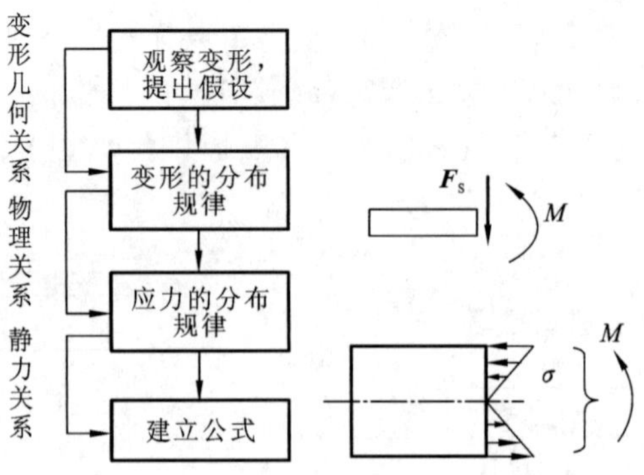

图 1.32　弯曲应力的研究方法

1.5.3　材料力学内力

材料力学内力指的是：在外力作用下，构件因为抵抗变形而引起的附加内力。需要注意这种内力是由于载荷作用引起的附加内力，而固体中质点之间的固有内力不是材料力学课程研究的范畴。

材料力学内力具有两个特点：① 连续分布于截面上各处；② 随外力的变化而变化。那么，怎样计算构件的内力呢？材料力学中，应用截面法研究构件的内力。4 种基本变形的内力计算方法都是截面法。请思考下面两个问题。

材料力学的内力与理论力学的内力一样吗？

内力分量的大小是不是确定强度是否足够的唯一条件？

1.5.4　旗杆的设计和强度分析

观察升旗用的旗杆，分析旗杆主要受到哪些外力作用？在这些外力作用下旗杆根部的内力大小？并运用所学力学知识解释下面两种现象：① 旗杆从上至下，为何越来越粗？② 旗杆底部预埋在地面下，为什么其周围还会砌一个平台？

习　题　1

1-1　构件在外力作用下，能否安全正常地工作取决于构件是否具有足够的(　　)。

A. 强度　　B. 刚度　　C. 稳定性　　D. 承载能力

1-2　根据小变形假设，可以认为(　　)。

A. 构件不变形　　B. 构件不破坏

C. 构件仅发生弹性变形　　D. 构件的变形远小于构件的原始尺寸

1-3　各向同性假设认为，材料内部各点的(　　)是相同的。

A. 力学性质　　B. 几何特性

C. 内力　　D. 位移

1-4　下列结论中正确的是(　　)。

A. 外力是指作用于物体外部的力　　B. 自重是外力

C. 支座约束反力不属于外力　　D. 惯性力不属于外力

1-5　下列论述中，正确的是(　　)。

A. 应变分为线应变和切应变，其量纲为长度

B. 若物体内各点的应变均为零，则物体无位移

C. 若物体的各部分均无变形，则物体内各点应变为零

D. 受拉杆件全杆的应变和轴向伸长，标志着杆件内各点的变形程度

1-6　题1-6图示圆截面杆，两端承受一对方向相反、力偶矩矢量沿轴线且大小均为M_e的力偶作用。试问在杆件的任一横截面m-m上，存在何种内力分量，并确定其大小。

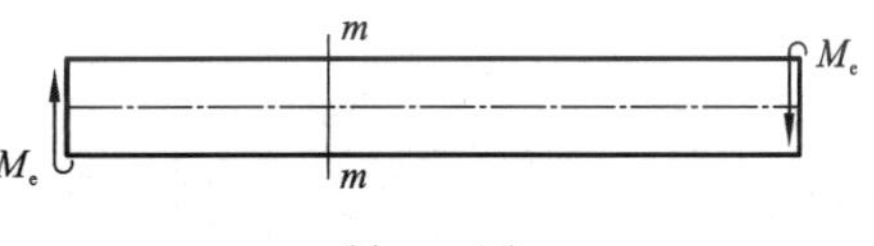

题1-6图

1-7　题1-7图示矩形截面杆，横截面上的正应力沿截面高度线性分布，截面顶边各点处的正应力均为$\sigma_{max}=100$ MPa，底边各点处的正应力均为零。试问杆件横截面上存在何种内力分量，并确定其大小。图中之C点为截面形心。

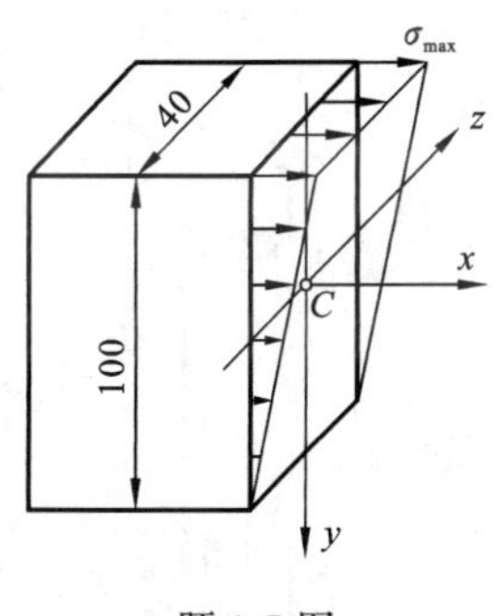

题1-7图

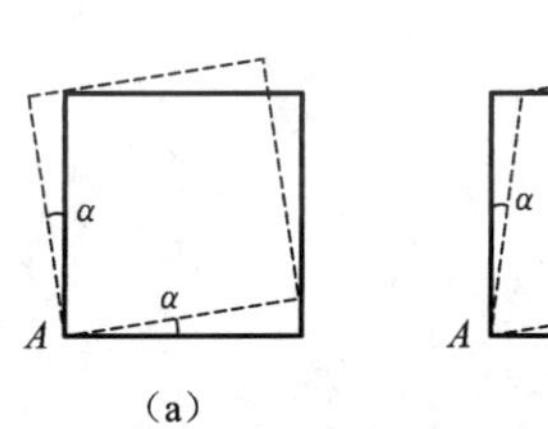

题1-8图

1-8　题1-8图(a)与(b)所示两个矩形微元体，虚线表示其变形后的情况，该二微元体在A处的切应变分别记为$(\gamma)_a$与$(\gamma)_b$，试确定其大小。

第2章 轴向拉伸与压缩

轴向拉伸与压缩是杆件的基本变形之一，简称为拉压杆，本章介绍拉压杆横截面上的应力，强度条件，材料的力学性能，拉压杆的变形以及超静定问题。

2.1 轴向拉伸与压缩杆件及实例

承受轴向载荷的拉压杆在工程中的应用非常广泛。例如，图 2.1 所示的活塞杆；图 2.2 所示用于连接的螺栓；图 2.3 所示桁架中的拉杆；图 2.4 所示汽车式起重机的支腿。此外，还有图 2.5 所示斜拉索桥中的拉索、图 2.6 所示屋架中杆件等。

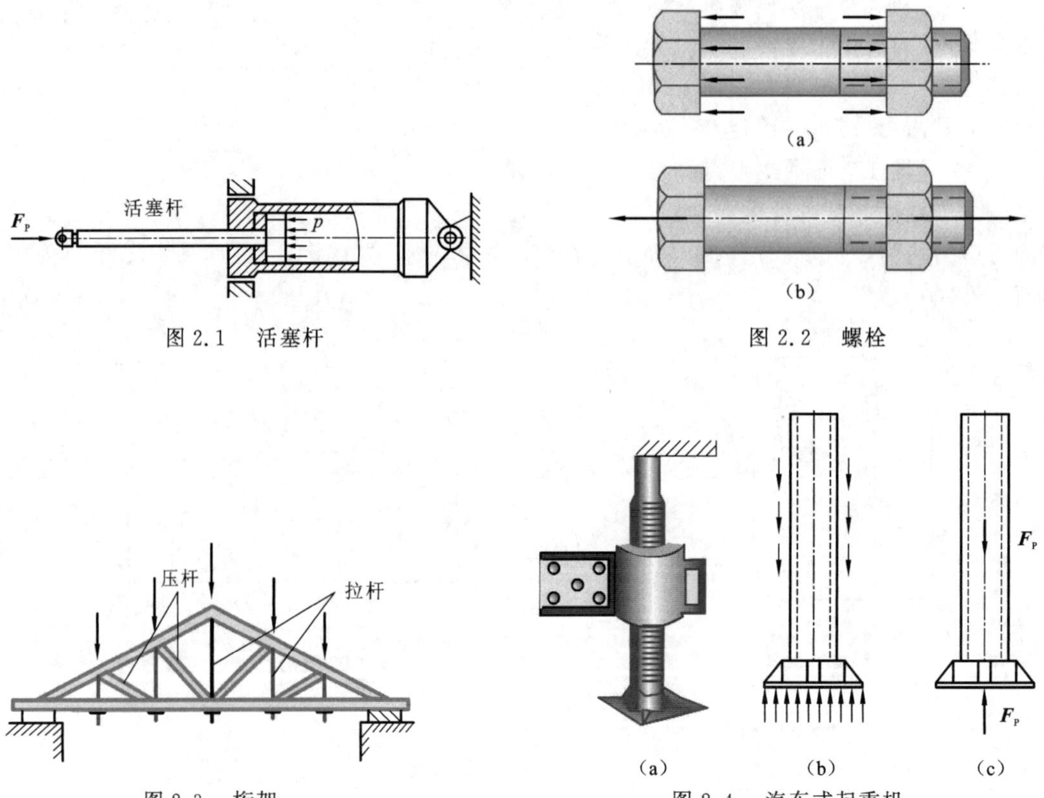

图 2.1 活塞杆

图 2.2 螺栓

图 2.3 桁架

图 2.4 汽车式起重机

图 2.5　斜拉索桥

图 2.6　屋架

军用结构中的拉压杆也是不少的，图 2.7 中所示为舰载火炮操纵系统中的拉压杆件。

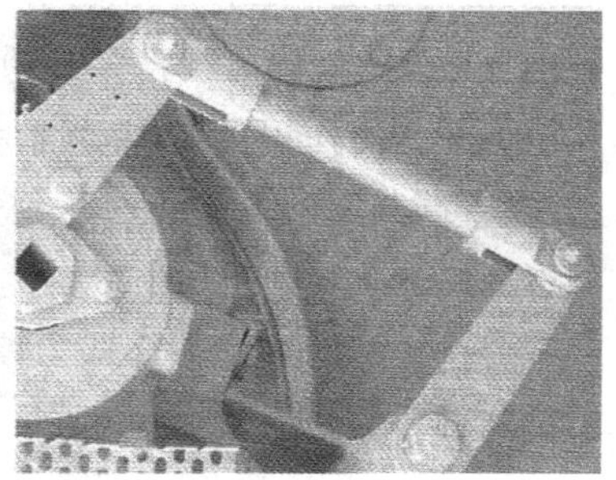

图 2.7　舰载火炮操纵系统中的拉压杆件

虽然杆件的外形各有差异，加载方式也不同，但一般对受轴向拉伸与压缩的杆件的形状和受力情况进行简化，计算简图如图 2.8 所示。轴向拉伸是在轴向力作用下，杆件产生伸长变形，也简称拉伸；轴向压缩是在轴向力作用下，杆件产生缩短变形，也简称压缩。

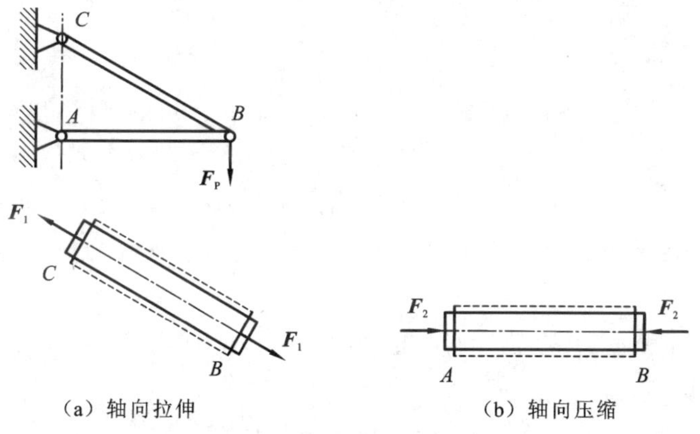

(a) 轴向拉伸　　(b) 轴向压缩

图 2.8　轴向拉伸与压缩变形

通过上述实例得知轴向拉伸与压缩具有如下特点：

(1) 受力特点：作用于杆件两端的外力大小相等，方向相反，作用线与杆件轴线重合，即称轴向力。

(2) 变形特点：杆件变形是沿轴线方向的伸长或缩短。

2.2 拉压杆横截面上的内力和轴力图

2.2.1 拉压杆横截面上的内力

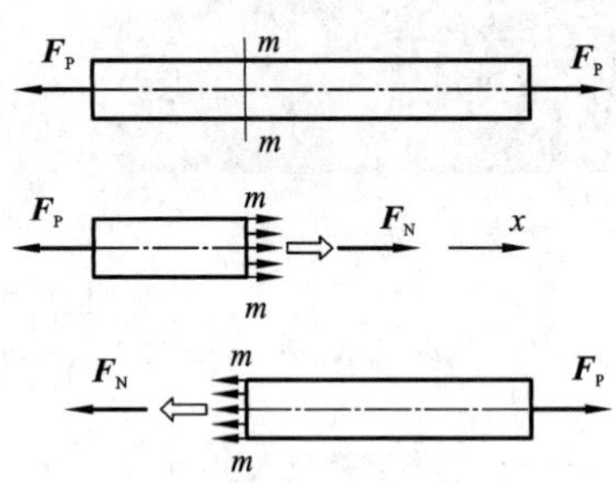

图 2.9 拉压杆横截面上的轴力

在图 2.9 所示受轴向拉力 F_P 的杆件上作任一横截面 m-m,取左段部分,并以内力的合力 F_N 代替右段对左段的作用力。由平衡方程 $\sum F_x = 0$,得

$$F_N - F_P = 0$$

由于 $F_P > 0$(拉力),则

$$F_N = F_P > 0$$

合力 F_N 的方向正确。因而当外力沿着杆件的轴线作用时,杆件截面上只有一个与轴线重合的内力分量,即轴力 F_N(normal force)。

若取右段部分,同理$\sum F_x = 0$,知

$$F_P - F_N = 0$$

得

$$F_N = F_P > 0$$

图中 F_N 的方向也是正确的。

材料力学中轴力的符号是由杆件的变形决定,而不是由平衡方程决定。习惯上将轴力 F_N 的正负号规定为:拉伸时,轴力 F_N 为正;压缩时,轴力 F_N 为负。

截面法是材料力学中求内力的基本方法。截面法求内力可以用 4 个字作为总结:截、取、代、平。注意:在“代”的时候,轴力先设为拉力,如果结果是负值,则轴力为压力。

2.2.2 轴力图

杆有无穷多个横截面,每个横截面上的轴力大小可能并不相同,也就是说,横截面上的轴力随横截面的位置而变化。在一个坐标系中,表示轴力沿杆轴线变化情况的曲线称为轴力图(diagram of normal force)。怎么画轴力图呢?多次利用截面法,求出所有横截面上的轴力,轴力沿杆轴的分布可以用图形描述。该图一般以杆轴线为横坐标表示截面位置,纵轴表示轴力大小。

例 2.1 求如图 2.10(a) 所示杆件的轴力,并作轴力图。

解 (1) 计算各段轴力。

AC 段:作截面 1-1,取左段部分[图 2.10(b)]。由$\sum F_x = 0$ 得

$$F_{N1} = 5\ \text{kN} \quad (\text{拉力})$$

CB 段:作截面 2-2,取左段部分[图 2.10(c)],并假设 F_{N2} 方向如图所示。由$\sum F_x = 0$ 得

$$F_{N2} + 15 - 5 = 0$$

则

$$F_{N2} = -10\ \text{kN} \quad (\text{压力})$$

F_{N2} 的方向应与图中所示方向相反。

(2) 绘轴力图。

选截面位置为横坐标；相应截面上的轴力为纵坐标，根据适当比例，绘出图线。

由图 2.10(d) 可知 CB 段的轴力值最大，即 $|F_N|_{max}=10\ \text{kN}$。

注意两个问题：

(1) 求轴力时，外力不能沿作用线随意移动(如 F_2 沿轴线移动)。因为材料力学中研究的对象是变形体，不是刚体，力的可传性原理的应用是有条件的。

(2) 截面不能刚好截在外力作用点处(如通过 C 点)，因为工程实际上并不存在几何意义上的点和线，而实际的力只可能作用于一定微小面积内。

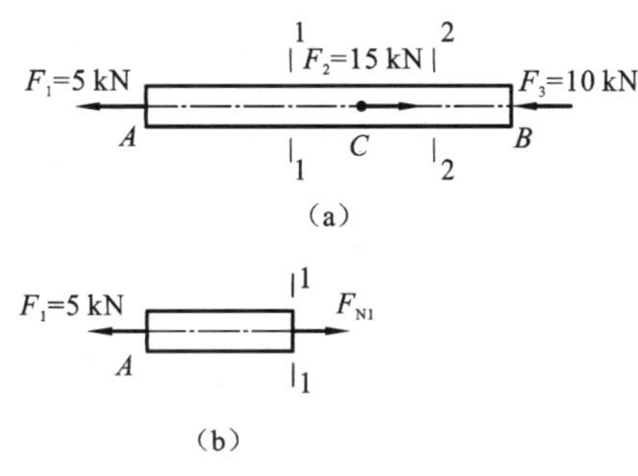

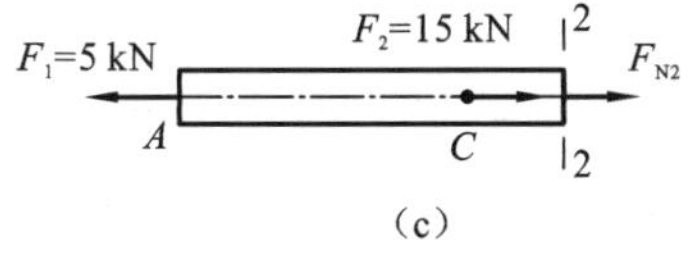

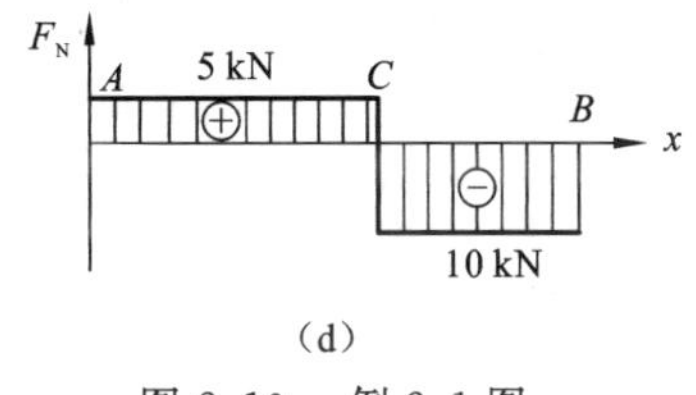

图 2.10　例 2.1 图

例 2.2　画如图 2.11(a) 所示直杆的轴力图。

解　(1) 求约束反力。

对于直杆的受力情况，固定端 A 处只有水平方向的力 F_A，如图 2.11(b) 所示，直杆在 4 力作用下处于平衡状态，因而由平衡方程 $\sum F_x=0$ 得

$$-F_A+F_1-F_2-F_3=0$$
$$F_A=6\ \text{kN}$$

(2) 计算各段轴力。

在 AB 段内，沿任一截面 1-1 截开，取左段为研究对象(也可取右段为研究对象，结果相同)，假设轴力为拉力(正轴力)，所取研究对象处于平衡状态，由平衡方程 $\sum F_x=0$ 得

$$-F_A+F_{N1}=0$$
$$F_{N1}=6\ \text{kN}$$

所得结果为正值，表明轴力与图 2.11(c) 所示方向相同，同时表明轴力是正的轴力，即拉力。AB 段内其他截面的轴力与 1-1 截面的轴力相同。

在 BC 段内，沿任一截面 2-2 截开，取左段为研究对象，假设轴力为拉力(正轴力)，由平衡方程 $\sum F_x=0$ 得

$$-F_A+F_1+F_{N2}=0$$
$$F_{N2}=-12\ \text{kN}$$

所得结果为负值，表明轴力与图 2.11(d) 所示方向相反，同时表明轴力是负的轴力，即压力。BC 段内其他截面的轴力与 2-2 截面的轴力相同。

在 CD 段内，沿任一截面 3-3 截开，取右段为研究对象(也可取左段为研究对象，结果相同)，假设轴力为拉力(正轴力)，由平衡方程 $\sum F_x=0$ 得

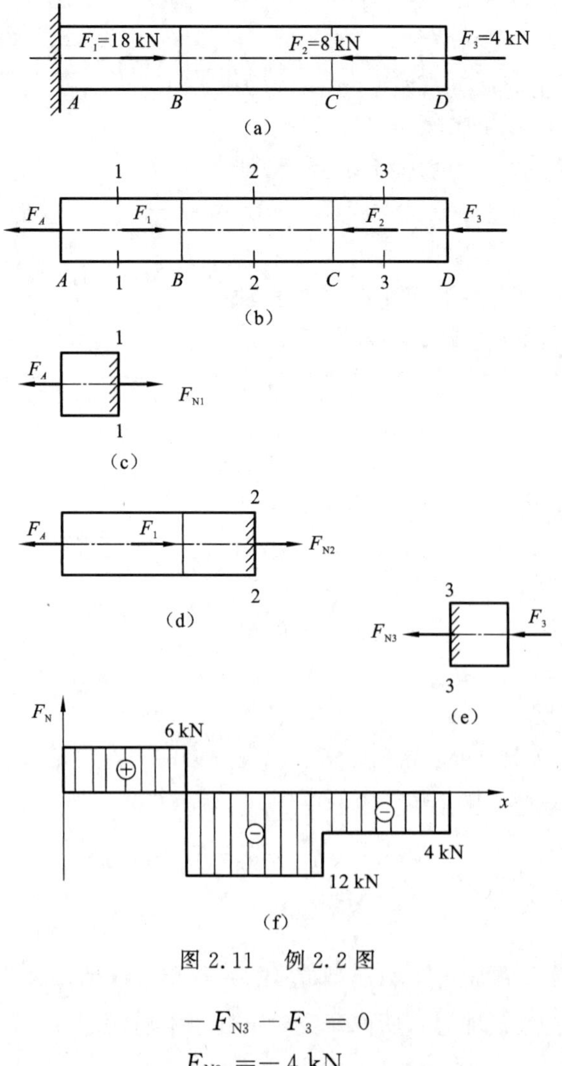

图 2.11　例 2.2 图

$$-F_{N3}-F_3=0$$

$$F_{N3}=-4\ \mathrm{kN}$$

所得结果为负值，表明轴力与图 2.11(e) 所示方向相反，同时表明轴力是负的轴力，即压力。CD 段内其他截面的轴力与 3-3 截面的轴力相同。

(3) 画轴力图。

A、B 两截面间所有截面的内力与截面 1-1 的内力相同；B、C 两截面间所有截面的内力与截面 2-2 的内力相同；C、D 两截面间所有截面的内力与截面 3-3 的内力相同；在坐标系中画出轴力随截面位置变化的曲线，即轴力图[图 2.11(f)]。轴力图显示了杆件任一截面轴力的大小，同时表明变形是拉伸还是压缩。

说明：

(1) 轴力图直观地反映轴力随截面位置的变化关系。

(2) 通过轴力图，可以确定出最大轴力的数值及其所在横截面的位置，即确定危险截面位置。

(3) 画轴力图时一般应与受力图对正，并且标出正负号。熟练以后可以不必画各隔离体的受力图。

(4) 载荷作用位置不能移动，材料力学中力为定位矢量。在求载荷时，研究对象确定后，可利用刚化公理求解未知力。

2.3　拉压杆的应力

2.3.1　拉压杆横截面上的应力

由于只根据轴力并不能判断杆件是否有足够的强度，因此必须用横截面上的应力来度量杆件的受力程度。为了求得应力分布规律，先研究杆件变形，为此提出平面假设。

平面假设：变形之前横截面为平面，变形之后仍保持为平面，而且仍垂直于杆轴线，如图 2.12 所示。

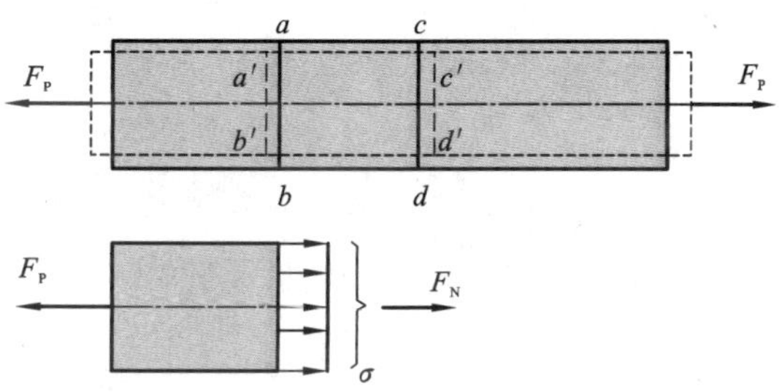

图 2.12　拉压杆横截面的变形

根据平面假设得知，图 2.12 中的 $a'b'$ 和 $c'd'$ 截面保持为平面，ac 和 bd 的变形相同，说明横截面上各点沿轴向的正应变相同，由此可推知横截面上各点正应力也相同，即 σ 等于常量。

由式(1.4) 的第 1 个方程可确定 σ 的大小。由于 $\mathrm{d}F_N = \sigma \mathrm{d}A$，所以积分得

$$F_N = \int_A \sigma \mathrm{d}A = \sigma A$$

则

$$\sigma = \frac{F_N}{A} \tag{2.1}$$

式中，σ 为横截面上的正应力；F_N 为横截面上的轴力；A 为横截面面积。

正应力 σ 的正负号规定为：拉应力为正，压应力为负。

对于等截面直杆，由式(2.1) 知最大正应力发生在最大轴力处，此处最易破坏。而对于变截面直杆，最大正应力的大小不但要考虑轴力最大值 $F_{N\max}$，同时还要考虑面积最小值 $A_{\min}$。

例 2.3　图 2.13 所示结构，试求杆件 AB、CB 的应力。已知 $F_P = 20$ kN；斜杆 AB 为直径 20 mm 的圆截面杆，水平杆 CB 为 15 mm×15 mm 的方截面杆。

解　(1) 计算各杆件的轴力。

设斜杆为 1 杆，水平杆为 2 杆。用截面法取节点 B 为研究对象，画受力图。由平衡方程

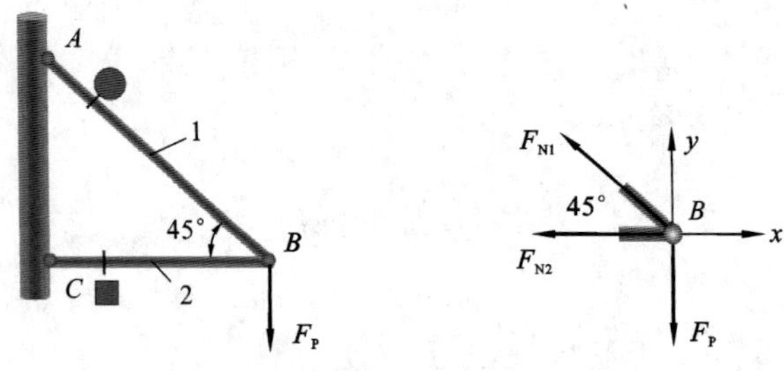

图 2.13　例 2.3 图

$$\sum F_x = 0,\quad F_{N1}\cos45° + F_{N2} = 0$$

$$\sum F_y = 0,\quad F_{N1}\sin45° - F_P = 0$$

求解得

$$F_{N1} = 28.3\ \text{kN},\quad F_{N2} = -20\ \text{kN}$$

(2) 计算各杆件的应力。

杆件 AB 的应力

$$\sigma_1 = \frac{F_{N1}}{A_1} = \frac{28.3\times10^3}{\frac{\pi}{4}\times20^2\times10^{-6}} = 90\times10^6(\text{Pa}) = 90\ \text{MPa}$$

杆件 CB 的应力

$$\sigma_2 = \frac{F_{N1}}{A_2} = \frac{-20\times10^3}{15^2\times10^{-6}} = -89\times10^6(\text{Pa}) = -89\ \text{MPa}$$

例 2.4　图 2.14(a) 所示右端固定的阶梯形圆截面杆，同时承受轴向载荷 F_1 与 F_2 作用，试计算杆内横截面上的最大正应力。已知载荷 $F_1 = 20$ kN，$F_2 = 50$ kN，直径 $d_1 = 20$ mm，$d_2 = 30$ mm。

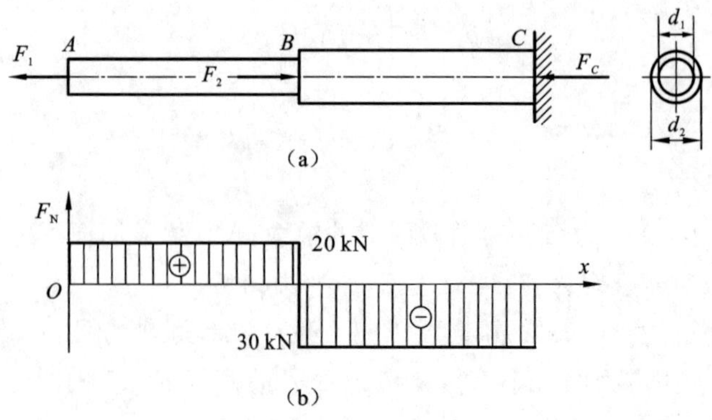

图 2.14　例 2.4 图

解　(1) 支座反力计算。

设杆右端的支座反力为 F_C，则由整个杆的平衡方程得

$$F_C = F_2 - F_1 = (50-20)\ \text{kN} = 30\ \text{kN}$$

(2) 轴力分析。

设 AB 与 BC 段的轴力均为拉力，并分别用 F_{N1} 与 F_{N2} 表示，则由截面法可知 $F_{N1}=F_1=20\ \text{kN}$，$F_{N2}=-F_C=-30\ \text{kN}$，所得 F_{N2} 为负，说明 BC 段轴力的实际方向与所设方向相反，即应为压力。根据上述轴力值，画杆的轴力图如图 2.14 (b) 所示。

(3) 应力分析。

AB 段的轴力较小，但横截面面积也较小，BC 段的轴力虽较大，但横截面面积也较大。因此，应对两段杆的应力进行分析计算。

由式(2.1) 可知，AB 段内任一横截面的正应力为

$$\sigma_1=\frac{F_{N1}}{A_1}=\frac{4F_{N1}}{\pi d_1^2}=\frac{4\times 20\times 10^3\ \text{N}}{\pi\times(20\times 10^{-3}\ \text{m})^2}=6.37\times 10^7(\text{Pa})=63.7\ \text{MPa}(\text{拉应力})$$

而 BC 段内任一横截面的正应力则为

$$\sigma_2=\frac{F_{N2}}{A_2}=\frac{4F_{N2}}{\pi d_2^2}=\frac{4\times(-30\times 10^3\ \text{N})}{\pi\times(-30\times 10^{-3}\ \text{m})^2}=-4.24\times 10^7(\text{Pa})=-42.4\ \text{MPa}(\text{压应力})$$

可见，杆内横截面上的最大正应力为

$$\sigma_{max}=\sigma_1=63.7\ \text{MPa}$$

2.3.2　拉压杆斜截面上的应力

以上研究了拉压杆横截面上的应力，为了更全面地了解杆内的应力情况，现在研究斜截面上的应力。

考虑图 2.15(a) 所示拉压杆，利用截面法，沿任一斜截面 m-m 将杆截开，该截面的方位以其外法线 On 与 x 轴的夹角 α 表示。由前述分析可知，杆内各点沿轴向的变形相同，因此，在相互平行的截面 m-m 与 m'-m' 间，各纵向线沿轴向的变形也相同。因此，斜截面 m-m 上的应力 p_α 沿截面均匀分布[图 2.15(b)]。

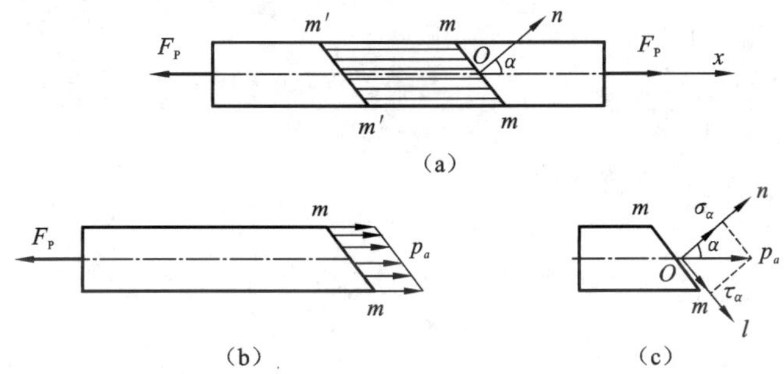

图 2.15　拉压杆斜截面上的应力

根据上述分析，得左段杆的平衡方程为

$$p_\alpha\frac{A}{\cos\alpha}-F_P=0$$

由此得斜截面上各点处的应力为

$$p_\alpha=\frac{F_P\cos\alpha}{A}=\sigma_0\cos\alpha$$

式中，$\sigma_0 = F_P/A$，代表杆件横截面上的正应力。

将应力 p_α 沿截面法向与切向分解[图 2.15(c)]，得斜截面上的正应力与切应力分别为

$$\sigma_\alpha = p_\alpha \cos\alpha = \sigma_0 \cos^2\alpha \tag{2.2}$$

$$\tau_\alpha = p_\alpha \sin\alpha = \frac{\sigma_0}{2}\sin 2\alpha \tag{2.3}$$

可见，在拉压杆的任一斜截面上，不仅存在正应力，而且存在切应力，其大小则均随截面方位变化。

由式(2.3)可知，当 $\alpha = 0°$ 时，正应力最大，其值为

$$\sigma_{\max} = \sigma_0 \tag{2.4}$$

即拉压杆的最大正应力发生在横截面上，其值为 σ_0。

由式(2.3)可知，当 $\alpha = 45°$ 时，切应力最大，其值为

$$\tau_{\max} = \sigma_0/2 \tag{2.5}$$

即拉压杆的最大切应力发生在与杆轴成 45° 的斜截面上，其值为 $\sigma_0/2$。

为便于应用上述公式，现对方位角与切应力的正负符号作如下规定：以 x 轴为始边，方位角 α 为逆时针转向者为正；将截面外法线 On 沿顺时针方向旋转 90°，与该方向同向的切应力 τ_α 为正。按此规定，图 2.15(c) 所示的 α 与 τ_α 均为正。

例 2.5　图 2.16(a) 所示轴向受压等截面杆，横截面面积 $A = 400\ \text{mm}^2$，载荷 $F_P = 50\ \text{kN}$。试求斜截面 m-m 上的正应力与切应力。

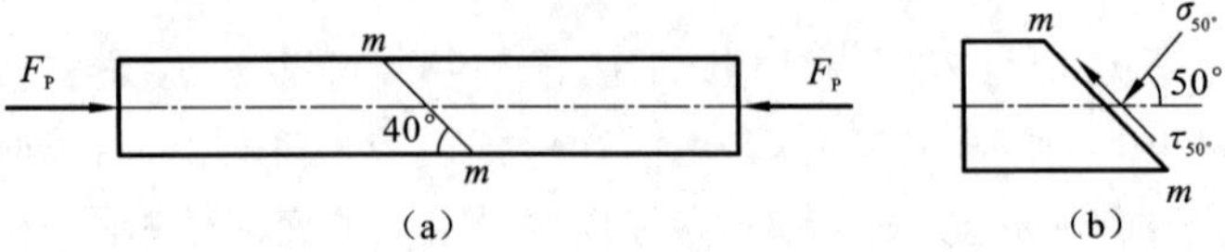

图 2.16　例 2.5 图

解　杆件横截面上的正应力为

$$\sigma_0 = \frac{F_N}{A} = \frac{-F_P}{A} = \frac{-50\times 10^3\ \text{N}}{400\times 10^{-6}\ \text{m}^2} = -12.5\ \text{MPa}$$

可以看出，斜截面 m-m 的方位角为

$$\alpha = 50°$$

于是，由式(2.2)与(2.3)，得斜截面 m-m 上的正应力与切应力分别为

$$\sigma_{50°} = \sigma_0 \cos^2\alpha = -1.25\times 10^8\ \text{Pa}\times \cos^2 50° = -51.6\ \text{MPa}$$

$$\tau_{50°} = \frac{\sigma_0}{2}\sin 2\alpha = \frac{-1.25\times 10^8\ \text{Pa}}{2}\times \sin 100° = -61.6\ \text{MPa}$$

而应力的实际方向则如图 2.16(b) 所示。

2.3.3　杆端区域的应力分布

当作用在杆端的轴向外力，沿横截面非均匀分布时，外力作用点附近各截面的应力，也为非均匀分布。法国科学家圣维南(Saint-Venant)指出，力作用于杆端的分布方式，只影响杆端局部范围的应力分布，影响区的轴向范围约离杆端 1 ～ 2 倍杆的横向尺寸。此原

理称为圣维南原理，已为大量试验与计算所证实。例如，图 2.17(a) 所示承受集中力 F 作用的杆，其截面高度为 h，宽度为 δ，在 $x=h/4$ 与 $h/2$ 的横截面 1-1 与 2-2 上，应力虽为非均匀分布[图 2.17(b)，(c)]，但在 $x=h$ 的横截面 3-3 上，应力则趋向均匀[图 2.17(d)]。因此，只要外力合力的作用线沿杆件轴线，在离外力作用面稍远处，横截面上的应力分布均可视为均匀的。

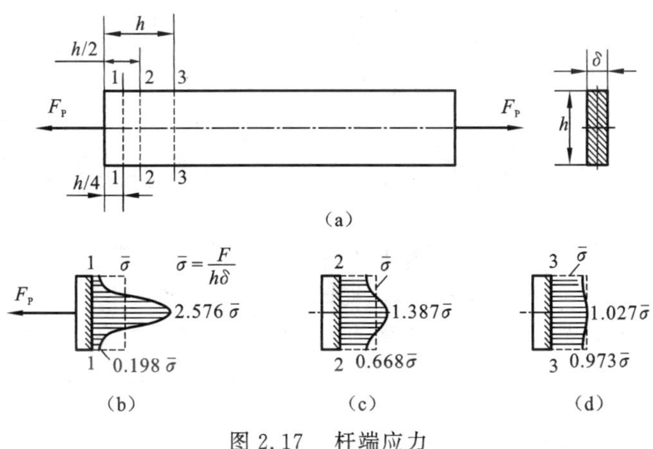

图 2.17　杆端应力

2.3.4　应力集中

实际工程构件中，有些零件常存在切口、切槽、油孔、螺纹等，致使这些部位上的截面尺寸发生突然变化。如图 2.18 所示开有圆孔和带有切口的板条，当其受轴向拉伸时，在圆孔和切口附近的局部区域内，应力的数值剧烈增加，而在离开这一区域稍远的地方，应力迅速降低而趋于均匀。这种现象，称为应力集中(stress concentration)。

截面尺寸变化越急剧，孔越小，角越尖，应力集中的程度就越严重，局部出现的最大应力 σ_{max} 就越大。鉴于应力集中往往会削弱杆件的强度，因此在设计中应尽可能避免或降低应力集中的影响。

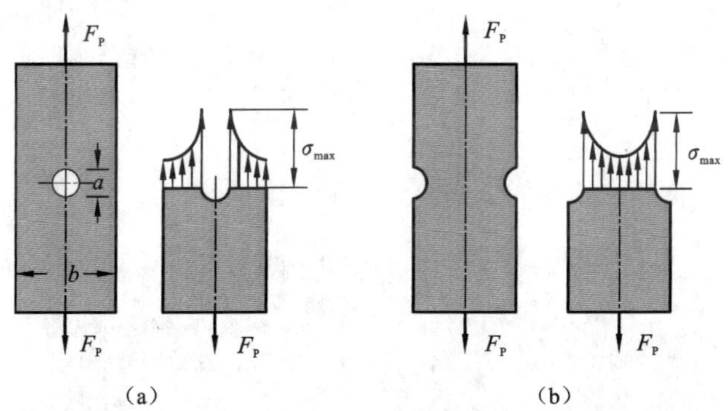

图 2.18　应力集中

为了表示应力集中的强弱程度，定义理论应力集中系数(factor of stress concentration)

$$K=\frac{\sigma_{max}}{\sigma_0} \tag{2.6}$$

式中，σ_{max} 为削弱面上轴向正应力的峰值；σ_0 为削弱面上名义应力(平均应力)。如对图 2.18(a)和(b) 所示厚度为 t 的矩形截面板条：

$$\sigma_0 = \frac{F_p}{t(b-a)}$$

理论应力集中系数 K 可查阅有关设计手册。必须指出，材料的良好塑性变形能力可以缓和应力集中峰值，因而对低碳钢之类的塑性材料应力集中对强度的削弱作用不很明显，而对脆性材料，特别对铸铁之类内含大量显微缺陷，组织不均匀的材料将造成严重影响。

2.4　材料在轴向拉伸和压缩时的力学性能

材料在外力作用下所表现出的变形和强度方面的特性，称为材料的力学性能(mechanical properties)，也叫材料的机械性能。材料的力学性能是通过拉伸、压缩、剪切、扭转、弯曲、疲劳等实验测定的。研究材料的力学性能的目的是确定在变形和破坏情况下的一些重要性能指标，以作为选用材料，计算材料强度、刚度的依据。因此材料力学试验是材料力学课程重要的组成部分。

拉伸和压缩试验是材料的基本力学性能实验。此处介绍用常温静载试验来测定金属材料的力学性能。

2.4.1　试件和设备

拉伸试验按照新标准 GB/T 228.1—2010《金属材料　拉伸试验第一部分：室温试验方法》的规定进行，温度范围为 10 ～ 35 ℃。

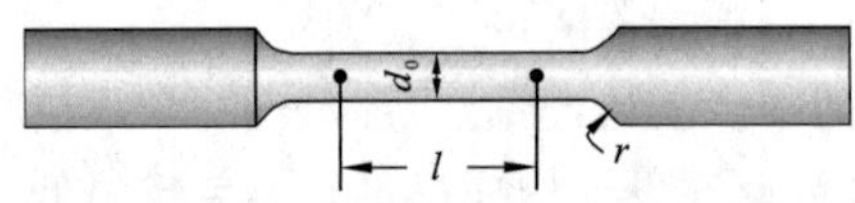

图 2.19　标准拉伸试样简图

如图 2.19 所示，试样必须按照该标准加工。通常拉伸试样分圆试样和板试样两种。一般拉伸试样由平行部分、过渡部分和夹持部分三部分组成。平行部分必须保持光滑均匀以确保材料表面的单向应力状态，平行部分中测量伸长用的长度称作标距，受力前的标距称原始标距 l_0。d_0，S_0 分别代表标距部分的直径和面积。过渡部分必须有适当的过渡圆弧以消除应力集中。夹持部分的尺寸、形状必须与试验机夹头的钳口相匹配。

试验在电子万能试验机上进行，如图 2.20 所示。

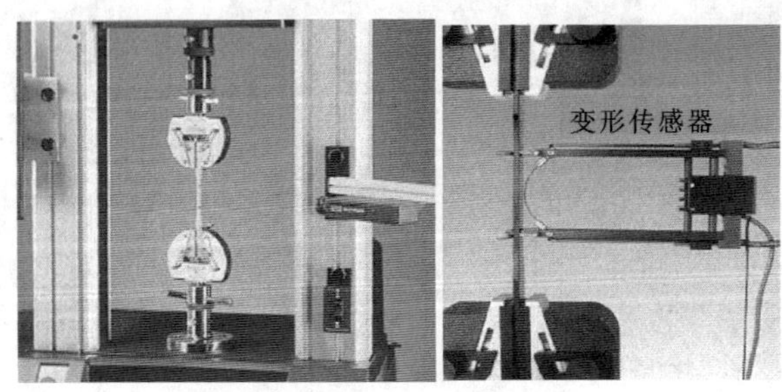

图 2.20　电子万能试验机

拉伸试验时，将试件的两端装在试验机的夹头上；压缩试验时，将试件放在平台上的正中位置；开动机器使试件缓慢加载（试件受力逐渐增大），通过试验机测出试件受力的大小，通过装在标距两端的引伸仪读出标距长度的伸长量（变形）。记录不同载荷 F_i 时的伸长 Δl_i 并得到一系列数据，得到载荷-变形（F-Δl）曲线图，称为拉伸图，如图 2.21 所示。从而得到全过程应力-应变曲线（stress-strain curve），即 σ-ε 曲线，如图 2.22 所示。

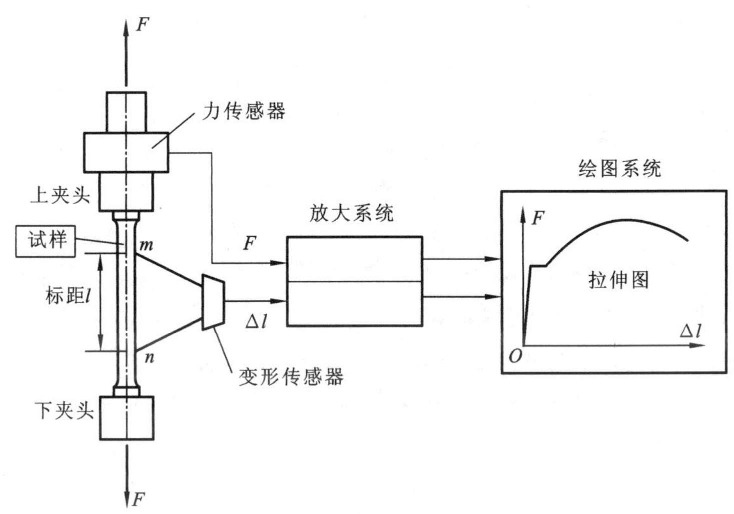

图 2.21　拉伸图

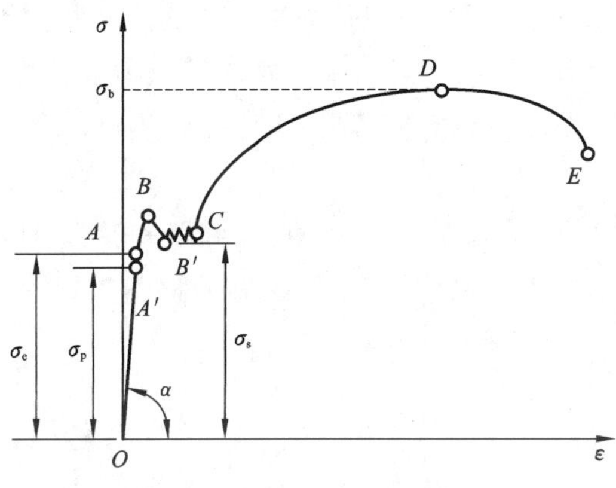

图 2.22　低碳钢的应力-应变曲线

2.4.2　低碳钢拉伸时的力学性能

低碳钢是指含碳量在 0.3% 以下的碳素钢，是工程中使用非常广泛的材料。通过试验可获得低碳钢的应力-应变曲线，如图 2.22 所示。通过低碳钢的 σ-ε 曲线（标准中用 R-e 表示）可分析低碳钢在受力变形过程中所表现出的力学性能。低碳钢由于受拉力作用逐渐伸长至最后断裂，大致可分为 4 个阶段。

1. 弹性阶段(*OA* 段)

受力的开始阶段,拉力较小,应力较小,变形也较小。如果卸除载荷,变形能够完全消失,即拉力降为零,试件的伸长量也降为零,说明试件的变形完全是弹性的,故此阶段称为弹性阶段。σ-ε 曲线OA 段为弹性阶段。弹性阶段的应力最高值,即图 2.22 中对应的应力值称为弹性极限(elastic limit),用 σ_e 表示。

弹性阶段除 AA' 一小段外,OA' 段是直线,应力与应变成正比,满足胡克定律:

$$\frac{\sigma}{\varepsilon} = \tan\alpha = E \tag{2.7}$$

E 称为材料的弹性模量(modulus of elasticity)。

此阶段称为比例阶段,比例阶段的应力最高值,即图 2.22 中 A' 点对应的应力值,为比例极限(proportional limit),用 σ_p 表示。常见的低碳钢 Q235 的比例极限约为 200 MPa。也可以采用图解法测定弹性模量,如图 2.23 所示,弹性模量 E 可由此阶段任意两点的应力差 $\Delta\sigma$ 和相应两点的应变差 $\Delta\varepsilon$ 相除得到。

弹性模量 E 是衡量材料刚度好坏的指标,它表示材料抵抗弹性变形的能力。由于比例极限和弹性极限的值非常接近,试验中很难加以区别,常将两者视为相等。

2. 屈服阶段(*BC* 段)

当应力超过弹性极限后不久,σ-ε 曲线呈锯齿形波动线上下摆动,说明应力基本保持不变而应变却急剧增加,即载荷不变,变形持续增加。材料暂时失去了抵抗变形的能力,这种现象称为屈服(yield)或流动,故此阶段称为屈服阶段。σ-ε 曲线的 BC 段为屈服阶段。对应波动曲线的最低点称为下屈服点,下屈服点对应的应力值称为屈服应力或屈服极限(yield stress),用 σ_s 表示(标准中称为下屈服强度,用 R_{eL} 表示)。常见的低碳钢 Q235 的屈服极限 $\sigma_s \approx 235$ MPa。

如果试件表面经过磨光,屈服时,试件表面会出现一些与试件轴线成 45° 的条纹,称为滑移线,这是材料内部晶格之间相对滑移而形成的,如图 2.24 所示。

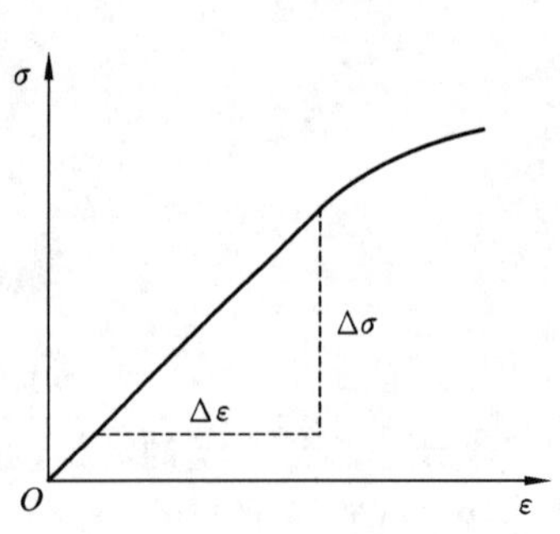

图 2.23　图解法测定弹性模量

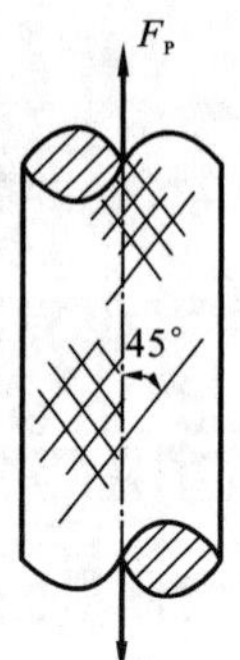

图 2.24　低碳钢拉伸时屈服现象

3. 强化阶段（*CD* 段）

经过一段时间的屈服之后，σ-ε 曲线逐渐上升，说明材料恢复了抵抗变形的能力，试件继续变形所需的拉力逐渐增加，这种现象称为材料的强化，此阶段称为强化阶段。σ-ε 曲线的 CD 段为强化阶段。强化阶段的应力最高值，即 σ-ε 曲线图中 D 点对应的应力值，是材料所能承受的最大应力值称为强度极限（strength limit），用 σ_b 表示（标准中称为抗拉强度，用 R_m 表示）。常见的低碳钢 Q235 的 $\sigma_b = 400$ MPa。

屈服极限 σ_s 和强度极限 σ_b 是衡量材料强度好坏的两个重要指标。σ_s 标志材料出现显著的塑性变形；σ_b 标志材料失去承载能力。

4. 局部缩颈阶段（*DE* 段）

在应力达到强度极限 σ_b 前，沿试件长度变形是均匀的；当应力达到强度极限 σ_b 后，试件的变形开始集中于某一局部区域内，横截面面积出现局部迅速收缩，这种现象称为局部缩颈，故此阶段称为局部缩颈阶段。由于局部截面的收缩，试件继续变形所需的拉力逐渐减小，最后，试件被拉断。如图 2.25 所示为试件断裂过程图。

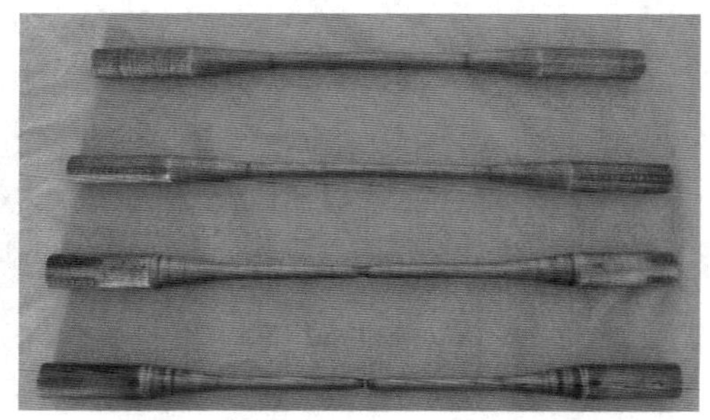

图 2.25　试件局部颈缩和断裂过程

试件拉断后，弹性变形瞬间消失，塑性变形永久地残留在试件中。残留的塑性应变为 $\varepsilon_p = \dfrac{l_1 - l_0}{l_0}$，$l_0$ 是原始标距，l_1 是断后标距。将此塑性应变用百分率表示为

$$\delta = \frac{l_1 - l_0}{l_0} \times 100\% \tag{2.8}$$

δ 称为材料的延伸率（percentage elongation）（标准中称为断后伸长率，用 A 表示）。试样断裂后的残余变形的分布是非均匀的，主要集中在颈缩处，断口附近的变形最大，距离断口位置越远，变形越小。

设试件受拉前的横截面面积为 S_0，断裂后断口处的横截面面积为 S_1，则

$$\psi = \frac{S_0 - S_1}{S_0} \times 100\% \tag{2.9}$$

ψ 称为截面收缩率（percentage reduction in area of cross-section）（标准中称为断面收缩率，用 Z 表示）。

材料的塑性变形越大，则 δ 和 ψ 的值越大，因此，材料的延伸率 δ 和截面收缩率 ψ 是衡量材料塑性好坏的两个重要指标。

工程上通常按延伸率的大小将材料分为两大类：$\delta > 5\%$ 称为塑性材料（ductile materials），如低碳钢、青铜等；$\delta \leqslant 5\%$ 称为脆性材料（brittle materials），如铸铁、混凝土、石料等。

5. **冷作硬化**

在拉伸试验过程中，当应力达到强化阶段任一点 F 时，逐渐卸除载荷，应力-应变曲线将沿与 OA 近乎平行的直线 FO_1 变化直至点 O_1。O_1O_2 表示试件卸载前的弹性应变部分在卸载中消失，而 OO_1 表示试件卸载前的塑性应变部分在卸载后则永久保留。说明过了屈服点后，试件的变形中有一部分是弹性的，而另一部分是塑性的，卸载后，弹性变形消失，塑性变形保留。如果卸载后重新加载，则应力-应变曲线将大致沿 O_1FDE 的曲线变化，直至断裂，如图 2.26 所示。

由此可以看出，重新加载时，材料的比例极限提高了，而重新加载断裂后的塑性应变减少了 OO_1 这一部分，这种在常温下将钢材拉伸超过屈服应力，使材料的比例极限提高称为冷作硬化(strain hard)。如图 2.27 所示，预制板中钢筋常采用冷作硬化提高材料在弹性范围内的承载能力。

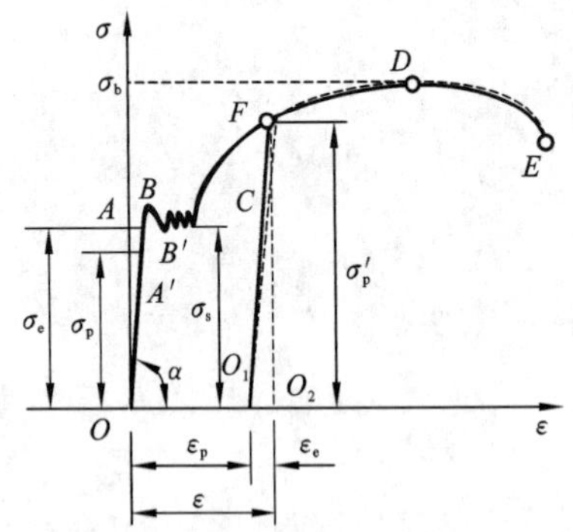

图 2.26　材料的冷作硬化过程

图 2.27　冷作硬化工程实例

2.4.3　铸铁拉伸时的力学性能

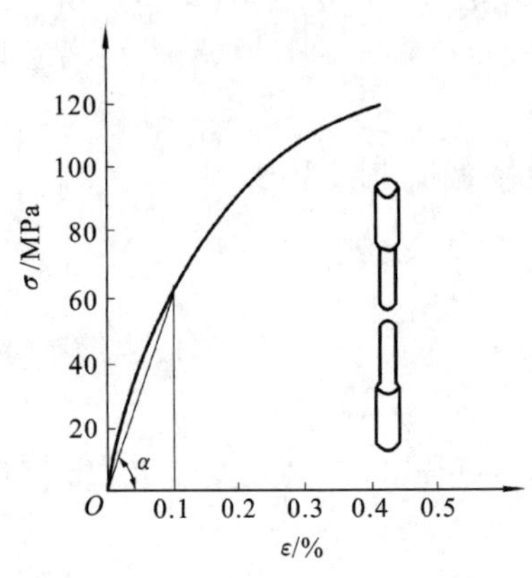

图 2.28　铸铁的拉伸应力-应变曲线

灰口铸铁是脆性材料的典型代表，从拉伸试验可得到它的应力-应变曲线，如图 2.28 所示。

灰口铸铁的拉伸试验有如下特点：

(1) 从试件开始受力到被拉断，变形始终很小，断裂时，应变也只有 0.4% ～ 0.5%，断口垂直于试件的轴线。

(2) 拉伸过程中，无屈服阶段，也无缩颈现象，只有强度极限 σ_{bt}，也称抗拉强度，其值约为 $\sigma_{bt} \approx 120 \sim 180$ MPa，远低于低碳钢的强度极限。

(3) 应力-应变之间不成正比，没有明显的直线段，实际使用时，由于 σ-ε 曲线的曲率很小。工程上，弹性模量 E 以总应变为 0.1% 时的割线斜率来度量。

2.4.4　其他塑性材料拉伸时的力学性能

塑性材料除低碳钢外，还有锰钢、铝、青铜等，它们的拉伸应力-应变曲线如图 2.29 所示。

与低碳钢相比，青铜强度低，但塑性好；锰钢强度高，塑性也好；这些材料的塑性都好，所以属塑性材料，但都没有明显的屈服阶段。

如图 2.30 所示，根据国家标准规定，对于没有明显屈服阶段的塑性材料，其屈服极限 σ_s 用条件屈服应力 $\sigma_{0.2}$ 表示。即取对应于试件产生 0.2% 的塑性应变时的应力值作为材料的屈服应力，称为条件屈服应力(conditional yield stress)，用 $\sigma_{0.2}$ 表示(标准中称为残余延伸强度，用 $R_{p0.2}$ 表示)。

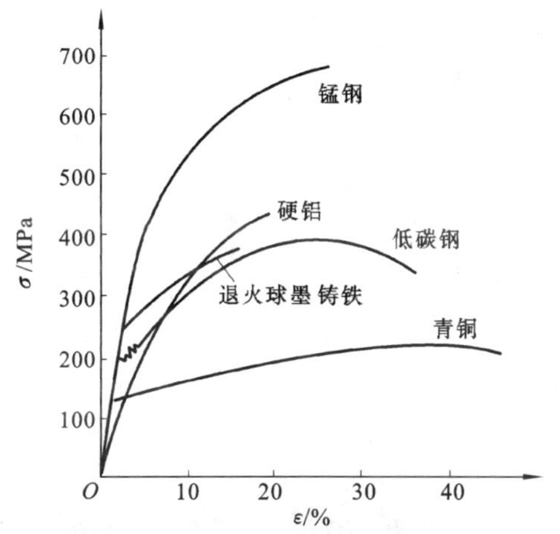

图 2.29　其他塑性材料的拉伸应力-应变曲线

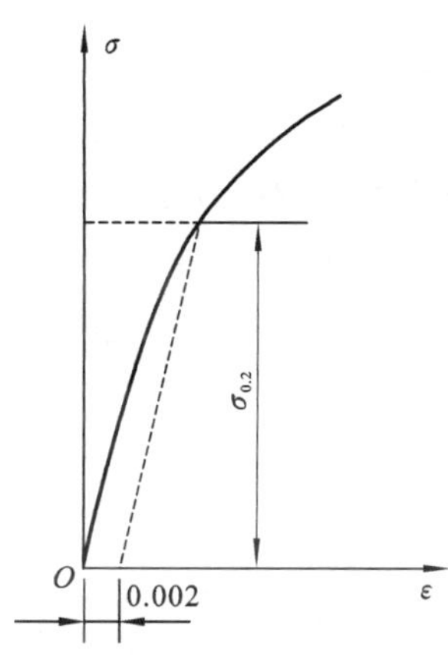

图 2.30　条件屈服应力

2.4.5　低碳钢在压缩时的力学性能

金属材料的压缩试件一般为圆柱形，如图 2.31 所示。为了避免试件被压弯，圆柱不能太高，通常取高度为直径的 1.5 ～ 3 倍。

低碳钢压缩时的应力-应变曲线如图 2.32 所示，为了便于比较，在图中用虚线绘出拉伸时的应力-应变曲线。可以看出：

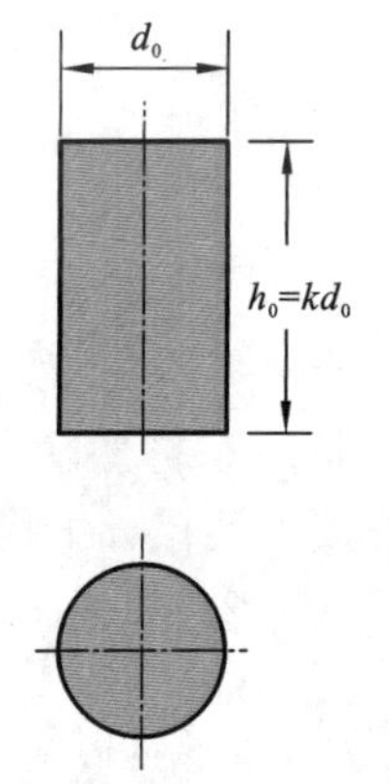

图 2.31　压缩试样简图

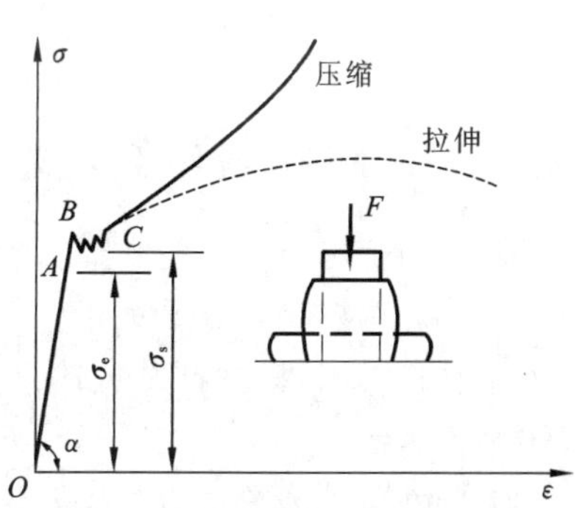

图 2.32　低碳钢的压缩应力-应变曲线

(1) 在屈服以前,压缩曲线和拉伸曲线基本重合。这说明低碳钢压缩时的弹性模量 E、比例极限 σ_P 和屈服应力 σ_s(标准中称为下压缩屈服强度,用 R_{eLc} 表示)都与拉伸时基本相同。

图 2.33 低碳钢试样的压缩破坏

(2) 试件屈服后,出现显著的塑性变形,越压越扁成鼓形,如图 2.33,横截面面积不断增大,由于上下压板与试件之间摩擦力约束了试件两端的横向变形,试件不可能被压断,因此得不到压缩时的强度极限 σ_b(标准中称为抗压强度,用 R_{mc} 表示)。

2.4.6 铸铁在压缩时的力学性能

脆性材料在压缩时的力学性能与拉伸时有很大的差别,如图 2.34 所示。

其典型代表铸铁的 σ-ε 曲线如图所示(虚线是拉伸曲线)。铸铁在压缩时没有较明显的塑性变形,铸铁的抗压强度 σ_{bc} 远大于其抗拉强度 σ_{bt},大约是抗拉强度的 4 ~ 5 倍。

破坏时,沿与轴线成45° ~ 55° 的斜截面裂开,如图 2.35。由于铸铁一类的脆性材料的抗压能力比其抗拉能力强,通常将脆性材料做成承压构件。

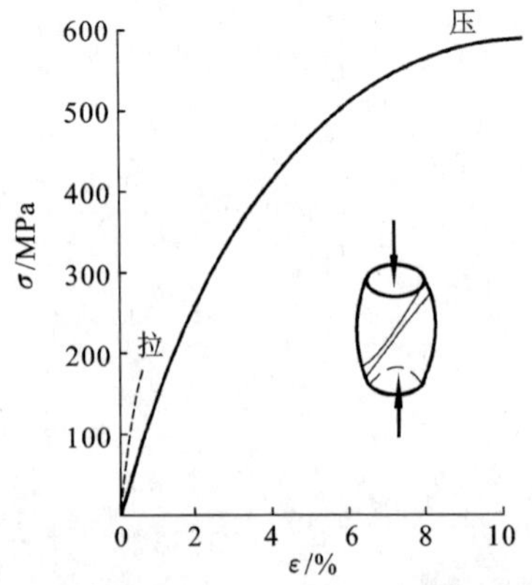

图 2.34 铸铁的压缩应力-应变曲线

图 2.35 铸铁试样的压缩破坏

2.5 许用应力 安全系数 强度条件

2.5.1 许用应力与安全系数

由于各种原因使构件丧失其正常工作能力的现象,称为失效(failure)。构件发生强度失效时的应力称为极限应力或危险应力(critical stress),用 σ^0 表示。强度失效有两种形式:

(1) 塑性屈服,指材料失效时产生明显的塑性变形,并伴有屈服现象。如低碳钢、铝合金等塑性材料。

(2) 脆性断裂,材料失效时几乎不产生塑性变形而突然断裂。如铸铁、混凝土等脆断材料。

对于塑性材料,进入塑性屈服时的应力取屈服应力 σ_s,对于某些无明显屈服平台的合金材料取条件屈服应力 $\sigma_{0.2}$，则危险应力 $\sigma^0 = \sigma_s$ 或 $\sigma_{0.2}$；对于脆性材料，断裂时的应力是强度极限 σ_b，则危险应力 $\sigma^0 = \sigma_b$。

为了保证构件安全正常工作，不仅要求不发生强度失效，而且要有一定的安全裕度，即容许的最大应力值，称为许用应力(allowable stress)，构件许用应力用 $[\sigma] = \frac{\sigma^0}{n}$ 表示，则工程上一般取

塑性材料：
$$[\sigma] = \frac{\sigma_s}{n_s} \tag{2.10}$$

脆性材料：
$$[\sigma] = \frac{\sigma_b}{n_b} \tag{2.11}$$

式中，n_s，n_b 分别为塑性材料和脆性材料的安全系数。

安全系数的选定应根据有关规定或查阅国家有关规范或设计手册，通常在静载荷设计中取 $n_s = 1.5 \sim 2.0$，$n_b = 2.5 \sim 3.0$。安全系数的选取要体现了工程上处理安全与经济一对矛盾的原则，其影响因素如下：

(1) 对载荷估计的准确性与把握性：如重力、压力容器的压力等可准确估计与测量，大自然的水力、风力、地震力等则较难估计。

(2) 材料的均匀性与力学性能指标的稳定性：如低碳钢之类塑性材料组织较均匀，强度指标较稳定，塑性变形阶段可作为断裂破坏前的缓冲，而铸铁之类脆性材料正相反，强度指标分散度大、应力集中、微细观缺陷对强度均造成较大影响。

(3) 计算公式的近似性：由于应力、应变等理论计算公式建立在材料均匀连续，各向同性假设基础上，拉伸(压缩) 应力，变形公式要求载荷通过等直杆的轴线等，所以材料不均匀性，加载的偏心，杆件的初曲率都会造成理论计算的不精确。

(4) 环境：工程构件的工作环境比实验室要复杂得多，如加工精度，腐蚀介质，高、低温等问题均应予以考虑。

各种材料的 $[\sigma]$ 值可在材料手册中查到。常见材料的许用应力值列于表 2.1 中。

表 2.1　常见材料的许用应力

材料	许用应力 $[\sigma]$ (MPa)	
	拉伸	压缩
灰铸铁	32 ～ 80	120 ～ 150
松木(顺纹)	7 ～ 12	10 ～ 12
混凝土	0.1 ～ 0.7	1 ～ 9
A2 钢	140	
A3 钢	160	
16 Mn	240	
45 钢	190	
铜	30 ～ 120	
强铝	80 ～ 150	

2.5.2 强度条件

等直截面杆拉伸或压缩时，其最大工作应力 σ_{max} 应满足下列条件

$$\sigma_{max} = \frac{F_{Nmax}}{A} \leqslant [\sigma] \tag{2.12}$$

式(2.12) 称为强度条件，是判断杆件能否安全正常工作的依据，可以解决以下三方面问题：

(1) 校核强度。已知杆件的尺寸和杆所用的材料(已知许用应力)，和杆所受的外力，检验杆是否具有足够的强度，即检验杆横截面上的最大正应力 σ_{max} 是否小于等于许用应力 $[\sigma]$。如果 $\sigma_{max} \leqslant [\sigma]$，杆有足够的强度、能安全正常地工作；如果 $\sigma_{max} > [\sigma]$，杆的强度不够、不能安全正常地工作。

(2) 设计截面。已知杆件所用的材料和杆所受的外力，当杆的横截面形状确定以后，要求杆横截面所需的尺寸：$A \geqslant \dfrac{F_{Nmax}}{[\sigma]}$。

(3) 确定构件所能承受的最大安全载荷，即许用载荷。已知构件的尺寸和所用的材料，求结构所能承受的最大载荷：$F_{Nmax} \leqslant [\sigma]A$。

对于变截面杆(如阶梯杆)，σ_{max} 不一定在 F_{Nmax} 处，还与截面积 A 有关。

例 2.6 如图 2.36(a) 所示，刚性杆 ACB 有圆杆 CD 悬挂在 C 点，B 端作用集中力 $F_P = 25$ kN，已知 CD 杆的直径 $d = 20$ mm，许用应力 $[\sigma] = 160$ MPa。求：

(1) 试校核 CD 杆的强度；

(2) 结构的许用载荷 $[F_P]$；

(3) 若 $F_P = 50$ kN，设计 CD 杆的直径。

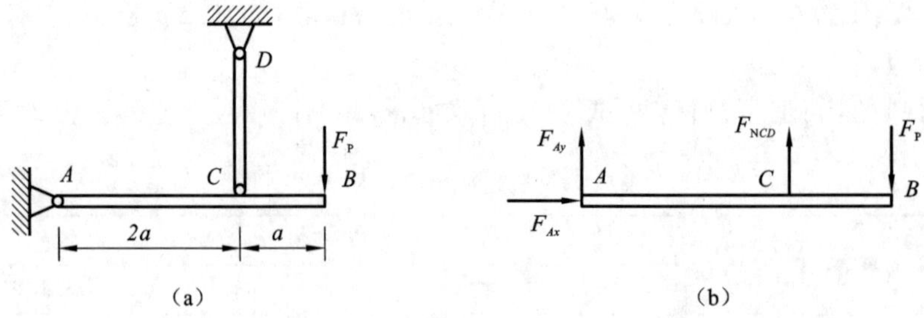

图 2.36 例 2.6 图

解 (1) 求 CD 杆受力。以刚性杆 ACB 为研究对象，受力如图 2.36(b)。由平衡方程

$$\sum M_A = 0, \quad F_{NCD} \cdot 2a - F_P \cdot 3a = 0, F_{NCD} = 1.5F_P$$

根据拉压杆的强度条件$\sigma_{max} \leqslant [\sigma]$，得到

$$\sigma = \frac{F_{NCD}}{A} = \frac{1.5F_P}{\pi d^2/4} = \frac{1.5 \times 25 \times 10^3}{3.14 \times 0.02^2/4} = 119(\text{MPa}) < [\sigma]$$

强度足够。

(2) 结构的许用载荷 $[F_P]$。

$$\sigma = \frac{F_{NCD}}{A} \leqslant [\sigma], \quad F_{NCD} = \frac{3F_P}{2} \leqslant A[\sigma]$$

得

$$F_P \leqslant \frac{2A[\sigma]}{3} = \frac{2 \times 3.14 \times 0.02^2 \times 160 \times 10^6}{3 \times 4} = 33.5(\text{kN})$$

即

$$[F_P] = 33.5 \text{ kN}$$

(3) 若 $F_P = 50$ kN,设计 CD 杆的直径。根据强度条件$\sigma_{max} \leqslant [\sigma]$,得到

$$\sigma = \frac{F_{NCD}}{A} \leqslant [\sigma]$$

$$A \geqslant \frac{F_{NCD}}{[\sigma]} = \frac{3F_P/2}{[\sigma]}, \quad \frac{\pi d^2}{4} \geqslant \frac{3F_P/2}{[\sigma]}$$

得

$$d \geqslant \sqrt{\frac{6F_P}{\pi[\sigma]}} = \sqrt{\frac{6 \times 50 \times 10^3}{3.14 \times 160 \times 10^6}} = 24.4(\text{mm})$$

取 $d = 25$ mm。

一般在保证强度的同时,直径取一整数。通过上述例题可归纳强度计算的规范步骤:

(1) 求外力(载荷)。

(2) 求各杆轴力(轴力图)。

(3) 确定危险截面(最大轴力或最小截面)。

(4) 求最大应力或设计截面或确定许用载荷,利用强度条件求解。

(5) 结果及讨论。

例 2.7　杆系结构如图 2.37 所示,已知杆 AB,AC 材料相同,许用应力 $[\sigma] = 160$ MPa,横截面积分别为 $A_1 = 706.9 \text{ mm}^2$,$A_2 = 314 \text{ mm}^2$,试确定此结构许用载荷$[F_P]$。

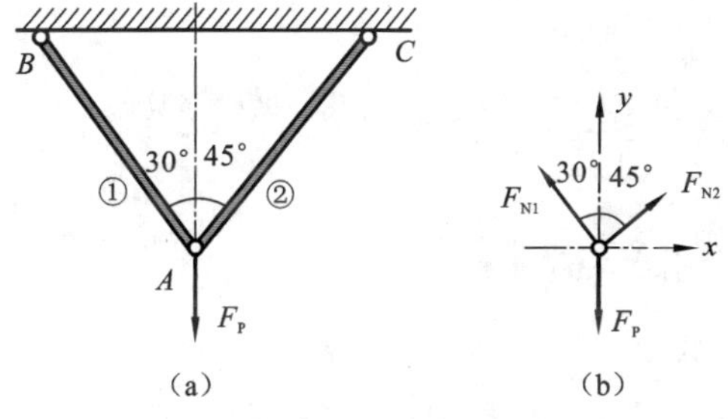

图 2.37　例 2.7 图

解　(1) 由平衡条件计算实际轴力,设 AB 杆轴力为 F_{N1},AC 杆轴力为 F_{N2},节点 A 的受力图如图 2.37(b) 所示。

由 $\sum F_x = 0$ 得

$$F_{N2} \sin 45° = F_{N1} \sin 30° \qquad ①$$

由 $\sum F_y = 0$ 得

$$F_{N1} \cos 30° + F_{N2} \cos 45° = F_P \qquad ②$$

由强度条件计算各杆容许轴力

$$[F_{N1}] \leqslant A_1[\sigma] = 706.9 \times 160 \times 10^6 \times 10^{-6} = 113.1(\text{kN}) \quad ③$$

$$[F_{N2}] \leqslant A_2[\sigma] = 314 \times 160 \times 10^6 \times 10^{-6} = 50.3(\text{kN}) \quad ④$$

由于 AB,AC 杆不能同时达到容许轴力,如果将$[F_{N1}]$,$[F_{N2}]$代入 ② 式,解得

$$[F_P] = 133.5 \text{ kN}$$

显然是错误的。

正确的解应由 ①② 式解得各杆轴力与结构载荷 F_P 应满足的关系:

$$F_{N1} = \frac{2F_P}{1+\sqrt{3}} = 0.732F_P \quad ⑤$$

$$F_{N2} = \frac{\sqrt{2}F_P}{1+\sqrt{3}} = 0.518F_P \quad ⑥$$

(2) 根据各杆各自的强度条件,即 $F_{N1} \leqslant [F_{N1}]$,$F_{N2} \leqslant [F_{N2}]$计算所对应的载荷$[F_P]$,由 ③⑤ 式有

$$F_{N1} \leqslant [F_{N1}] = A_1[\sigma] = 113.1 \text{ kN}, \quad 0.732F_P \leqslant 113.1 \text{ kN}$$

$$F_P \leqslant 154.5 \text{ kN} \quad ⑦$$

由 ④⑥ 式有

$$F_{N2} \leqslant [F_{N2}] = A_2[\sigma] = 50.3 \text{ kN}, \quad 0.518F_P \leqslant 50.3 \text{ kN}$$

$$F_P \leqslant 97.1 \text{ kN} \quad ⑧$$

要保证 AB,AC 杆的强度,应取 ⑦⑧ 式二者中的小值,因而得

$$[F_P] = 97.1 \text{ kN}$$

上述分析表明,求解杆系结构的许用载荷时,要保证各杆受力既满足平衡条件又满足强度条件。

2.6 拉压杆的变形

2.6.1 沿杆件轴线的轴向变形

如图 2.38,设等直杆的原长为 l,横截面面积为 A。在轴向力 F_P 作用下,长度由 l 变为 l_1。杆件在轴线方向的伸长,即轴向变形为 $\Delta l = l_1 - l$。

由于杆内各点轴向应力 σ 与轴向应变 ε 为均匀分布,所以一点轴向线应变即为杆件的伸长 Δl 除以原长 l:$\varepsilon = \dfrac{\Delta l}{l}$。

由 $\sigma = E\varepsilon$ 得

$$\frac{F_N}{A} = E\frac{\Delta l}{l}$$

所以

$$\Delta l = \frac{F_N l}{EA} = \frac{F_P l}{EA} \quad (2.13)$$

式(2.13)表示：当应力不超过比例极限时，杆件的伸长 Δl 与拉力 F_P 和杆件的原长 l 成正比，与横截面面积 A 成反比。这是胡克定律的另一种表达形式。式中 EA 是材料弹性模量与拉压杆的横截面面积乘积，EA 越大，则变形越小，将 EA 称为拉(压)刚度。

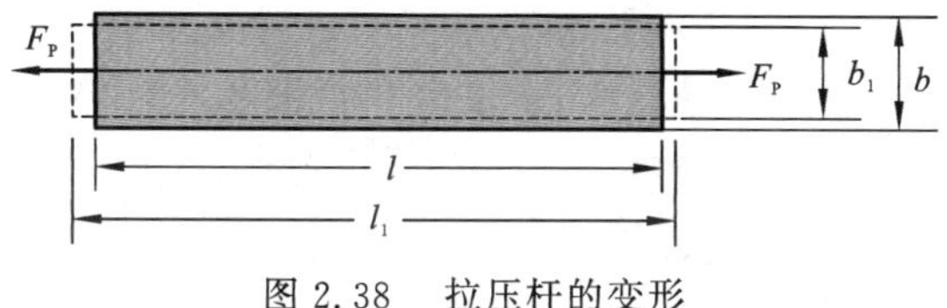

图 2.38　拉压杆的变形

2.6.2　横向变形

若在图 2.38 中，设变形前杆件的横向尺寸为 b，变形后相应尺寸变为 b_1，则横向变形为 $\Delta b = b_1 - b$。横向线应变可定义为 $\varepsilon' = \dfrac{\Delta b}{b}$。

由实验证明，在弹性范围内

$$\left|\frac{\varepsilon'}{\varepsilon}\right| = \mu \tag{2.14}$$

μ 为杆的横向线应变与轴向线应变绝对值之比，称为泊松比或横向变形系数。由于 μ 为反映材料横向变形能力的材料弹性常数，为正值，所以，ε' 与 ε 的关系为

$$\varepsilon' = -\mu\varepsilon \tag{2.15}$$

常见工程材料的弹性模量 E 和泊松比 μ 列于表 2.2 中。

表 2.2　常见工程材料的弹性模量和泊松比

材料	弹性模量 E(GPa)	泊松比 μ
钢	200 ～ 220	0.24 ～ 0.30
铝合金	70 ～ 72	0.26 ～ 0.33
铜	70 ～ 120	0.31 ～ 0.42
铸铁	80 ～ 160	0.23 ～ 0.27
木材(顺纹)	8 ～ 12	
混凝土	15 ～ 36	0.16 ～ 0.18

2.6.3　变截面杆的伸长变形

如图 2.39 所示变截面杆，其微段的伸长为 $d(\Delta l) = \dfrac{F_N(x)dx}{A(x)E}$，积分得

$$\Delta l = \int_l \frac{F_N(x)}{A(x)E}dx \tag{2.16}$$

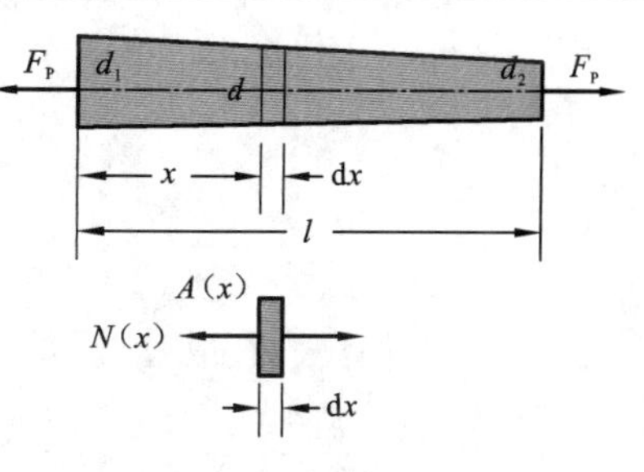

图 2.39　变截面杆的变形

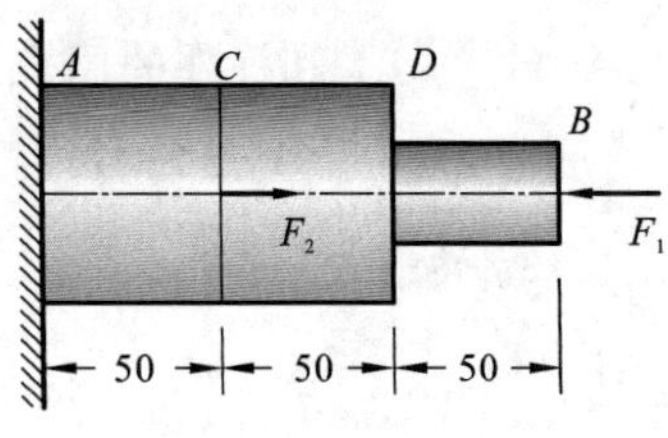

图 2.40 例 2.8 图

例 2.8 图 2.40 所示为变截面杆，已知 BD 段的面积 $A_1=2\ \text{cm}^2$，DA 段的面积 $A_2=4\ \text{cm}^2$，$F_1=5\ \text{kN}$，$F_2=10\ \text{kN}$。求 AB 杆的变形 Δl_{AB}。（材料的弹性模量 $E=120\times10^3\ \text{MPa}$）

解 (1) 利用截面法求轴力。分别求得 BD，DC，CA 三段的轴力 F_{N1}，F_{N2}，F_{N3} 为

$$F_{\text{N1}}=-5\ \text{kN},\quad F_{\text{N2}}=-5\ \text{kN},\quad F_{\text{N3}}=5\ \text{kN}$$

(2) 由式(2.13)求变形。

$$\Delta l_{BD}=\Delta l_1=\frac{F_{\text{N1}}l_1}{EA_1}=\frac{-5\times10^3\times0.5}{120\times10^9\times2\times10^{-4}}=-1.05\times10^{-4}(\text{m})$$

$$\Delta l_{DC}=\Delta l_2=\frac{F_{\text{N2}}l_2}{EA_2}=\frac{-5\times10^3\times0.5}{120\times10^9\times4\times10^{-4}}=-0.52\times10^{-4}(\text{m})$$

$$\Delta l_{CA}=\Delta l_3=\frac{F_{\text{N3}}l_3}{EA_3}=\frac{5\times10^3\times0.5}{120\times10^9\times4\times10^{-4}}=0.52\times10^{-4}(\text{m})$$

AB 杆的变形为

$$\Delta l_{AB}=\Delta l_1+\Delta l_2+\Delta l_3=-1.05\times10^{-4}(\text{m})$$

Δl_{AB} 的负号说明此杆缩短。

变形与位移：对轴向拉压杆，它们的关系明确。对于杆系结构，由于变形和结构约束条件，从而变形和位移之间还应满足一定的几何关系。

例 2.9 图 2.41(a)所示杆系结构，已知 BC 杆圆截面 $d=20\ \text{mm}$，$l_1=1.2\ \text{m}$ BD 杆为 8 号槽钢，许用应力 $[\sigma]=160\ \text{MPa}$，弹性模量 $E=200\ \text{GPa}$，作用在 B 点的外力 $F_{\text{P}}=60\ \text{kN}$。求 B 点的位移。

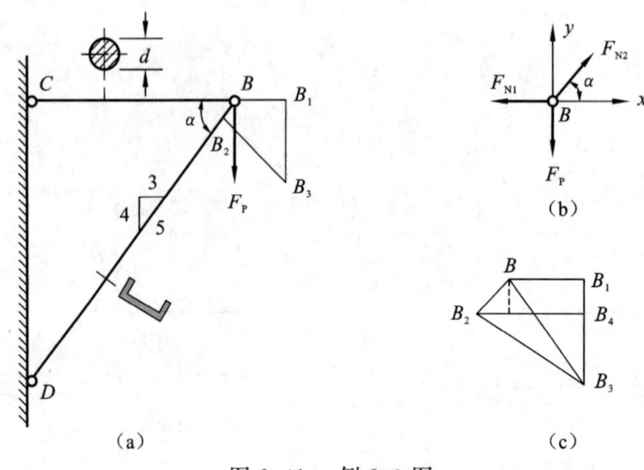

图 2.41 例 2.9 图

解 (1) 计算轴力。取节点 B[图 2.41(b)]为研究对象，画受力图，设 BC 杆受拉，BD 杆受压。由平衡方程

$$\sum F_x=0,\quad F_{\text{N2}}\cos\alpha-F_{\text{N1}}=0 \qquad ①$$

$$\sum F_y = 0, \quad F_{N2}\sin\alpha - F_P = 0 \qquad ②$$

解得

$$F_{N2} = 75\ \text{kN}\ (压), \quad F_{N1} = 45\ \text{kN}\ (拉)$$

(2) 计算变形。由 $BC : CD : BD = 3 : 4 : 5$,得 $BD = l_2 = 2$ m。

BC 杆圆截面的面积 $A_1 = 314 \times 10^{-6}\ \text{m}^2$,$BD$ 杆为 8 号槽钢,由型钢表查得截面面积 $A_2 = 1020 \times 10^{-6}\ \text{m}^2$,由胡克定律求得

$$BB_1 = \Delta l_1 = \frac{F_{N1} l_1}{EA_1} = \frac{45 \times 10^3 \times 1.2}{200 \times 10^9 \times 314 \times 10^{-6}} = 0.86 \times 10^{-3}(\text{m})$$

$$BB_2 = \Delta l_2 = \frac{F_{N2} l_2}{EA_2} = \frac{75 \times 10^3 \times 2}{200 \times 10^9 \times 1020 \times 10^{-6}} = 0.732 \times 10^{-3}(\text{m})$$

(3) 确定 B 点位移。已知 Δl_1 为拉伸变形,Δl_2 为压缩变形。设想将杆系在节点 B 拆开[图 2.41(c)],BC 杆伸长变形后变为 B_1C,BD 杆压缩变形后变为 B_2D。分别以 C 点和 D 点为圆心,CB_1 和 DB_2 为半径,作圆弧相交于 B_3。B_3 点即为托架变形后 B 点的位置。因为是小变形,B_1B_3 和 B_2B_3 是两段极其微小的短弧,因而可用分别垂直于 B_1C 和 B_2D 的直线线段来代替,这两段直线的交点即为 B_3。BB_3 即为 B 点的位移。

$$BB_3 = \sqrt{(B_1B_3)^2 + (BB_1)^2} = \sqrt{(0.86 \times 10^{-3})^2 + (0.73 \times 10^{-3})^2} = 1.78 \times 10^{-3}(\text{m})$$

2.7　拉压杆超静定问题

2.7.1　超静定的概念和解法

如图所示,图 2.42(a) 和(b) 中结构的约束反力和内力都可由静力学平衡方程求出,这样的结构称为静定结构。工程中有时为了提高结构的强度和刚度,或为了满足构造上的需要,常常在静定结构上增加一些约束,如图 2.42(c) 和(d) 所示,这时,结构需求的约束反力和内力的个数已超过静力平衡方程的个数,故不能由静力学平衡方程求出全部未知的约束反力和内力,这类结构称为静不定结构或超静定结构(statically indeterminate problem)。这些增加的约束称为多余约束(redundant constraint),相应的力称为多余未知力。我们把全部未知力的个数与独立平衡方程个数的差值称为超静定次数(degree of statically indeterminate problem)。超静定次数也等于多余约束的个数。

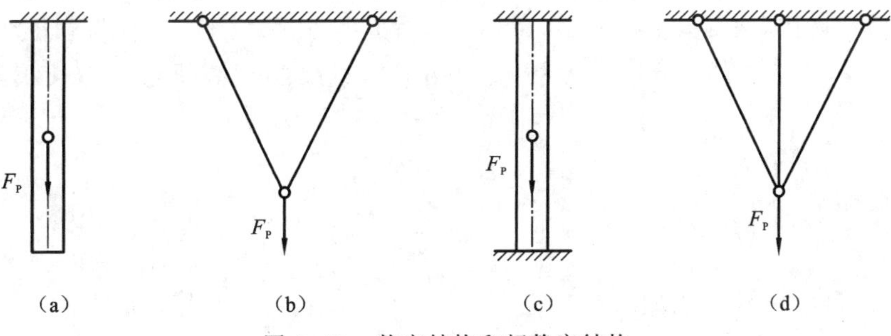

图 2.42　静定结构和超静定结构

多余约束使结构由静定变为超静定，问题由静力平衡可解变为静力平衡不可解。同时，多余约束对结构的变形有限制作用，结构中各杆件的变形有关联，而杆件的变形与其受力紧密相联，这就为求解超静定问题提供了补充条件。

因此，一般超静定问题的解法为：先解除“多余”约束，使超静定结构变为静定结构，建立静力平衡方程。然后根据“多余”约束性质，建立变形协调方程（compatibility relations of deformation）。再建立物理方程，如胡克定律，热膨胀规律等。最后联解静力平衡方程以及变形协调方程和物理方程所建立的补充方程，求出未知约束力或内力。下面举例说明。

例 2.10 如图 2.43(a) 所示桁架，1，2，3 杆有相同的弹性模量 E、横截面面积 A，1，2 两杆的长度为 l，已知载荷 F_P 和角 α，求三杆的内力。

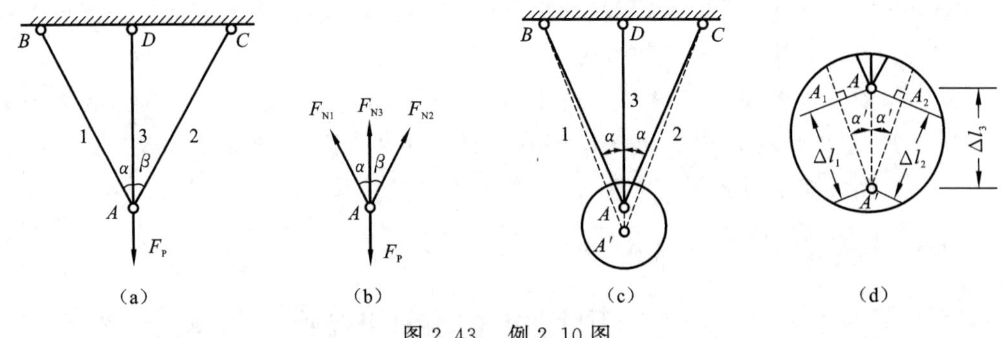

图 2.43 例 2.10 图

解 (1) 截取研究对象，画受力图，列平衡方程。

将 1、2、3 杆沿任意截面截开，选取如图 2.43(b) 所示的研究对象，考虑到在外力作用下，3 根杆都是二力杆，且都是伸长变形，故 3 根杆都受轴向拉力作用。研究所取对象的平衡，有

$$\sum F_x = 0, \quad -F_{N1}\sin\alpha + F_{N2}\sin\alpha = 0 \tag{①}$$

$$\sum F_y = 0, \quad F_{N1}\cos\alpha + F_{N2}\cos\alpha + F_{N3} - F_P = 0 \tag{②}$$

(2) 画变形图，找变形关系。

由平衡方程 ① 知 $F_{N1} = F_{N2}$，则 1、2 两杆伸长相同，设受力后，节点 A 竖直下移至 A' 点，则 3 杆的伸长量为 $\Delta l_3 = AA'$[图 2.43(c)]，以 B 为圆心，BA 为半径作圆弧，与线段 BA' 交于 A_1 点，则 $BA_1 = BA$，1 杆的伸长量为 $\Delta l_1 = A_1A' = \Delta l_2$。

在工程实际中，通常变形都较小，在小变形情况下，用切线来代替圆弧[图 2.43(d)]，近似认为 $AA_1 \perp BA'$，同时，近似认为 $\angle AA'A_1 = \angle BAD = \alpha$，因此，三杆变形满足下列关系

$$\Delta l_1 = \Delta l_2 = \Delta l_3 \cos\alpha \tag{③}$$

杆的伸长与内力有下列关系

$$\Delta l_1 = \frac{F_{N1} l_1}{E_1 A_1} = \frac{F_{N1} l}{EA}, \quad \Delta l_3 = \frac{F_{N3} l_3}{E_3 A_3} = \frac{F_{N3} l \cos\alpha}{EA} \tag{④}$$

将 ④ 代入 ③ 式得

$$F_{N1}=F_{N3}\cos^2\alpha \qquad ⑤$$

联立解方程 ①②⑤ 可得

$$F_{N1}=F_{N2}=\frac{\cos^2\alpha}{1+2\cos^3\alpha}F_P$$

$$F_{N3}=\frac{1}{1+2\cos^3\alpha}F_P$$

例 2.11　图 2.44(a) 所示平行杆系 1、2、3 悬吊着横梁 AB(AB 的变形略去不计),在横梁上作用着荷载 F_P。如杆 1、2、3 的截面积、长度、弹性模量均相同,分别为 A, l, E。试求 1、2、3 三杆的轴力 F_{N1}, F_{N2}, F_{N3}。

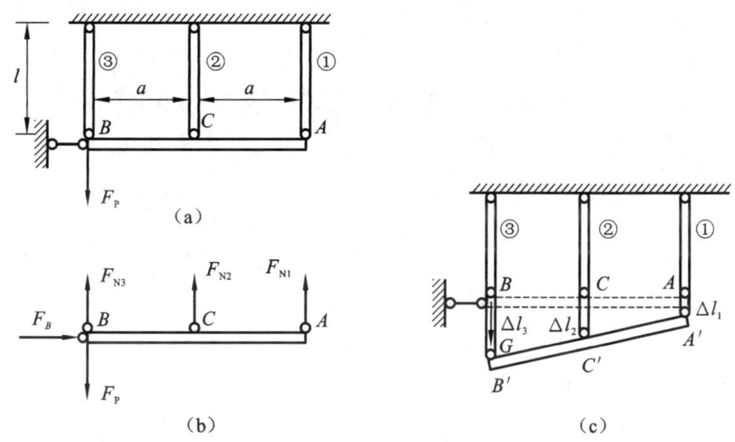

图 2.44　例 2.11 图

解　(1) 分析 AB 杆受力,如图 2.44(b),由平衡方程

$$\sum F_x=0,\quad F_B=0 \qquad ①$$

$$\sum F_y=0,\quad F_{N1}+F_{N2}+F_{N3}-F_P=0 \qquad ②$$

$$\sum M_B=0,\quad F_{N1}\cdot 2a+F_{N2}\cdot a=0 \qquad ③$$

一次超静定问题,且假设均为拉杆。

(2) 考虑 AB 不变形,画结构的变形图[图 2.44(c)],得变形几何方程

$$\Delta l_1+\Delta l_3=2\Delta l_2 \qquad ④$$

(3) 物理方程

$$\Delta l_1=\frac{F_{N1}l}{EA},\quad \Delta l_2=\frac{F_{N2}l}{EA},\quad \Delta l_3=\frac{F_{N3}l}{EA}$$

代入方程 ④,得补充方程

$$F_{N1}+F_{N3}=2F_{N2} \qquad ⑤$$

(4) 联立平衡方程 ②③ 与补充方程 ⑤ 求解,得

$$F_{N1}=-\frac{F_P}{6},\quad F_{N2}=\frac{F_P}{3},\quad F_{N3}=\frac{5F_P}{6}$$

2.7.2 温度应力

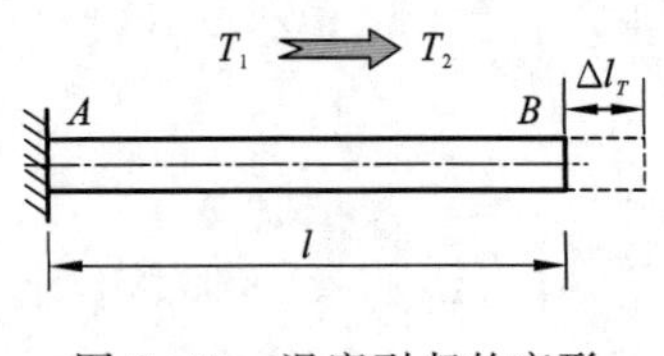

图 2.45 温度引起的变形

温度变化时，构件的形状和尺寸都会发生变化。如图 2.45 所示，长为 l 的杆件，温度变化 ΔT 时，经过实验测定，其变形量 Δl_T 与 ΔT、原长 l 及材料有关，可表示为

$$\Delta l_T = \alpha l \Delta T$$

α 为线膨胀系数，是材料的性质。

静定结构允许杆件自由伸长，故温度变化不引起应力变化。对于超静定结构，当结构的工作环境温度改变，由于各杆的变形受到限制，杆内将产生应力，这种由温度变化而产生的应力称为温度应力。如舰艇动力装置的管道，钢轨等易产生温度应力。

例 2.12 如图 2.46(a) 所示两端固定的钢杆 AB，长为 l，横截面面积为 A，材料的弹性模量 $E = 200$ GPa，线膨胀系数 $\alpha_l = 1.25 \times 10^{-6}$ 1/℃。求温度升高 $\Delta T = 20$ ℃ 时，杆内的应力。

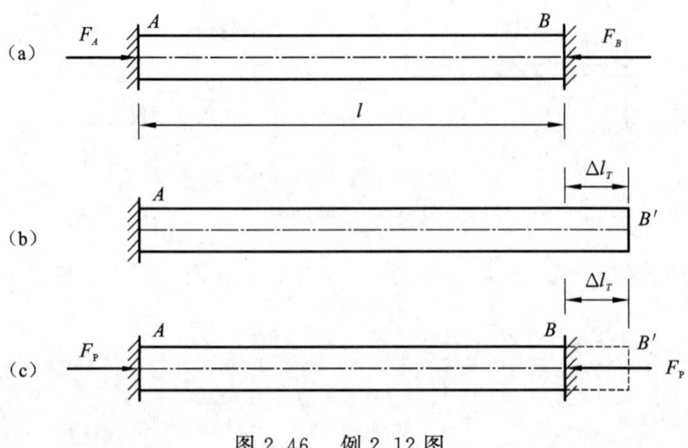

图 2.46 例 2.12 图

解 (1) 画受力图，列平衡方程。当温度升高时，杆伸长，但受两固定端的阻挡，使杆不能自由伸长，在此特殊受力情况下，固定端只有轴向约束反力，分别设为 F_A、F_B，由平衡方程

$$\sum F_x = 0, \qquad F_A - F_B = 0$$

得

$$F_A = F_B = F_P$$

(2) 画变形图，找变形几何关系。如图 2.46(b)，杆因温度升高而引起的伸长为 $\Delta l_T = \alpha_l \Delta T l$，因受压力作用而引起的伸长为 $\Delta l_N = \dfrac{F_N l}{EA} = \dfrac{-F_P l}{EA}$，因杆在温度升高和压力的共同作用下，杆的长度没有变化[图 2.46(c)]，因此，变形几何条件为

$$\Delta l = \Delta l_T + \Delta l_N = 0$$

即
$$\alpha_l \Delta T l - \frac{F_P l}{EA} = 0$$

解得
$$F_P = \alpha_l \Delta TEA$$

杆内应力为

$$\sigma = \frac{F_N}{A} = -\frac{F_P}{A} = -\alpha E \Delta T = -12.5 \times 10^{-6} \times 200 \times 10^9 \times 20 = -50(\mathrm{MPa})$$

工程中常采取一些措施来消除温度应力的不利影响，例如，在两段钢轨间预留空隙；在混凝土路面和房屋建筑中设置伸缩缝；架设管道时，弯个伸缩节等。

2.8　思考与讨论

2.8.1　复合材料等截面直杆的轴向拉伸

两种不同材料组成的复合材料等截面直杆承受轴向载荷如图 2.47 所示，已知组成杆的两种材料的弹性模量分别为 E_1 和 E_2，而且 $E_1 > E_2$；假设在图示载荷作用下复合材料杆产生均匀拉伸变形。(1) 试画出杆件横截面上的正应力分布；(2) 确定载荷作用点与右侧面之间的距离；(3) 导出两部分横截面上的应力表达式。

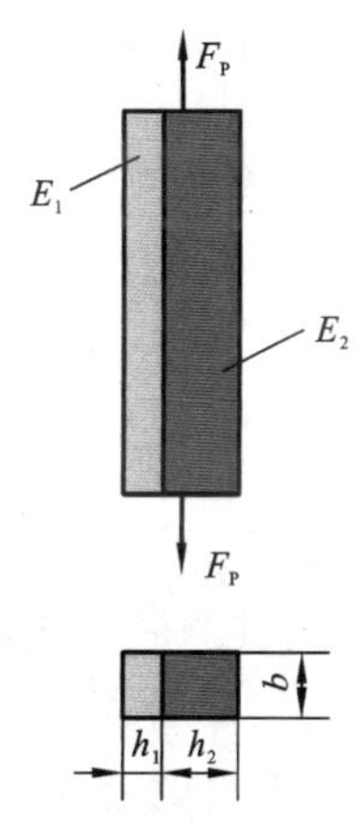

图 2.47　复合材料等截面直杆

从新设计该直杆的尺寸，两根直杆均为矩形截面，宽度均为 b，高度分别为 h_1 和 h_2。现在将该直杆（截面宽度相等、高度不等）的左端固定，右端与刚性块固接，刚性块上安装有 4 个轮子，从而可以在固定的刚性导轨间沿水平方向移动(图 2.48)。试分析：

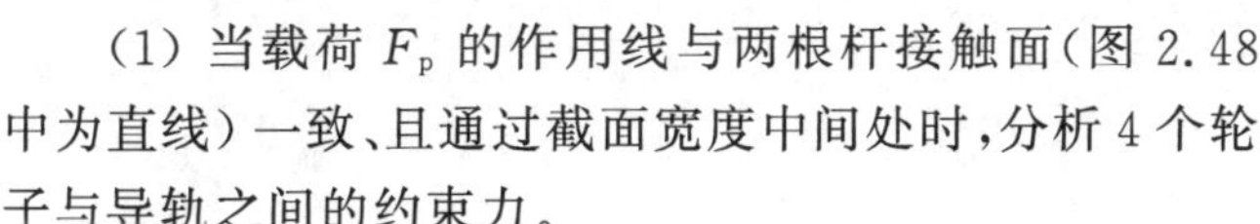

(1) 当载荷 F_p 的作用线与两根杆接触面（图 2.48 中为直线）一致、且通过截面宽度中间处时，分析 4 个轮子与导轨之间的约束力。

(2) 分析研究有没有可能在水平方向载荷 F_p 的作用下，4 个轮子与导轨之间的约束力为零。

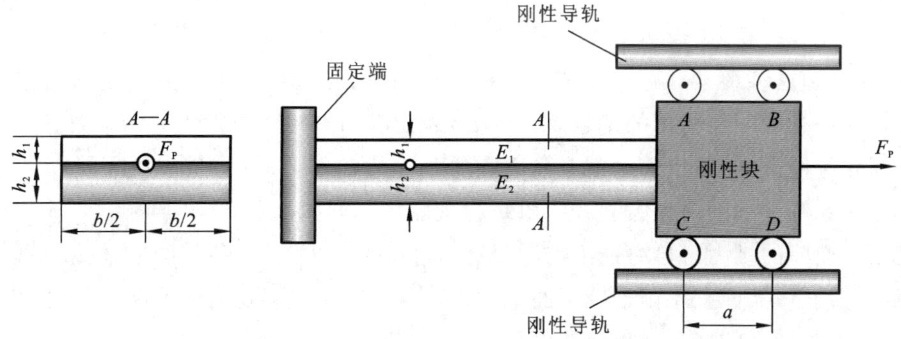

图 2.48　两端加强的复合材料等截面直杆

2.8.2 拔河绳的拉伸强度

拔河是古老的游戏和运动，如图 2.49 所示。

图 2.49 拔河比赛

2005 年 2 月 22 日甘肃省庆阳市西峰区主办了“万人闹元宵拔河比赛”。为了营造节日气氛与活动声势，规定每个队由破天荒的 500 人参赛。在其中两个乡镇的比赛中，500 m 长的钢丝绳突然断成好几截，队员们猝不及防跌倒在地，事故造成了 4 人重伤，10 人轻伤的严重后果。媒体只对事件作了上述简单报道，没有提供进一步的事实和数据。依据材料力学知识和参加常规体育活动的经验，试分析发生事故的主要原因。

下列选项可供参考：①钢丝绳的强度不够；②钢丝绳的质量有问题；③这两个乡镇的参赛选手力气格外大；④钢丝绳已经在使用中造成了损伤。

2.8.3 断缆事故的对策

1. 事件背景

2001 年 1 月春节前夕，在位于辽东湾的一座海上采油平台旁停靠着一条输油船，输油作业正在紧张地进行着。突然听得“砰”的一声巨响，位于船尾的一条系船缆索被意外地拉断了。要知道这种缆索具有 400 吨的承载力，可见船所受到的推力之大是相当惊人的。幸亏船体由并列的 3 根同样的缆索系固，船体才没有因失控而引发更大的事故。这一事件受到公司领导的高度重视，因为就在几天前的一次输油作业时，也曾发生了类似的事件，平台上一个系缆桩上的两根大直径地脚螺栓被船揽同时拉断了。

输油船受到的推力来自海面上的漂流冰排。2000 ～ 2001 年冬季的冰情比较重，在风和海流的拖动下，大面积冰排连续不断地漂流而来，在船尾处被挤压破碎，形成巨大的推力。系船的缆桩所在的平台甲板比船的甲板高，缆索是向下倾斜的。

将两次事故联系起来分析，平台上的专业技术人员发现了一个共同因素，就是这两次输油开始时，都恰巧赶上海面处于最高潮位。因为整个输油过程持续 5 个多小时，作业结束时已接近到达最低潮位。该海面的潮差可达 4 m 多，这就意味着缆索的倾角是持续增大的，这是导致上述破坏事件的一个重要原因。为了防范同类问题再次发生，经过对缆索受力和强度因素的全面分析，技术人员提出了两项对策，一是调整作业时间，使输油作业在低潮位时开始，接近高潮位的时结束；二是调节输油船停靠的朝向，使船头迎向随涨潮漂来的冰排。此后的实践结果证明，这两项措施确实有效，在不增加额外成本的条件下解决了缆索的强度问题。

2. 问题与思考

(1) 调整作业时间，改变作业开始时的潮位为什么能改善船缆的受力条件？

(2) 船头朝向与冰排的运动方向相反，船体受到的冰力作用是否会改变？通过何种方式改变？

2.8.4　塑性和脆性材料的力学性能比较

前面已经介绍了塑性材料和脆性材料的力学性能，那么塑性材料和脆性材料有哪些特点？对于塑性材料，塑性指标较高，抗拉断和承受冲击能力较好，其强度指标主要是屈服极限 σ_S，且拉压时具有相同的力学性能。工程上应用广泛。对于脆性材料，塑性指标较低，抗拉能力远远低于抗压能力，其强度指标只有强度极限 σ_b，主要用于承压构件。

习　题　2

2-1　如题 2-1 图所示的刚性板 ABC 上作用平面力系，约束杆 1、杆 2 材料相同、面积相等，其内力 F_{N1} 与 F_{N2}，比较二者(　　)。

A. $F_{N1} = F_{N2}$　　B. $F_{N1} > F_{N2}$

C. $F_{N1} < F_{N2}$　　D. 无法确定固定关系

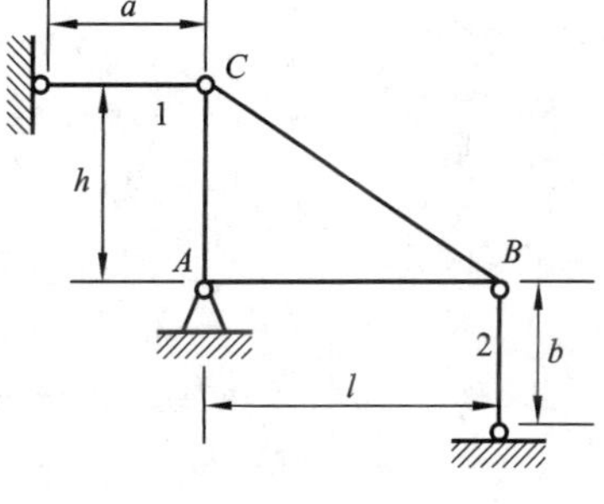

题 2-1 图

2-2　轴向拉压杆，在与其轴线平行的纵向截面上(　　)。

A. 正应力为零，切应力不为零

B. 正应力不为零，切应力为零

C. 正应力和切应力均不为零

D. 正应力和切应力均为零

2-3　题 2-3 图示阶梯形杆，CD 段为铝，横截面面积为 A；BC 和 DE 段为钢，横截面面积均为 $2A$。设 1-1、2-2、3-3 截面上的正应力分别为 σ_1、σ_2、σ_3，则其大小次序为(　　)。

A. $\sigma_1 > \sigma_2 > \sigma_3$　　B. $\sigma_2 > \sigma_3 > \sigma_1$

C. $\sigma_3 > \sigma_1 > \sigma_2$　　D. $\sigma_2 > \sigma_1 > \sigma_3$

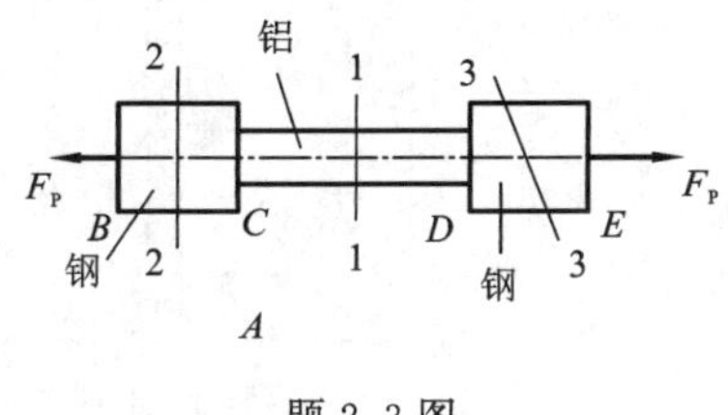

题 2-3 图

2-4　轴向拉伸细长杆件如题 2-4 图所示，则(　　)。

A. 1-1 截面、2-2 截面上应力皆均匀分布

B. 1-1 截面上应力非均匀分布，2-2 截面上应力均匀分布

C. 1-1 截面上应力均匀分布，2-2 截面上应力非均匀分布

D. 1-1 截面、2-2 截面上应力皆非均匀分布

2-5　某材料的应力-应变曲线如题 2-5 图所示，根据该曲线，材料的条件屈服应力 $\sigma_{0.2}$ 约为(　　)。

A. 135 MPa　　B. 235 MPa　　C. 325 MPa　　D. 380 MPa

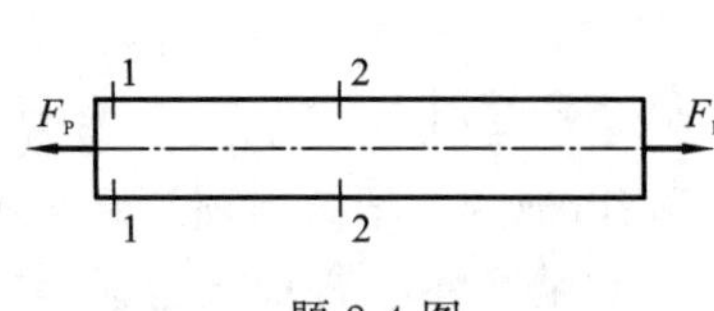

题 2-4 图

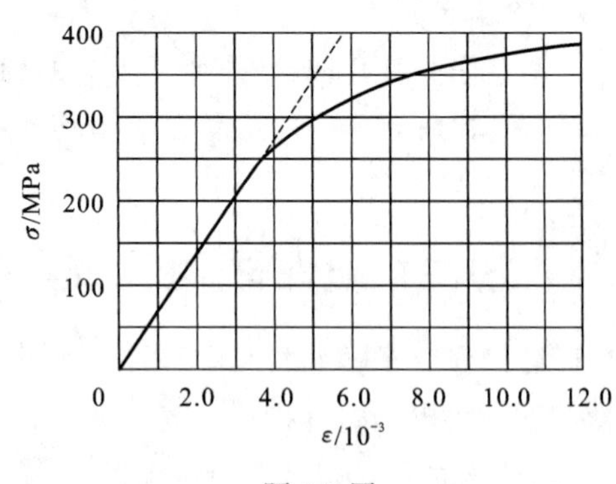

题 2-5 图

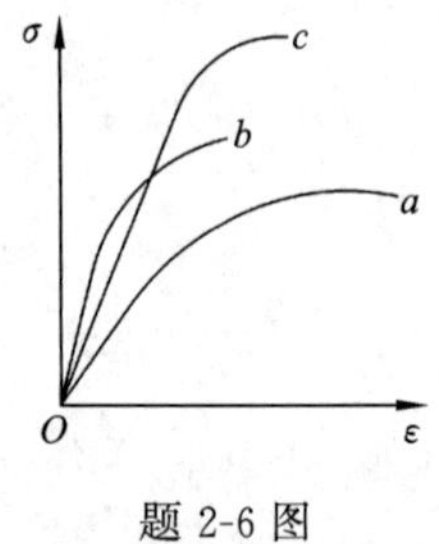

题 2-6 图

2-6　三根圆棒试样，其面积和长度均相同，进行拉伸试验得到的 σ-ε 曲线如题 2-6 图所示，其中强度最高、刚度最大、塑性最好的试样分别是(　　)。

A. a,b,c　　B. b,c,a　　C. c,b,a　　D. c,a,b

2-7　在低碳钢拉伸时的 σ-ε 曲线，若断裂点的横坐标为 ε，则 ε(　　)。

A. 大于延伸率　B. 小于延伸率　C. 等于延伸率　D. 不能确定

2-8　关于解除外力后，消失的变形和残余的变形的定义，以下结论哪个是正确的?(　　)

A. 分别称为弹性变形、塑性变形　　B. 通称为塑性变形

C. 分别称为塑性变形、弹性变形　　D. 通称为弹性变形

2-9　等截面直杆 CD 位于两块夹板之间，如题 2-9 图所示。杆件与夹板间的摩擦力与杆件自重保持平衡。设杆 CD 两侧的摩擦力沿轴线方向均匀分布，且两侧摩擦力的集度均为 q，杆 CD 的横截面面积为 A，质量密度为 ρ，试问下列结论中正确的是(　　)。

A. $q=\rho gA$

B. 杆内最大轴力 $F_{Nmax}=ql$

C. 杆内各横截面上的轴力 $F_N=\dfrac{\rho gAl}{2}$

D. 杆内各横截面上的轴力 $F_N=0$

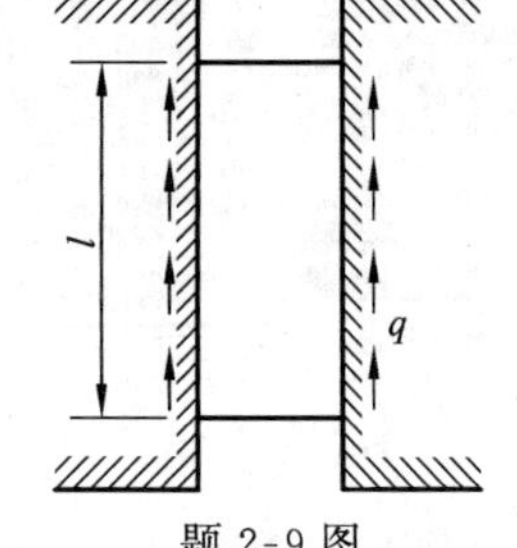

题 2-9 图

2-10　题 2-10 图所示钢梁 AB 由长度和横截面面积相等的钢杆 1 和铝杆 2 支承，在载荷 F_P 作用下，欲使钢梁平行下移，则载荷 F_P 的作用点应(　　)。

A. 靠近 A 端　　B. 靠近 B 端　　C. 在 AB 梁的中点　　D. 任意点

2-11　如题 2-11 图所示的结构中，杆 AB 为刚性杆，设 l_1 和 l_2 分别表示杆 1、2 的长度，Δl_1 和 Δl_2 分别表示它们的伸长，则当求解斜杆的内力时，相应的变形协调条件为(　　)。

A. $2l_1\Delta l_1 = l_2\Delta l_2$　　B. $l_1\Delta l_1 = 2l_2\Delta l_2$

C. $\Delta l_1\sin\alpha_2 = 2\Delta l_2\sin\alpha_1$　　D. $\Delta l_1\cos\alpha_2 = 2\Delta l_2\cos\alpha_1$

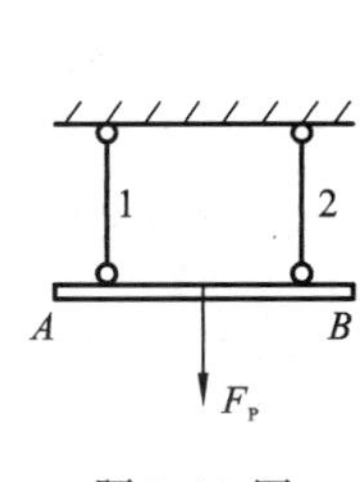

题 2-10 图

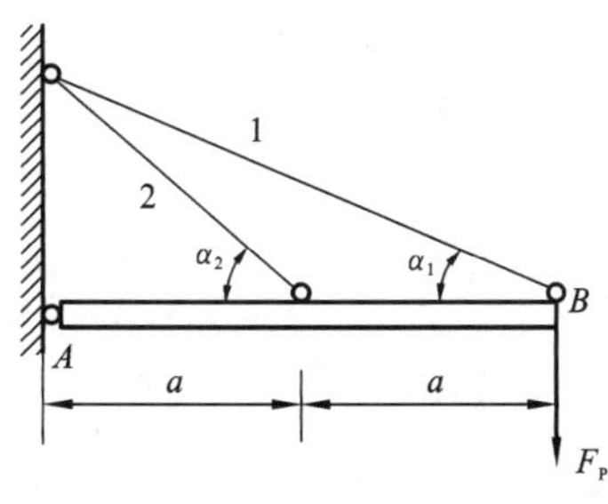

题 2-11 图

2-12　绘出题 2-12 图示轴向拉(压) 杆的轴力图。

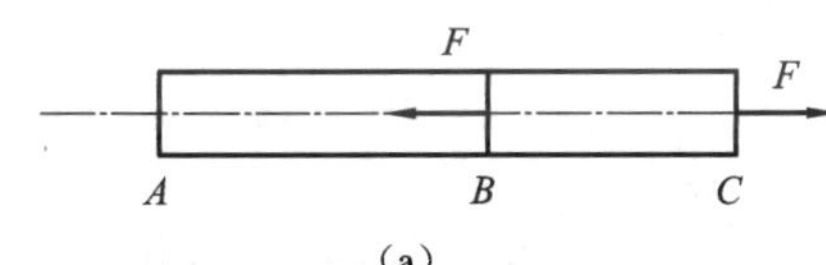

(a)

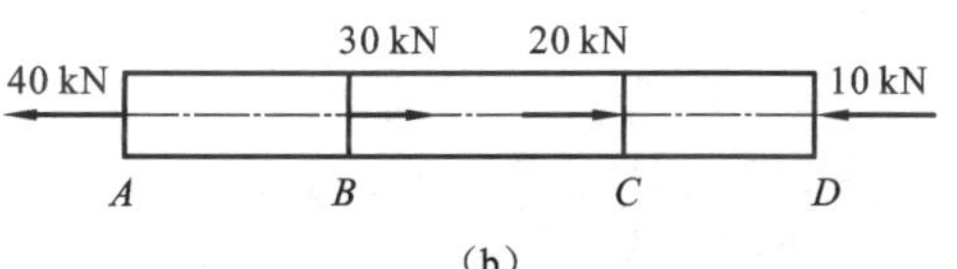

(b)

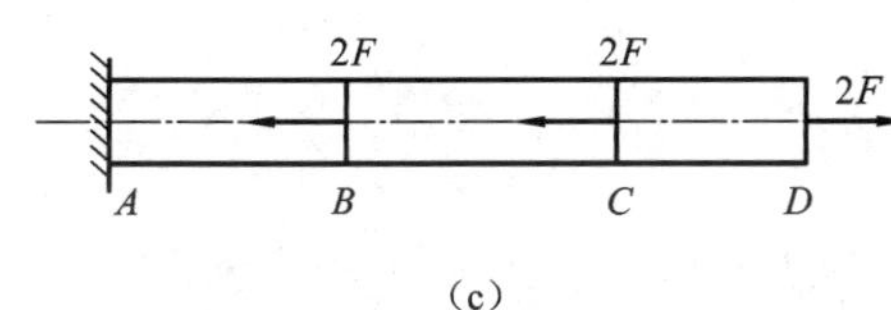

(c)

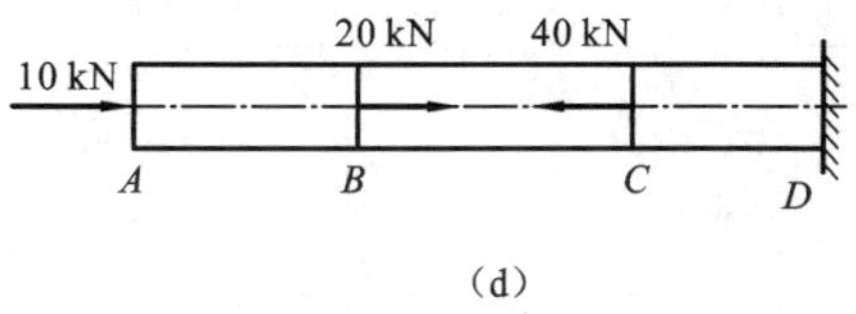

(d)

题 2-12 图

2-13　题 2-13 图示各杆均为圆截面杆，其直径及荷载如图所示，材料的抗拉、抗压性能相同。求杆横截面上的最大工作应力。

2-14　题 2-14 图示结构的 BC 梁上受均布荷载 $q = 50$ kN/m 作用。拉杆 AC 拟用一根等边角钢制作，其许用应力$[\sigma] = 170$ MPa。试选择角钢型号。

2-15　题 2-15 图示结构中，AC 为钢杆，横截面积 $A_1 = 200\ \text{mm}^2$，BC 为铜杆，横截面积 $A_2 = 300\ \text{mm}^2$。已知许用应力$[\sigma]_{钢} = 160$ MPa，$[\sigma]_{铜} = 120$ MPa，试求此结构的许用载荷$[F_P]$。

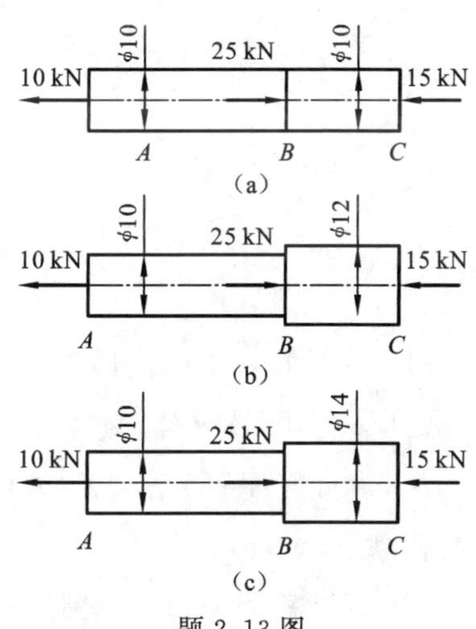

题 2-13 图

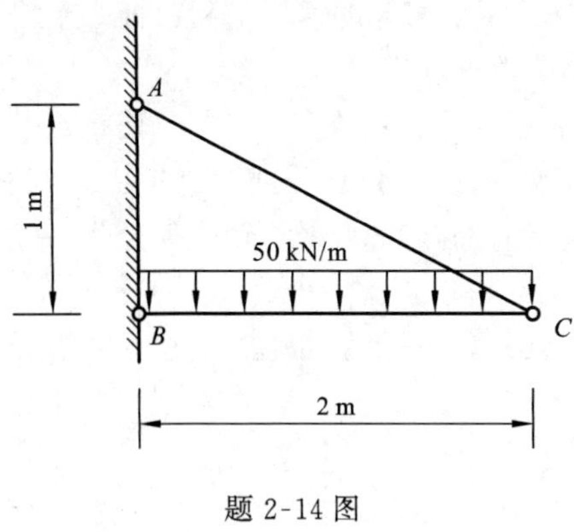

题 2-14 图

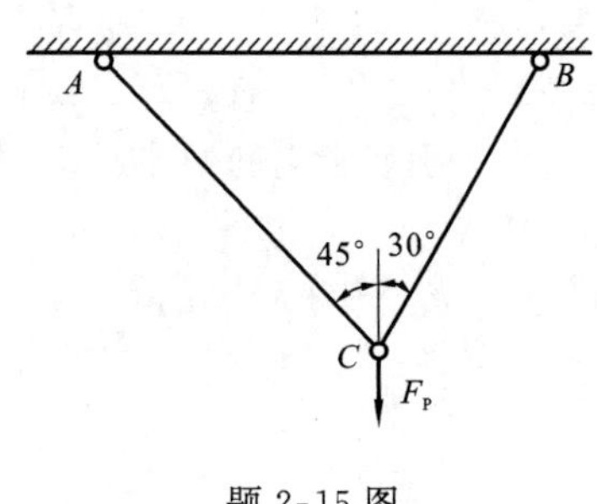

题 2-15 图

2-16　某材料的应力-应变曲线如题题 2-16 图所示。试根据该曲线确定：

(1) 材料的弹性模量 E、比例极限 σ_p 与屈服极限 $\sigma_{0.2}$；

(2) 当应力增加到 $\sigma = 350$ MPa 时，材料的弹性应变 ε_e 与塑性应变 ε_p。

2-17　一根直径 $d = 20$ mm，长度 $l = 1$ m 的轴向拉杆，在弹性范围内承受拉力 $F_P = 40$ kN。已知材料的弹性模量 $E = 2.1 \times 10^5$ MPa，泊松比 $\nu = 0.3$。求该杆的长度改变量 Δl 和直径改变量 Δd。

2-18　题 2-18 图示轴向拉(压)杆为圆截面杆，杆的直径、纵向尺寸及所受荷载如图所示。求杆的最大工作应力及纵向变形。材料的弹性模量 $E = 2.1 \times 10^5$ MPa。

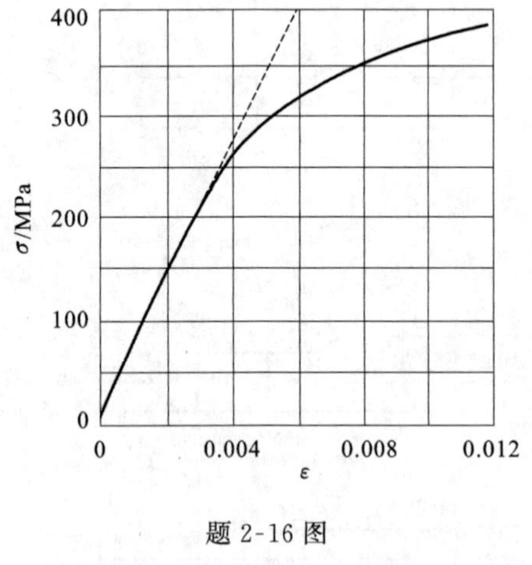

题 2-16 图

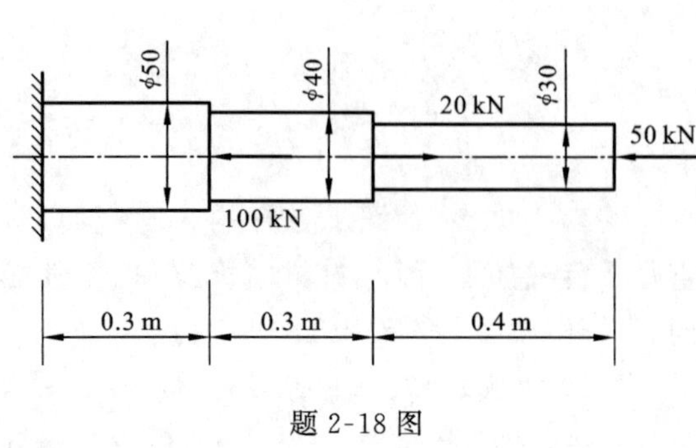

题 2-18 图

2-19　一阶梯杆如题 2-19 图所示，上端固定，下端与刚性支承面之间留有空隙 $\Delta = 0.08$ mm。杆的上段是铜材，横截面面积 $A_1 = 4000$ mm^2，弹性模量 $E_1 = 100$ GPa；下段是钢材，横截面面积 $A_2 = 2000$ mm^2，弹性模量 $E_2 = 200$ GPa。若在两段交界处施加轴向荷载 F，试问：

(1) F 等于多大时，下端空隙恰好消失？

(2) 当 $F = 500$ kN 时，各段横截面上的正应力是多少？

2-20　如题 2-20 图所示，有一阶梯形钢杆，两段的横截面面积分别为 $A_1 = 1000\ \text{mm}^2$、$A_2 = 500\ \text{mm}^2$ 在 $T_1 = 5$ ℃ 时将杆的两端固定，求当温度升高至 $T_2 = 25$ ℃ 时，在杆各段中引起的温度应力。已知钢的线膨胀系数 $\alpha_l = 12.5 \times 10^{-6}$ 1/℃，弹性模量 $E = 200$ GPa。

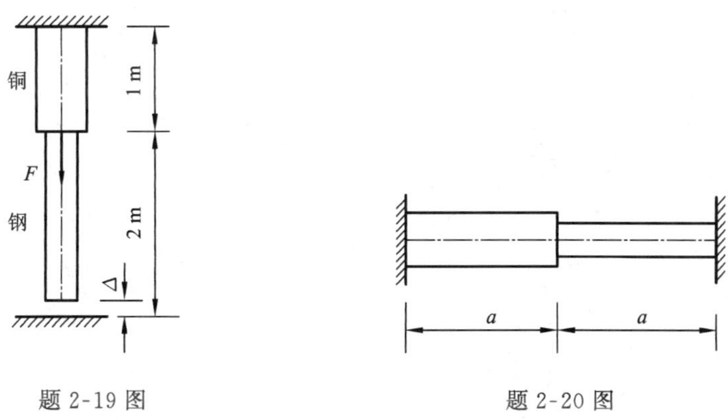

题 2-19 图　　　　题 2-20 图

2-21　题 2-21 图示一横截面为正方形的木短柱，在其四角上用四个 40 mm × 40 mm × 4 mm 的等边角钢加固。已知角钢的许用应力 $[\sigma]_{钢} = 160$ MPa，弹性模量 $E_{钢} = 200$ GPa；木材的许用应力 $[\sigma]_{木} = 12$ MPa，弹性模量 $E_{木} = 10$ GPa。求荷载 F_P 的最大值。

2-22　在题 2-22 图示结构中，AB 为刚性杆，BD 和 CE 为钢杆。已知杆 BD 和 CE 的横截面面积分别为 $A_1 = 400\ \text{mm}^2$、$A_2 = 200\ \text{mm}^2$，钢的许用应力 $[\sigma] = 170$ MPa。若在 AB 上作用有均布荷载 $q = 30$ kN/m，试校核钢杆 BD 和 CE 的强度。

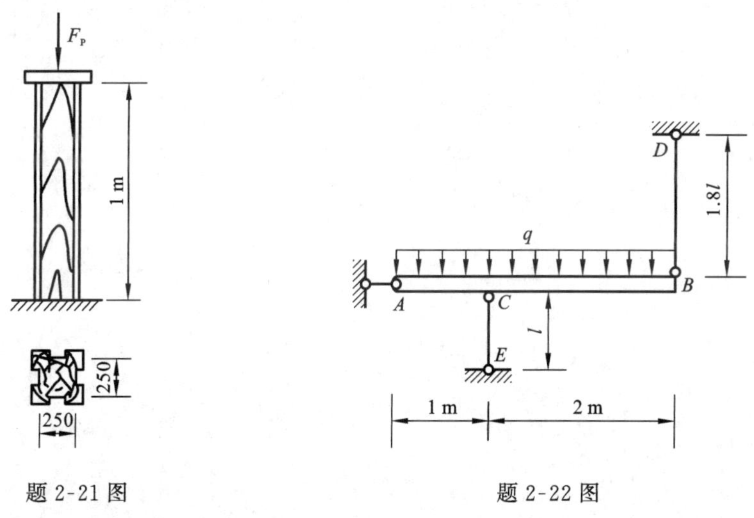

题 2-21 图　　　　题 2-22 图

2-23　如题 2-23 图所示横梁 AB 为刚性梁，不计其变形。杆 1、2 的材料、横截面面积、长度均相同，其许用应力 $[\sigma] = 100$ MPa，横截面面积 $A = 200\ \text{mm}^2$。试求许用载荷 $[F_P]$。

2-24　如题 2-24 图所示两端固定杆件，承受轴向载荷作用。试求支座反力与杆内的最大轴力。

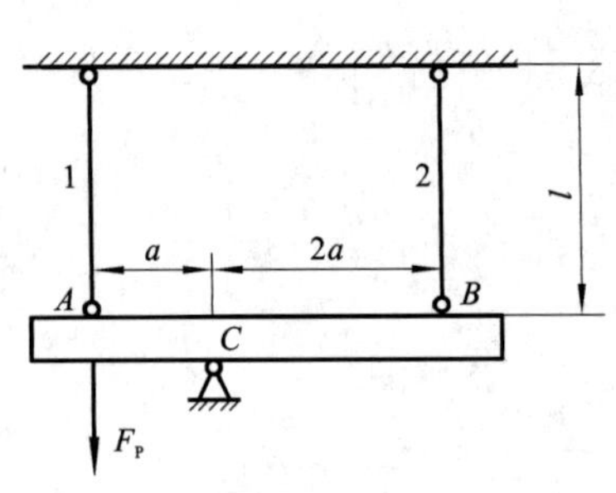

题 2-23 图

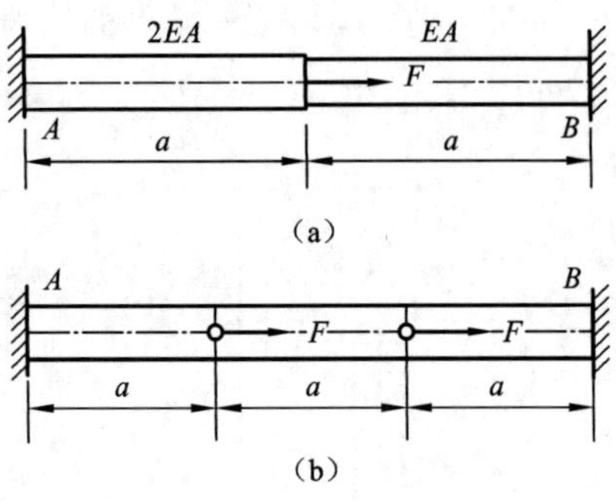

题 2-24 图

第3章 剪切

本章介绍第二种基本变形剪切变形，通常产生剪切和挤压两种破坏现象，由于其受力和变形比较复杂，工程上采用实用方法计算剪切强度和挤压强度。

3.1 剪切的概念和工程实例

工程中，常常需要把构件相互连接起来。图 3.1 给出了几种常见的连接，如钢结构中广泛应用的铆钉连接(图 3.1)；传动轴联轴器的螺栓连接(图 3.2)；齿轮轴与轮毂之间的键连接(图 3.3)；拖车挂钩的销钉连接(图 3.4) 等。这些起连接作用的部件称为连接件。

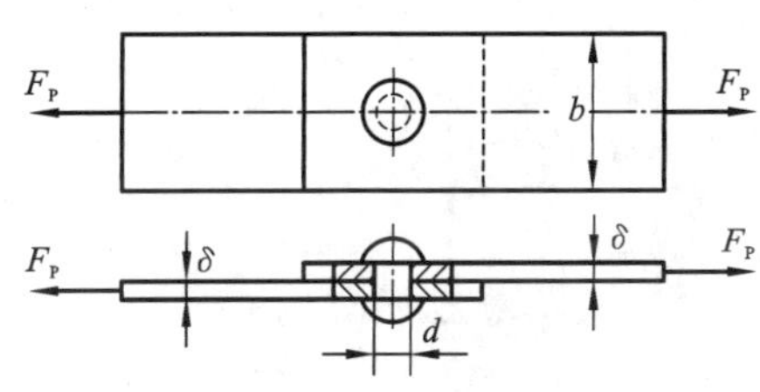

图 3.1 钢结构

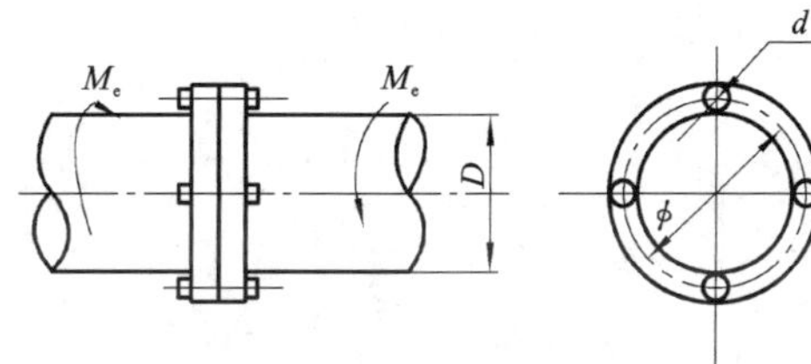

图 3.2 传动轴联轴器

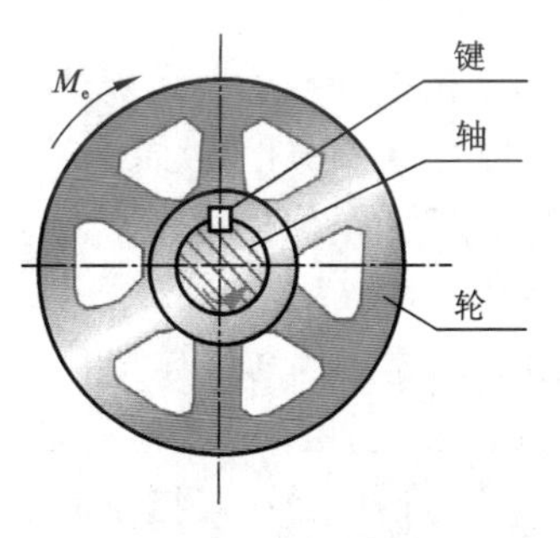

图 3.3 齿轮轴

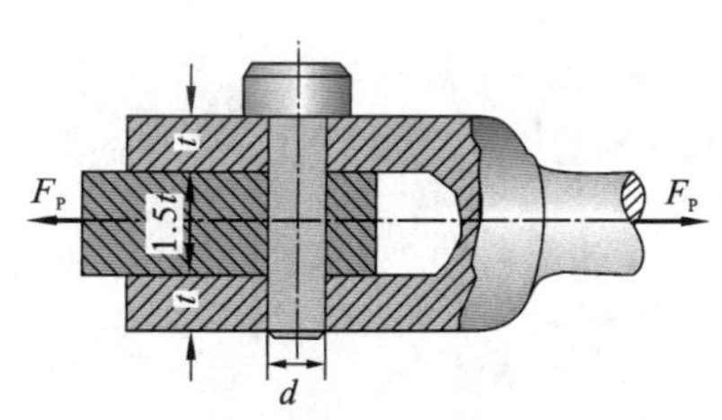

图 3.4 拖车挂钩

在舰艇装备和结构中也有大量的连接件，如艇体结构中的铆钉连接(图 3.5)；柴油机中活塞杆的连接;锚链之间的连接等。

图 3.5　艇体结构中的铆钉连接

通过以上连接件的受力情况,可以看出工程上的连接件有以下特点:

(1) 受力特点:两侧作用大小相等,方向相反,作用线相距很近的横向外力,如图 3.6 所示。

(2) 变形特点:两外力作用线间截面发生错动,由矩形变为平行四边形,如图 3.7 所示。

这种变形形式称为剪切(shearing)。夹在两力间发生错动的截面称为剪切面,如图 3.7 中的 m-m 截面。除连接件发生剪切变形外,剪板机和冲床可以利用剪切变形加工产品。

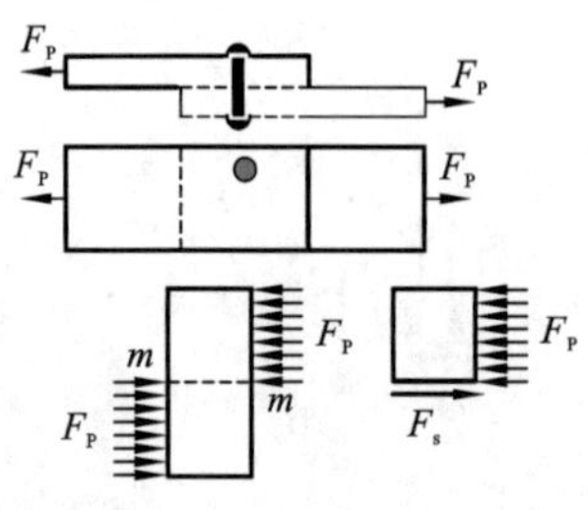

图 3.6　铆钉的受力

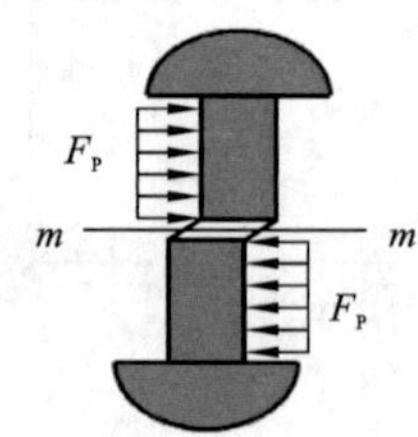

图 3.7　铆钉的变形

若外力过大,连接处会产生三种破坏形式:

(1) 剪切破坏。沿铆钉的剪切面剪断,如沿 m-m 面剪断(图 3.7)。为了保证铆钉不沿剪切面发生剪断,要有足够的剪切强度。

图 3.8　螺栓的压溃

(2) 挤压破坏。在连接件与被连接件的接触面上还形成互相挤压,互相接触面称为挤压面。如图 3.8 所示,螺栓与钢板在相互接触面上因挤压而压溃。为了保证连接件正常工作,螺栓与钢板要有足够的挤压强度。

(3) 拉伸破坏。如图 3.6 所示,钢板在受铆钉孔削弱的截面处,应力增大,易在连接处拉断,因此还需要校核此处的拉伸强度。

3.2　剪切的实用计算

由于连接件的受力和变形都比较复杂，要作精确的分析非常困难，而其自身的尺寸又比较小，工程中通常采用简化了的实用计算方法。其要点是：一方面假定应力分布规律，从而计算出各部分的“名义应力”；另一方面，根据实物或模拟实验，采用同样的计算方法，确定材料的极限应力；然后，再根据两方面的结果建立其强度条件。下面以铆钉连接为例，介绍有关概念和计算方法。

如图 3.9 所示，连接两块钢板的铆钉两侧受到大小相等，方向相反，作用线相距很近的横向外力作用，发生剪切变形。首先，必须确定剪切面 m-m，然后利用截面法求内力。将铆钉沿剪切面 m-m 截开，取下半部分为研究对象，剪切面上只有剪力 F_S(shearing force)。剪力 F_S 通过部分物体的平衡方程求得，$F_S = F_P$。

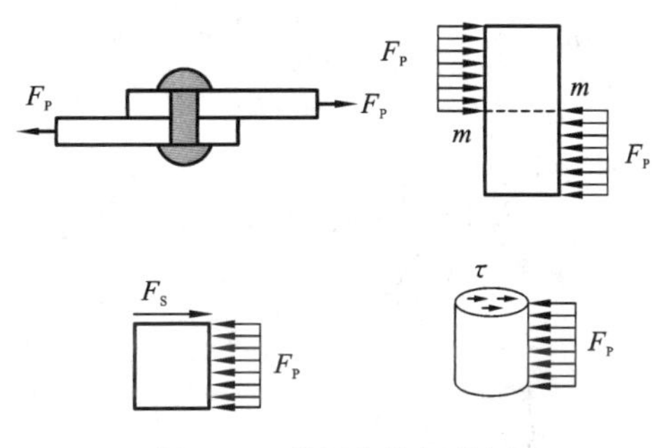

图 3.9　剪切和剪切破坏

在剪切实用计算中，假定剪切面上各点处与剪力 F_S 相平行的切应力相等，于是剪切面上的切应力(shearing stress) 为

$$\tau = \frac{F_S}{A} \tag{3.1}$$

式中，F_S 为剪切面的剪力；A 为剪切面的面积。剪切面为圆形时，其剪切面积为 $A = \frac{\pi d^2}{4}$，对于如图 3.10 所示的平键，键的尺寸为 $b \times h \times l$，其剪切面积为 $A = bl$。

τ 并不是真实的切应力，有时称为名义切应力。

为了保证铆钉不沿剪切面发生大的错动，且有足够的剪切强度，必须满足下列剪切强度条件：

$$\tau = \frac{F_S}{A} \leqslant [\tau] \tag{3.2}$$

式中，$[\tau]$ 为铆钉的许用切应力。许用切应力$[\tau]$ 是仿照连接件的实际受力情况通过试验得出。如图 3.11 所示，先由剪切试验测出破坏载荷 F_b，计算剪切面上的剪力，再除以剪切面面积，得到剪切极限应力 τ_b，将 τ_b 除以安全系数 n 得到。

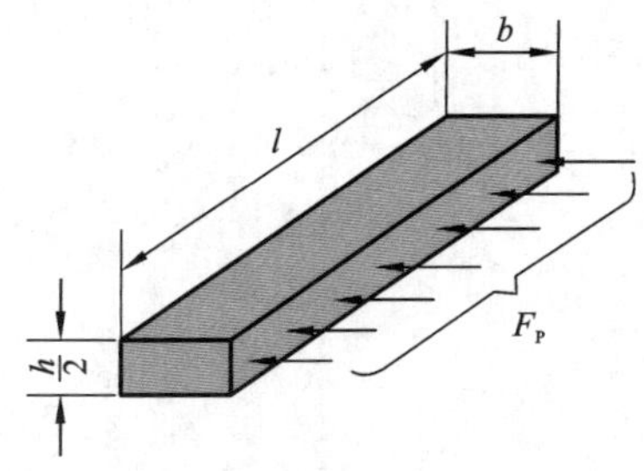

图 3.10　键

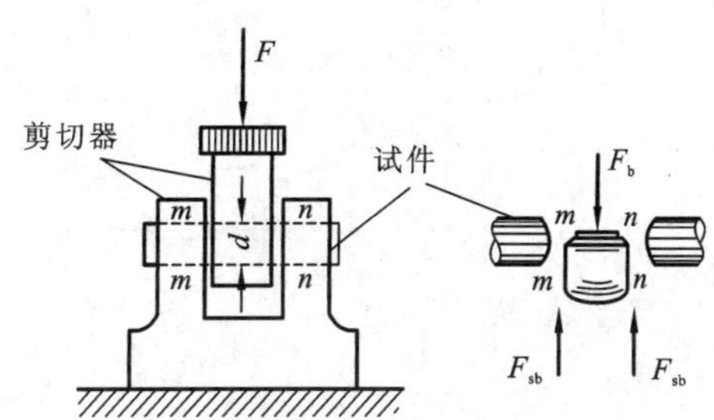

图 3.11　剪切试验装置简图

各种材料剪切破坏时的许用切应力可从有关手册中查到。大量的试验结果统计资料表明，塑性材料的$[\tau] \approx 0.6 \sim 0.8[\sigma]$，脆性材料的$[\tau] \approx 0.8 \sim 1.0[\sigma]$。

剪切强度条件也适用于其他剪切构件。同时，剪切强度条件可以求解三类强度问题，即校核强度、设计截面尺寸、确定许用载荷。下面举例说明。

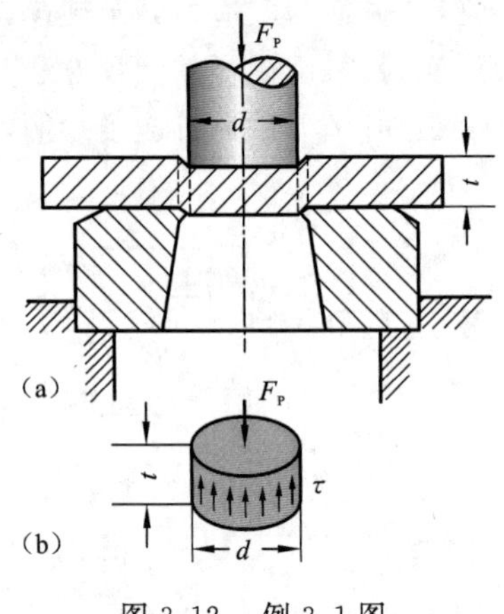

图 3.12　例 3.1 图

例 3.1　如图 3.12 所示冲床，$F_{Pmax} = 400$ kN，冲头$[\sigma] = 400$ MPa，冲剪钢板$\tau_b = 360$ MPa，设计冲头的最小直径值及钢板厚度最大值。

解　(1) 按冲头压缩强度计算 d。

$$\sigma = \frac{F_S}{A} = \frac{F_P}{\frac{\pi d^2}{4}} \leqslant [\sigma]$$

所以

$$d \geqslant \sqrt{\frac{4F_P}{\pi[\sigma]}} = \sqrt{\frac{4 \times 400 \times 10^3}{3.14 \times 400 \times 10^6}} = 3.4(\text{cm})$$

(2) 按钢板剪切强度计算 t。

$$\tau = \frac{F_S}{A} = \frac{F_P}{\pi dt} \geqslant \tau_b$$

所以

$$t \leqslant \frac{F_P}{\pi d\tau_b} = \frac{400 \times 10^3}{3.14 \times 3.4 \times 10^{-2} \times 360 \times 10^6} = 1.04(\text{cm})$$

3.3　挤压的实用计算

在承载的情况下，铆钉与连接板接触并相互挤压，挤压面上的压力称为挤压力，如图 3.13(a) 就是铆钉孔被压成长圆孔的情况。因而在两者接触面的局部地区产生较大的接触应力，称为挤压应力(bearing stresses)，用 σ_{bs} 表示。挤压应力是垂直于接触面的正应力，而不是切应力。这种挤压应力过大也能在两者接触的局部地区产生较大的塑性变形，从而导致连接失效。

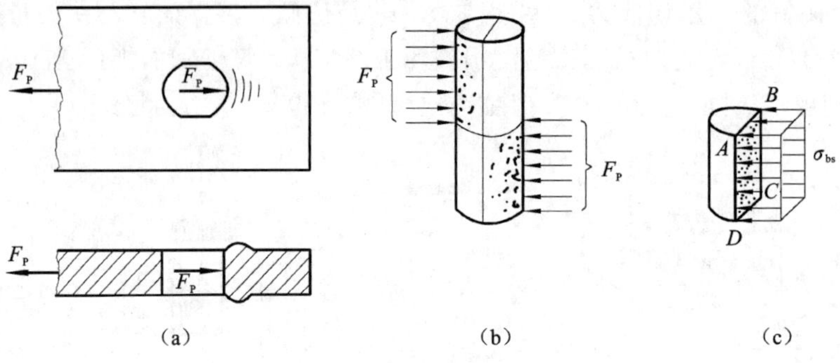

图 3.13　挤压和挤压破坏

如图 3.14 所示，挤压面上的挤压应力非常复杂，并非均匀分布。在工程计算中，同样

采用简化方法，假定挤压应力在有效挤压面上均匀分布，则

$$\sigma_{bs} = \frac{F_{bs}}{A_{bs}} \tag{3.3}$$

式中，F_{bs} 表示作用在有效挤压面上的挤压力，A_{bs} 表示有效挤压面的面积。

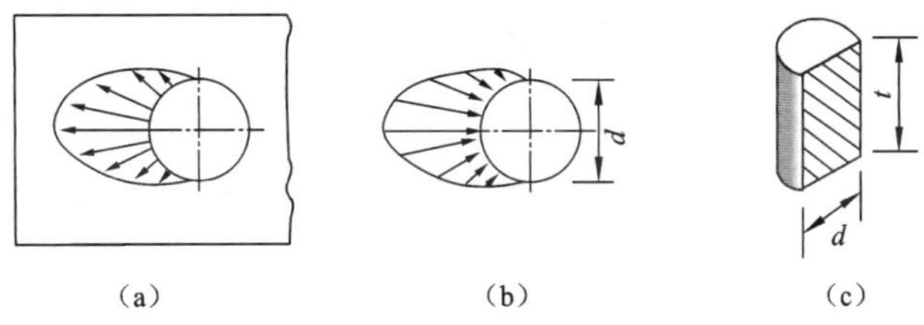

图 3.14　挤压面上的挤压应力

所谓有效挤压面是挤压面面积在垂直于总挤压力作用线平面上的投影。如果接触面是平面，计算面积就是接触面积，如果接触面是半个圆柱面，则计算面积是直径平面 $ABCD$。如图 3.14(c) 所示，对于圆截面：$A_{bs} = dt$。对于平键：$A_{bs} = \frac{1}{2}hl$，如图 3.10 所示。尽管按这种方法计算仍非常粗糙，但比用实际接触面积计算更接近实际。

为了保证连接件不在挤压面附近被压溃，且有足够的挤压强度，必须满足下列挤压强度条件

$$\sigma_{bs} = \frac{F_{bs}}{A_{bs}} \leqslant [\sigma_{bs}] \tag{3.4}$$

式中，$[\sigma_{bs}]$表示材料的许用挤压应力。

许用挤压应力$[\sigma_{bs}]$是仿照连接件的实际受力情况通过试验得出，例如，进行挤压破坏实验，测量极限载荷值，然后按照公式(3.3) 计算出挤压极限应力，再除以适当的安全系数，即得到材料的许用挤压应力$[\sigma_{bs}]$。不同材料的许用挤压应力通过手册查到，一般情况下$[\sigma_{bs}] = (1.7 \sim 2)[\sigma]$。

连接件和被连接件的挤压应力是相同的，当两者材料相同时，校核其中一个就可以了；若两个接触构件的材料不同，应以抵抗挤压能力较弱的构件进行计算。

例 3.2　如图 3.15(a) 所示，直径为 d 的受拉杆件，其端部的直径与高度分别为 D 和 h。已知拉力 $F_P = 11$ kN，许用切应力 $[\tau] = 90$ MPa，许用挤压应力 $[\sigma_{bs}] = 200$ MPa，许用应力 $[\sigma] = 160$ MPa，试设计 D、d 和 h 的尺寸。

分析：图示杆件，当载荷 F_P 过大时，可能发生 3 种破坏形式：(1) 在拉杆头部与支撑物的接触面发生挤压破坏，挤压面为圆环面[图 3.15(b)]；(2) 整个拉杆头部被拉脱，即剪切破坏，剪切面为高 h 的圆柱面[图 3.15(c)]；(3) 拉杆被拉断，横截面为圆。

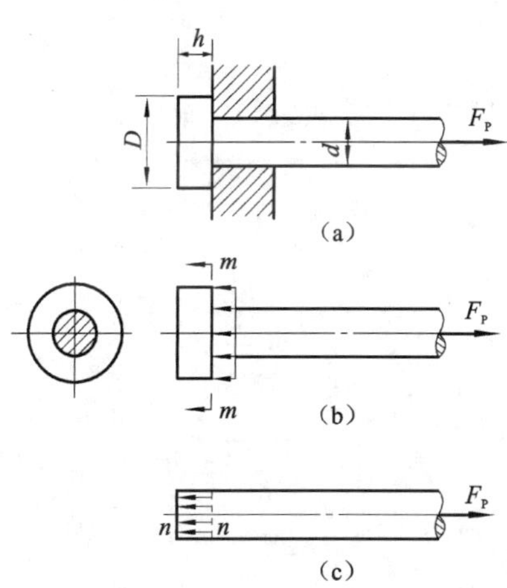

图 3.15　例 3.2 图

解　(1) 计算直径 d。为了保证拉杆有足够的拉伸强度，必须满足拉伸强度条件

$$\sigma = \frac{F_N}{A} = \frac{F_P}{\frac{1}{4}\pi d^2} \leqslant [\sigma]$$

解得

$$d \geqslant \sqrt{\frac{4F_P}{\pi[\sigma]}} = \sqrt{\frac{4 \times 11 \times 10^3}{\pi \times 160 \times 10^6}} = 9.4 \times 10^{-3}(\text{m}) = 9.4\ \text{mm}$$

取 $d = 10$ mm。

(2) 计算头部直径 D。为了保证拉杆有足够的挤压强度，必须满足挤压强度条件

$$\sigma_{bs} = \frac{F_{bs}}{A_{bs}} = \frac{F_P}{\frac{1}{4}\pi(D^2 - d^2)} \leqslant [\sigma_{bs}]$$

解得

$$D \geqslant \sqrt{\frac{4F_P}{\pi[\sigma_{bs}]} + d^2} = \sqrt{\frac{4 \times 11 \times 10^3}{\pi \times 200 \times 10^6} + (10 \times 10^{-3})^2} = 13(\text{mm})$$

取 $D = 13$ mm。

(3) 计算端部高度 h。为了保证拉杆有足够的剪切强度，必须满足剪切强度条件

$$\tau = \frac{F_S}{A} = \frac{F_P}{\pi dh} \leqslant [\tau]$$

解得

$$h \geqslant \frac{F_P}{\pi d[\tau]} = \frac{11 \times 10^3}{\pi \times 10 \times 10^{-3} \times 90 \times 10^6} = 3.89 \times 10^{-3}(\text{m}) = 3.89\ \text{mm}$$

取 $h = 4$ mm。

例 3.3 如图 3.16(a) 所示，拖车挂钩靠销钉连接，已知挂钩部分的钢板厚度 $t_1 = 30$ mm，$t_2 = 20$ mm，宽度 $b = 60$ mm，销钉的直径 $d = 25$ mm，材料均为 A3 钢：许用切应力 $[\tau] = 25$ MPa，许用挤压应力 $[\sigma_{bs}] = 100$ MPa，许用应力 $[\sigma] = 40$ MPa，试求挂钩的最大许用载荷 F_{Pmax}。

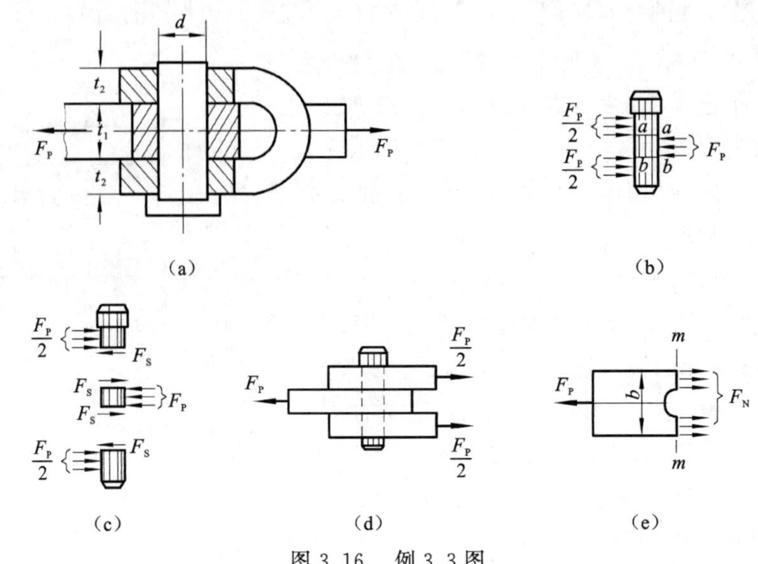

图 3.16 例 3.3 图

分析：要挂钩安全正常地工作，挂钩必须满足连接强度，即剪切强度、挤压强度、拉伸强度。

解 (1) 销钉的剪切强度。销钉受力如图3.16(b)和图3.16(c)所示，有两个剪切面，每个面上的受力相同，计算任一面的强度即可，为了保证销钉有足够的剪切强度，必须满足下式

$$\tau = \frac{F_S}{A} = \frac{\frac{1}{2}F_P}{\frac{1}{4}\pi d^2} \leqslant [\tau]$$

解得

$$F_P \leqslant \frac{1}{2}[\tau]\pi d^2 = \frac{1}{2} \times 25 \times 10^6 \pi \times 25^2 \times 10^{-6} = 24.5(\text{kN})$$

(2) 连接部位的挤压强度。连接部位有3处共6个面受挤压，其中中间钢板和销钉的挤压面上应力最大，同时，钢板和销钉的材料相同，为了保证挤压强度，必须满足下式

$$\sigma_{bs} = \frac{F_{bs}}{A_{bs}} = \frac{F_P}{dt_1} \leqslant [\sigma_{bs}]$$

解得

$$F_P \leqslant [\sigma_{bs}]dt_1 = 100 \times 10^6 \times 25 \times 10^{-3} \times 30 \times 10^{-3} = 75(\text{kN})$$

(3) 钢板的拉伸强度。中间的钢板最危险，只需按中间的钢板计算拉伸强度，

$$\sigma = \frac{F_N}{A} = \frac{F_P}{(b-d)t_1} \leqslant [\sigma]$$

解得

$$F_P \leqslant [\sigma](b-d)t_1 = 40 \times 10^6 \times (60-25) \times 10^{-3} \times 30 \times 10^{-3} = 42(\text{kN})$$

为了保证挂钩安全正常地工作，必须同时满足以上所有强度条件，因此最大许用载荷为 $F_{P\max} = 24.5\ \text{kN}$。

例3.4 如图3.17所示，2.5 m^3 挖掘机减速器的一轴上装一齿轮，齿轮与轴通过平键连接，已知键所受的力为 $F_P = 12.1\ \text{kN}$。平键的尺寸为：$b = 28\ \text{mm}$，$h = 16\ \text{mm}$，$l_1 = 70\ \text{mm}$，圆头半径 $R = 14\ \text{mm}$。键的许用切应力 $[\tau] = 87\ \text{MPa}$，轮毂的许用挤压应力取 $[\sigma_{bs}] = 100\ \text{MPa}$，试校核键连接的强度。

解 (1) 校核剪切强度。键的受力情况如图3.17(c)所示，此时剪切面上的剪力[图3.17(d)]为

$$F_S = F_P = 12.1\ \text{kN} = 12\,100\ \text{N}$$

对于圆头平键，其圆头部分略去不计[图3.17(e)]，故剪切面面积为

$$A = bl_2 = b(l_1 - 2R) = 28 \times (70 - 2 \times 14) = 1176(\text{mm})^2 = 1.176 \times 10^{-3}\ \text{m}^2$$

所以，平键的工作切应力为

$$\tau = \frac{F_S}{A} = \frac{12100}{1.176 \times 10^{-3}} = 10.3 \times 10^6(\text{Pa}) = 10.3\ \text{MPa} < [\tau] = 87\ \text{MPa}$$

满足剪切强度条件。

(2) 校核挤压强度。与轴和键比较，通常轮毂抵抗挤压的能力较弱。轮毂挤压面上的

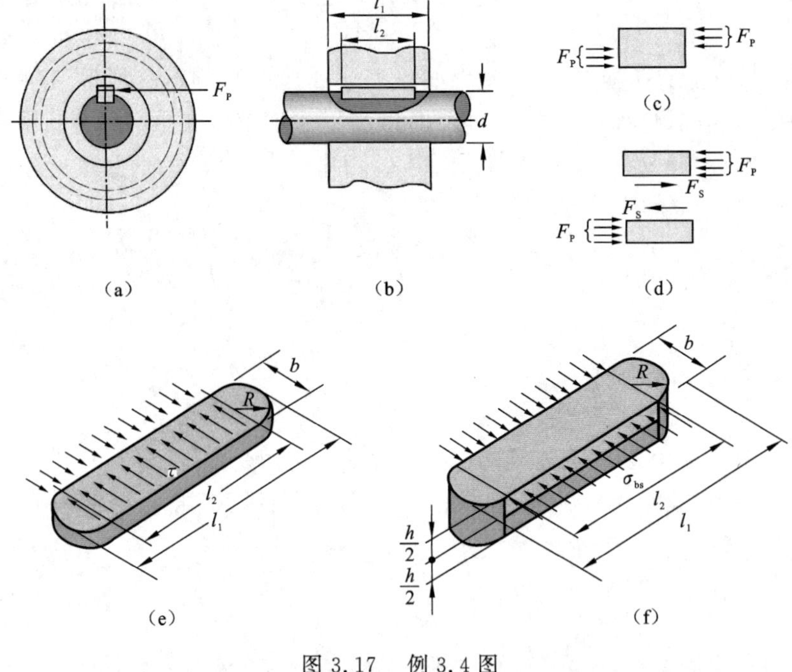

图 3.17　例 3.4 图

挤压力为 $F_{bs}=12\,100$ N。挤压面的面积与键的挤压面相同，设键与轮毂的接触高度为 $\frac{h}{2}$，则挤压面面积[图 3.17(f)]为

$$A_{bs}=\frac{h}{2}\cdot l_1=\frac{16}{2}(70-2\times 14)=336(\mathrm{mm})^2=3.36\times 10^{-4}\ \mathrm{m}^2$$

故轮毂的工作挤压应力为

$$\sigma_{bs}=\frac{F_{bs}}{A_{bs}}=\frac{12\,100}{3.36\times 10^{-4}}=36\times 10^6(\mathrm{Pa})=36\ \mathrm{MPa}<[\sigma_{bs}]=100\ \mathrm{MPa}$$

也满足挤压强度条件。所以此键安全。

3.4　思考与讨论

3.4.1　连接件的简化计算

在连接件的实用计算中，采用了一些简化，如假设剪切面上切应力均匀分布，挤压面的面积为垂直于总挤压力作用线平面上的投影等。此外，连接件的外力和剪力也作一些简化。

如图 3.18 所示，通过四个铆钉连接的钢板，当各铆钉的材料与直径均相同，且外力作用线在铆钉群剪切面上的投影，通过铆钉群剪切面形心时，通常即认为各铆钉剪切面上的剪力相等，如图 3.19 所示。对于这样的连接件，除了考虑铆钉的剪切强度和挤压强度外，还要考虑钢板的拉伸强度。请分析：图 3.19 所示的 1-1、2-2、3-3 截面的拉应力是否相同，哪一个最大？

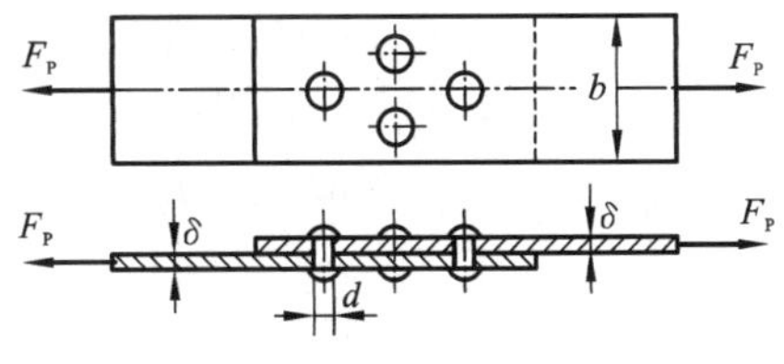

图 3.18 钢板连接

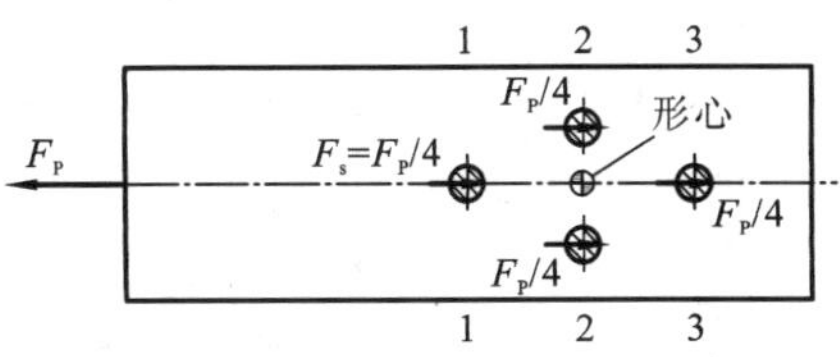

图 3.19 铆钉的受力

再如图 3.20 所示的连接件,为简化计算,设挤压面为光滑接触,同时,保险螺栓的受力也忽略不计。请分析剪切面和挤压面在哪里,大小为多少?

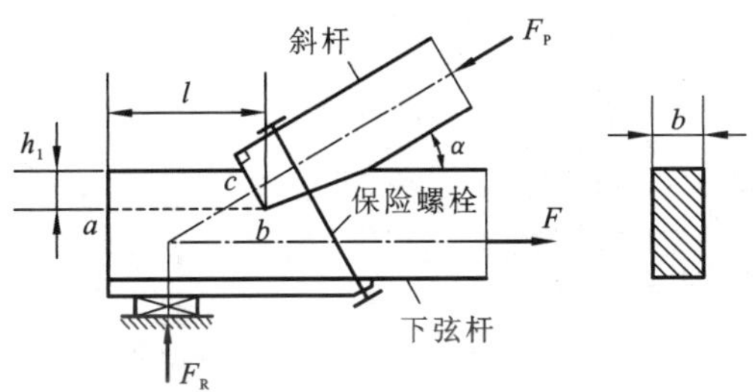

图 3.20 木榫连接

3.4.2 综合处理工程构件的强度

实际工程结构的受力大多数情形下都不是单一的,因此处理这些问题时必须考虑结构构件的受力与变形形式以及相关的强度问题。而且要特别注意那些“不起眼”小零件,这些小零件的失效有可能造成工程事故,有时甚至是灾难性的工程事故。

图 3.21 所示为一控制系统的一个部件,其中位于横梁上、下的直杆承受轴向拉伸载荷;B、C、D 三处的销钉和销钉孔承受剪切和挤压;横梁则承受弯曲变形。其中的每一个零件都必须保证具有足够的强度,方能保证控制件可靠运行。

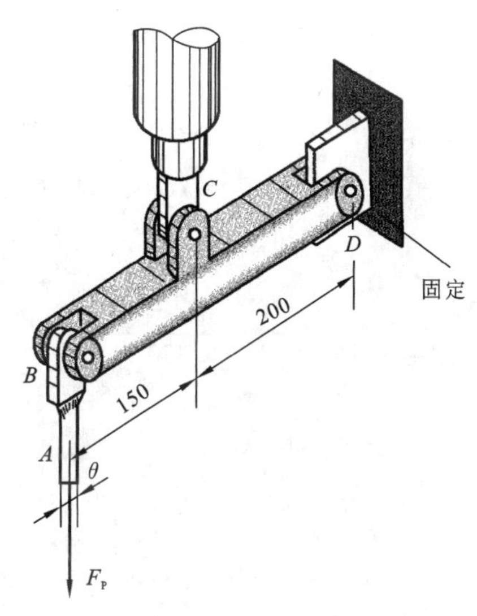

图 3.21 工程构件

习 题 3

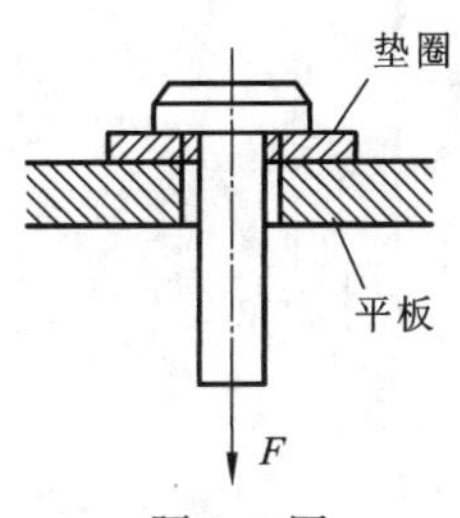

题 3-1 图

3-1 如题 3-1 图所示,在平板和受拉螺栓之间垫上一个垫圈,可以提高( )。

A. 螺栓的拉伸强度

B. 螺栓的挤压强度

C. 螺栓的剪切强度

D. 平板的挤压强度

3-2　正方形截面的混凝土柱，其横截面边长为 200 mm，其基底为边长 $a = 0.8$ m 的正方形混凝土板。柱受轴向压力 $F_P = 100$ kN，如题 3-2 图所示。假设地基对混凝土板的支反力为均匀分布，混凝土的许用切应力 $[\tau] = 1.5$ MPa，试问混凝土板满足剪切强度所需的最小厚度 t 应为(　　)。

A. $t_{min} = 7.8$ mm　　B. $t_{min} = 78$ mm　　C. $t_{min} = 16.7$ mm　　D. $t_{min} = 83$ mm

3-3　如题 3-3 图所示为木榫连接，水平杆与斜杆成 α 角，其挤压面积为 A_{bs} 为(　　)。

A. bh　　B. $bh\tan\alpha$　　C. $\dfrac{bh}{\cos\alpha}$　　D. $\dfrac{bh}{\cos\alpha \cdot \sin\alpha}$

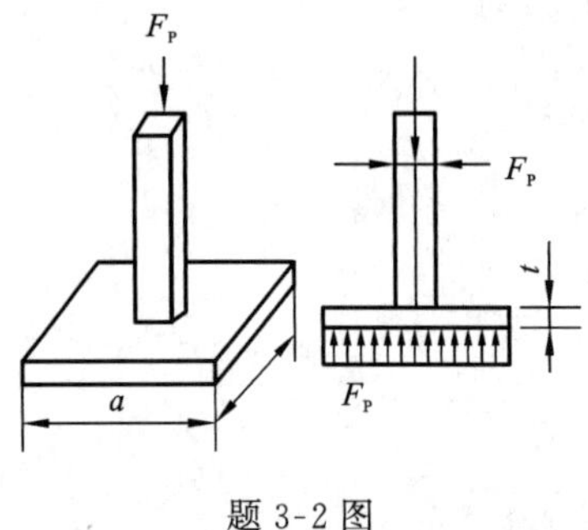

题 3-2 图

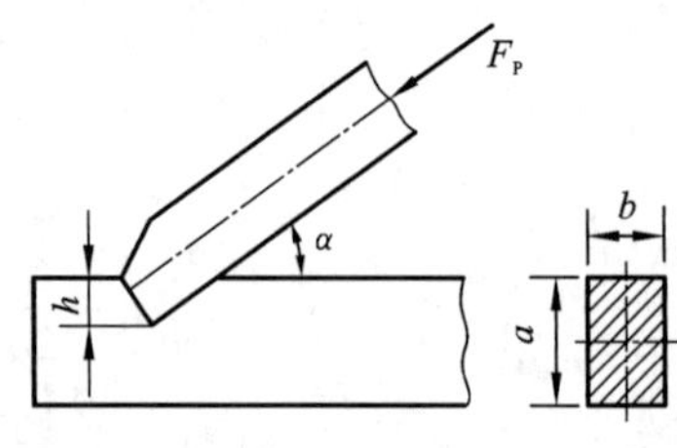

题 3-3 图

3-4　两块相同的板由四个相同的铆钉铆接，若采用题 3-4 图所示的两种铆钉排列方式，则两种情况下板的(　　)。

A. 最大拉应力相等、挤压应力不等　　B. 最大拉应力不等、挤压应力相等

C. 最大拉应力和挤压应力都相等　　D. 最大拉应力和挤压应力都不等

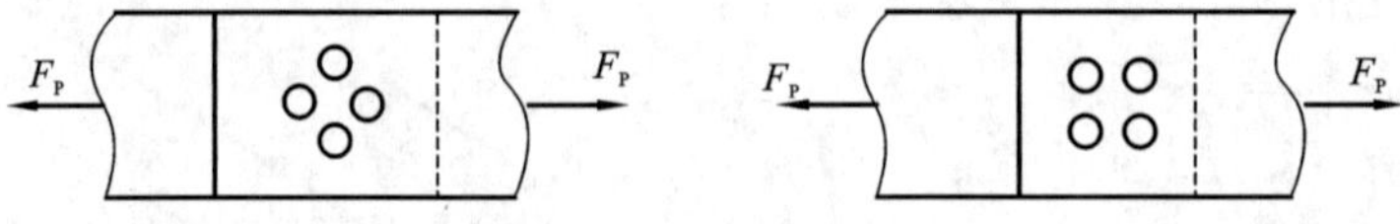

题 3-4 图

3-5　矩形截面木拉杆的接头如题 3-5 图所示，其剪切面面积、挤压面面积分别为(　　)。

A. bl，al　　B. lh，al　　C. lb，ab　　D. lh，ab

3-6　图示螺钉受拉力 F_P 作用，已知材料的许用切应力 $[\tau]$ 和许用应力 $[\sigma]$ 之间的关系为 $[\tau] = 0.6[\sigma]$，求螺钉的直径 d 和钉头高度 h 的合理比值。

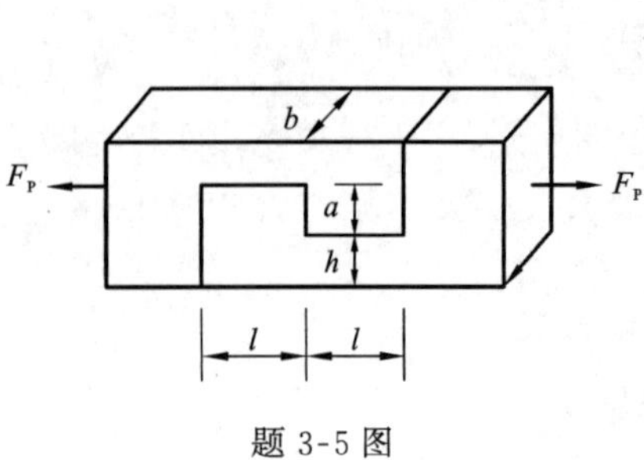

题 3-5 图

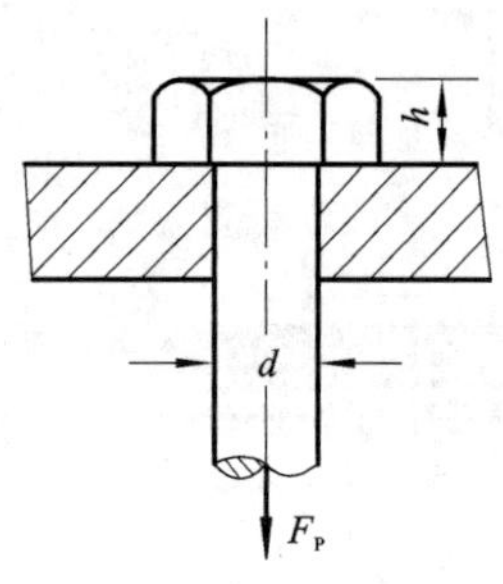

题 3-6 图

3-7　两块厚度为 $t = 10\ \mathrm{mm}$，宽度 $b = 100\ \mathrm{mm}$ 的钢板用三只直径为 $d = 15\ \mathrm{mm}$ 的铆钉联接如图。已知拉力 $F_P = 120\ \mathrm{kN}$，钢板材料许用切应力 $[\tau] = 90\ \mathrm{MPa}$，许用挤压应力 $[\sigma_{bs}] = 200\ \mathrm{MPa}$，许用应力 $[\sigma] = 160\ \mathrm{MPa}$。试校核连接强度。

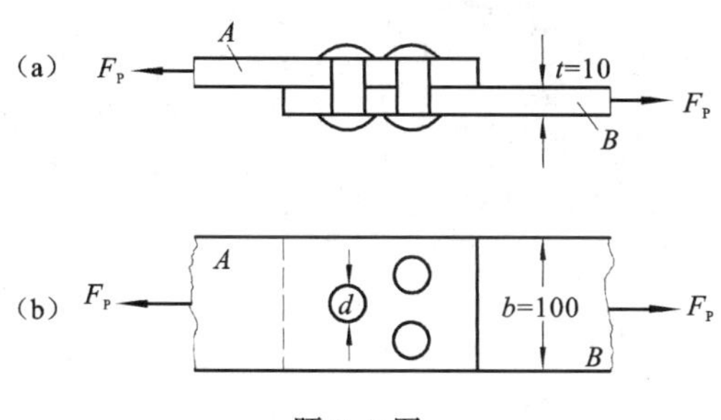

题 3-7 图

3-8　一木质拉杆接头部分如题 3-8 图所示，接头处的尺寸为 $l = h = b = 18\ \mathrm{cm}$，材料的许用应力 $[\sigma] = 5\ \mathrm{MPa}$，许用挤压应力 $[\sigma_{bs}] = 10\ \mathrm{MPa}$，许用切应力 $[\tau] = 2.5\ \mathrm{MPa}$。求许用载荷 $[F_P]$。

3-9　如题 3-9 图所示的铆钉接头，板厚 $\delta = 2\ \mathrm{mm}$，宽 $b = 15\ \mathrm{mm}$，铆钉直径 $d = 4\ \mathrm{mm}$，许用切应力 $[\tau] = 100\ \mathrm{MPa}$，许用挤压应力 $[\sigma_{bs}] = 300\ \mathrm{MPa}$，许用应力 $[\sigma] = 160\ \mathrm{MPa}$，试计算接头的许用载荷。

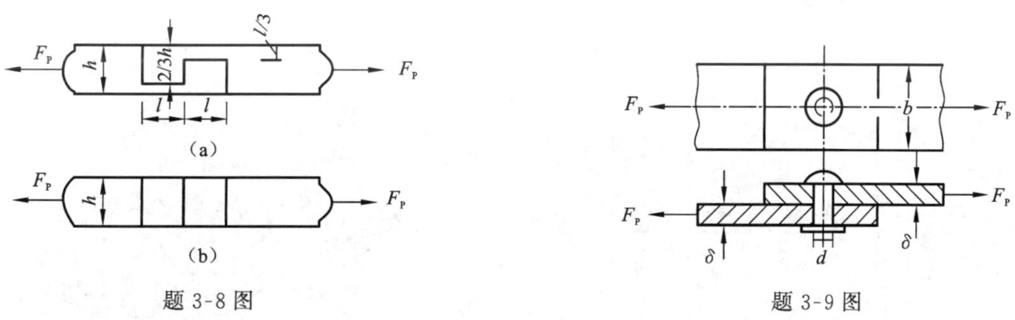

题 3-8 图　　　　题 3-9 图

3-10　如题 3-10 图所示的螺栓接头。已知 $F_P = 40\ \mathrm{kN}$，螺栓许用切应力 $[\tau] = 80\ \mathrm{MPa}$，许用挤压应力 $[\sigma_{bs}] = 200\ \mathrm{MPa}$，按强度计算螺栓所需直径。

3-11　如题 3-11 图所示的拉杆，$F_P = 50\ \mathrm{kN}$，已知 $D = 30\ \mathrm{mm}$，$d = 20\ \mathrm{mm}$，$h = 12\ \mathrm{mm}$，许用切应力 $[\tau] = 100\ \mathrm{MPa}$，许用挤压应力 $[\sigma_{bs}] = 200\ \mathrm{MPa}$，许用应力 $[\sigma] = 160\ \mathrm{MPa}$。试校核拉杆的强度。

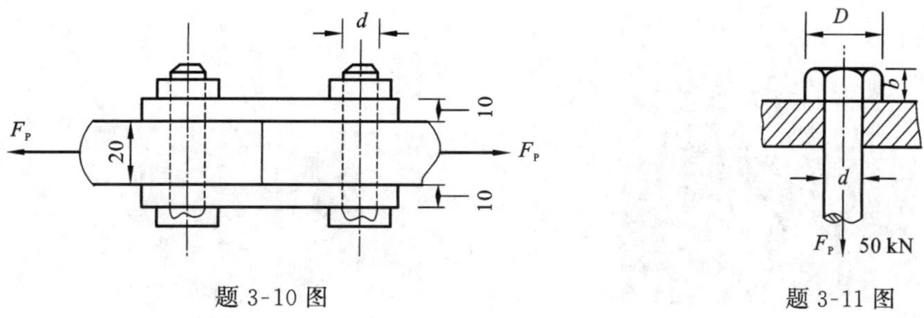

题 3-10 图　　　　题 3-11 图

第4章 扭转

扭转是杆件的又一基本变形。本章介绍扭转概念、扭矩和扭矩图等，重点讲述圆轴扭转时横截面上的应力计算和变形计算，给出强度条件和刚度条件。对非圆截面杆件的自由扭转也作了介绍。

4.1 扭转的概念和工程实例

工程上的轴是承受扭转变形的典型构件，图 4.1 所示的桥式起重机的传动轴以及齿轮轴，图 4.2 所示汽车的传动轴以及图 4.3 所示方向盘下的转动轴。还有一些杆件也发生扭转变形，如图 4.4 所示的攻丝丝锥，图 4.5 所示扳手拧紧螺帽，中间轴在力偶作用下发生扭转变形等。

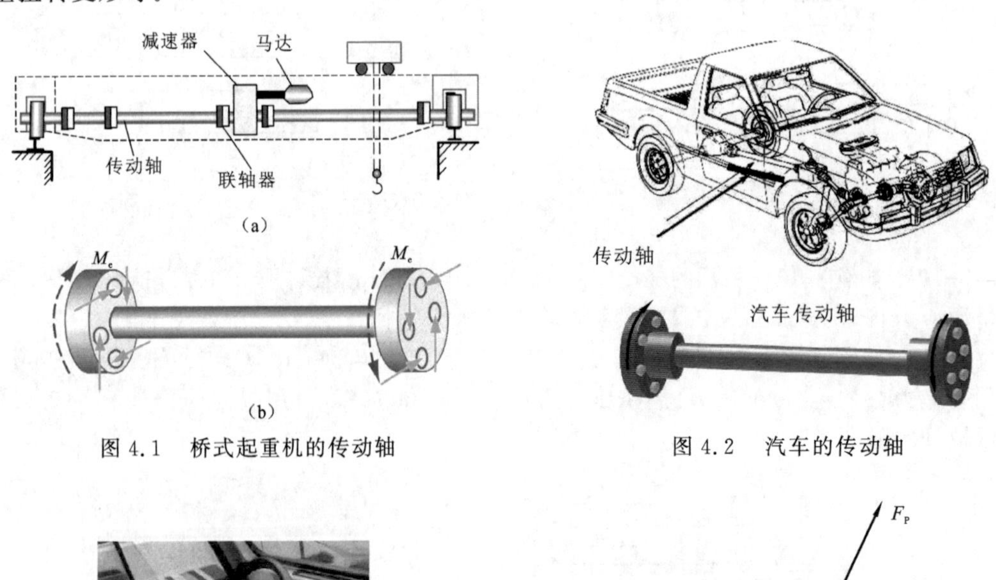

图 4.1　桥式起重机的传动轴

图 4.2　汽车的传动轴

图 4.3　方向盘下的转动轴

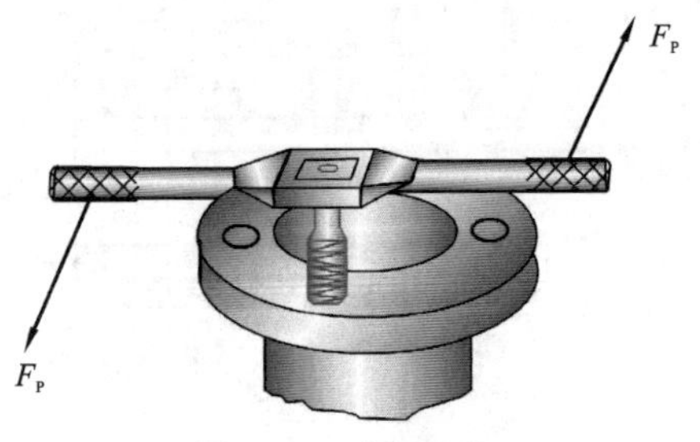

图 4.4　攻丝丝锥

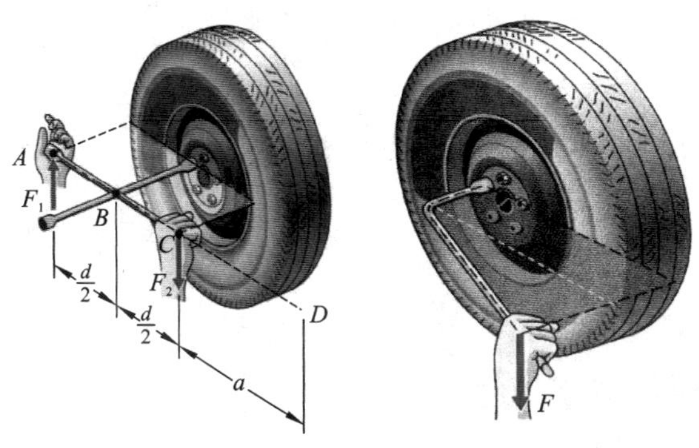

图 4.5　扳手

舰艇推进轴如图 4.6 所示。它的作用是将主机的力偶矩传给螺旋桨。忽略其端部的连接情况，则轴简化为直杆，其受力和变形为：在杆两端垂直于杆轴线的平面内作用有两个外力偶，两外力偶矩大小相等、转向相反；杆的各横截面在两外力偶的作用下绕其轴线做相对转动。杆的这种受力和变形形式称为扭转(torsion)。工程中发生扭转变形的杆称为轴。

轴所受的外力偶矩用 M_e 所示。在外力偶作用下，任意两个横截面绕轴线转动的角度，称为扭转角。图 4.7 中的 φ 角表示两端截面的相对扭转角。

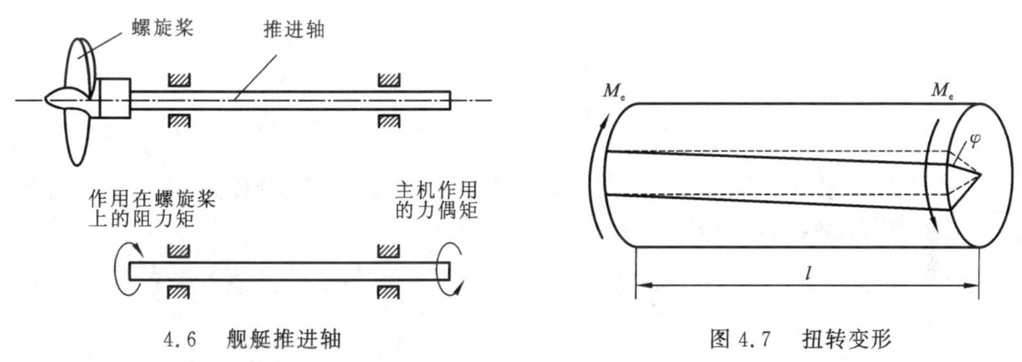

4.6　舰艇推进轴

图 4.7　扭转变形

在外力偶作用下，杆件横截面上只存在扭矩一个内力分量，则这种受力形式称为纯扭转。虽然受纯扭转的杆件不多，但以扭转变形为主的杆件却是很多的。如图 4.5 所示，单手扳手拧紧螺帽，中间轴在力偶作用下，除了发生扭转变形外，还发生弯曲变形。

一般杆件受扭后，横截面会发生翘曲，允许横截面自由翘曲的扭转，称为自由扭转；反之，不允许横截面自由翘曲的扭转，称为约束扭转。本章仅介绍自由扭转，且以圆轴为主。

4.2　扭矩和扭矩图

4.2.1　外力偶矩

如图 4.8 所示的传动机构，通常需要电动机来传递功率，传动轴所受的外力偶矩 M_e

不是直接给出的,而是通过轴所传递的功率 P 和转速 n 计算得到。

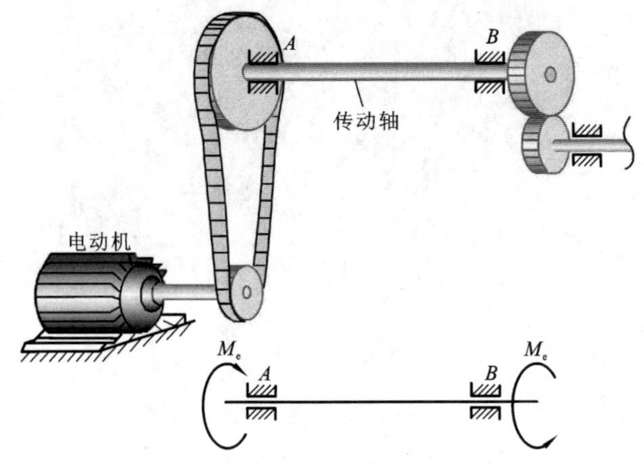

图 4.8　传动机构

如轴在 M_e 作用下匀速转动,角速度为 ω,并转动了 φ 角,则力偶做功为

$$W = M_e\varphi$$

由功率定义

$$P = \frac{\mathrm{d}W}{\mathrm{d}t} = M_e \cdot \frac{\mathrm{d}\varphi}{\mathrm{d}t} = M_e \cdot \omega = M_e \cdot 2\pi n$$

解得

$$M_e = \frac{P}{2\pi n} \tag{4.1a}$$

式中,M_e 为轴所受的力偶矩,单位为 N · m(牛 · 米);P 为轴所传递的功率,单位为 W(瓦);n 是轴的转速,单位为 r/s(转 / 秒)。

工程上功率 P 多以 kW(千瓦) 表示,转速 n 以 r/min(转 / 分钟) 表示。上式亦可表示为

$$M_e = 9549\,\frac{P}{n} \tag{4.1b}$$

4.2.2　扭矩

求出外力偶矩 M_e 后,可进而用截面法求扭转内力 —— 扭矩。如图 4.9 所示,圆轴在两外力偶矩的作用下处于平衡状态,圆轴的任一截面上都有内力存在。设想沿截面 m-m 将圆轴截为 I、II 两部分,则 I、II 两部分在截面 m-m 处的相互作用力就是该截面的内力,因物体 I 处于平衡状态,则截面 m-m 上的内力必是一个力偶矩,称为扭矩(twist moment),用 M_x 表示,它是截面上分布内力的合力。由平衡方程,从而可得 m-m 截面上扭矩 M_x

$$M_x - M_e = 0, \quad M_x = M_e$$

扭矩的正负号规定与轴力类似,其原则为:按右手螺旋法则(右手握拳,4 指与扭矩转动的方向一致,拇指指向为扭矩矢量的方向),若扭矩矢量离开所研究的截面,扭矩为正;反之,扭矩矢量指向所研究的截面,扭矩为负。如图 4.10 所示。

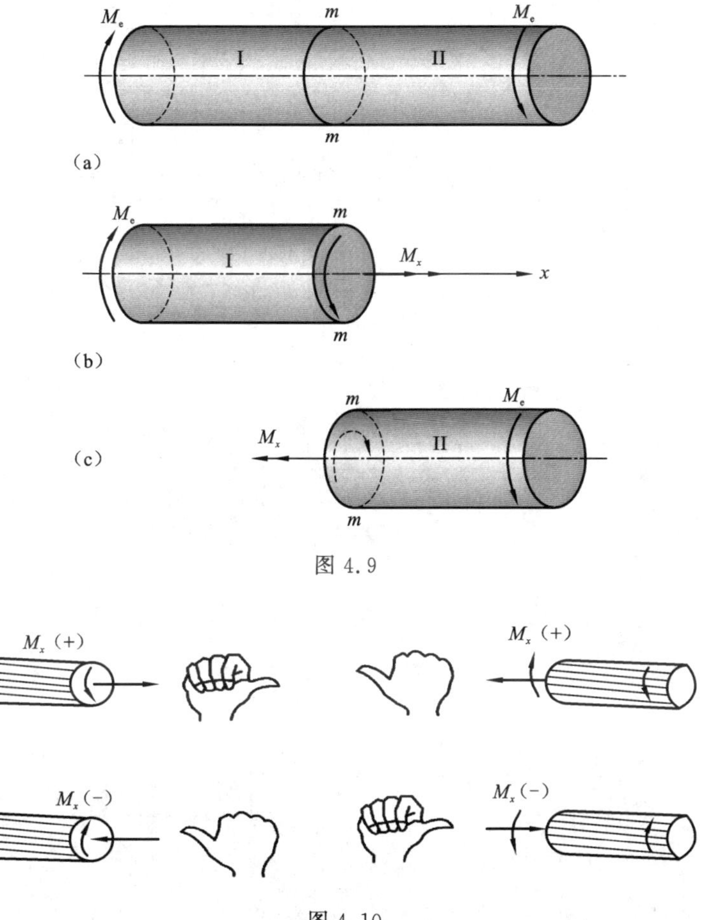

图 4.9

图 4.10

4.2.3 扭矩图

各横截面上扭矩沿杆轴线变化的图线，称为扭矩图(diagram of torsion moment)。绘制扭矩图的方法如下：

(1) 沿需求扭矩的横截面处，假想地将轴截开，并任取一段为研究对象；

(2) 画所取轴段的受力图。为计算方便，内力假设为正的扭矩；

(3) 列所取杆段的平衡方程解得扭矩的大小。

(4) 将横截面上的扭矩随横截面的位置而变化的曲线画在一个以横截面到轴右端距离 x 为横坐标，以截面上的扭矩值 M_x 为纵坐标的坐标系中，得到扭矩图。如图 4.11 所示，从扭矩图中可看出截面上的扭矩值沿杆轴线变化的规律。

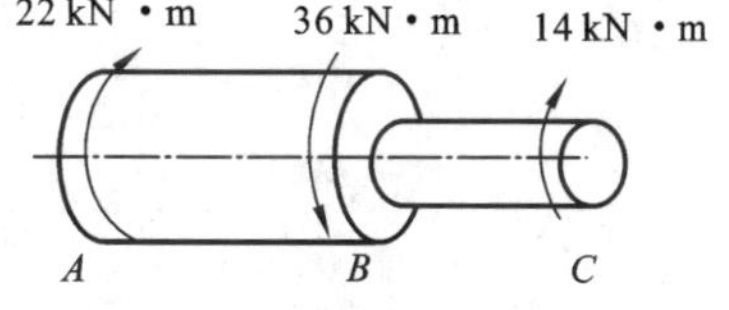

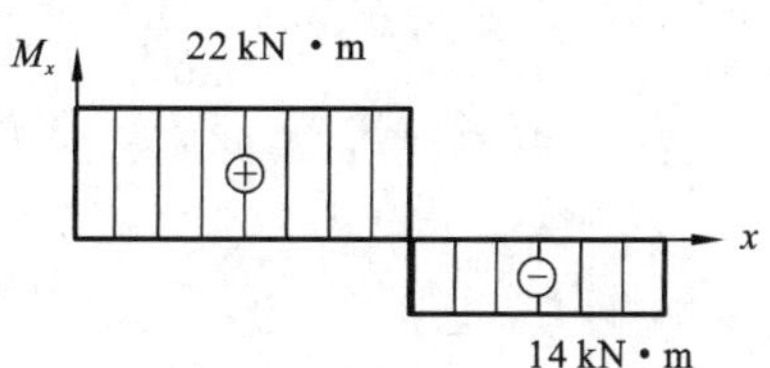

图 4.11

例 4.1 传动轴如图 4.12(a) 所示，已知主动轮 A 输入功率 $P_A = 200\ \text{kW}$，从动轮 B、C、D 输出功率分别为 $P_B = 90\ \text{kW}$，$P_C = 50\ \text{kW}$，$P_D = 60\ \text{kW}$，轴的转速为 $n = 200\ \text{r/min}$。试绘轴的扭矩图。

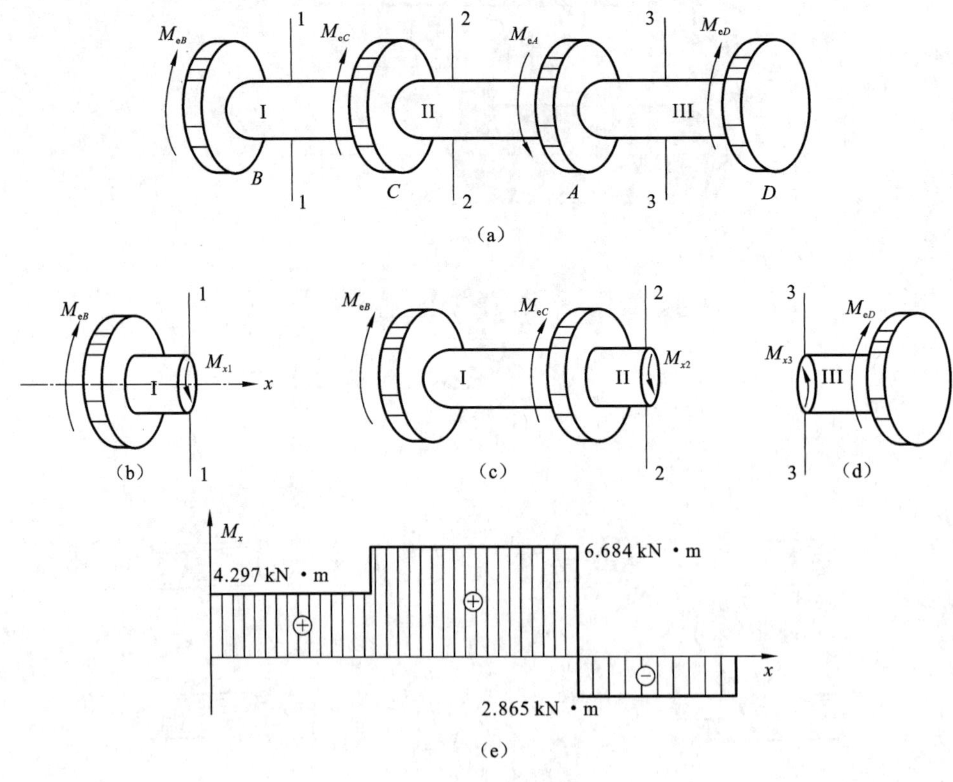

图 4.12 例 4.1 图

解 (1) 计算外力偶矩。由公式 $M_e = 9549\dfrac{P}{n}$，得

$$M_{eA} = 9549 \times \frac{200}{200} = 9549(\text{N}\cdot\text{m}) = 9.549\ \text{kN}\cdot\text{m}$$

$$M_{eB} = 9549 \times \frac{90}{200} = 4297(\text{N}\cdot\text{m}) = 4.297\ \text{kN}\cdot\text{m}$$

$$M_{eC} = 9549 \times \frac{50}{200} = 2387(\text{N}\cdot\text{m}) = 2.387\ \text{kN}\cdot\text{m}$$

$$M_{eD} = 9549 \times \frac{60}{200} = 2865(\text{N}\cdot\text{m}) = 2.865\ \text{kN}\cdot\text{m}$$

(2) 计算各段扭矩。假想地将圆轴沿 1-1 截面、2-2 截面、3-3 截面截开，如图 4.12(b)、(c)、(d) 所示。

取部分 I 为研究对象

$$\sum M_x = 0:\quad M_{x1} - M_{eB} = 0,\quad M_{x1} = M_{eB} = 4.297\ \text{kN}\cdot\text{m}$$

取部分 I + II 为研究对象

$$\sum M_x = 0: \quad M_{x2} - M_{eB} - M_{eC} = 0, \quad M_{x2} = M_{eB} + M_{eC} = 6.684 \text{ kN} \cdot \text{m}$$

取部分 III 为研究对象

$$\sum M_x = 0: \quad M_{x3} + M_{eD} = 0, \quad M_{x3} = -M_{eD} = -2.865 \text{ kN} \cdot \text{m}$$

(3) 以 x 为横坐标，以截面上的扭矩值为纵坐标，画出扭矩图，如图 4.12(e) 所示。

如果轴的结构允许，应该交换主动轮与从动轮的位置，例如把主动轮 A 与从动轮 C 的位置交换画出扭矩图，如图 4.13 所示，可以将最大扭矩降至 5.252 kN · m。

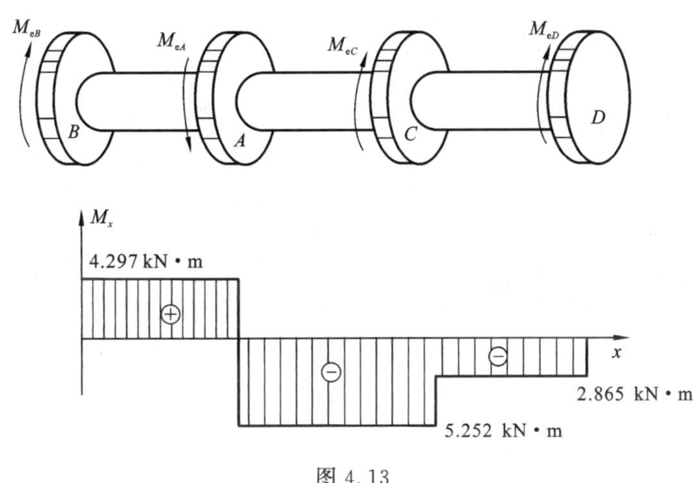

图 4.13

4.3　圆轴扭转时的应力

横截面上的扭矩是横截面上分布内力的合力，分布内力的集度是应力。为了进行强度计算，还应找出应力的分布规律，从而确定最大应力。应力分布无法直接观察，但力与变形之间有一定的关系。首先研究圆轴扭转时的变形规律。

4.3.1　变形几何关系

如图 4.14(a) 所示受扭圆轴，可以观察到受扭后，各圆周线绕轴线相对转动一微小转角，但大小、形状及相互间距不变。

通过轴表面圆周线的变形现象对轴的内部变形提出平面假设：变形前横截面为圆形平面，变形后仍为圆形平面，只是各截面绕轴线相对"刚性地"转了一个角度。

从图 4.14(a) 取出图 4.14(b) 所示微段 $\mathrm{d}x$，其中两截面 m-m、n-n 相对转动了扭转角 $\mathrm{d}\varphi$，纵线 ab 倾斜小角度 γ 成为 ab'，而在半径 $\rho(od)$ 处的纵线 cd 根据平面假设，转过 $\mathrm{d}\varphi$ 后成为 cd'(其相应倾角为 γ_ρ，见图[4.14(c)]) 由于是小变形，从图 4.14(c) 可知：$dd' = \gamma_\rho \cdot \mathrm{d}x = \rho \cdot \mathrm{d}\varphi$。于是得到变形几何关系

$$\gamma_\rho = \rho \frac{\mathrm{d}\varphi}{\mathrm{d}x} \tag{4.2}$$

对于半径为 R 的圆轴表面[见图 4.14(b)]，则为

$$\gamma = R\frac{\mathrm{d}\varphi}{\mathrm{d}x}$$

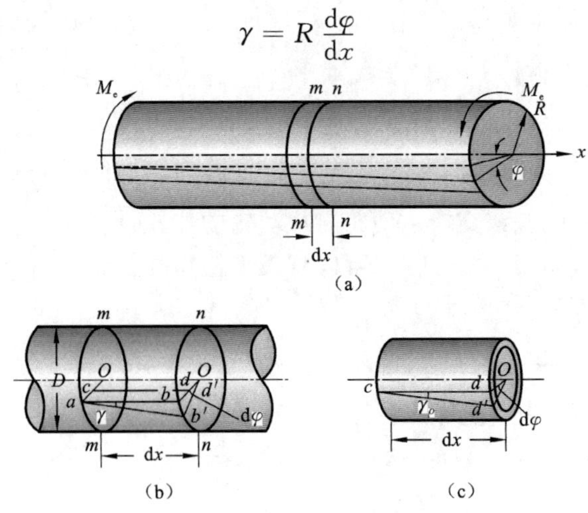

图 4.14 圆轴的扭转

4.3.2 切应力互等定理和物理关系

为研究方便，在半径为ρ处截出厚为$\mathrm{d}\rho$的薄圆筒[图 4.15(a)]，用一对相距$\mathrm{d}y$而相交于轴线的径向面取出小方块(微元体：厚度为壁厚t，宽度和高度分别为$\mathrm{d}x$,$\mathrm{d}y$)。从正面看，方格变成菱形，但圆筒沿轴线及周线的长度都没有变化，如图 4.15(b) 所示。这表明，当薄圆筒扭转时，其横截面和包含轴线的纵向截面上都没有正应力，横截面上只有切于截面的切应力τ，因为筒壁的厚度t很小，可以认为沿筒壁厚度切应力不变，又根据圆截面的轴对称性，横截面上的切应力τ沿圆环处处相等[图 4.15(c)]。

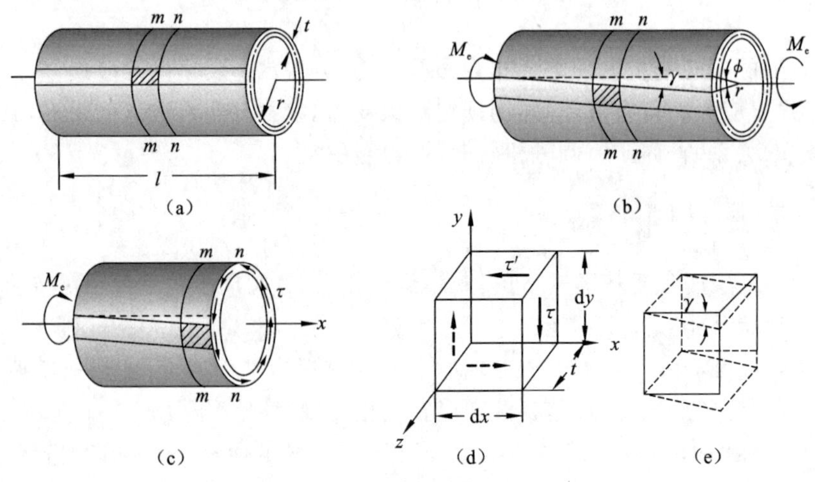

图 4.15 薄圆筒的扭转

如图 4.15(d)，当薄壁圆筒受扭时，此微元体分别相应于m-m、n-n圆周面的左、右侧面上有切应力τ，因此在这两个侧面上有剪力$\tau t\mathrm{d}y$，而且这两个侧面上剪力大小相等而方向相反，形成一个力偶，其力偶矩为$(\tau t\mathrm{d}y)\mathrm{d}x$。为了平衡这一力偶，上、下水平面上也必须有一对切应力τ'作用(据$\sum F_y = 0$，也应大小相等，方向相反)。对整个微元体，必须满足

$\sum M_z = 0$，即$(\tau t \mathrm{d}y)\mathrm{d}x = (\tau' t \mathrm{d}x)\mathrm{d}y$，所以

$$\tau = \tau' \tag{4.3}$$

上式表明，在一对相互垂直的微面上，垂直于交线的切应力应大小相等，方向共同指向或背离交线。这就是切应力互等定理。图 4.15(d) 所示微元体称纯剪切微元体。

如图 4.15(e) 所示，该微元体两个棱边的夹角发生改变，产生切应变γ。由剪切胡克定律，在线弹性范围内，切应力τ与切应变γ成正比，即

$$\tau = G\gamma \tag{4.4}$$

式中，G称为材料剪切弹性模量，单位：GPa。

对各向同性材料，弹性常数E,μ,G三者有关系

$$G = \frac{E}{2(1+\mu)} \tag{4.5}$$

由式(4.4) 和式(4.2) 得物理关系，即

$$\tau_\rho = \gamma_\rho G = G\rho \frac{\mathrm{d}\varphi}{\mathrm{d}x} \tag{4.6}$$

这表明横截面上任意点的切应力τ_ρ与该点到圆心的距离ρ成正比，即：$\tau_\rho \propto \rho$。

当$\rho = 0$，$\tau_\rho = 0$；当$\rho = R$，τ_ρ取最大值。由切应力互等定理，则在径向截面和横截面上，沿半径切应力的分布如图 4.16 所示。

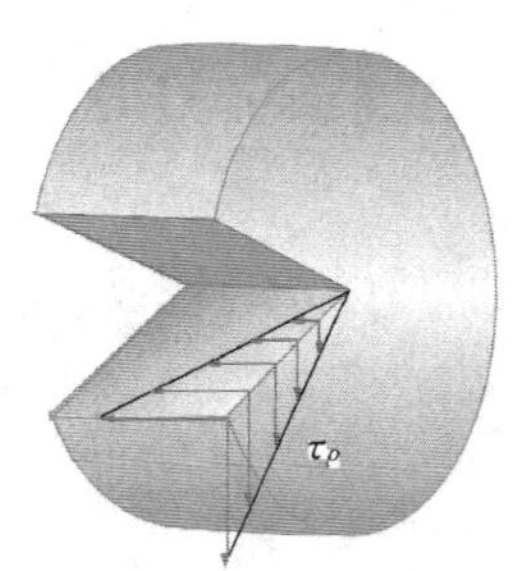

图 4.16 切应力的分布

4.3.3 静力学关系

在图 4.17 所示平衡对象的横截面内，有$\mathrm{d}A = 2\pi\rho \cdot \mathrm{d}\rho$，由静力学关系式(1.4)，扭矩

$$M_x = \int_A \rho\tau_\rho \mathrm{d}A$$

将式(4.6) 代入上式，得

$$M_x = \int_A \rho\tau_\rho \mathrm{d}A = \int_A \rho^2 G \frac{\mathrm{d}\varphi}{\mathrm{d}x}\mathrm{d}A = G\frac{\mathrm{d}\varphi}{\mathrm{d}x}\int_A \rho^2 \mathrm{d}A$$

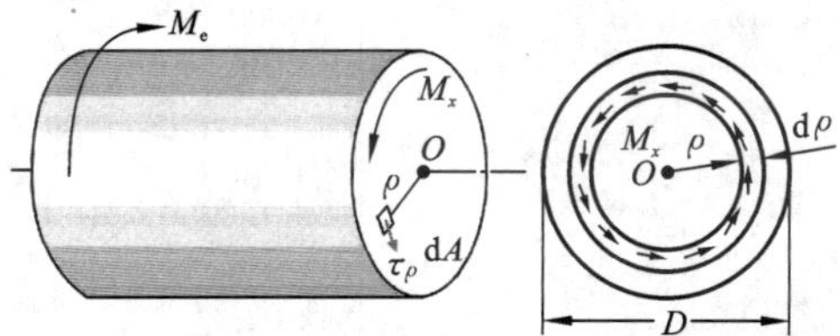

图 4.17 横截面上的静力学关系

此处$\mathrm{d}\varphi/\mathrm{d}x$为单位长度相对扭转角，对同一横截面，它应为不变量。令

$$I_\mathrm{p} = \int_A \rho^2 \mathrm{d}A \tag{4.7}$$

I_p只与圆截面的尺寸有关，称为极惯性矩(见附录 B)；单位为m^4或cm^4。则

$$\frac{\mathrm{d}\varphi}{\mathrm{d}x} = \frac{M_x}{GI_{\mathrm{p}}} \tag{4.8}$$

4.3.4 横截面上的切应力表达式

将式(4.8)代入式(4.6),得横截面上的切应力表达式

$$\tau_{\rho} = \frac{M_x \rho}{I_{\mathrm{p}}} \tag{4.9}$$

则在圆截面边缘上,ρ 为最大值 R 时,得最大切应力为

$$\tau_{\max} = \frac{M_x R}{I_{\mathrm{p}}} = \frac{M_x}{W_{\mathrm{p}}} \tag{4.10}$$

此处

$$W_{\mathrm{p}} = \frac{I_{\mathrm{p}}}{R} \tag{4.11}$$

W_{p} 称为扭转截面模量(section molulus in torsion),单位为 m^3 或 cm^3。

对实心圆轴 $\mathrm{d}A = 2\pi\rho\mathrm{d}\rho$,则

$$I_{\mathrm{p}} = \int_A \rho^2 \mathrm{d}A = \int_0^{\frac{D}{2}} \rho^2 \cdot 2\pi\rho\mathrm{d}\rho = \frac{\pi D^4}{32}, \quad W_{\mathrm{p}} = \frac{I_{\mathrm{p}}}{\frac{D}{2}} = \frac{\pi D^3}{16} \tag{4.12}$$

对空心圆轴

$$\begin{cases} I_{\mathrm{p}} = \int_A \rho^2 \mathrm{d}A = \int_{\frac{d}{2}}^{\frac{D}{2}} \rho^2 \cdot 2\pi\rho\mathrm{d}\rho = \frac{\pi(D^4 - d^4)}{32} = \frac{\pi D^4}{32}(1-\alpha^4) \\ W_{\mathrm{p}} = \frac{I_{\mathrm{p}}}{\frac{D}{2}} = \frac{\pi(D^4 - d^4)}{16D} = \frac{\pi D^3}{16}(1-\alpha^4), \quad \alpha = \frac{d}{D} \end{cases} \tag{4.13}$$

例 4.2 AB 轴传递的功率为 $P = 7.5\ \mathrm{kW}$,转速 $n = 360\ \mathrm{r/min}$。如图 4.18(a) 所示,轴 AC 段为实心圆截面,CB 段为空心圆截面。已知 $D = 3\ \mathrm{cm}$,$d = 2\ \mathrm{cm}$。试计算 AC 以及 CB 段的最大与最小切应力。

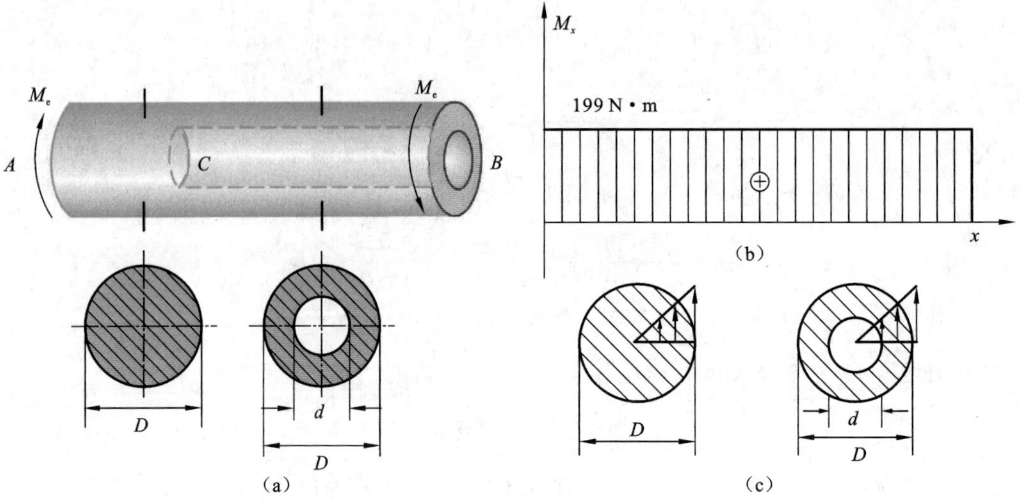

图 4.18　例 4.2 图

解　(1) 计算扭矩。轴所受的外力偶矩为

$$M_e = 9549\frac{P}{n} = 9549 \times \frac{7.5}{360} = 199(\text{N}\cdot\text{m})$$

由截面法

$$M_x = M_e = 199\ \text{N}\cdot\text{m}$$

画扭矩图,如图 4.18(b) 所示。

(2) 计算极惯性矩。AC 段和 CB 段轴横截面的极惯性矩分别为

$$I_{P1} = \frac{\pi D^4}{32} = \frac{3.14 \times 3^4}{32} = 7.95(\text{cm}^4)$$

$$I_{P2} = \frac{\pi}{32}(D^4 - d^4) = \frac{3.14 \times 3^4}{32}\left[1 - \left(\frac{2}{3}\right)^4\right] = 6.38(\text{cm}^4)$$

(3) 计算应力。如图 4.18(c) 所示,AC 段轴在横截面边缘处的切应力为

$$\tau_{\max}^{AC} = \tau_{外}^{AC} = \frac{M_x}{I_{P1}} \cdot \frac{D}{2} = 37.5 \times 10^6(\text{Pa}) = 37.5\ \text{MPa},\quad \tau_{\min}^{AC} = 0$$

CB 段轴横截面内、外边缘处的切应力分别为

$$\tau_{\min}^{CB} = \tau_{内}^{CB} = \frac{M_x}{I_{P2}} \cdot \frac{d}{2} = 31.2 \times 10^6(\text{Pa}) = 31.2\ \text{MPa}$$

$$\tau_{\max}^{CB} = \tau_{外}^{CB} = \frac{M_x}{I_{P2}} \cdot \frac{D}{2} = 46.8 \times 10^6(\text{Pa}) = 46.8\ \text{MPa}$$

4.4　圆轴扭转时的破坏和强度条件

4.4.1　扭转实验与扭转破坏现象

材料的扭转破坏过程可用扭转曲线即 M_x-φ 曲线(又称扭转图) 来描述,如图 4.19 所示。M_x 代表施加在试样上的扭矩,φ 代表试样的相对扭转角。试验机自动记录 M_x-φ 曲线,有关指标可根据定义在图上测试。

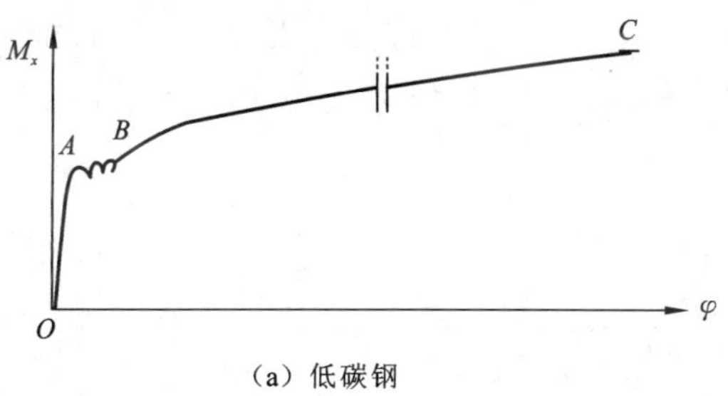

(a) 低碳钢

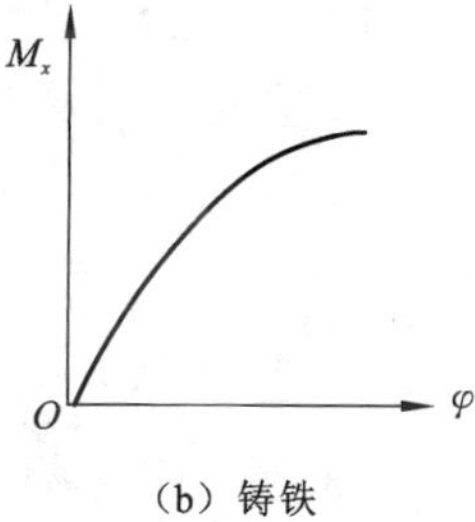

(b) 铸铁

图 4.19　扭转曲线

扭转试验按照 GB/T 10128—2007《金属材料　室温扭转试验方法》的规定进行。试验结果表明:低碳钢的扭转图大致分线弹性、屈服和断裂三个阶段。屈服极限和强度极限分别用 τ_s、τ_b 表示。低碳钢的断口平齐、与轴线垂直[图 4.20(a)],表明断裂是由切应力引起的。断面上可看出回旋状塑性变形的痕迹,是典型的韧状断口。

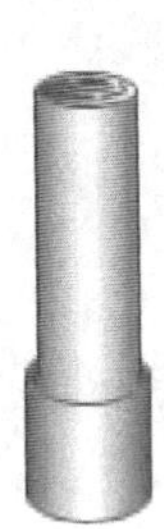
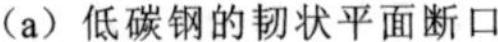

（a）低碳钢的韧状平面断口

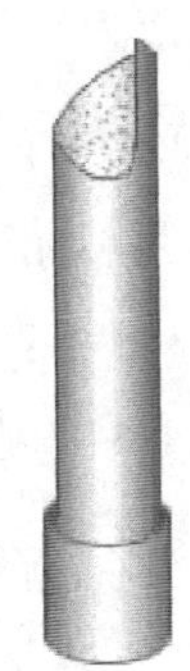

（b）铸铁45°螺旋脆状断口

图 4.20　扭转破坏的形式

铸铁的 M_e-φ 曲线加载到一定程度就较明显地偏离了直线直至断裂。说明铸铁扭断前的塑性变形较拉伸时明显。铸铁断裂时的最大切应力定义为强度极限 τ_b。铸铁断口是与轴线成 45° 的螺旋面[图 4.20(b)]，断面呈闪光的颗粒状组织与拉伸断口的组织相同。这充分表明断裂是由最大拉应力引起的。而最大拉应力先于最大切应力达到强度极限后发生断裂又说明了铸铁的抗拉能力弱于其抗剪能力。

4.4.2　圆轴扭转时的强度条件

圆轴有无穷多个截面，最大切应力所在的截面称为危险截面，对于等截面直杆，危险截面通常是扭矩最大的截面，危险截面外缘圆周上各点为危险点，危险点的切应力就是圆轴的最大切应力。对于变截面圆轴，危险截面由 M_x/W_p 的最大值确定。为了保证圆轴在受扭时，能正常工作，必须使轴的最大切应力不超过材料的许用切应力，由此得圆轴扭转强度条件：

$$\tau_{max}=\frac{M_x}{W_p}\leqslant[\tau] \tag{4.14}$$

注意到此处许用切应力$[\tau]$不同于连接件计算中的剪切许用应力。它由危险切应力除以安全系数 n 得到，与轴向拉伸时相类似。对于塑性材料

$$[\tau]=\frac{\tau_s}{n} \tag{4.15}$$

对于脆性材料

$$[\tau]=\frac{\tau_b}{n} \tag{4.16}$$

上两式中，许用切应力与相同材料的许用正应力有一定关系。大量试验数据表明：对塑性材料，$\tau_s=(0.5\sim0.6)\sigma_s$；对脆性材料，$\tau_b=(0.8\sim1.0)\sigma_b$。

圆轴扭转的强度条件可以求解三类强度问题：校核强度；设计截面尺寸；计算许用载荷。

例 4.3　如图 4.21 所示，某汽车传动轴由无缝钢管制成。外径 $D=90$ mm，壁厚 $t=2.5$ mm，工作时的最大外力偶矩 $M_e=2$ kN·m，材料为 20 钢，许用切应力$[\tau]=70$ MPa，求：

（1）校核轴的强度；

(2) 若改为实心轴，并保持最大切应力不变，求实心轴的直径 d_0；

(3) 求实心轴与空心轴的重量比。

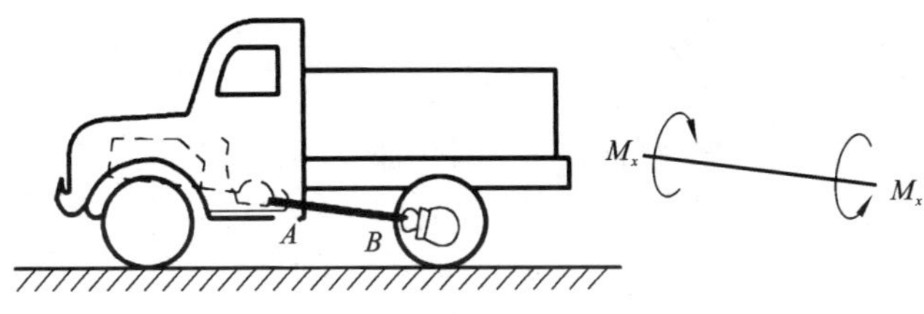

图 4.21　例 4.3 图

解　(1) 校核强度。

扭矩为 $M_x = M_e = 2\ \text{kN} \cdot \text{m}$

$$\alpha = \frac{d}{D} = \frac{D-2t}{D} = \frac{90-2\times 2.5}{90} = 0.944$$

扭转截面模量为

$$W_p = \frac{1}{16}\pi D^3(1-\alpha^4) = \frac{1}{16}\pi \times 90^3 \times (1-0.944^4) = 29\ 500(\text{mm}^3)$$

利用扭转强度条件 $\tau_{max} = \frac{M_x}{W_p} \leqslant [\tau]$，得到

$$\tau_{max} = \frac{M_x}{W_p} = \frac{2\times 10^3}{29\ 500 \times 10^{-9}} = 67.8(\text{MPa}) < [\tau] = 70\ \text{MPa}$$

轴的最大切应力小于其许用切应力，因此，轴有足够的强度。

(2) 求实心轴直径。

若改为实心轴，并保持最大切应力不变，即 $\tau_{max空} = \tau_{max实}$

$$\tau_{max空} = \frac{M_x}{W_p} = \frac{M_x}{\frac{1}{16}\pi D^3(1-\alpha^4)} = \tau_{max实} = \frac{M_x}{\frac{1}{16}\pi d_0^3}$$

解得实心轴的直径为

$$d_0 = D\sqrt[3]{1-\alpha^4} = 90 \times \sqrt[3]{1-0.944^4} = 53.1(\text{mm})$$

(3) 求两轴的重量比。

$$\frac{W_空}{W_实} = \frac{A_空}{A_实} = \frac{\frac{1}{4}\pi D^2(1-\alpha^2)}{\frac{1}{4}\pi d_0^2} = \frac{D^2(1-\alpha^2)}{d_0^2} = 31.3\%$$

讨论：从横截面上的切应力分布分析，由于扭转切应力与离圆心的距离成正比，故把靠近圆心处承受切应力较小的材料移到轴的外缘处，就能充分利用材料的强度，从而节省了原材料。可见，圆轴受扭时采用空心截面可节省材料，是合理的截面形式。

在工程实际中，为减轻重量，降低成本(如飞机中的各种轴，机床主轴)，常采用空心轴。但要考虑工艺性和加工成本。除了强度条件，还必须考虑刚度问题。刚度过小，轴将发生较大的扭转振动，影响机器正常工作。

4.5 圆轴扭转时的变形和刚度条件

4.5.1 圆轴扭转时的变形

圆轴在扭转时的变形通常是用轴端部两个横截面绕轴线转动的相对角度即扭转角 φ 来度量的。对于圆轴，由式(4.8)有

$$\mathrm{d}\varphi = \frac{M_x \mathrm{d}x}{GI_\mathrm{p}}$$

对长为 l 的等截面等扭矩轴，其两端面间的扭转角为

$$\varphi = \int_l \mathrm{d}\varphi = \int_0^l \frac{M_x}{GI_\mathrm{p}}\mathrm{d}x = \frac{M_x l}{GI_\mathrm{p}}(\mathrm{rad}) \tag{4.17}$$

式中，GI_p 称为圆轴的扭转刚度，它为剪切弹性模量与极惯性矩的乘积。GI_p 越大，则扭转角 φ 越小。令 $\theta = \frac{\mathrm{d}\varphi}{\mathrm{d}x}$，为单位长度扭转角，则有

$$\theta = \frac{M_x}{GI_\mathrm{p}}(\mathrm{rad/m})$$

4.5.2 圆轴扭转时的刚度条件

圆轴在受扭转时，只满足强度条件，有时还不一定保证它能正常工作。例如：精密机床上的轴若产生过大的扭转变形会影响机床的加工精度；机器的传动轴如有过大的扭转变形，会使机器在运转时产生较大振动。

因此，必须对轴的扭转变形加以限制，规定轴的单位长度扭转角不得超过某一个许用值，即扭转的刚度条件

$$\theta_{\max} = \frac{M_x}{GI_\mathrm{P}} \leqslant [\theta](\mathrm{rad/m}) \tag{4.18}$$

$$\theta_{\max} = \frac{M_x}{GI_\mathrm{P}} \times \frac{180}{\pi} \leqslant [\theta](^\circ/\mathrm{m}) \tag{4.19}$$

$[\theta]$ 为单位长度许用扭转角，一般根据机器的精度要求、载荷性质和工作情况由设计规范中规定。其值可从有关手册中查得，大致数值为：精密度高的轴，$[\theta] = (0.25 \sim 0.5)\ ^\circ/\mathrm{m}$，一般的轴，$[\theta] = (0.5 \sim 1.0)\ ^\circ/\mathrm{m}$。

下面举例说明圆轴扭转强度条件和刚度条件的应用。

例 4.4 如图 4.22 所示，阶梯形圆轴直径分别为 $d_1 = 40\ \mathrm{mm}$，$d_2 = 70\ \mathrm{mm}$，轴上装有三个皮带轮。已知由轮 3 输入的功率 30 kW，轮 1 的输出功率 13 kW，轴的转速 $n = 200\ \mathrm{r/min}$，材料许用切应力$[\tau] = 60\ \mathrm{MPa}$，剪切弹性模量 $G = 80\ \mathrm{GPa}$，单位长度许用扭转角 $[\theta] = 2\ ^\circ/\mathrm{m}$。试校核轴的强度和刚度。

解 (1) 先计算外力偶矩，画扭矩图。

$$M_{e1} = 9549 \times \frac{13}{200} = 620.8\ (\mathrm{N \cdot m})$$

$$M_{e3} = 9549 \times \frac{P_3}{n} = 9549 \times \frac{30}{200} = 1433\ (\mathrm{N \cdot m})$$

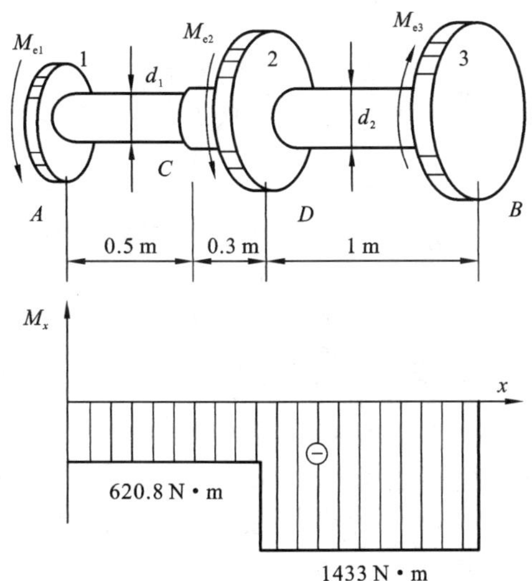

图 4.22 例 4.4 图

危险截面为最大扭矩和最小截面，即 AC、DB 段。

(2) AC 段强度和刚度校核。

强度条件 $\tau_{\max}=\dfrac{M_{x\max}}{W_P}\leqslant[\tau]$。即

$$\tau_{\max}=\frac{M_{x\max}}{W_P}=\frac{620.8}{\frac{\pi}{16}\times 0.040^3}=49.43\ (\mathrm{MPa})<[\tau]$$

刚度条件 $\theta=\dfrac{M_x}{GI_P}<[\theta]$。注意单位长度许用扭转角为 °/m。

$$\theta=\frac{M_x}{GI_P}=\frac{620.8}{\frac{\pi}{32}\times 0.04^4\times 80\times 10^9}\times\frac{180}{\pi}=1.77(°/\mathrm{m})<[\theta]$$

结论：AC 段满足强度和刚度条件。

(3) DB 段强度和刚度校核。

$$\tau_{\max}=\frac{M_{x\max}}{W_P}=\frac{1433}{\frac{\pi}{16}\times 70^3}=21.29\ (\mathrm{MPa})<[\tau]$$

$$\theta=\frac{M_x}{GI_P}=\frac{1433}{\frac{\pi}{32}\times 0.07^4\times 80\times 10^9}\times\frac{180}{\pi}=0.436(°/\mathrm{m})<[\theta]$$

结论：DB 段满足强度和刚度条件。

例 4.5 一传动轴如图 4.23 所示，已知轴所用材料的许用切应力 $[\tau]=40$ MPa，剪切弹性模量 $G=80$ GPa，单位长度许用扭转角 $[\theta]=0.5$ °/m，按强度条件和刚度条件设计轴的直径 d。

解 (1) 画轴的扭矩图。由图中可以看出最大扭矩发生在轴的中间一段，其值为

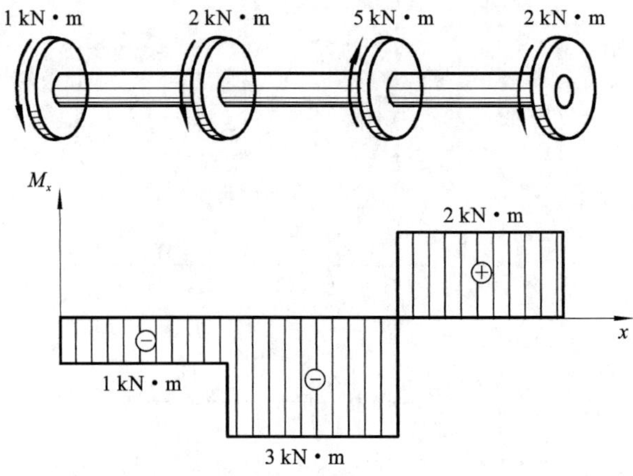

图 4.23　例 4.5 图

$M_{x\max} = 3\ \text{kN} \cdot \text{m}$。

(2) 按强度条件设计轴的直径。要轴安全正常工作，轴必须满足强度条件

$$\tau_{\max} = \frac{M_{x\max}}{W_{\mathrm{P}}} = \frac{M_{x\max}}{\frac{1}{16}\pi d^3} \leqslant [\tau]$$

解得

$$d \geqslant \sqrt[3]{\frac{16M_x}{\pi[\tau]}} = \sqrt[3]{\frac{16 \times 3 \times 10^3}{\pi \times 40 \times 10^6}} = 72.5 \times 10^{-3}(\text{m}) = 72.5\ \text{mm}$$

(3) 按刚度条件设计轴的直径。要轴安全正常工作，轴还必须满足刚度条件

$$\theta = \frac{M_x}{GI_{\mathrm{P}}} = \frac{M_x}{G\ \frac{1}{32}\pi d^4} \times \frac{180}{\pi} \leqslant [\theta]$$

解得

$$d \geqslant \sqrt[4]{\frac{32M_x}{G\pi[\theta]}} = \sqrt[4]{\frac{32 \times 3 \times 10^3}{80 \times 10^9 \times \pi \times 0.5 \times \frac{\pi}{180}}} = 81.3 \times 10^{-3}(\text{m}) = 81.3\ \text{mm}$$

轴的强度要求其直径 $d \geqslant 72.5\ \text{mm}$，轴的刚度要求其直径 $d \geqslant 81.3\ \text{mm}$，结合强度和刚度的要求，选取轴的直径为 $d = 85\ \text{mm}$。

例 4.6　如图 4.24 所示等截面圆轴，已知 $d = 90\ \text{mm}$，$l = 500\ \text{mm}$，$M_{e1} = 8\ \text{kN} \cdot \text{m}$，$M_{e2} = 3\ \text{kN} \cdot \text{m}$。轴的材料为钢，剪切弹性模量 $G = 80\ \text{GPa}$，求：

(1) 轴的最大切应力；

(2) 截面 B 和截面 C 的扭转角；

(3) 若要求 BC 段的单位扭转角与 AB 段的相等，则在 BC 段钻孔的孔径 d_1 应为多大？

解　(1) 轴的最大切应力。作扭矩图如图 4.24。最大切应力为

$$\tau_{\max} = \frac{M_{x\max}}{W_{\mathrm{P}}} = \frac{5 \times 10^3}{\frac{\pi}{16}d^3} = 25.5\ (\text{MPa})$$

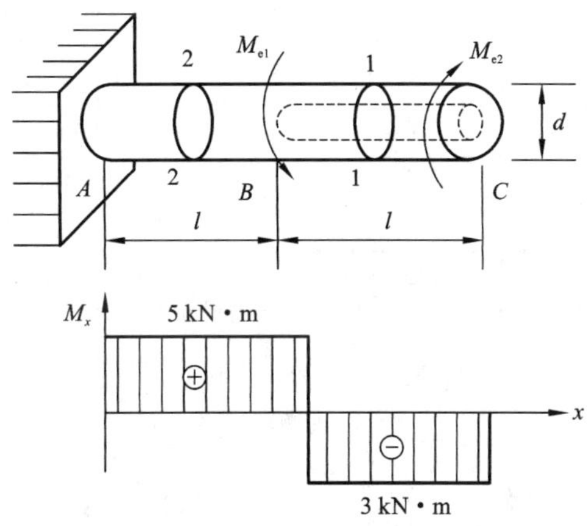

图 4.24　例 4.6 图

(2) 截面 B 的扭转角

$$\varphi_B=\varphi_{AB},\quad \varphi_{AB}=\frac{M_{x2}l_{AB}}{GI_{\mathrm{p}}}=\frac{5\times10^3\times0.5}{82\times10^9\times\frac{\pi}{32}\times(0.1)^4}=0.178^\circ$$

截面 C 的扭转角

$$\varphi_C=\varphi_{AC}=\varphi_{AB}+\varphi_{BC}$$

$$\varphi_{BC}=\frac{M_{x1}l_{BC}}{GI_{\mathrm{p}}}=\frac{-3\times10^3\times0.5}{82\times10^9\times\frac{\pi}{32}\times(0.1)^4}=-0.00186\ (\mathrm{rad})=-0.106^\circ$$

$$\varphi_C=0.178^\circ-0.106^\circ=0.072^\circ$$

(3) BC 段钻孔的孔径 d_1

由于 $\theta_{AB}=\theta_{BC}$,即

$$\frac{M_{x2}}{GI_{\mathrm{P2}}}=\frac{M_{x1}}{GI_{\mathrm{P1}}}$$

$$I_{\mathrm{P1}}=\frac{\pi}{32}(d^4-d_1^4)=I_{\mathrm{P2}}\frac{M_{x1}}{M_{x2}},\quad I_{\mathrm{P2}}=\frac{\pi}{32}d^4$$

解得

$$d_1=d\sqrt[4]{1-\frac{M_{x1}}{M_{x2}}}=90\times10^{-3}\times\sqrt[4]{1-\frac{5\times10^3}{3\times10^3}}=0.08\ (\mathrm{m})=80\ \mathrm{mm}$$

4.6　简单静不定轴

前面所研究的轴,其支反力偶矩与扭矩均可由平衡方程确定,即均属于静定轴。然而,当轴的未知力偶矩(支反力偶矩与扭矩)的数目多于有效平衡方程的数目时,则成为静不定轴。

由前面 2.7 节可知,求解扭转静不定问题,除应利用平衡方程外,还需建立补充方程。现以图 4.25(a) 所示静不定轴为例,介绍分析方法。

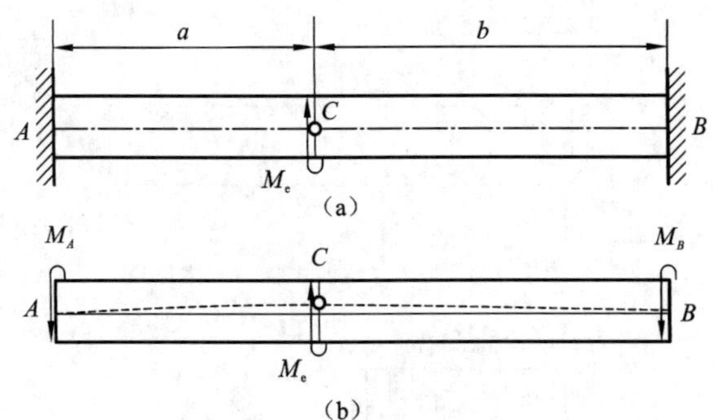

图 4.25　扭转静不定轴

设轴 A 与 B 端的支反力偶矩分别为 M_A 与 M_B[图 4.25(b)],则轴的平衡方程为

$$\sum M_x = 0, \quad M_A + M_B - M_e = 0 \tag{①}$$

在上述方程中,包括两个未知力偶矩,故为一度静不定。

根据轴两端的约束条件可知,横截面 A 与 B 间的相对转角即扭转角 φ_{AB} 为零,所以,轴的变形协调条件为

$$\varphi_{AB} = \varphi_{AC} + \varphi_{CB} = 0 \tag{②}$$

式中,φ_{AC} 与 φ_{CB} 分别代表 AC 与 CB 段的扭转角。

AC 与 CB 段的扭矩分别为

$$M_{x1} = -M_A, \quad M_{x2} = M_B$$

根据式(4.17),得相应扭转角分别为

$$\varphi_{AC} = \frac{M_{x1}a}{GI_p} = \frac{(-M_A)a}{GI_p}, \quad \varphi_{CB} = \frac{M_{x2}b}{GI_p} = \frac{M_B b}{GI_p}$$

将上述关系式代入式 ②,即得补充方程为

$$-M_A a + M_B b = 0 \tag{③}$$

最后,联立求解平衡方程 ① 与补充方程 ③,于是得

$$M_A = \frac{M_e b}{a+b}, \quad M_B = \frac{M_e a}{a+b}$$

支反力偶矩确定后,即可按以前所述方法分析轴的内力、应力与变形,并进行强度与刚度计算。

例 4.7　图 4.26(a) 所示芯轴与套管,两端用刚性平板连接在一起。设作用在刚性平板上的扭力偶矩为 M,芯轴与套管的扭转刚度分别为 $G_1 I_{P1}$ 与 $G_2 I_{P2}$。试计算芯轴与套管的扭矩。

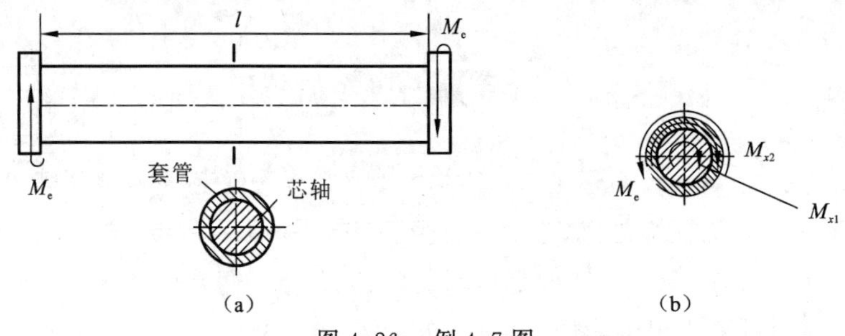

图 4.26　例 4.7 图

解　设芯轴与套管的扭矩分别为 M_{x1} 与 M_{x2}，则由图 4.26(b) 可知

$$M_{x1} + M_{x2} - M_e = 0 \qquad ①$$

两个未知扭矩，一个平衡方程，故为一度静不定。

如上所述，芯轴与套管的两端由刚性平板相连接，因此，芯轴的扭转角 φ_1 与套管的扭转角 φ_2 应相等，即

$$\varphi_1 = \varphi_2 \qquad ②$$

根据式(4.17) 可知

$$\varphi_1 = \frac{M_{x1} l}{G_1 I_{P1}}$$

$$\varphi_2 = \frac{M_{x2} l}{G_2 I_{P2}}$$

将上述关系式代入式 ②，得补充方程为

$$\frac{M_{x1}}{G_1 I_{P1}} = \frac{M_{x2}}{G_2 I_{P2}} \qquad ③$$

最后，联立求解平衡方程 ① 与补充方程 ③，于是得

$$M_{x1} = \frac{G_1 I_{P1}}{G_1 I_{P1} + G_2 I_{P2}} M_e, \quad M_{x2} = \frac{G_2 I_{P2}}{G_1 I_{P1} + G_2 I_{P2}} M_e$$

由上式可知

$$\frac{M_{x1}}{M_{x2}} = \frac{G_1 I_{P1}}{G_2 I_{P2}}$$

即扭矩按扭转刚度比分配。

4.7　非圆截面轴扭转简介

前面研究的轴均为圆截面轴。在工程实际中，有时也会碰到一些非圆截面轴，例如，矩形与椭圆形实心截面轴，箱形与工字形薄壁截面轴等。实验与分析表明：这些非圆截面轴，例如矩形截面轴，受扭后横截面将由平面变为曲面，即产生翘曲(图 4.27)，根据平面假设所建立的圆轴扭转公式，对于这些非圆截面轴均不适用。本节讨论非圆截面轴的扭转问题，主要介绍有关的研究结果。

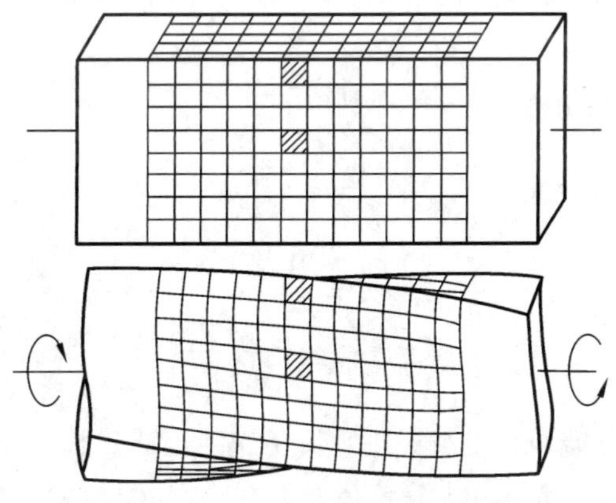

图 4.27　矩形截面轴的扭转变形

4.7.1 矩形与椭圆等非圆实心截面轴扭转

弹性理论指出：矩形截面轴扭转时，横截面边缘各点处的切应力平行于截面周边（图4.28），角点处的切应力为零；最大切应力 τ_{max} 发生在截面的长边中点处，而短边中点处的切应力 τ_1 也有相当大的数值。

上述结论与实验现象是一致的。从试验中观察到（图 4.29）：杆表面棱角处的切应变为零；而距侧面中线愈近，切应变愈大，在侧面的中线处，切应变最大。

至于横截面边缘各点处的切应力平行于周边，以及角点处的切应力为零的结论，也可利用切应力互等定理得到证实。如图 4.29 所示，若横截面边缘某点 A 处的切应力不平行于周边，即存在有垂直于周边的切应力分量 τ_n 时，则根据切应力互等定理可知，杆表面必存在有切应力 τ'_n，而且 $\tau'_n = \tau_n$。然而，当杆表面无轴向剪切载荷作用时，$\tau'_n = 0$，可见，$\tau_n = 0$，即截面边缘的切应力一定平行于周边。同样，在截面的角点处，例如 B 点，由于该处杆表面的切应力 τ'_1 与 τ'_2 均为零，B 点处的切应力分量 τ_1 与 τ_2 也必为零。所以，横截面上角点处的切应力必为零。

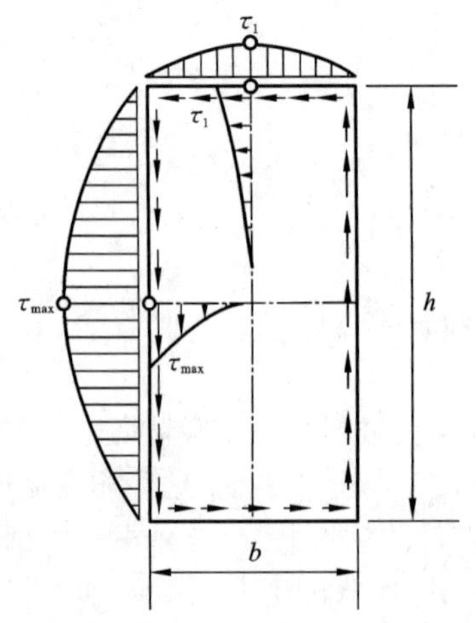

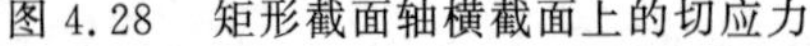

图 4.28　矩形截面轴横截面上的切应力

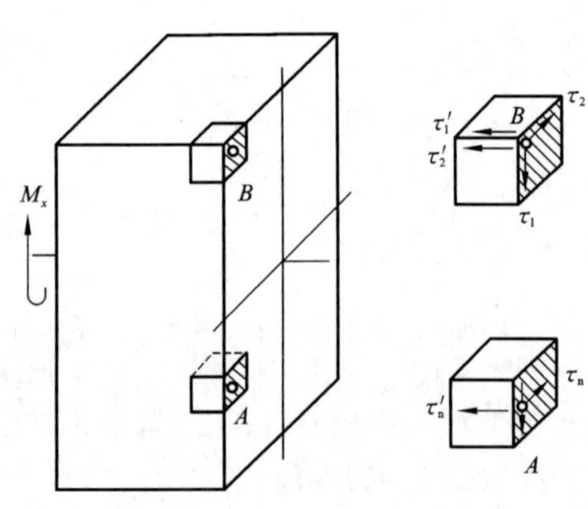

图 4.29　横截面边缘上的切应力

根据弹性理论的研究结果，矩形截面轴的扭转切应力 τ_{max} 与 τ_1 以及扭转变形分别为

$$\tau_{max} = \frac{M_x}{W_T} = \frac{M_x}{\alpha hb^2} \tag{4.20}$$

$$\tau_1 = \gamma\tau_{max} \tag{4.21}$$

$$\varphi = \frac{M_x l}{GI_T} = \frac{M_x l}{G\beta hb^3} \tag{4.22}$$

式中，h 与 b 分别代表矩形截面长边与短边的长度，$W_T = \alpha hb^2$ 称为相当扭转截面模量，$I_T = \beta hb^3$ 称为相当极惯性矩，系数 α, β, γ 与比值 h/b 有关，其值见表 4.1。

表 4.1　矩形截面扭转的有关系数 α,β 与 γ

h/b	1.0	1.2	1.5	1.75	2.0	2.5	3.0	4.0	6.0	8.0	10.0	∞
α	0.208	0.219	0.231	0.239	0.246	0.258	0.267	0.282	0.299	0.307	0.313	0.333
β	0.141	0.166	0.196	0.214	0.229	0.249	0.263	0.281	0.299	0.307	0.313	0.333
γ	1.000	0.930	0.859	0.820	0.795	0.766	0.753	0.745	0.743	0.742	0.742	0.742

对于椭圆、三角形等非圆截面轴，可按下列公式计算最大扭转切应力与扭转变形：

$$\tau_{\max} = \frac{M_x}{W_T} \tag{4.23}$$

$$\varphi = \frac{M_x l}{G I_T} \tag{4.24}$$

上式中的 W_T 及 I_T 的量纲，分别与 W_p 及 I_p 相同。

4.7.2　薄壁杆扭转

为减轻重量，在工程结构中，特别是在航空与航天结构中，广泛采用薄壁杆件(图 4.30)。薄壁杆横截面的壁厚平分线，称为截面中心线。截面中心线为封闭曲线的薄壁杆，称为闭口薄壁杆；截面中心线为非封闭曲线的薄壁杆，称为开口薄壁杆。两种不同型式的薄壁杆，其抗扭性能有很大的差别。

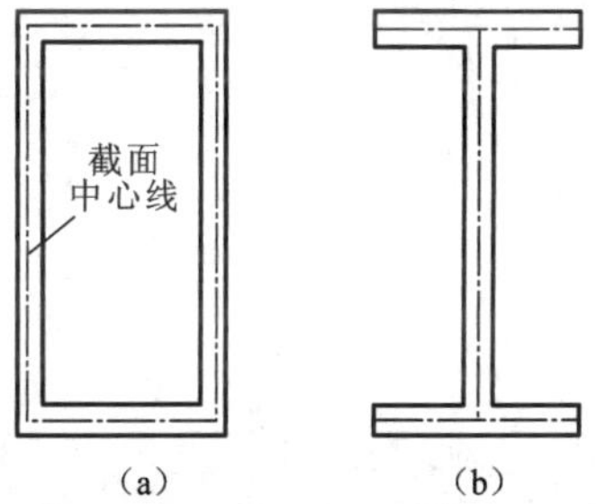

图 4.30　薄壁杆件

1. 闭口薄壁杆扭转概念

与薄壁圆管的扭转切应力相似，一般闭口薄壁杆的扭转切应力分布如图 4.31(a) 所示。由于杆壁很薄，可以认为：横截面上各点处的扭转切应力，沿壁厚均匀分布，其方向则平行于该壁厚处的周边切线或截面中心线的切线。研究表明：若截面中心线所包围的面积为 Ω[图 4.31(b)]，则壁厚为 δ 处的扭转切应力为

$$\tau = \frac{M_x}{2\Omega\delta} \tag{4.25}$$

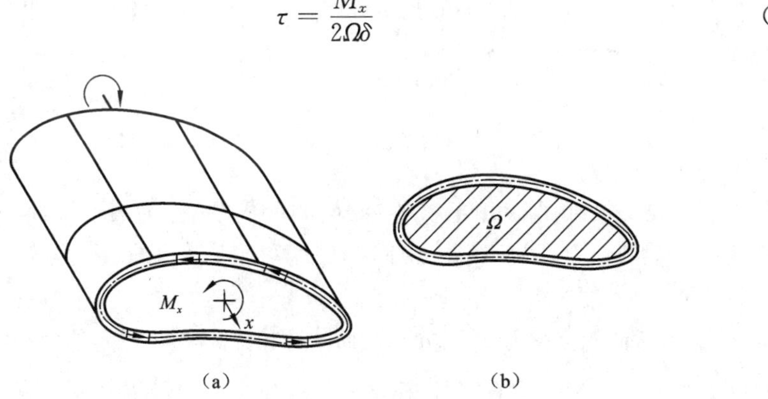

图 4.31　闭口薄壁杆的扭转切应力

而薄壁杆的扭转变形则为

$$\varphi = \frac{M_x l}{G I_T} \tag{4.26}$$

式中

$$I_T = \frac{4\Omega^2}{\int \frac{\mathrm{d}s}{\delta}} \tag{4.27}$$

式中的线积分沿截面中心线进行。

由式(4.25)可以看出,闭口薄壁杆的扭转切应力与扭矩成正比,与截面中心线所围面积成反比,而在杆壁最薄处,扭转切应力最大,其值为

$$\tau_{\max} = \frac{M_x}{2\Omega\delta_{\min}} \tag{4.28}$$

2. 开口薄壁杆扭转概念

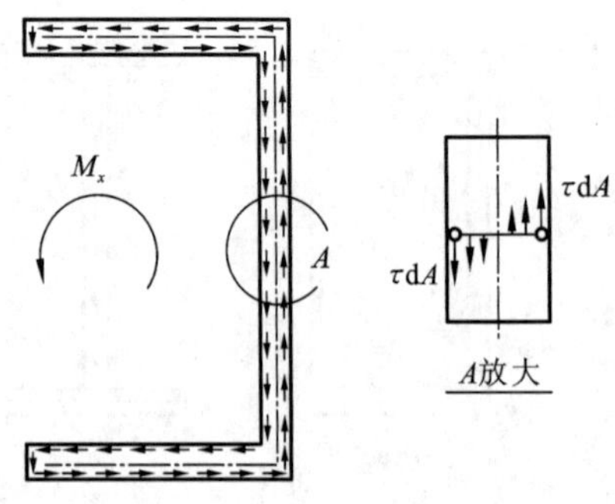

图 4.32 开口薄壁杆件的扭转切应力

一般开口薄壁杆件的扭转切应力分布如图4.32所示,切应力沿截面周边形成“环流”。从图中可以看出,截面中心线两侧对称位置处的微剪力 $\tau \mathrm{d}A$ 构成微力偶,但因杆壁薄、力偶臂小,所以,开口薄壁杆的抗扭性能很差,截面产生明显翘曲。因此,对于受扭构件,尽量不要采用开口薄壁杆。如果实在必要(例如由于构造或装配等方面的需要),不得不采用开口薄壁截面时,则应采取局部加强措施。例如,采用格条或肋板等对截面翘曲加以限制(图4.33),将显著提高杆的扭转强度与刚度。

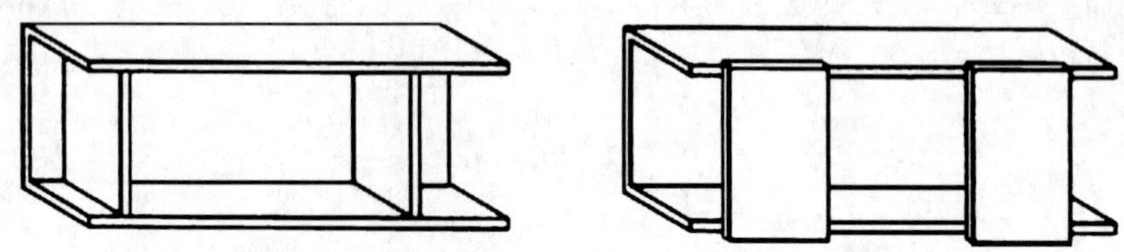

图 4.33 采用格条或肋板加强的开口薄壁结构

例 4.8 材料、横截面面积与长度均相同的两根轴,一为圆形截面,另一为正方形截面。若作用在轴端的外力偶矩 M_e 也相同,试计算上述二轴的最大扭转切应力与扭转变形,并进行比较。

解 设圆形截面的直径为 d,正方形截面的边长为 a,由于二者的面积相等,即 $\pi d^2/4 = a^2$,于是得

$$a = \frac{\sqrt{\pi} d}{2}$$

圆形截面轴的最大扭转切应力与扭转变形分别为

$$\tau_{c,\max}=\frac{16M_e}{\pi d^3},\quad \varphi_c=\frac{32M_e l}{G\pi d^4}$$

根据式(4.20)、式(4.22)与表4.1,得正方形截面轴的最大扭转切应力与扭转变形分别为

$$\tau_{s,\max}=\frac{M_e}{\alpha a^3}=\frac{M_e}{0.208a^3},\quad \varphi_s=\frac{M_e l}{G\beta a^4}=\frac{M_e l}{0.141Ga^4}$$

根据上述计算,于是得

$$\frac{\tau_{c,\max}}{\tau_{s,\max}}=\frac{16\times 0.208}{\pi}\times\left(\frac{\sqrt{\pi}}{2}\right)^4=0.737,\quad \frac{\varphi_c}{\varphi_s}=\frac{32\times 0.141}{\pi}\times\left(\frac{\sqrt{\pi}}{2}\right)^4=0.886$$

可见,无论是扭转强度或是扭转刚度,圆形截面轴均比正方形截面轴好。

4.8 思考与讨论

4.8.1 圆轴扭转的切应力和扭矩的关系

已知承受扭转的圆轴,横截面直径为d,截面上的扭矩为M_x[图4.34(a)]。如果在扭矩M_x的作用下,圆轴的变形都是弹性的,

(1) 请写出B点的切应力与扭矩M_x的关系式;

(2) 请采用最简单的方法确定以OB为半径的圆面积上切应力所组成的扭矩。

如果已经知道横截面上的最大切应力为$\tau_{\max}$[图4.34(b)]。请分析:能不能确定扭矩M_x与最大切应力$\tau_{\max}$之间的关系?如果能,请写出二者之间关系的表达式;如果不能,请简单说明理由。

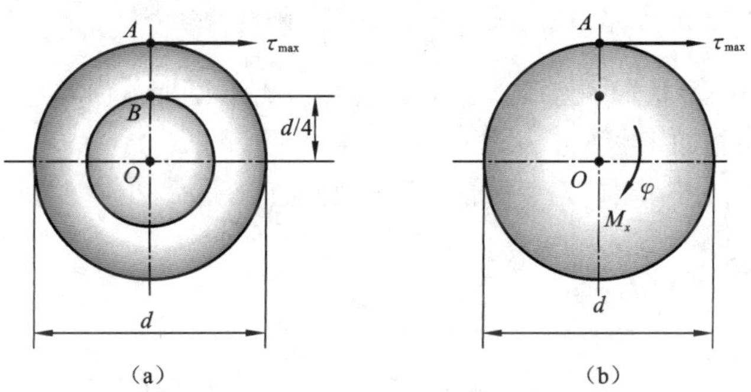

图4.34　圆轴扭转的切应力和扭矩

4.8.2 复合材料圆轴的扭转

由两种不同材料组成的圆轴,里层和外层材料的剪切弹性模量分别为G_1和G_2,且$G_2=2G_2$。圆轴尺寸如图4.35所示。圆轴受扭时,里、外层之间无相对滑动。

关于横截面上的切应力分布,有图中(a)、(b)、(c)、(d)所示的四种结论,请判断哪一种是正确的?

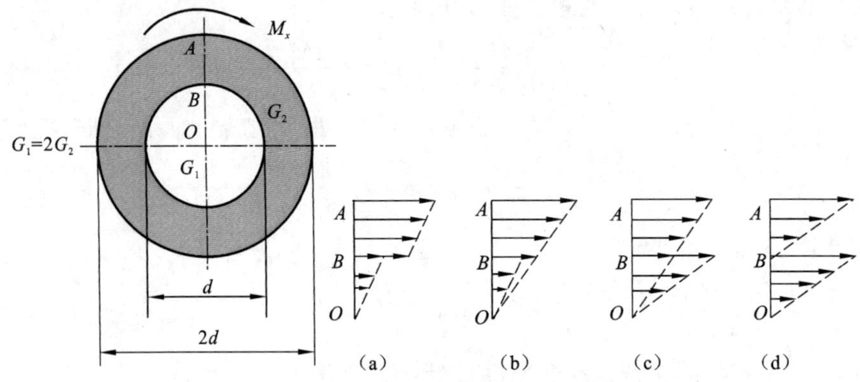

图 4.35　复合材料圆轴横截面上的切应力分布

4.8.3　闭口和开口薄壁圆管的强度比较

闭口和开口薄壁圆管的平均直径(厚度中线的直径)均为 D,壁厚均为 d。二者都承受扭转分别如图 4.36(a) 和 4.36(b) 所示。

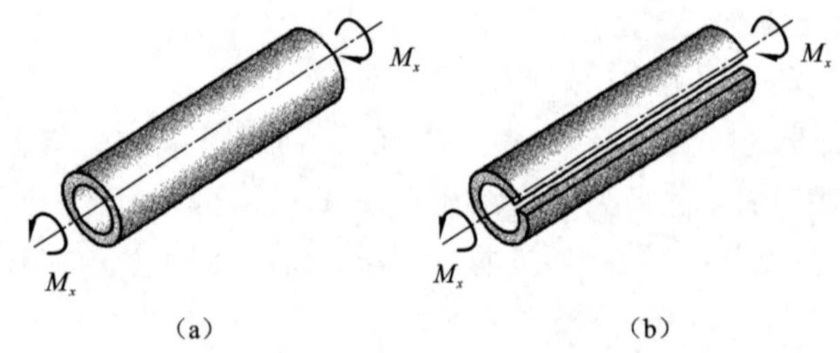

图 4.36　闭口和开口薄壁圆管

(1) 分析研究两种情形下圆管横截面上的切应力沿厚度方向是怎样分布的?画出沿厚度方向的切应力分布图。

(2) 试用简化分析方法确定两种情形下横截面上的最大切应力与平均直径 D 和 d 之间的关系式。

习　题　4

4-1　建立圆轴的扭转切应力公式 $\tau_\rho = M_x\rho/I_P$ 时,“平面假设”起到的作用是(　　)。

A.“平面假设”给出了横截面上内力与应力的关系 $M_x = \int_A \tau_\rho \rho \mathrm{d}A$

B.“平面假设”给出了圆轴扭转时的变形规律

C.“平面假设”使物理方程得到简化

D.“平面假设”是建立切应力互等定理的基础

4-2　切应力互等定理的适用条件是(　　)。

A. 仅仅为纯剪切应力状态　　B. 平衡应力状态

C. 仅仅为线弹性范围　　D. 仅仅为各向同性材料

4-3 传动轮系如题 4-3 图，主动轮作用力矩 $M_1 = 8\ \text{kN}\cdot\text{m}$，从动轮作用力矩 $M_2 = 4\ \text{kN}\cdot\text{m}$，$M_3 = 3\ \text{kN}\cdot\text{m}$，$M_4 = 1\ \text{kN}\cdot\text{m}$。下列各图中，轮系安排合理的是（ ）。

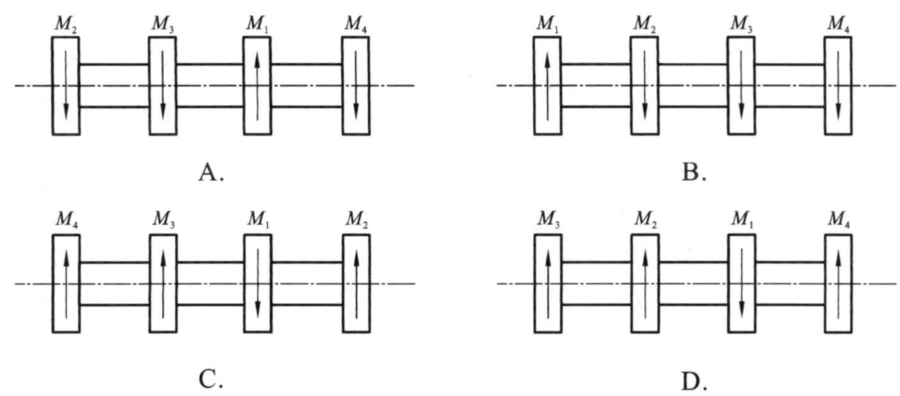

题 4-3 图

4-4 一直径为 d_1 的实心轴，另一内径为 d_2、外径为 D_2、内外径之比 $\alpha = d_2/D_2$ 的空心轴，若两轴横截面上的扭矩和最大切应力均分别相等，则两轴的横截面面积之比 A_1/A_2 为（ ）。

A. $1-\alpha^2$　　B. $\sqrt[3]{(1-\alpha^4)^2}$

C. $\sqrt[3]{[(1-\alpha^2)(1-\alpha^4)^2]^2}$　　D. $\dfrac{\sqrt[3]{(1-\alpha^4)^2}}{1-\alpha^2}$

4-5 一圆轴用碳钢制作，校核其扭转角时，发现单位长度扭转角超过了许用值。为保证此轴的扭转刚度，采用哪种措施最有效（ ）。

A. 改用合金钢材料　　B. 增加表面光洁度

C. 增加轴的直径　　D. 减小轴的长度

4-6 作如图所示各杆的扭矩图。

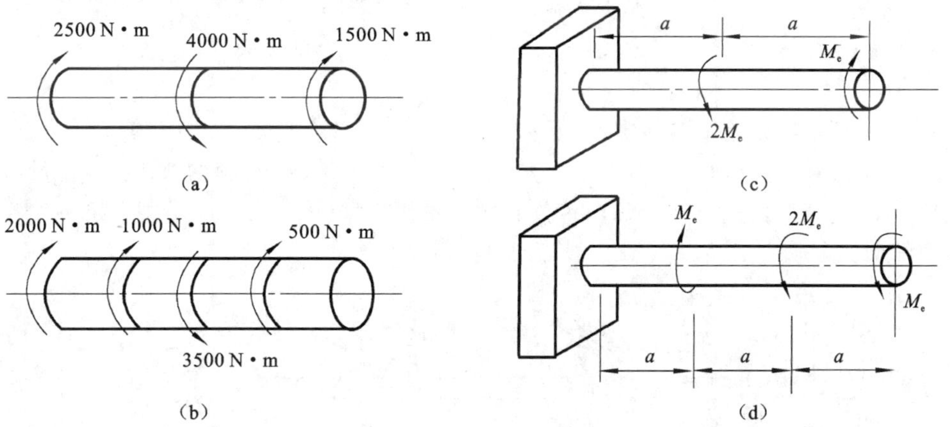

题 4-6 图

4-7　一传动轴如题 4-7 图所示，直径 $d = 75$ mm，作用着外力偶矩 $M_{e1} = 1000$ N·m，$M_{e2} = 600$ N·m，$M_{e3} = M_{e4} = 200$ N·m，剪切弹性模量 $G = 80$ GPa。

(1) 作轴的扭矩图；

(2) 求各段内的最大切应力；

(3) 求截面 A 相对于截面 C 的扭转角。

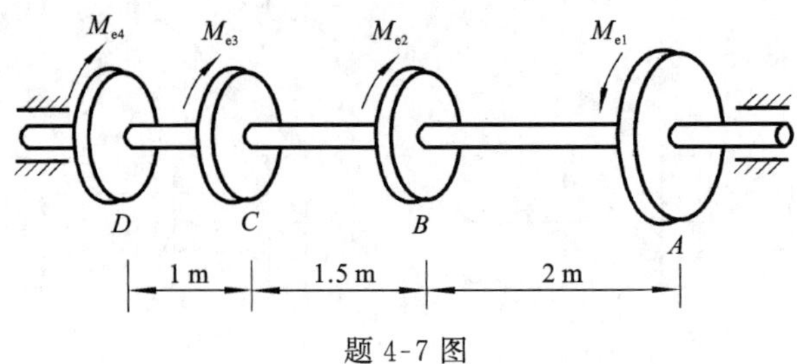

题 4-7 图

4-8　设有一实心轴如题 4-8 图所示，两端受到扭转的外力偶矩 $M_e = 14$ kN·m，轴的直径 $d = 10$ cm，长度 $l = 100$ cm，$G = 80$ GPa，试计算：(1) 横截面的最大切应力；(2) 轴的扭转角；(3) 截面上 A 点的切应力。

4-9　如题 4-9 图所示，阶梯形圆轴直径分别为 $d_1 = 40$ mm，$d_2 = 70$ mm，轴上装有三个皮带轮。已知由轮 3 输入的功率 30 kW，轮 1 的输出功率 13 kW，轴的转速 $n = 200$ r/min，材料的许用切应力 $[\tau] = 60$ MPa，剪切弹性模量 $G = 80$ GPa，单位长度许用扭转角 $[\theta] = 2$ °/m，试校核轴的强度和刚度。

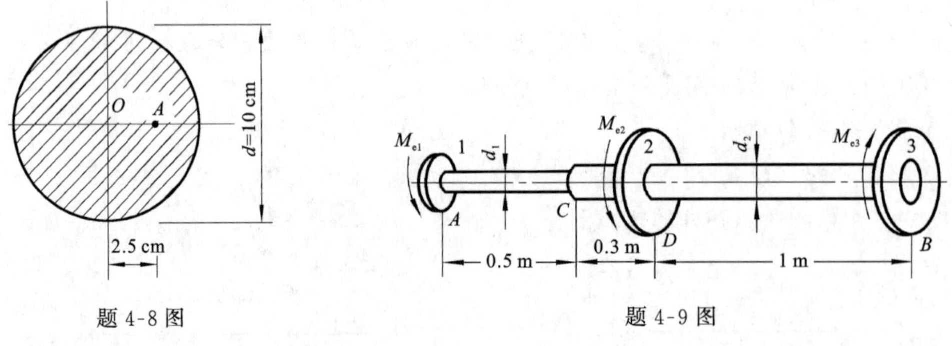

题 4-8 图　　　　题 4-9 图

4-10　传动轴如题 4-10 图所示。已知该轴转速 $n = 300$ r/min，主动轮输入功率 $P_C = 30$ kW，从动轮输出功率 $P_D = 15$ kW，$P_B = 10$ kW，$P_A = 5$ kW，材料的剪切弹性模量 $G = 80$ GPa，许用切应力 $[\tau] = 40$ MPa，单位长度许用扭转角 $[\theta] = 1$ °/m。试按强度条件及刚度条件设计此轴直径。

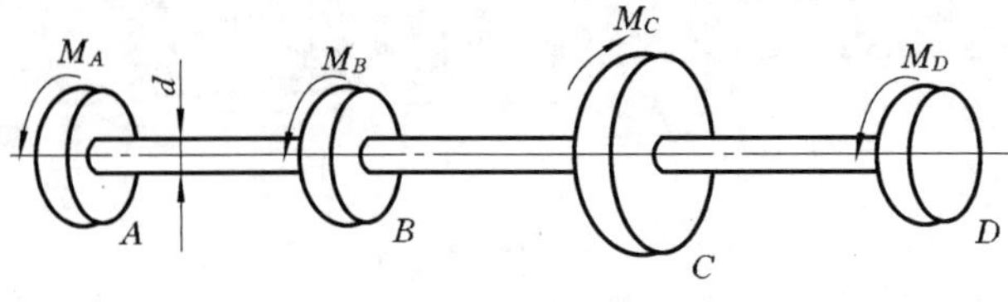

题 4-10 图

4-11　以外径 $D = 120$ mm 的空心轴来代替直径 $d = 100$ mm 的实心轴，在强度相等的条件下，问可节省材料百分之几？

4-12　船用推进轴如题4-12图所示，一端是实心的，其直径 $d_1 = 28$ cm；另一端是空心轴，其内径 $d = 14.8$ cm，外径 $D = 29.6$ cm。若 $[\tau] = 50$ MPa，试求此轴允许传递的外力 偶矩。

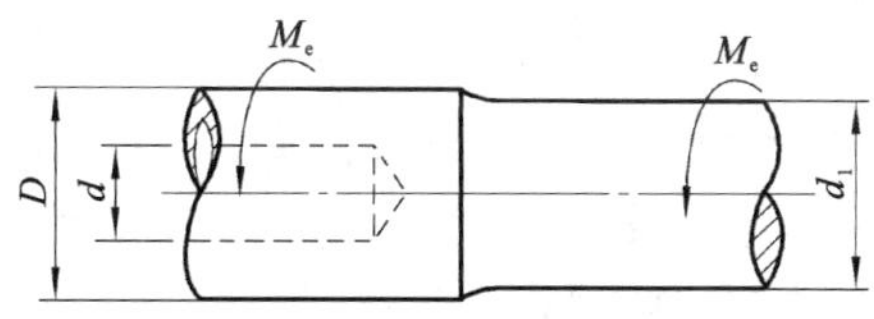

题4-12图

4-13　如题4-13图所示，两轴由四个螺栓和凸缘连接。轴与螺栓的材料相同，若使轴和螺栓的最大切应力相等，试求 D 与 d 的关系。

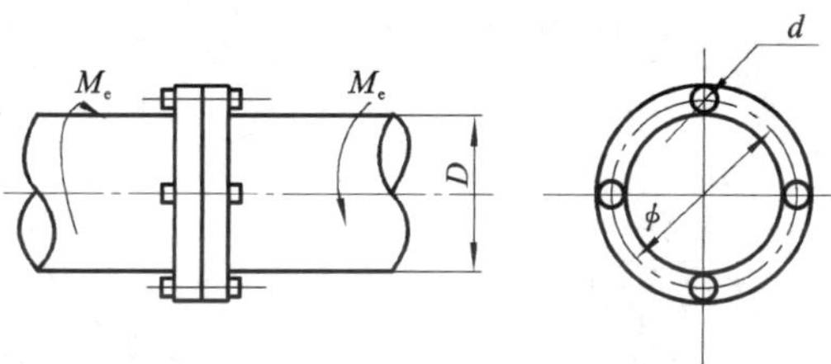

题4-13图

4-14　如题4-14图所示两端固定的圆截面轴，承受外力偶矩作用。试求支反力偶矩。设扭转刚度 GI_P 为已知常量。

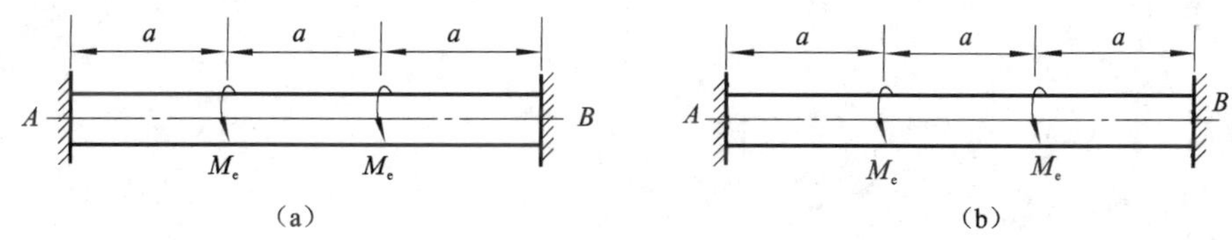

题4-14图

4-15　如题4-15图所示两端固定阶梯形圆轴，承受外力偶矩 M_e 作用。为使轴的重量最轻，试确定轴径 d_1 与 d_2。已知许用切应力为 $[\tau]$。

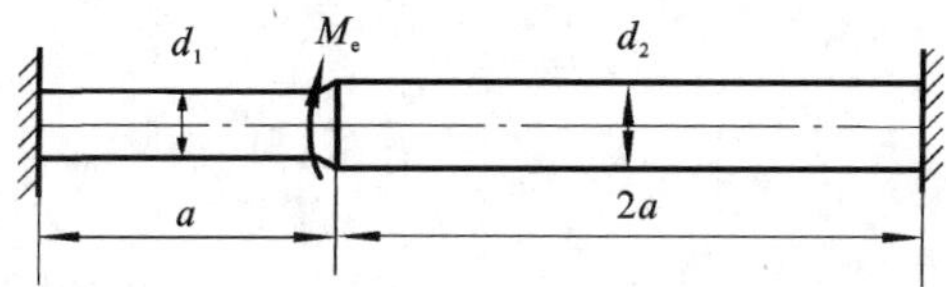

题4-15图

4-16　如题 4-16 图所示组合轴，由套管与芯轴并借两端刚性平板牢固地连接在一起。设作用在刚性平板上的外力偶矩为 $M_e = 2\ \text{kN} \cdot \text{m}$，套管与芯轴的剪切弹性模量分别为 $G_1 = 40\ \text{GPa}$ 和 $G_2 = 80\ \text{GPa}$。试求套管与芯轴的扭矩及最大扭转切应力。

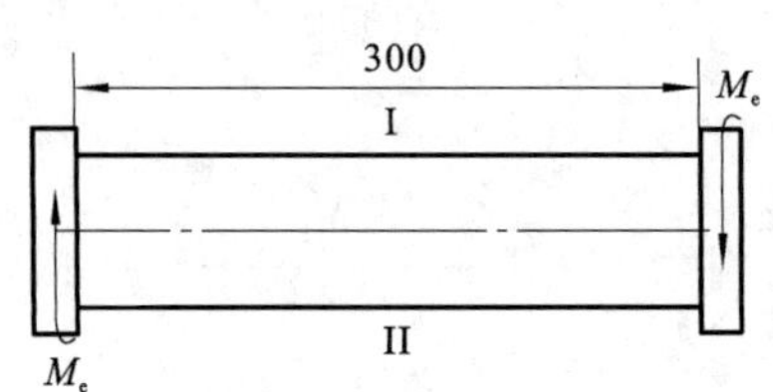

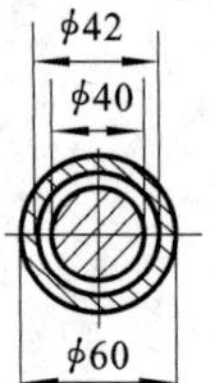

题 4-16 图

4-17　如题 4-17 图所示一联轴装置。轴与圆盘用键接合，两个圆盘用 4 个直径 $d = 16\ \text{mm}$ 的螺栓连接，已知轴转速 $n = 170\ \text{r/min}$，轴的许用切应力 $[\tau] = 60\ \text{MPa}$，许用挤压应力 $[\sigma_{bs}] = 200\ \text{MPa}$。键和螺栓的许用切应力 $[\tau] = 80\ \text{MPa}$，许用挤压应力 $[\sigma_{bs}] = 200\ \text{MPa}$。轴和键的配合长度为 140 mm，试计算轴所能传递的最大功率。

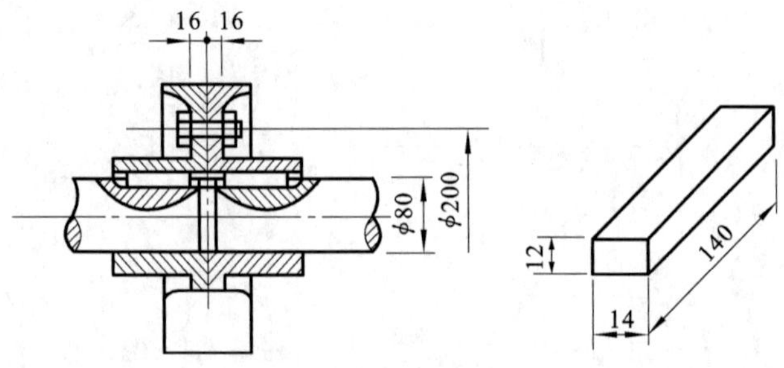

题 4-17 图

第5章 弯曲内力

5.1 弯曲的概念和工程实例

5.1.1 梁的弯曲

如图 5.1、图 5.2 所示，吊车横梁和车轴，这类杆状构件的受力和变形为：杆受垂直于杆轴线的横向力或外力偶的作用；杆的轴线弯成一条曲线（虚线所示）。杆的这种受力和变形形式称为弯曲（bending）。工程上把以弯曲为主要变形形式的杆称为梁（beams）。

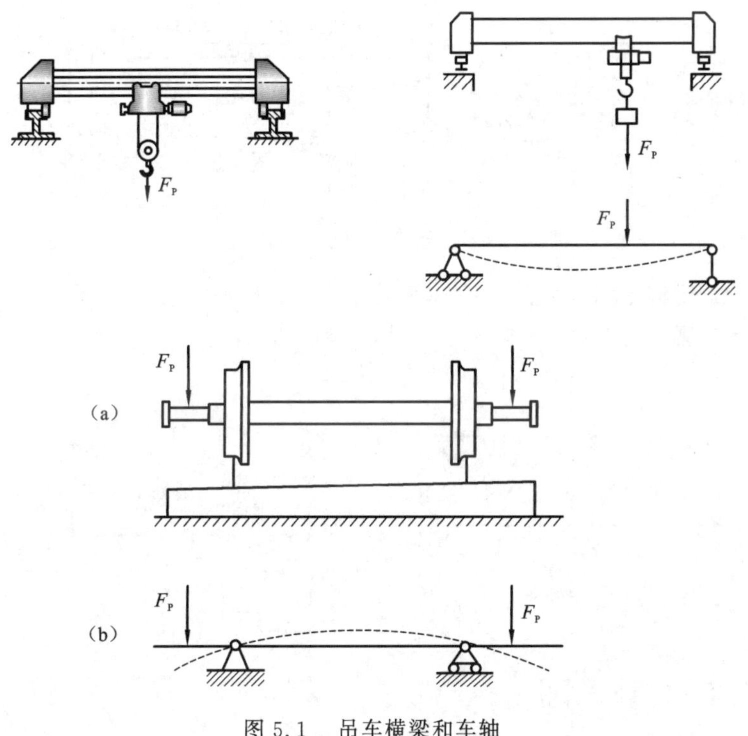

图 5.1 吊车横梁和车轴

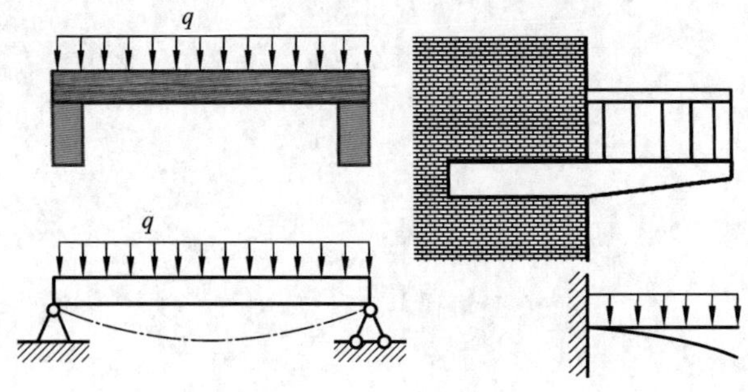

图 5.2　房屋横梁

5.1.2　平面弯曲

工程中常用梁的横截面(如圆形、矩形、工字形和 T 形等)都有一个竖向对称轴(图 5.3)。梁的横截面的竖向对称轴与梁的轴线构成的平面,称为梁的纵向对称面。如果梁上的外力和外力偶都作用在此纵向对称面内,那么梁的轴线将弯成一条位于此纵向对称面内的平面曲线。这样的弯曲称为平面弯曲(plane bending)。平面弯曲是工程中最常见的弯曲问题,本章及其后两章仅讨论平面弯曲问题。

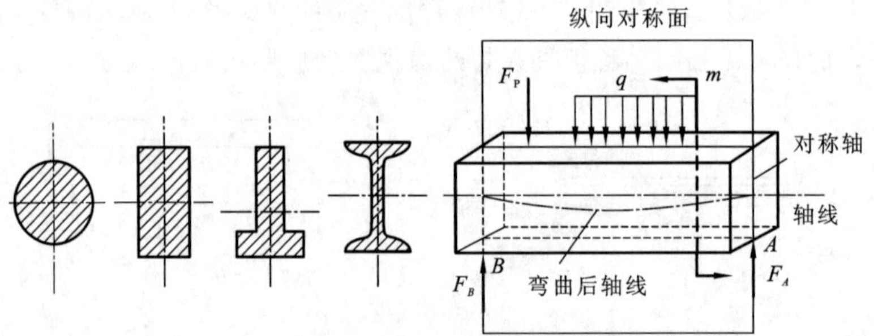

图 5.3　常用梁的横截面

梁仅受外力偶作用而发生的弯曲称为纯弯曲[图 5.4(a)];有别于此,梁在横向力作用下的弯曲称为横力弯曲[图 5.4(b)]。

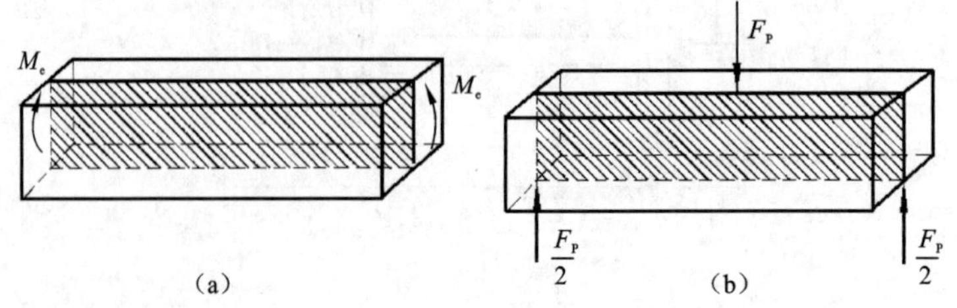

图 5.4　横梁受力简图

5.1.3　梁的计算简图

对梁进行分析计算,首先要画出梁的计算简图。在画梁的计算简图时,要对梁的结构、所受载荷及约束情况作适当的简化,如图 5.5 所示。

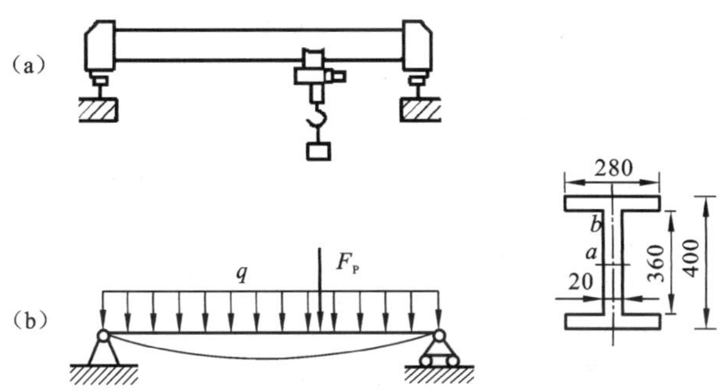

图 5.5 梁的结构、荷载及约束简图

(1) 梁:梁简化为一根直杆,用其轴线表示,横截面的形状和尺寸在其右侧注明。因在弯曲内力分析中,暂不涉及梁的横截面形状和尺寸。因此,本章可不画梁的截面。

(2) 载荷:将梁上的载荷简化为集中力、集中力偶和分布力三种理想情况。吊车梁中的电葫芦的轮距远小于梁的长度,故可将电葫芦对吊车梁的压力近似视为一集中力,而梁的自重则是均匀分布的分布力。

(3) 支座:无论梁的约束有多么复杂,一般将梁的支座简化为固定铰支座、活动铰支座和固定端支座三种理想约束情况。吊车梁左右偏移时,总有一端的轨道起阻止作用,因而一端简化为固定铰支座,而另一端简化为活动铰支座,这样做的目的是使梁成为静定结构,给计算带来方便。

5.1.4 静定梁的基本形式

梁上一般作用有平面任意力系,其平衡方程有三个,因此梁上有三个未知的约束反力时,可以通过这三个平衡方程求出,梁上有三个约束反力时称为静定梁。静定梁有三种基本形式:简支梁、悬臂梁和外伸梁。其约束情况分别如图 5.6 所示。

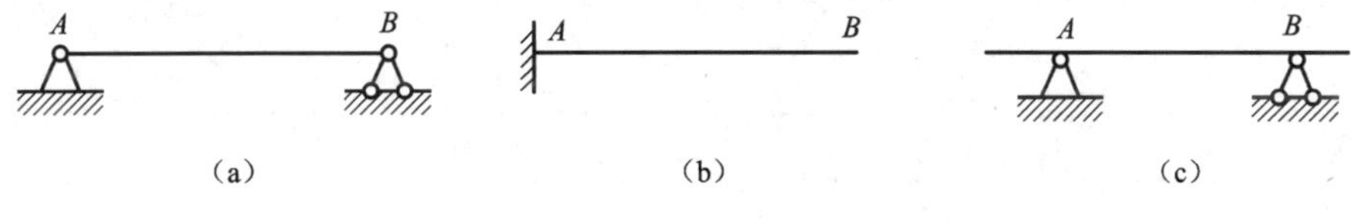

图 5.6 静定梁简图

5.2 剪力和弯矩

5.2.1 剪力 F_S 和弯矩 M

当梁上作用外力并处于平衡时,梁的任一横截面将产生内力。如图 5.7 所示简支梁,由平衡方程可求出梁的支座反力 F_A 和 F_B。然后,假想地将梁沿截面 m-m 切为两段,部分 I 和部分 II 在截面 m-m 处的相互作用力即为截面 m-m 处的内力。取左段部分 I 为研究对象,由于梁 AB 处于平衡状态,因此,部分 I 也处于平衡状态,为使左段梁在竖直方向保持

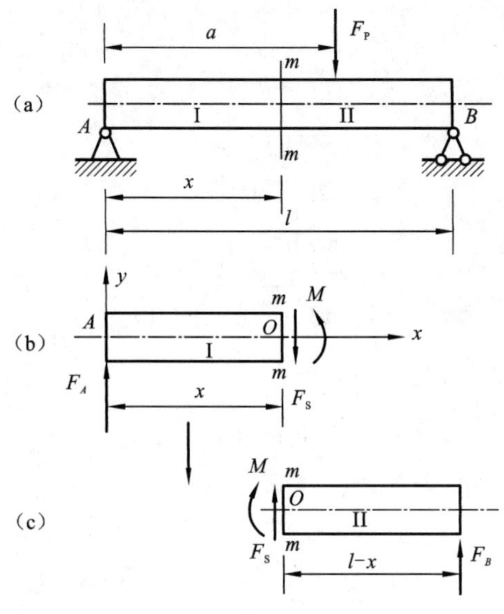

图 5.7 简支梁内力分析

平衡，必有一平行截面方向的内力 F_S，这个平行截面方向的内力称为剪力（shear force），用 F_S 表示，它是截面 m-m 上分布内力的合力主矢在竖直方向的分量。为使左段梁不发生转动，在截面 m-m 上必有一内力偶，这个内力偶矩称为弯矩（bending moment），用 M 表示，它是分布内力合力的主矩。根据弯矩的方向不同，弯矩还可以表示为 M_x、M_y 和 M_z。剪力 F_S 和弯矩 M 的大小、方向或转向，可根据所取研究对象的平衡来确定。考虑左段梁的平衡[图 5.7(b)]

$$\sum F_x = 0: \quad F_A - F_S = 0$$

$$F_S = F_A$$

$$\sum M_O = 0: \quad -F_A x + M = 0$$

$$M = F_A x$$

如考虑右段梁平衡[图 5.7(c)]，会发现剪力和弯矩与图 5.7(b) 中的大小相等，方向相反，因为它们是作用与反作用。因此，可任取截面一侧来求截面的剪力和弯矩，通常选取力较少的一侧较为简便。

5.2.2 剪力 F_S 和弯矩 M 的符号规定

为了便于区别和方便计算，对剪力和弯矩的符号作如下规定：

(1) 剪力对所取梁段内任意一点有顺时针转动趋势时，剪力为正。即，使微段梁相邻两截面发生左上右下的相对错动时，剪力为正[图 5.8(a)]。

(2) 使截面相邻梁段发生上凹下凸弯曲变形时，弯矩为正[图 5.8(b)]。

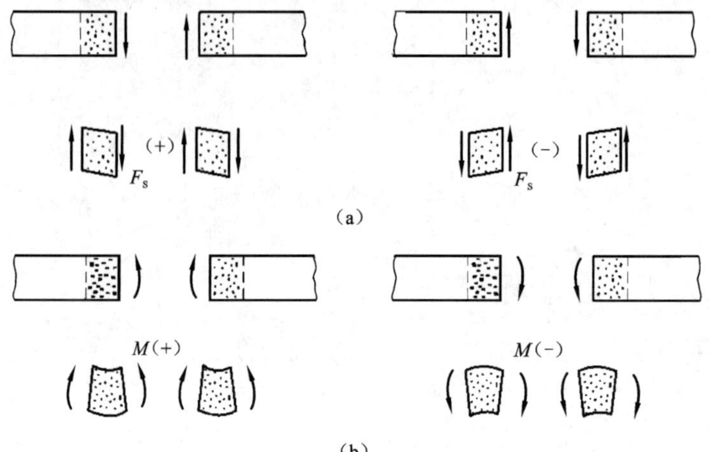

图 5.8 剪力和弯矩的正负号规则

5.2.3　剪力和弯矩的求法

前面讲到可以根据截面左段或右段的平衡方程来求截面的剪力和弯矩。这里再介绍一种求剪力和弯矩的一般方法。

分析截面左侧梁时，向上的外力引起正的剪力，分析截面右侧梁时，向下的外力引起正的剪力，并且剪力值与外力值相等，截面上的剪力等于截面一侧所有外力引起的剪力的叠加。因此，剪力可按下列方法求得：

任一截面的剪力等于截面左侧或右侧所有外力（左上右下为正）的代数和。

$$F_S = \sum F^l \quad (\text{左上为正}) \quad \text{或} \quad F_S = \sum F^r \quad (\text{右下为正}) \tag{5.1}$$

式中，角标 l 表示对截面左侧；r 表示对截面右侧。“左上为正”表示分析截面左侧梁时，外力向上为正；“右下为正”表示分析截面右侧梁时，外力向下为正。

分析截面左侧梁时，外力对截面形心的力矩为顺时针时，引起正的弯矩，分析截面右侧梁时，外力对截面形心的力矩为逆时针时，引起正的弯矩，并且弯矩值与外力对截面形心的弯矩值相等，截面上弯矩等于截面一侧所有外力引起弯矩的叠加。因此，弯矩可按下列方法求得：

任一截面的弯矩等于截面左侧或右侧所有外力对截面形心力矩的代数和(左顺右逆为正)。

$$M = \sum M^l \quad (\text{左顺为正}) \quad \text{或} \quad M = \sum M^r \quad (\text{右逆为正}) \tag{5.2}$$

“左顺为正”表示分析截面左侧梁时，外力对截面形心力矩顺时针为正；“右逆为正”表示分析截面右侧梁时，外力对截面形心力矩逆时针为正。

例 5.1　一简支梁 AB 如图 5.9(a) 所示，求距 A 端 0.8 m 处截面 n-n 上的剪力和弯矩。

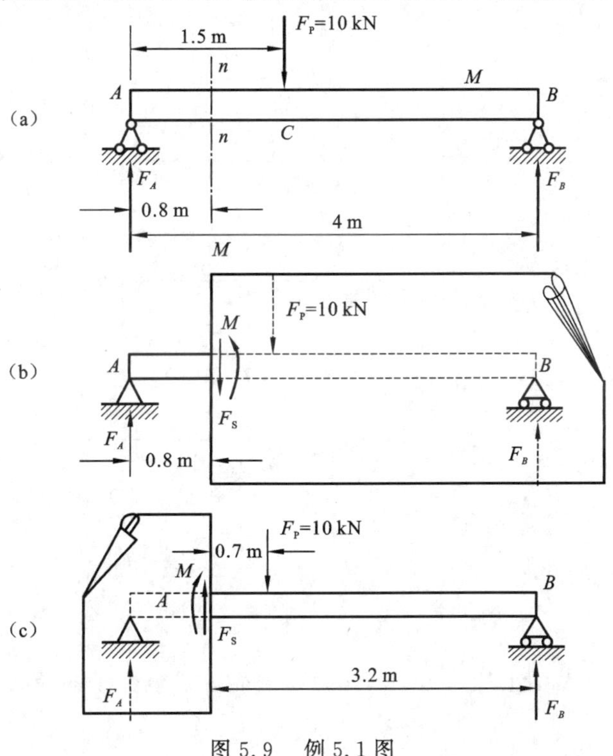

图 5.9　例 5.1 图

解 研究梁 AB 的平衡，由平衡方程可求出梁的支座反力为

$$F_A = 6.25\ \text{kN}, \quad F_B = 3.75\ \text{kN}$$

由式(5.1) 对截面左侧梁的外力求和得截面的剪力为

$$F_S = \sum F^l = + F_A = 6.25\ (\text{kN})$$

式中 F_A 在截面的左侧，且向上，故为正。也可对截面右侧梁的外力求和得截面的剪力为

$$F_S = \sum F^r = + F_P - F_B = 10 - 3.75 = 6.25\ (\text{kN})$$

由式(5.2) 截面左侧梁[图 5.9(b)] 上外力对截面形心的力矩求和得截面的弯矩为

$$M = \sum M^l = + F_A \times 0.8 = 6.25 \times 0.8 = 5\ (\text{kN} \cdot \text{m})$$

也可由截面右侧梁[图 5.9(c)] 上外力对截面形心的力矩求和得截面的弯矩为

$$M = \sum M^r = + F_B \times 3.2 - F_P \times 0.7 = 3.75 \times 3.2 - 10 \times 0.7 = 5\ (\text{kN} \cdot \text{m})$$

式中，F_P 在截面的右侧，且对截面形心的力矩为顺时针方向，故为负。

5.3 剪力方程和弯矩方程 剪力图和弯矩图

梁横截面上的剪力和弯矩是随截面的位置而变化的，不同截面上的剪力和弯矩不相同。如图 5.10 所示，一悬臂梁 AB 上作用有均匀分布载荷 q，任给一截面 n-n，其位置用横坐标 x 表示，可求出截面 n-n 上的剪力和弯矩分别为

$$F_S = \sum F^l = - qx \quad (0 \leqslant x < l)$$

$$M = \sum M^l = - qx \times \frac{x}{2} = - \frac{1}{2} qx^2 \quad (0 \leqslant x < l) \tag{5.3}$$

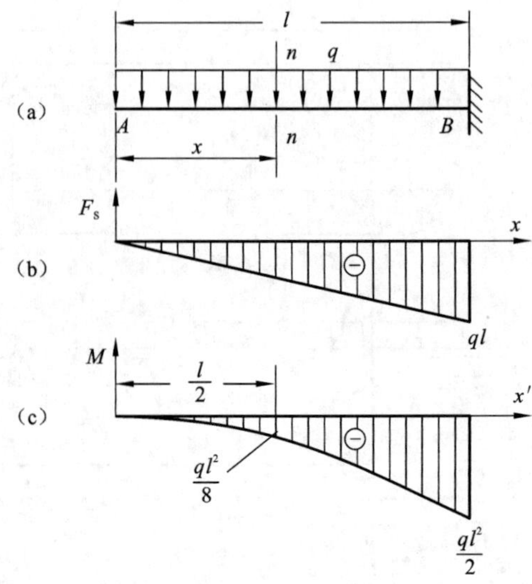

图 5.10

显然，一般情况，截面上的剪力和弯矩值是截面位置坐标 x 的函数。即

$$F_S = F_S(x), \quad M = M(x)$$

这两个函数表达式称为剪力方程(equation of shear force)和弯矩方程(equation of bending moment)。剪力方程和弯矩方程描述了截面上的剪力和弯矩随截面位置 x 变化的情况,为了直观,通常将剪力和弯矩沿梁的轴线变化情况用图形显示,这种图形称为剪力图(shear force diagram)和弯矩图(bending moment diagram)。

梁端 A 处截面 $x=0$,由式(5.3)得该截面剪力为 $F_S=0$;梁端 B 处截面 $x=l$,由式(5.3)得该截面剪力为 $F_S=-ql$,在此两截面间剪力随截面位置 x 按线性变化。可画出剪力图如图 5.10(b)所示。

梁端 A 处截面 $x=0$,由式(5.3)得该截面弯矩为 $M=0$;梁端 B 处截面 $x=l$,由式(5.3)得该截面弯矩为 $M=-ql^2/2$,由式(5.3)知:在此两截面间弯矩随截面位置 x 按抛物线变化。可画出弯矩图如图 5.10(c)所示。

例 5.2　一简支梁 AB 受集度为 q 的均布载荷作用如图 5.11(a)所示,作此梁的剪力图和弯矩图。

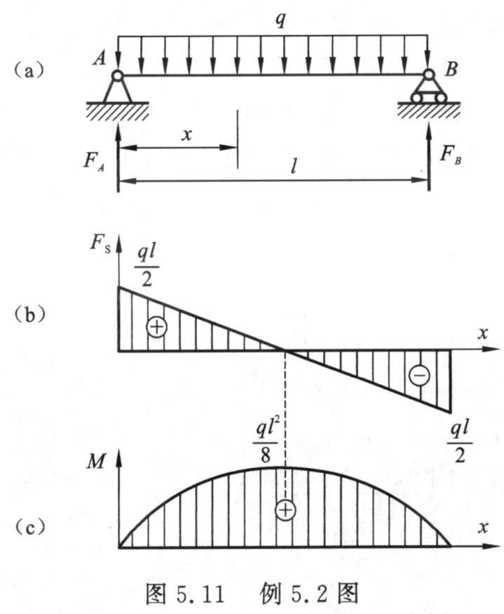

图 5.11　例 5.2 图

解　(1) 求支座反力。梁上的总载荷为 ql,因梁左右对称,故两个支座反力相等,得

$$F_A=F_B=\frac{1}{2}ql$$

(2) 列剪力方程和弯矩方程。任取一截面,其位置坐标为 x,剪力和弯矩分别为

$$F_S=\sum F^l=F_A-qx=\frac{1}{2}ql-qx\quad(0<x<l)$$

$$M=\sum M^l=F_Ax-qx\times\frac{x}{2}=\frac{1}{2}qlx-\frac{1}{2}qx^2\quad(0\leqslant x\leqslant l)$$

(3) 画剪力图和弯矩图。

由剪力方程可知:在 A 处截面 $x=0$,$F_S=ql/2$,在 B 处截面 $x=l$,$F_S=-ql/2$,在此两截面间剪力按线性变化,可画剪力图如图 5.11(b)所示。

由弯矩方程可知:在 A 处截面 $x=0$,$M=0$,在 B 处截面 $x=l$,$M=0$,在此两截面间弯矩按抛物线变化,抛物线开口向下,在梁中间截面处 $x=l/2$,$M=ql^2/8$,可画弯矩图如图 5.11(c) 所示。

由剪力图和弯矩图可知：最大剪力发生在梁的两端处截面上，$F_{S\max}=ql/2$；最大弯矩发生在梁的中点处截面上，$M_{\max}=ql^2/8$。

5.4 载荷集度、剪力和弯矩间的微分关系

上节介绍了写出梁的任一截面的剪力和弯矩，即列出梁的剪力方程和弯矩方程的方法来画梁的剪力图和弯矩图。这种画剪力图和弯矩图的方法显得比较麻烦。本节研究不同载荷作用下梁的剪力图和弯矩图的形状。总结梁的剪力图和弯矩图的画法。

5.4.1 剪力、弯矩与分布载荷集度之间的微分关系

设坐标为 x_0 和 x_1 两截面间一段梁上作用有任意分布载荷，其集度为 $q(x)$，它是 x 的连续函数，如图 5.12 所示。我们规定分布载荷向上为正，即沿 y 轴正向为正。取原点在梁的左端，x 轴向右为正。设坐标为 x 的任意截面上的剪力和弯矩分别为 F_S 和 M，而与其相邻的坐标为 $x+\mathrm{d}x$ 截面上的剪力和弯矩分别为 $F_S+\mathrm{d}F_S$ 和 $M+\mathrm{d}M$。取坐标为 x 和 $x+\mathrm{d}x$ 两截面间的微段梁来研究，作用在此微段梁上的分布载荷视为均匀分布。由平衡方程

$$\sum Y=0:\qquad F_S+q\mathrm{d}x-(F_S+\mathrm{d}F_S)=0$$

即

$$\mathrm{d}F_S=q\mathrm{d}x$$

得

$$\frac{\mathrm{d}F_S}{\mathrm{d}x}=q \tag{5.4}$$

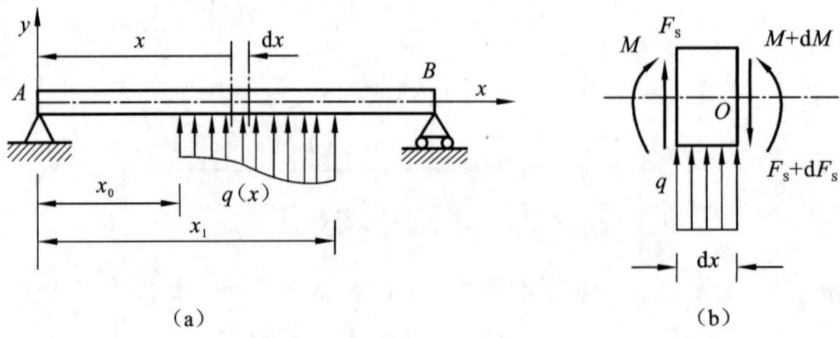

图 5.12 载荷集度、剪力、弯矩之间的微分关系

设坐标为 $x+\mathrm{d}x$ 截面的形心为 O，则由平衡方程有

$$\sum M_O=0:\qquad -M-F_S\mathrm{d}x-q\mathrm{d}x\,\frac{\mathrm{d}x}{2}+(M+\mathrm{d}M)=0$$

即

$$\mathrm{d}M=F_S\mathrm{d}x+q\mathrm{d}x\,\frac{\mathrm{d}x}{2}$$

略去二阶微量 $q(\mathrm{d}x)^2/2$，有

$$\mathrm{d}M=F_S\mathrm{d}x$$

$$\frac{\mathrm{d}M}{\mathrm{d}x}=F_S \tag{5.5}$$

将式(5.5) 代入式(5.4) 有

$$\frac{\mathrm{d}^2 M}{\mathrm{d}x^2} = q \tag{5.6}$$

由于 $\mathrm{d}F_S/\mathrm{d}x$ 和 $\mathrm{d}M/\mathrm{d}x$ 分别代表剪力图和弯矩图的斜率，所以上面的微分关系说明：剪力图中某点处的斜率等于梁上对应点处的载荷集度；弯矩图中某点处的斜率等于梁上对应截面上的剪力。

5.4.2 剪力、弯矩与分布载荷集度之间的积分关系

将式(5.4) 在坐标为 x_0 和 x_1 两截面间积分有

$$\int_{x_0}^{x_1} \mathrm{d}F_S = \int_{x_0}^{x_1} q\mathrm{d}x$$

即

$$F_{S1} - F_{S0} = \int_{x_0}^{x_1} q\mathrm{d}x = F_q$$

$$F_{S1} = F_{S0} + F_q \tag{5.7}$$

式中，F_{S0} 和 F_{S1} 分别表示坐标为 x_0 和 x_1 两截面上的剪力，F_q 表示坐标为 x_0 和 x_1 两截面间载荷的合力。上式表明：任意两截面上的剪力之差等于这两个截面间梁上载荷的合力。

将式(5.5) 在坐标为 x_0 和 x_1 两截面间积分有

$$\int_{x_0}^{x_1} \mathrm{d}M = \int_{x_0}^{x_1} F_S \mathrm{d}x$$

即

$$M_1 - M_0 = \int_{x_0}^{x_1} F_S \mathrm{d}x = S_Q$$

$$M_1 = M_0 + \int_{x_0}^{x_1} F_S \mathrm{d}x$$

得

$$M_1 = M_0 + S_Q \tag{5.8}$$

式中，M_0 和 M_1 分别表示坐标为 x_0 和 x_1 两截面上的弯矩，S_Q 表示坐标为 x_0 和 x_1 两截面间剪力图的面积。上式表明：任意两截面上的弯矩之差等于这两个截面间剪力图的面积。

5.4.3 不同载荷作用下梁段的剪力图和弯矩图的形状

梁上载荷常遇到的有四种情况：集中力 F_P；集中力偶 M；一段梁上作用有均匀分布载荷 q；一段梁上无载荷。下面分别研究此四种情况下，剪力图和弯矩图的形状。

1. 集中力 F_P

设集中力左侧截面的剪力和弯矩分别为 F_S^l 和 M^l，右侧截面的剪力和弯矩分别为 F_S^r 和 M^r。由式(5.7) 有

$$F_S^r = F_S^l + F_q = F_S^l - F_P$$

即集中力作用处截面左右两侧的剪力值有突变，变化值为 F_P(图 5.13)。再由式(5.5)

$$\frac{\mathrm{d}M^l}{\mathrm{d}x} = F_S^l, \quad \frac{\mathrm{d}M^r}{\mathrm{d}x} = F_S^r$$

则集中力作用处截面左右两侧的弯矩图斜率有突变，即形成折点(图 5.13)。

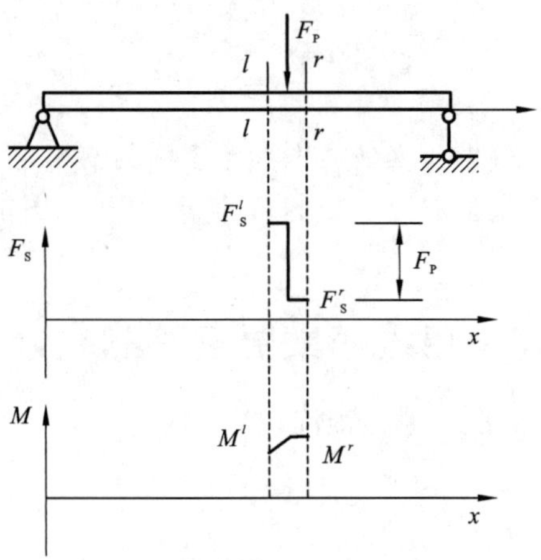

图 5.13　集中力作用下剪力图和弯矩图形状

2. 集中力偶

在集中力偶两侧取两相邻截面截取一微段梁，设集中力偶左侧截面的剪力和弯矩分别为 F_S^l 和 M^l，右侧截面的剪力和弯矩分别为 F_S^r 和 M^r。则由微段梁的平衡可得

$$F_S^r = F_S^l, \quad M^l = M^r + M_e$$

即，集中力偶的存在对剪力图没有影响。集中力偶作用处截面左右两侧的弯矩值有突变，变化值为 M（图 5.14）。

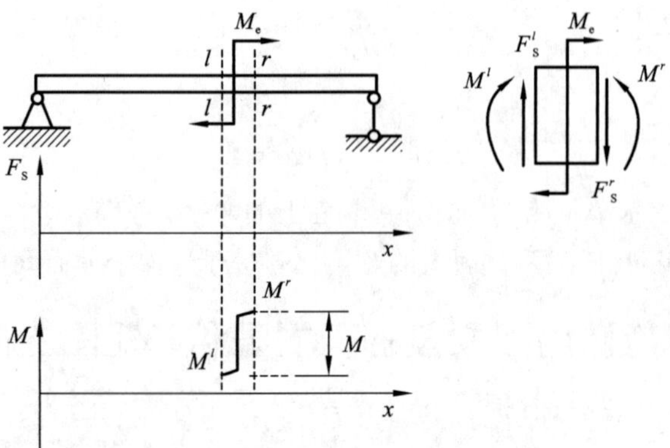

图 5.14　集中力偶作用下剪力图和弯矩图形状

3. 均匀分布载荷 q_0

设均布载荷起点 C 截面的剪力为 F_{SC}，弯矩为 M_C（图 5.15），则到 C 点距离为 x 的任意截面上的剪力由式(5.7)有

$$F_S = F_{SC} + F_q = F_{SC} - q_0 x$$

进一步可知，均布载荷终点的剪力值为

$$F_{SD} = F_{SC} + F_q = F_{SC} - q_0 d$$

到 C 点距离为 x 的任意截面上的弯矩由式(5.8)有

$$M = M_C + \int_0^x F_S \mathrm{d}x = M_C + F_{SC}x - \frac{1}{2}q_0 x^2$$

由此可知:均布载荷作用下,剪力图的形状为直线,直线的斜率等于载荷集度 q_0;弯矩图的形状为抛物线,均布载荷指向下方,则抛物线开口向下。

4. 一段梁上无载荷

此时,可认为载荷集度 $q=0$,设无载荷梁段起点 C 截面(图 5.16)的剪力为 F_{SC},弯矩为 M_C,则到 C 点距离为 x 的任意截面上的剪力由式(5.7)有

$$F_S = F_{SC} + F_q = F_{SC}$$

到 C 点距离为 x 的任意截面上的弯矩由式(5.8)有

$$M = M_C + \int_0^x F_S \mathrm{d}x = M_C + F_{SC}x$$

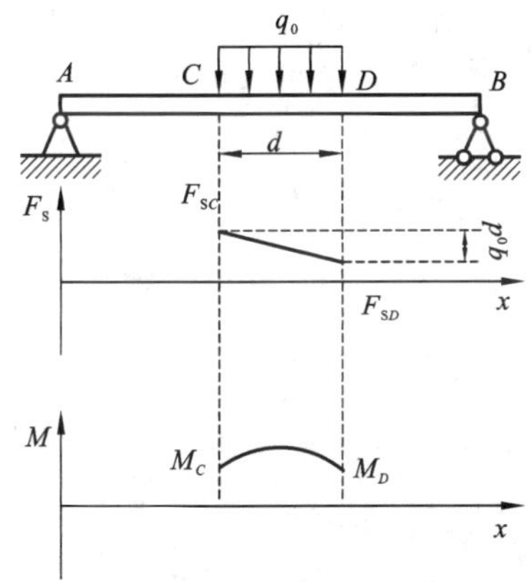

图 5.15　均布载荷作用下剪力图和弯矩图形状

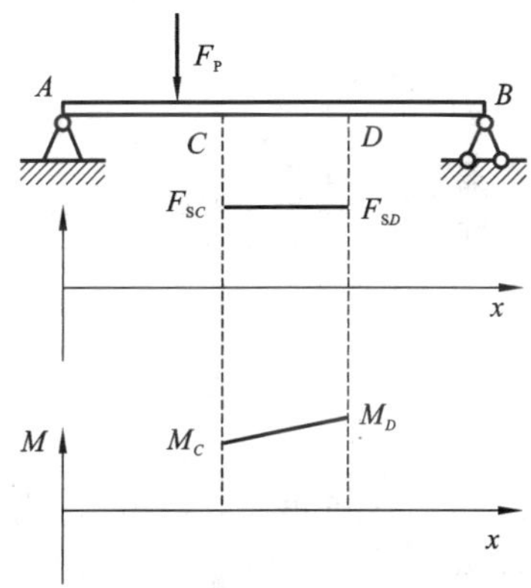

图5.16　无载荷作用下剪力图和弯矩图形状

由此可知:无载荷梁段,剪力为常数,剪力图的形状为水平直线;弯矩图的形状为直线。

由以上分析,可总结不同载荷作用下梁段的剪力图和弯矩图的形状如表 5.1 所示。

表 5.1　不同载荷作用下梁段的剪力图和弯矩图的形状

载荷		q_0 d	F_P	M
剪力图	水平直线	$q_0 d$ 斜线,斜率=q_0	突变 F_P	无变化
弯矩图	直线	抛物线	拐点	M M

5.4.4 弯矩极值位置和弯矩极值大小

画弯矩图的目的是要了解弯矩沿梁轴线的变化情况，特别是要求弯矩的最大值和最小值。弯矩要取极值必须有 $\mathrm{d}M/\mathrm{d}x=0$，由式(5.5)有

$$\frac{\mathrm{d}M}{\mathrm{d}x}=F_{\mathrm{S}}=0 \tag{5.9}$$

即剪力等于零的截面，弯矩取极值。

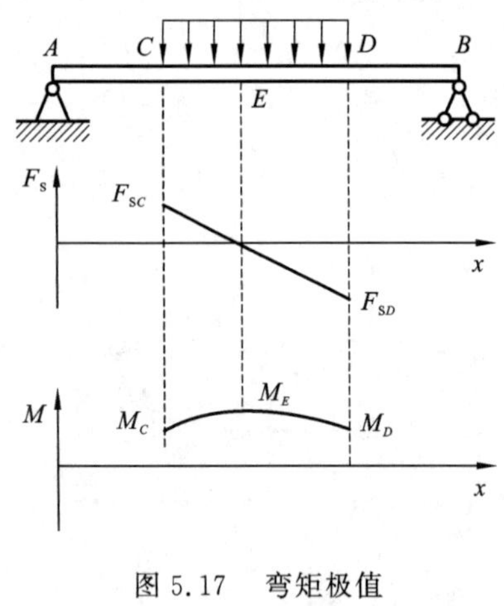

图 5.17 弯矩极值

弯矩极值点的位置通常是梁段的起点或终点，其位置是已知的。但有时弯矩极值点的位置出现在均布载荷作用下梁段的中间某点，其位置是未知的。如图 5.17 所示，容易画出均布载荷作用下梁段 CD 的剪力图，容易求出梁段起点 C 和终点 D 的剪力 F_{SC}、F_{SD} 和弯矩 M_C。现在要求弯矩极值点 E 的位置及弯矩极值的大小。

由式(5.7)和式(5.9)有

$$F_{\mathrm{SE}}=F_{\mathrm{SC}}-q\cdot d_{CE}=0$$

得

$$d_{CE}=\frac{F_{\mathrm{SC}}}{q} \tag{5.10}$$

式中，d_{CE} 是 C、E 两点间的距离。

由式(5.8)可求出弯矩极值点 E 的弯矩值为

$$M_E=M_C+S_Q=M_C+\frac{1}{2}F_{\mathrm{SC}}\cdot d_{CE}=M_C+\frac{1}{2}F_{\mathrm{SC}}\cdot\frac{F_{\mathrm{SC}}}{q}$$

即弯矩极值为

$$M_{\max}=M_C+\frac{F_{\mathrm{SC}}^2}{2q} \tag{5.11}$$

5.4.5 剪力图和弯矩图的画法

剪力图和弯矩图的画法可总结如下：

(1) 从梁的左端开始沿梁自左向右画剪力图。集中力作用处剪力图突变，向上集中力，剪力值增加；向下集中力，剪力值降低；剪力值的变化量等于集中力的值。梁段无载荷时，画水平直线。集中力偶作用处，剪力图不受影响。均布力作用处，剪力值渐变，向上均布力，剪力值逐渐增加，向下均布力，剪力值逐渐降低，梁段内剪力值的变化量等于均布力的合力。

(2) 从梁的左端开始沿梁自左向右按梁段画弯矩图。梁分为无载荷梁段和均布力梁段，按式(5.2)求出梁段起点和终点的弯矩值，在图中画起点和终点的数据点，当梁段无载荷时，用直线连接两数据点；当梁段为均布力时，用抛物线连接两数据点，当有弯矩极值

时，按式(5.11)求出弯矩极值。集中力偶作用处，弯矩值突变，集中力偶为 形状时，弯矩值增加；集中力偶为 形状时，弯矩值降低。

例 5.3　如图 5.18 所示简支梁，右半段受均布载荷 q 作用，画梁的剪力图和弯矩图。

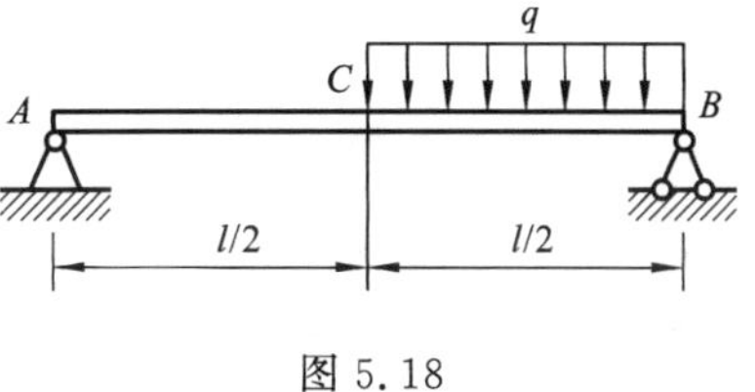

图 5.18

解　(1) 求支座反力。由平衡方程

$$\sum M_B = 0:\qquad -F_A l + \frac{1}{2}q\cdot\frac{l}{2}\cdot\frac{l}{2} = 0$$

$$\sum M_A = 0:\qquad F_B l - q\cdot\frac{l}{2}\cdot\frac{3l}{2} = 0$$

解得

$$F_A = \frac{1}{8}ql,\quad F_B = \frac{3}{8}ql$$

(2) 画剪力图。

如图 5.19(b) 所示，画基线 ae；由梁的左端 a 点开始画剪力图。截面 A 作用向上的集中力 F_A，由 a 到 b 剪力值增加 $F_A = ql/8$，b 点的剪力值为 $F_{Sd} = F_{Sc} - ql/2 = -3ql/8$；梁段 AC 无载荷，由 b 到 c，剪力图为水平直线；梁段 CB 作用向下的均布载荷，由 c 到 d，剪力值逐渐下降，剪力值改变量为 $ql/2$，d 点的剪力值为 $F_{Sd} = F_{Sc} - ql/2 = -3ql/8$；$B$ 点作用向上的集中力 F_B，由 d 到 e，剪力值增加 $F_B = 3ql/8$。最后，线段 de 和线段 ae 形成封闭图形，否则，说明出现了错误。

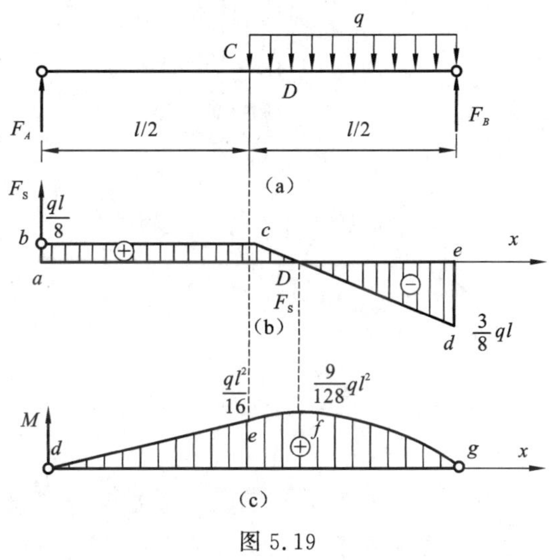

图 5.19

(3) 画弯矩图。

按式(5.2)求出截面 A 和截面 C 的弯矩分别为

$$M_A = \sum M^l = 0,\quad M_C = \sum M^l = F_A\cdot\frac{l}{2} = \frac{1}{16}ql^2$$

在图中画 d 和 e 两点，梁段 AC 无载荷，用直线连接 d、e 两点；按式(5.2)求出截面 B

的弯矩为

$$M_B = \sum M^r = 0$$

在图中画点 g，梁段 CB 作用向下的均布载荷，用开口向下的抛物线连接 e、g 两点；由图 5.19(b) 知截面 D 的剪力值等于零，所以该截面弯矩取极值，按式(5.11) 求出弯矩极值为

$$M_{\max} = M_D = M_C + \frac{F_{SC}^2}{2q} = \frac{1}{16}ql^2 + \frac{(ql/8)^2}{2q} = \frac{9ql^2}{128}$$

弯矩图如图 5.19(c) 所示。

例 5.4 画出图 5.20(a) 所示梁的剪力和弯矩图。

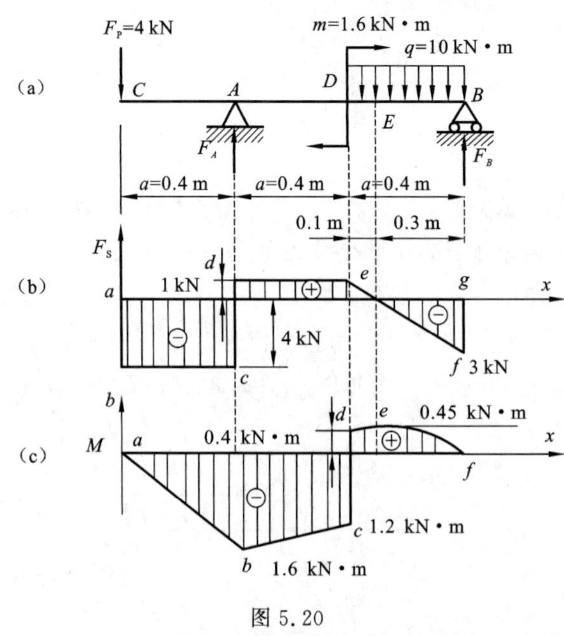

图 5.20

解 (1) 求支座反力。取整个梁为研究对象，由平衡方程

$$\sum M_B = 0: \quad 4 \times 1.2 - F_A \times 0.8 - 1.6 + \frac{1}{2} \times 10 \times (0.4)^2 = 0$$

$$\sum M_A = 0: \quad 4 \times 0.4 - 1.6 - 10 \times 0.4 \times 0.6 + F_B \times 0.8 = 0$$

解得

$$F_A = 5\ \text{kN}, \quad F_B = 3\ \text{kN}$$

(2) 画剪力图。

如图 5.20(b) 所示，画基线 ag；由梁的左端 a 点开始画剪力图。截面 C 作用向下的集中力 $F_P = 4$ kN，由 a 到 b 剪力值降低 $F_P = 4$ kN，b 点的剪力值为 $F_{Sd} = F_{Sa} - F_P = -4$ kN；梁段 CA 无载荷，由 b 到 c，剪力图为水平直线；截面 A 作用向上的集中力 $F_A = 5$ kN，由 c 到 d 剪力值增加 $F_A = 5$ kN，d 点的剪力值为 $F_{Sd} = F_{Sc} + F_{Ax} = 1$ kN；梁段 AD 无载荷，由 d 到 e，剪力图为水平直线；截面 D 作用集中力偶对剪力图没有影响；梁段 DB 作用向下的均布载荷，由 e 到 f，剪力值逐渐下降，剪力值改变量为 $10 \times 0.4 = 4$ kN，f 点的剪力值为 $F_{Sf} = F_{Se} - 10 \times 0.4 = -3$ kN；B 点作用向上的集中力 F_B，由 f 到 g，剪

力值增加 $F_B = 3$ kN。

(3) 画弯矩图。按式(5.2) 求出截面 C 和截面 A 的弯矩值分别为

$$M_C = \sum M^l = 0,\quad M_A = \sum M^l = -4 \times 0.4 = -1.6\ (\text{kN}\cdot\text{m})$$

在图中画 a 和 b 两点，梁段 CA 无载荷，用直线连接 a、b 两点；按式(5.2) 求出截面 D 左侧的弯矩值为

$$M_{D左} = \sum M^l = -4 \times 0.8 + 5 \times 0.4 = -1.2\ (\text{kN}\cdot\text{m})$$

截面 D 作用集中力偶，截面右侧比左侧弯矩值增加 $M = 1.6$ kN·m，则截面 D 右侧的弯矩值为

$$M_{D右} = M_{D左} + M = -1.2 + 1.6 = 0.4\ (\text{kN}\cdot\text{m})$$

按式(5.2) 求出截面 B 的弯矩为

$$M_B = \sum M^r = 0$$

在图中画点 f，梁段 CB 作用向下的均布载荷，用开口向下的抛物线连接 d、f 两点；由图 5.20(b) 知截面 E 的剪力值等于零，所以该截面弯矩取极值，按式(5.11) 求出弯矩极值为

$$M_{\max} = M_E = M_{D右} + \frac{F_{SC}^2}{2q} = 0.4 + \frac{1^2}{2 \times 10} = 0.45\ (\text{kN}\cdot\text{m})$$

弯矩图如图 5.20(c) 所示。

5.5　思考与讨论

拉练期间，有三位学员在执行任务中，突遇一条 4 m 宽的河挡住了去路。如图 5.21 所示，河上架有一块 6 m 长的木板，3 位学员中，其中两人的体重都是 60 kg，勉强可以从木板上通过，另一位小胖，体重为 80 kg，如强行通过，木板必断无疑。问：小胖如何过河？

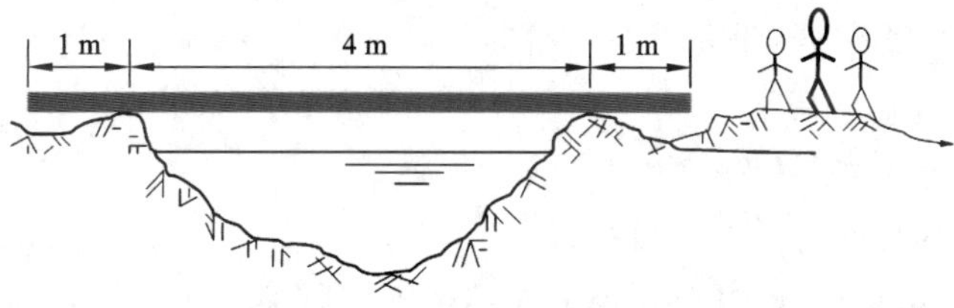

图 5.21　三人过桥示意图

不同的过桥方式，使得桥受力形式和大小的不同，从而使得桥上产生的最大弯矩的不同，如何将此三人过河产生的作用力作用在桥上，产生的最大弯矩值越小，则最为合理。过桥形式可以分为以下几种情况：

(1) 小胖先过，则他走到桥中间时候的受力如图 5.22(a) 所示，跨中产生最大弯矩值；

(2) 体重较轻者先过，到达桥一端后站在桥头，另外一位体重较轻者再走上桥头这侧，小胖再过，走到跨中位置后，如图 5.22(b) 所示，此时会在支座位置产生最大弯矩；

(3) 小胖采用爬行方式过河，如图 5.22(c) 所示，当人行至跨中位置时，跨中有最大弯矩值。哪种方式下，最大弯矩值最小，过桥方式最安全？

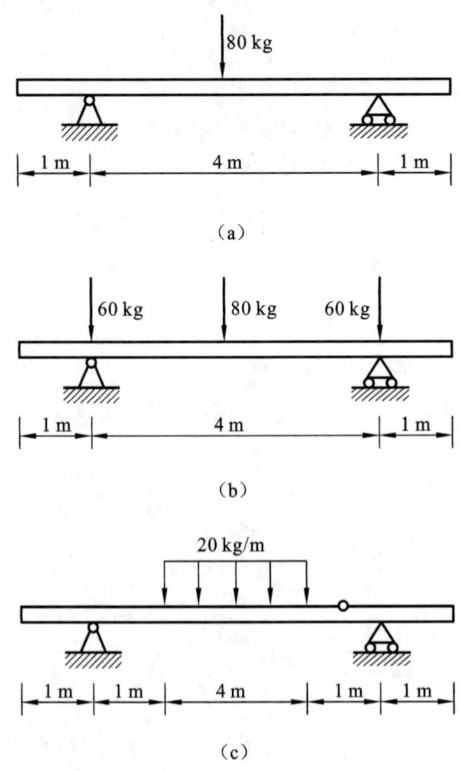

图 5.22 三人过桥受力分析图

习 题 5

5-1 平面弯曲变形的特征是(　　)。

A. 弯曲时横截面仍保持为平面

B. 弯曲载荷均作用在同一平面内

C. 弯曲变形后的轴线是一条平面曲线

D. 弯曲变形后的轴线与载荷作用面同在一个平面内

5-2 水平梁某截面上的剪力 F_S 在数值上，等于该截面(　　)在梁轴垂线上投影的代数和。

A. 以左和以右所有外力　　B. 以左或以右所有外力

C. 以左和以右所有载荷　　D. 以左或以右所有载荷

5-3 水平梁某截面上的弯矩在数值上，等于该截面(　　)的代数和。

A. 以左和以右所有集中力偶

B. 以左或以右所有集中力偶

C. 以左和以右所有外力对截面形心的力矩

D. 以左或以右所有外力对截面形心的力矩

5-4　如题 5-4 图所示，如果将力 F_P 平移到梁的 C 截面上，则梁上的最大弯矩和最大剪力(　　)。

A. 前者不变，后者改变　　B. 两者都改变

C. 前者改变，后者不变　　D. 两者都不变

5-5　简支梁受力情况如题 5-5 图所示，其中 BC 段上(　　)。

A. 剪力为零，弯矩为常数　　B. 剪力为常数，弯矩为零

C. 剪力和弯矩均为零　　D. 剪力和弯矩均为常数

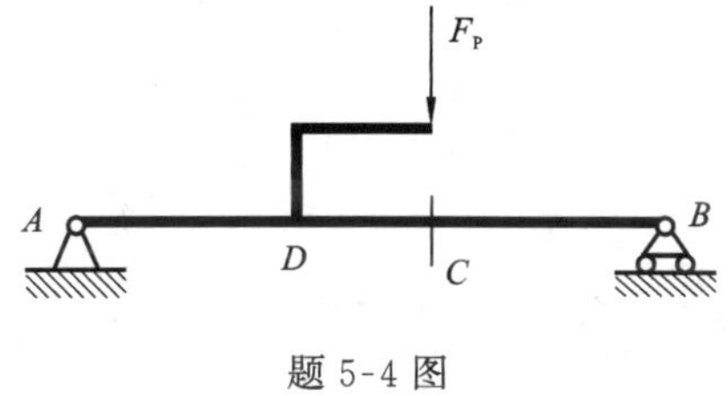

题 5-4 图

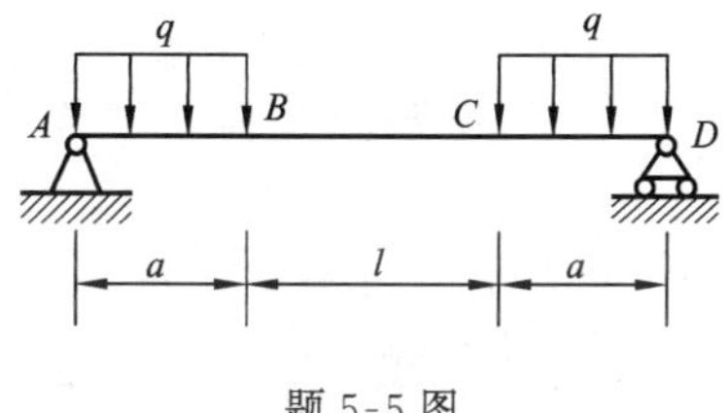

题 5-5 图

5-6　梁在载荷的作用下，其横截面上弯矩、剪力、荷载集度关系正确的是(　　)。

A. $\frac{dM(x)}{dx}=F_S(x)$；$\frac{dM^2(x)}{dx}=q(x)$　　B. $\frac{dM(x)}{dx}=q(x)$；$\frac{dF_S^2(x)}{dx}=q(x)$

C. $\frac{d^2M(x)}{dx}=F_S(x)$；$\frac{dF_S^2(x)}{dx}=q(x)$　　D. $\frac{dF_S^2(x)}{dx}=q(x)$；$\frac{dF_S(x)}{dx}=q(x)$

5-7　对剪力和弯矩的关系，下列说法正确的是(　　)。

A. 同一段梁上，剪力为正，弯矩也必为正

B. 同一段梁上，剪力为正，弯矩必为负

C. 同一段梁上，弯矩的正负不能由剪力唯一确定

D. 剪力为零处，弯矩也必为零

5-8　在梁的中间铰处，若既无集中力，又无集中力偶作用，则该处梁的(　　)。

A. 剪力图连续，弯矩图连续但不光滑　　B. 剪力图连续，弯矩图光滑连续

C. 剪力图不连续，弯矩图连续但不光滑　　D. 剪力图不连续，弯矩图光滑连续

5-9　如题 5-9 图所示两连续梁的支座和尺寸都相同，集中力偶 M_e 分别位于 C 处右侧和左侧但无限接近联接铰 C。以下结论正确的是(　　)。

A. 两根梁的 F_S 和 M 图都相同　　B. 两根梁的 F_S 图相同，M 图不相同

C. 两根梁的 F_S 图不相同，M 图相同　　D. 两根梁的 F_S 和 M 图都不相同

5-10　工人站在木板 AB 的中点处工作如题 5-10 图所示。为了改善木板的受力和变形，下列看法正确的是(　　)。

A. 宜在木板的 A、B 端处同时堆放适量的砖块

B. 在木板的 A、B 端处同时堆放的砖越多越好

C. 宜只在木板的 A 或 B 端堆放适量的砖块

D. 无论在何处堆砖，堆多堆少都没有好处

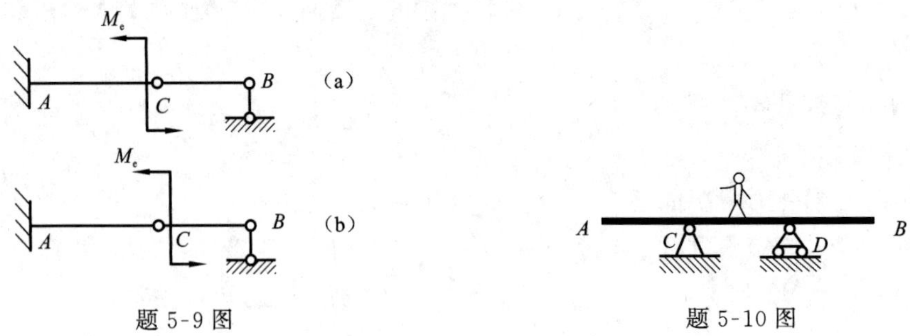

题 5-9 图　　题 5-10 图

5-11　试求题 5-11 图所示各梁指定截面上的剪力和弯矩。设 q、F_P、a 均为已知。

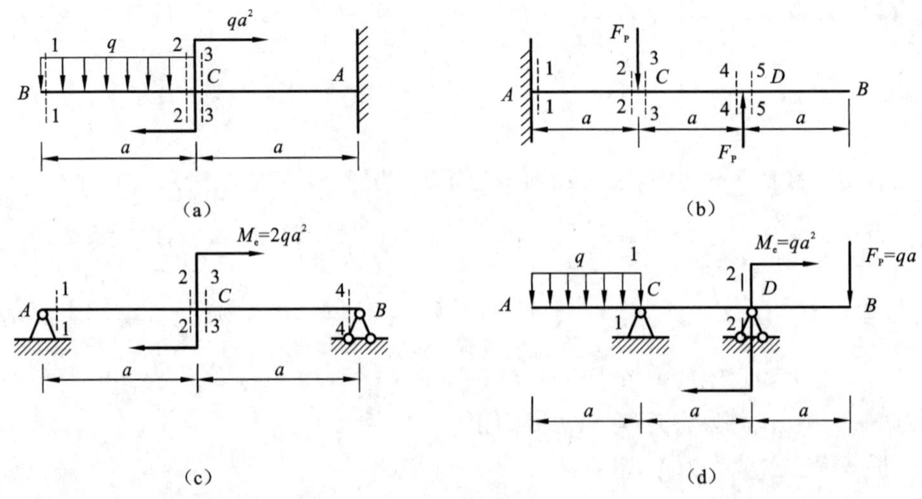

题 5-11 图

5-12　试计算如题 5-12 图所示各梁横截面 C 左、横截面 C 右，以及横截面 D 左、横截面 D 右的剪力和弯矩。

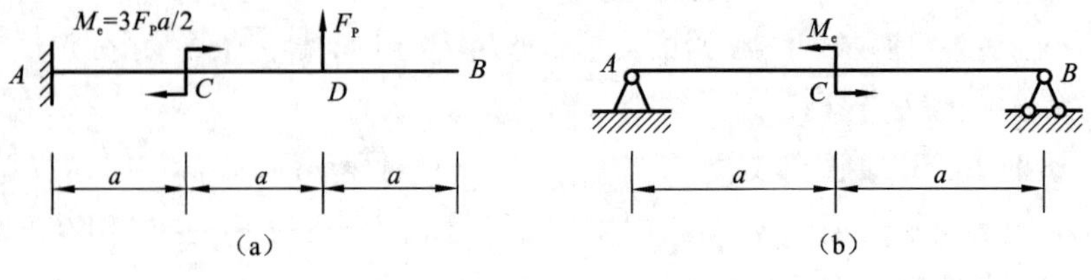

题 5-12 图

5-13 试用内力方程法画出题 5-13 图各梁的剪力图和弯矩图。

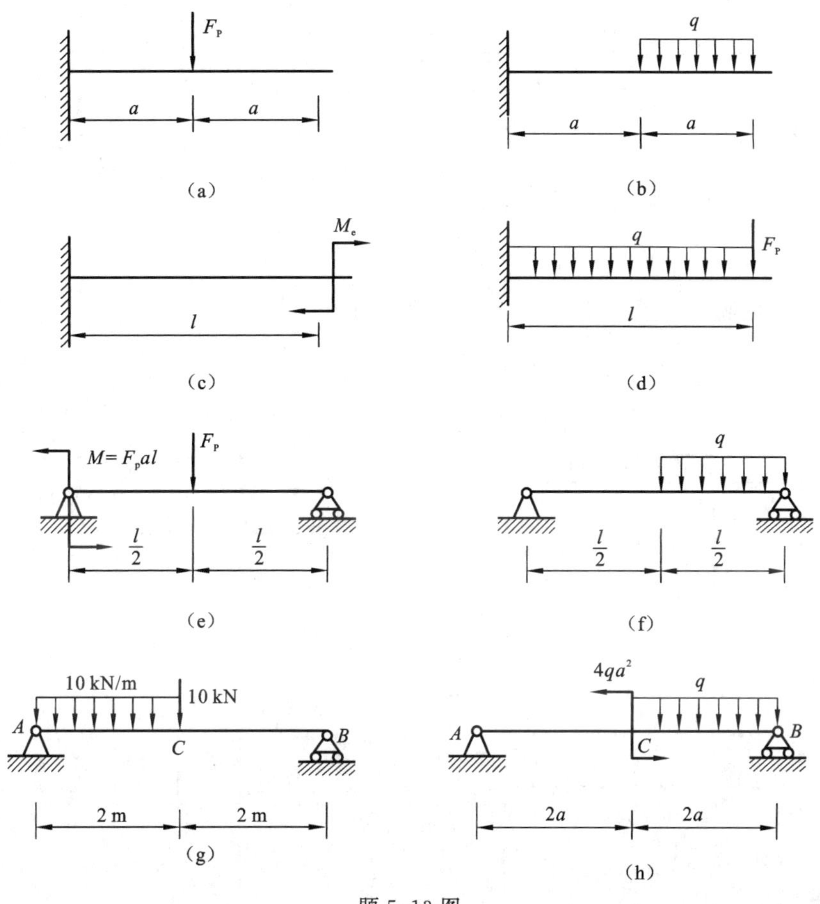

题 5-13 图

5-14 试用简捷法画出题 5-14 图各梁的剪力图和弯矩图，并求出剪力和弯矩的绝对值的最大值，设 F_P、q、l、a 均为已知。

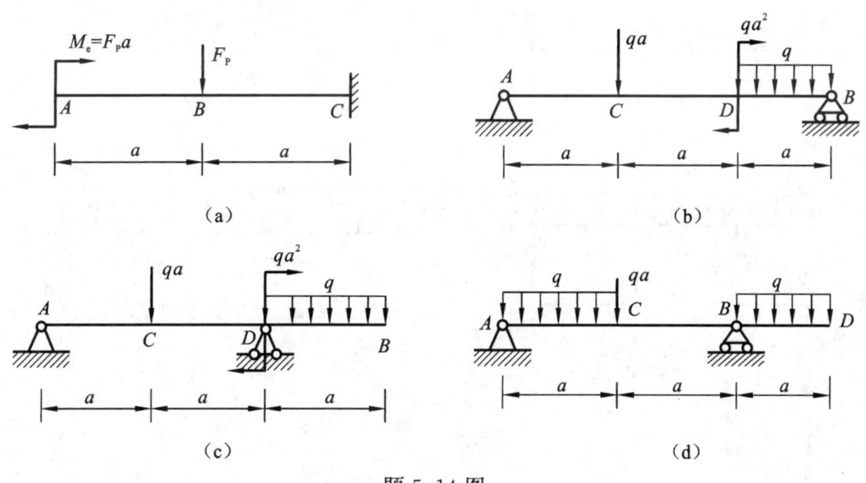

题 5-14 图

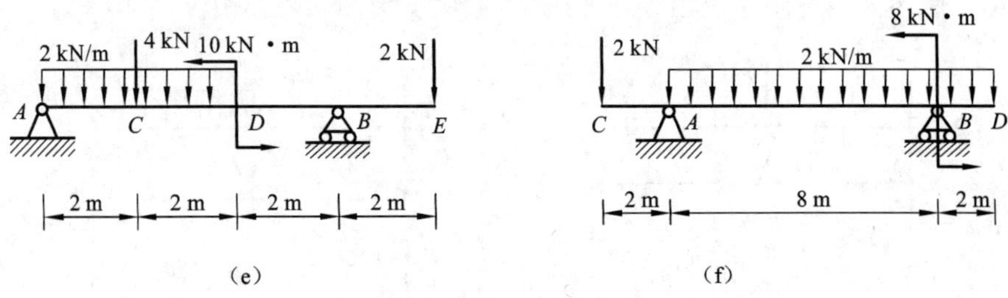

题 5-14 图(续)

5-15　试用简捷法画出题 5-15 图各梁的剪力图和弯矩图,并求出剪力和弯矩的绝对值的最大值,设 F_P、q、l、a 均为已知。

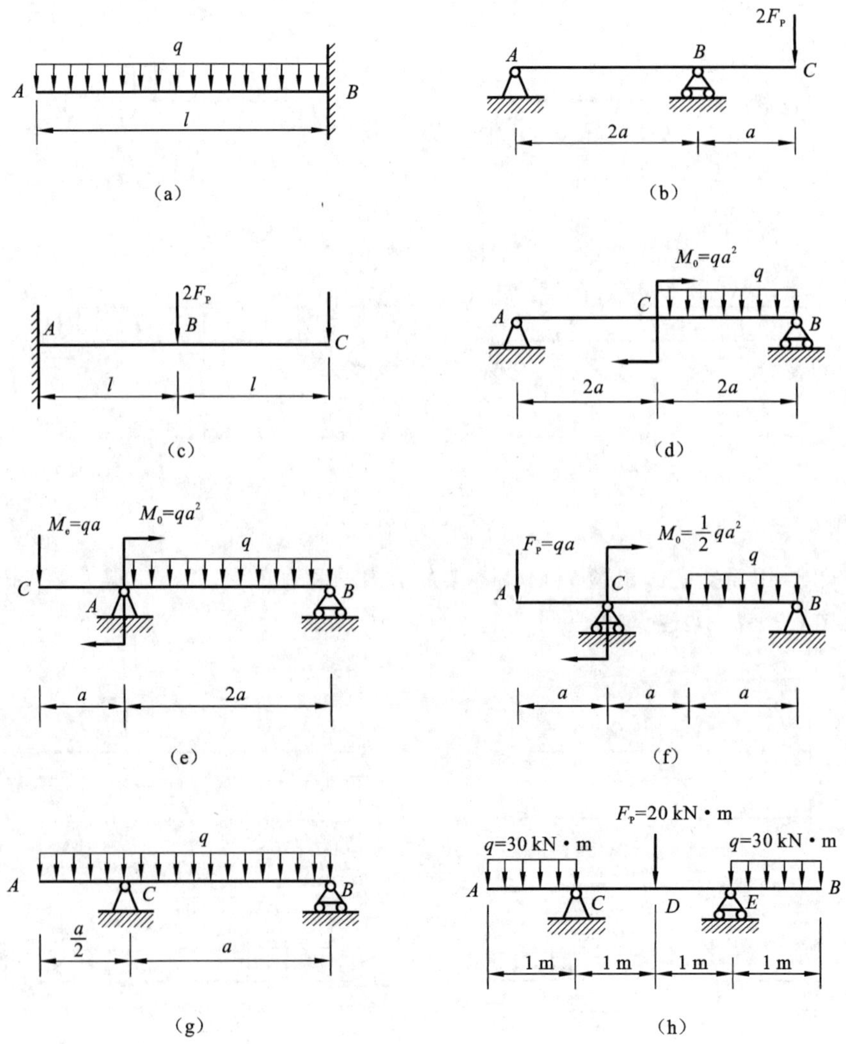

题 5-15 图

5-16　已知悬臂梁的剪力图如题 5-16 图所示，试作出此梁的载荷图和弯矩图(梁上无集中力偶作用)。

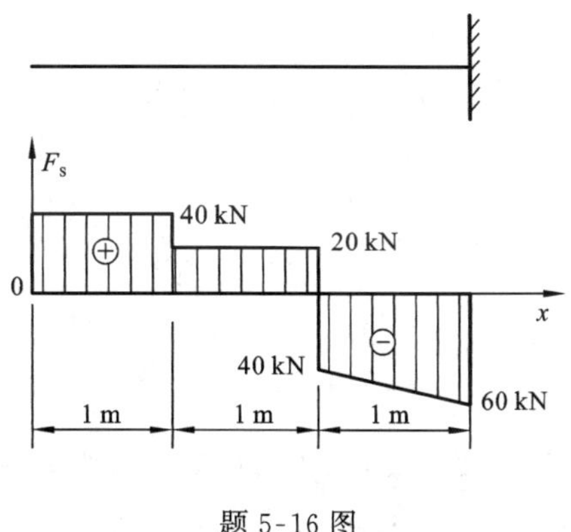

题 5-16 图

5-17　已知梁的弯矩图如题 5-17 图所示，试作梁的载荷图和剪力图。

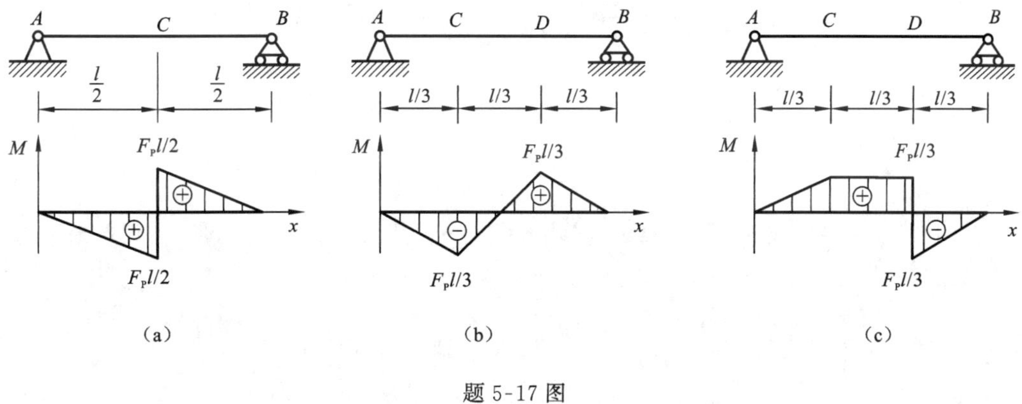

题 5-17 图

5-18　已知简支梁的剪力图如题 5-18 图所示，梁上无外力偶作用。绘制梁的弯矩图和荷载图。

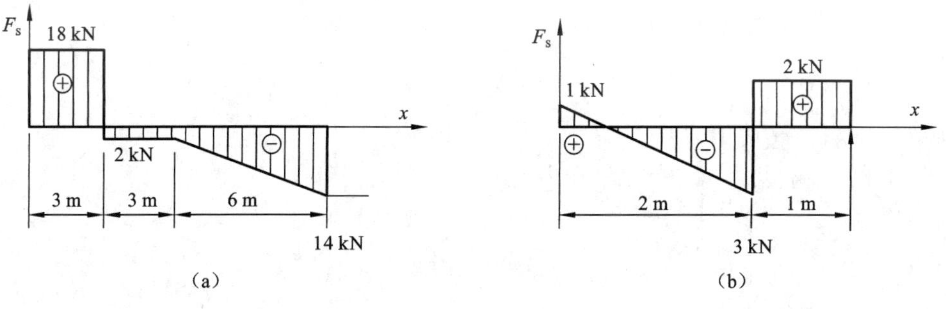

题 5-18 图

5-19　简支梁的弯矩图如题5-19图所示，绘制梁的剪力图和荷载图。

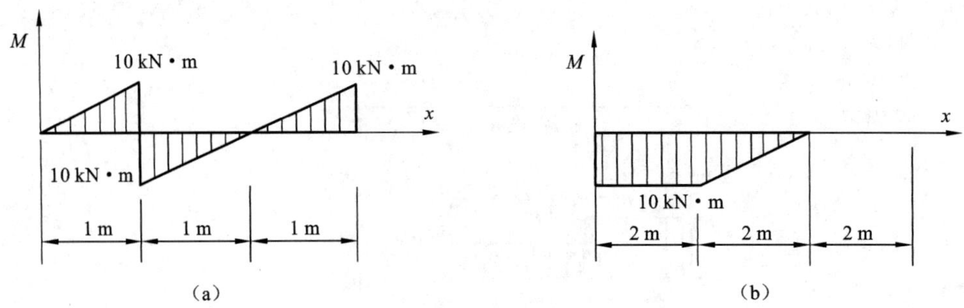

题5-19图

5-20　如题5-20图所示，独轮车过跳板，若跳板的支座B是固定的，试从弯矩方面考虑支座A在什么位置时跳板的受力最合理？已知跳板全长为l，小车重量为F_P。

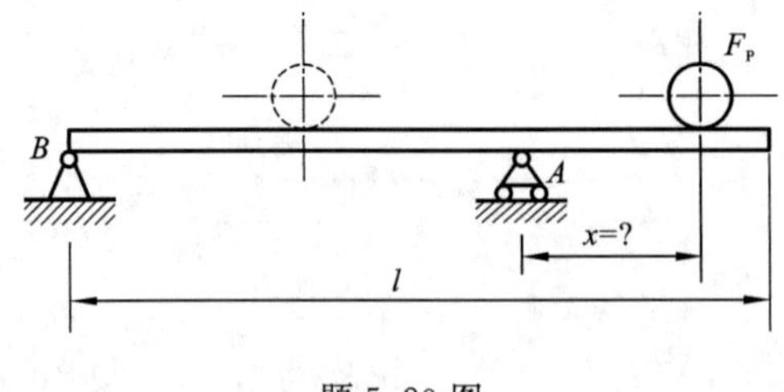

题5-20图

5-21　如题5-21图所示外伸梁承受均布载荷q作用。试问当a为何值时，梁的最大弯矩值最小。

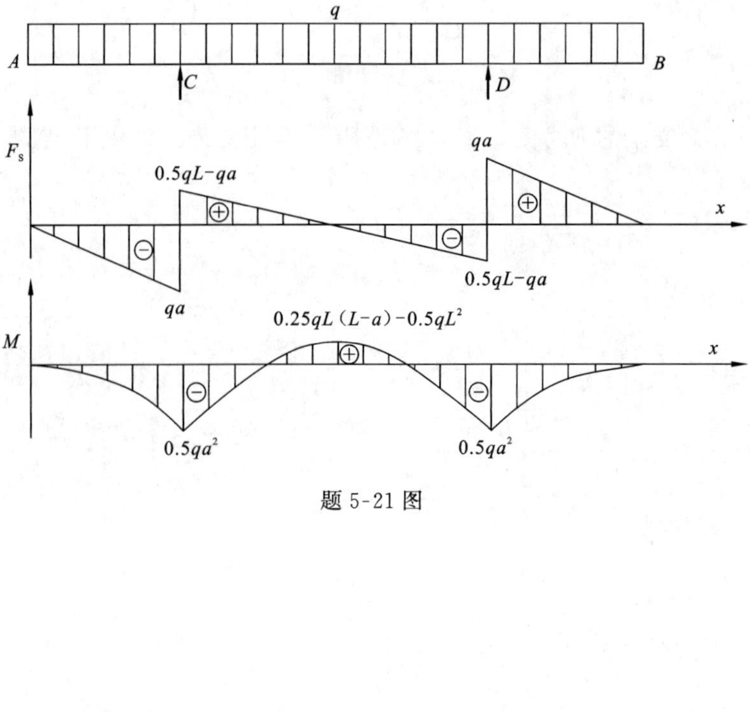

题5-21图

第6章 弯曲应力

由上一章可知，受弯曲变形时，梁的横截面上一般存在两种内力，即剪力和弯矩。剪力和弯矩是横截面上分布内力的合力，分布内力的集度是应力。为了进行强度计算还应找出应力的分布规律，从而确定最大应力。显然，剪力是平行于横截面的切应力的合力；通过本章的学习，我们还会发现弯矩是垂直于横截面的正应力的合力；因此，横截面上既有正应力又有切应力。

6.1 纯弯曲时的正应力

为了研究弯矩引起的应力分布情况，研究如图 6.1 所示的纯弯曲(pure bending) 梁。显然，此梁的任一横截面上只有弯矩没有剪力，且弯矩都等于 M。弯矩 M 在横截面上引起的应力分布无法直接观察，但力与变形之间有一定的关系，首先研究梁受纯弯曲时的变形规律。为此，取一易变形的矩形截面梁，在其表面画上网格[图 6.2(a)] 帮助观察变形规律。

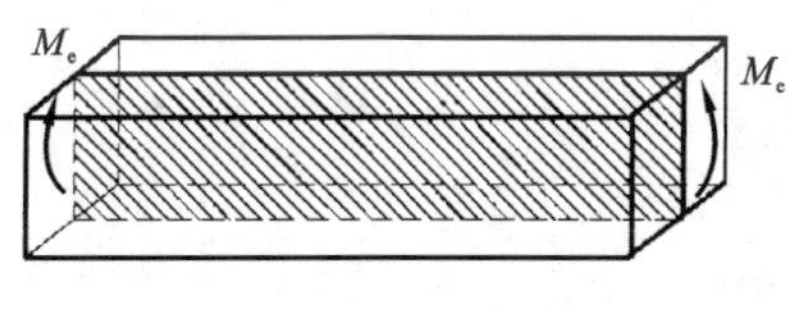

图 6.1 纯弯曲

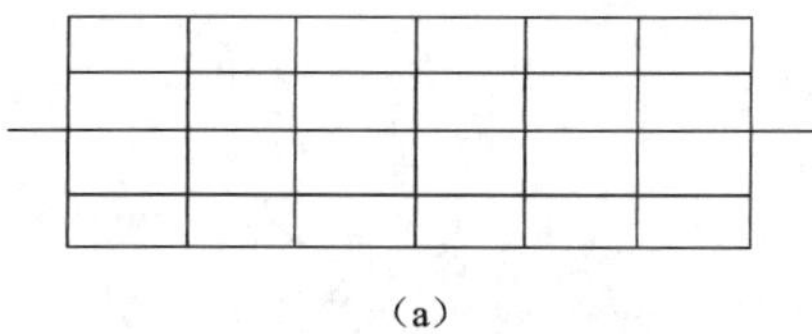

(a)

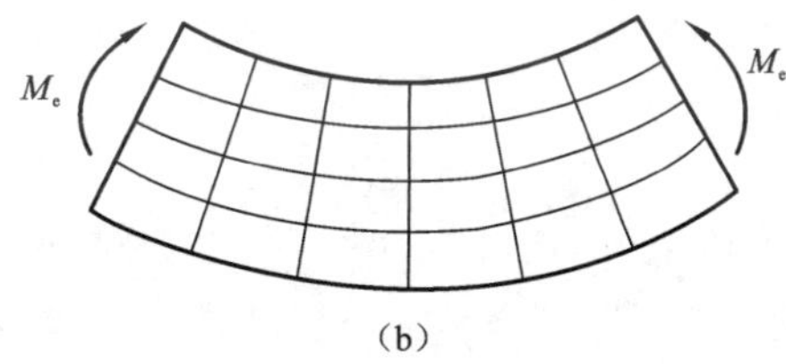

(b)

图 6.2 纯弯曲时梁的变形

6.1.1 变形现象与平面假设

观察梁在外力偶作用下发生的纯弯曲变形，可以看到下列现象：纵向直线在变形后成为相互平行的曲线；横向直线在变形后仍为直线，只是相对转了一个角度；且变形后的横向直线仍垂直于弯曲了的纵向线。由所观察到的变形现象由表及里地设想：梁的横截面在变形后仍为一平面，并且在转了一个角度后与变形后梁的轴线正交。这一设想称为平面假设(plane cross-section assumption)，且被实验证明是正确的，由此可进一步研究梁的变形。

将梁看成由许多层纵向纤维迭合而成，由于相距 $\mathrm{d}x$ 的两个横截面在变形过程中相对转了一个角度，靠近底层的纤维受拉伸而伸长，由下而上伸长逐渐变小，并向缩短过渡；靠近顶层的纤维受压缩而缩短。由于变形的连续性，纵向纤维由伸长向缩短过渡，中间必有一层既不伸长也不缩短，这一层纤维称为中性层(neutral surface)。中性层与横截面的交线称为中性轴(neutral axis)。如图 6.3 所示在变形过程中，横截面必绕各自的中性轴转动。

6.1.2 正应力分布规律

用截面 1-1 和截面 2-2 从纯弯曲梁中截取长为 $\mathrm{d}x$ 的微段梁如图 6.4(a) 所示，该微段梁变形后如图 6.4(b) 所示。设微段中性层纤维 O_1O_2 的曲率半径为 ρ，即梁的轴线微段的曲率半径为 ρ；设变形后截面 1-1 和截面 2-2 仍为平面，其相对转角为 $\mathrm{d}\theta$，中性层纤维 O_1O_2 变形前后长度没有变化。

$$O_1O_2 = \overparen{O_1O_2} = \mathrm{d}x$$

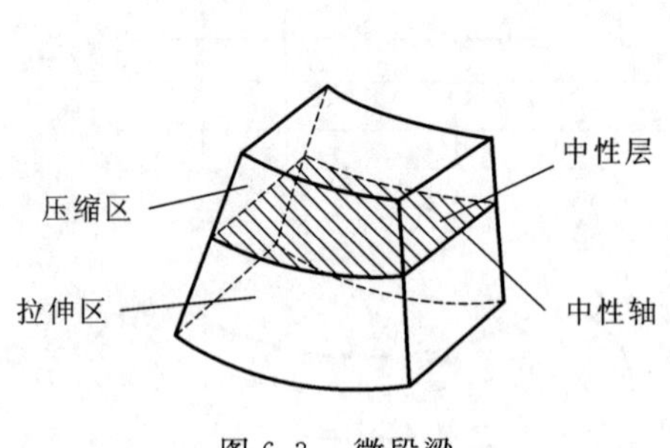

图 6.3 微段梁

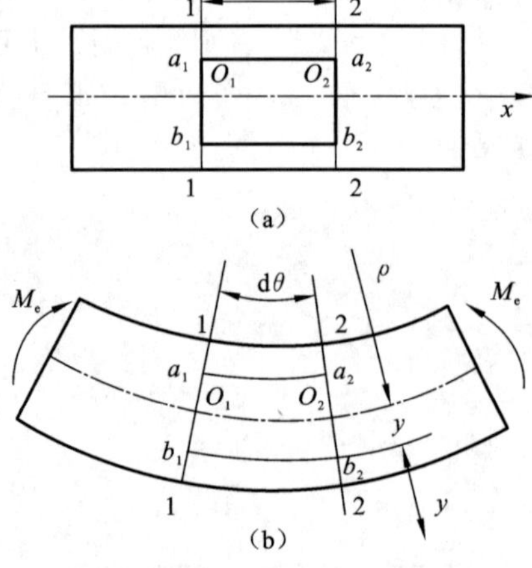

图 6.4 纯弯曲时微段梁的变形

到中性层距离为 y 的一层纤维 b_1b_2 的伸长应变为

$$\varepsilon = \frac{\overparen{b_1b_2} - \overline{b_1b_2}}{\overline{b_1b_2}} = \frac{(\rho + y)\mathrm{d}\theta - \rho\mathrm{d}\theta}{\rho\mathrm{d}\theta} = \frac{y}{\rho} \tag{6.1}$$

在所取的横截面处，ρ 为常量。上式表明：纵向纤维的线应变 ε 与纤维到中性层的距离 y 成正比。

由此可知：纵向纤维 b_1b_2 受到拉应力作用，即横截面上有正应力。根据胡克定律，在弹

性范围内有

$$\sigma = E\varepsilon = E\frac{y}{\rho} \tag{6.2}$$

上式表明：横截面上各点的正应力 σ 与该点到中性轴的距离 y 成正比。位于同一层上各点正应力相等，中性轴上各点的正应力等于零，离中性轴越远的点正应力越大。横截面上正应力分布如图 6.5 所示。

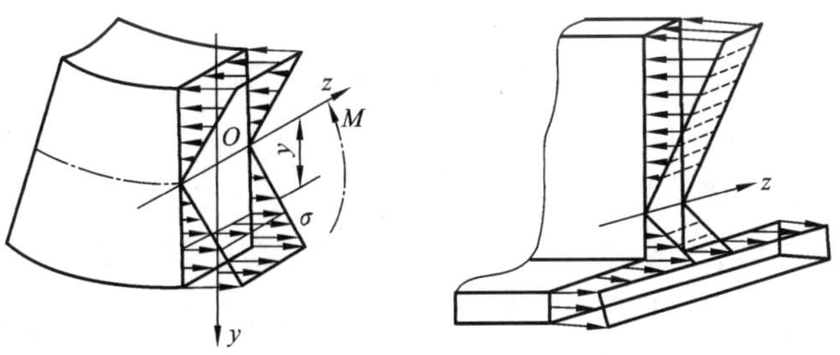

图 6.5　弯曲正应力分布规律

6.1.3　弯曲正应力

将纯弯曲梁的横截面划分为无穷个微小区域，设其中一个微区域的面积为 $\mathrm{d}A$，这个微面积上作用的微内力为 $\mathrm{d}F=\sigma\mathrm{d}A$，所有微面积上的微内力的合力就是横截面上的轴力 F_N。因为，梁的横截面上没有轴力，将中性轴用 z 表示，则有

$$F_N = \int_A \mathrm{d}F = \int_A \sigma \mathrm{d}A = \frac{E}{\rho}\int_A y\mathrm{d}A = \frac{E}{\rho}S_z = 0 \tag{6.3}$$

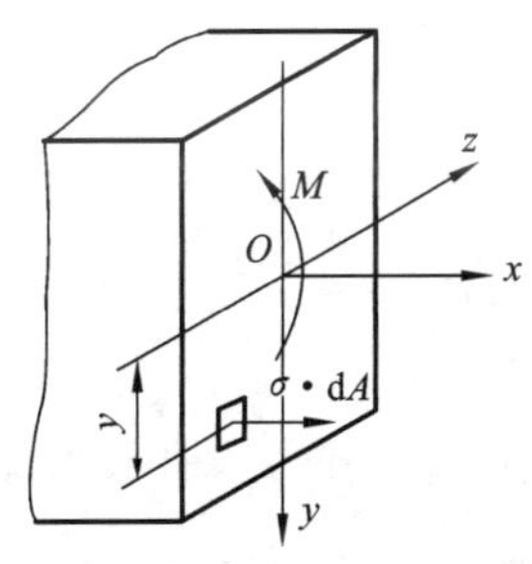

图 6.6　横截面上正应力组成的内力分量

即

$$S_z = 0 \tag{6.4}$$

上式表明：横截面对中性轴的静矩等于零，因此，中性轴必通过横截面的形心。另外，对平面弯曲，中性轴必垂直横截面的纵向对称轴。

横截面上各微面积上的微内力对中性轴的力矩之和应等于横截面上的弯矩 M_z，即

$$M_z = \int_A y\mathrm{d}F = \int_A y\sigma\mathrm{d}A = \int_A yE\frac{y}{\rho}\mathrm{d}A = \frac{E}{\rho}\int_A y^2\mathrm{d}A = \frac{E}{\rho}I_z \tag{6.5}$$

式中，$I_z = \int_A y^2\mathrm{d}A$ 是横截面对中性轴的惯性矩。由式(6.5)解得

$$\frac{1}{\rho} = \frac{M_z}{EI_z} \tag{6.6}$$

将式(6.6)代入式(6.2)有

$$\sigma = \frac{M_z y}{I_z} \tag{6.7}$$

式中，M_z—— 横截面上的弯矩；y—— 横截面上待求应力点至中性轴的距离；I_z—— 横截面对中性轴的惯性矩。在计算弯曲正应力(normal stress in bending)时，通常以 M 和 y 的绝对值代入，计算出大小，再根据弯曲变形情况即纵向纤维的伸缩来判断应力的正负(拉压)。

6.2 横力弯曲时的正应力及弯曲正应力强度条件

式(6.7)是在纯弯曲的情况下推导出来的，但工程中最常见的是横力弯曲，简称横弯曲(transverse bending)，此时，横截面上不但有弯矩还有剪力，不但有正应力还有切应力。梁变形后横截面不再保持为平面。按平面假设推导出的纯弯曲梁横截面上的正应力计算公式，用于计算横力弯曲梁横截面上的正应力是有一定的误差的。但是当梁的跨度和梁的高度比 l/h 大于5时，其误差很小(工程中的梁绝大多数属于此类)。因此，横力弯曲梁横截面上的正应力仍按式(6.7)计算。

6.2.1 最大正应力

梁的横截面上，无论是拉应力还是压应力，离中性轴越远的点正应力越大。最大正应力发生在离中性轴最远处。

对于中性轴是对称轴的截面，例如，矩形、圆形、工字形等截面，最大拉应力与最大压应力的值相等，其值为

$$\sigma_{\max}=\frac{My_{\max}}{I_z}=\frac{M}{W_z} \tag{6.8}$$

式中，$W_z=\dfrac{I_z}{y_{\max}}$ 称为弯曲截面模量。

对于高为 h，宽为 b 的矩形截面

$$W_z=\frac{\frac{1}{12}bh^3}{\frac{1}{2}h}=\frac{1}{6}bh^2 \tag{6.9}$$

对于直径为 d 的圆形截面

$$W_z=\frac{\frac{1}{64}\pi d^4}{\frac{1}{2}d}=\frac{1}{32}\pi d^3 \tag{6.10}$$

对于内径为 d，外径为 D 的空心圆形截面

$$W_z=\frac{\frac{1}{64}\pi D^4(1-\alpha^4)}{\frac{1}{2}D}=\frac{1}{32}\pi D^3(1-\alpha^4)\quad\left(\alpha=\frac{d}{D}\right) \tag{6.11}$$

各类型钢的 I_z、W_z 的数值可在型钢表中查出。

对低碳钢一类的材料，其抗拉强度与抗压强度近似相等，宜采用上下对称的截面。

对于中性轴不是对称轴的截面，如 T 形截面，其最大拉应力与最大压应力不等，最大拉应力和最大压应力分别为

$$\sigma_{\mathrm{tmax}} = \frac{My_{\mathrm{tmax}}}{I_z} \qquad \sigma_{\mathrm{cmax}} = \frac{My_{\mathrm{cmax}}}{I_z} \tag{6.12}$$

式中，y_{tmax} 为受拉区 y 最大值，y_{cmax} 为受压区 y 最大值。

对铸铁一类的材料，其抗拉强度与抗压强度不相等，宜采用上下不对称的截面。

例 6.1　简支梁 AB 受力如图 6.7(a) 所示，其横截面的形状和尺寸如图 6.7(b) 所示，求该梁截面 m-m 上的 a、b、c、d 四点的正应力。

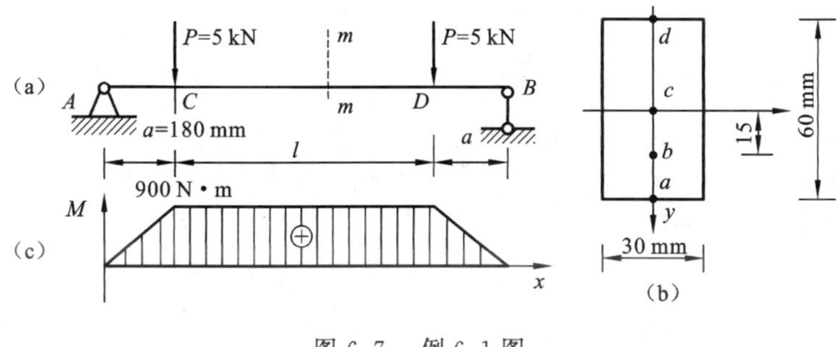

图 6.7　例 6.1 图

解　(1) 求截面 m-m 的弯矩。画梁的弯矩图如图 6.7(c) 所示，由图可知，截面 m-m 的弯矩为

$$M_{m\text{-}m} = 900\ \mathrm{N \cdot m}$$

(2) 计算应力。截面 m-m 上的最大应力为

$$\sigma_{\max} = \frac{M}{W_z} = \frac{M_{m\text{-}m}}{\frac{1}{6}bh^2} = \frac{900}{\frac{1}{6} \times 30 \times 60^2 \times 10^{-9}} = 50 \times 10^6\,(\mathrm{Pa}) = 50\,(\mathrm{MPa})$$

截面上 a 点的正应力为

$$\sigma_a = \sigma_{\max} = 50\,(\mathrm{MPa}) \quad (\text{拉应力})$$

由于截面 m-m 的弯矩为正，根据变形可判断截面 m-m 上的 a 点的正应力为拉应力。由于横截面上的正应力沿梁的高度线性分布，所以 b 点的应力为

$$\sigma_b = \frac{15}{30}\sigma_{\max} = \frac{1}{2}\sigma_{\max} = 25\,(\mathrm{MPa}) \quad (\text{拉应力})$$

容易得到另外两点的应力分别为

$$\sigma_c = 0$$

$$\sigma_d = \sigma_{\max} = 50\,(\mathrm{MPa}) \quad (\text{压应力})$$

6.2.2　梁的正应力强度条件

为了确保梁能安全正常地工作，梁内的最大正应力不能超过材料的许用正应力(allowable normal stress)。对低碳钢一类的塑性材料，其抗拉强度和抗压强度近似相等，为使截面上最大拉应力和最大压应力同时达到其许用应力，通常将其横截面制成关于中

性轴对称的形状，因此，不必区分拉应力还是压应力，于是梁的正应力强度条件为

$$\sigma_{\max} \leqslant [\sigma] \tag{6.13}$$

可能发生最大应力的截面称为危险截面，梁的最大弯矩所在的截面往往是危险截面，危险截面上最大应力所在的点称为危险点。梁的最大正应力往往发生在危险截面的危险点上。

$$\sigma_{\max} = \frac{M_{\max}}{W_z} \tag{6.14}$$

对于铸铁一类的脆性材料，其抗拉强度和抗压强度不相等，为充分利用材料，使截面上最大拉应力和最大压应力基本同时分别达到其许用应力，通常将其横截面制成关于中性轴不对称的形状，于是梁的正应力强度条件为

$$\sigma_{\text{tmax}} \leqslant [\sigma_{\text{t}}], \quad \sigma_{\text{cmax}} \leqslant [\sigma_{\text{c}}] \tag{6.15}$$

通常，此类梁的最大正弯矩和最大负弯矩所在的截面都是危险截面，比较此两个截面上的应力才能确定危险点的位置。

例 6.2 一空心矩形截面悬臂梁承受均布载荷 q 作用，如图 6.8(a) 所示。已知梁的跨度 $l = 1.2$ m，材料的许用正应力 $[\sigma] = 160$ MPa，横截面尺寸为 $H = 120$ mm，$B = 60$ mm，$h = 80$ mm，$b = 30$ mm。试按弯曲正应力强度条件确定梁的最大许用均布载荷 q 的值。

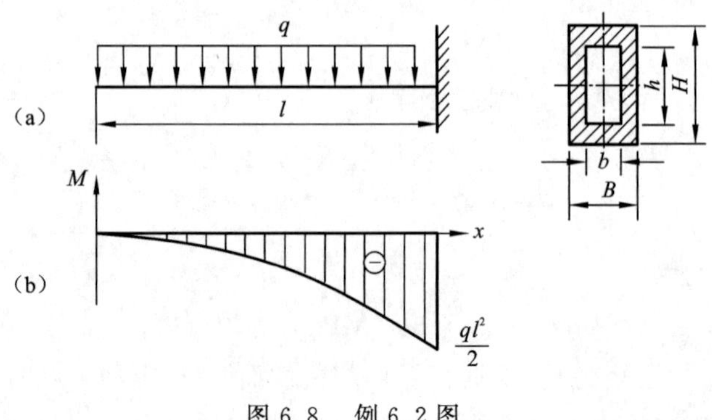

图 6.8　例 6.2 图

解 (1) 作弯矩图。作弯矩图如图 6.8(b) 所示，最大弯矩发生在固定端截面上，其值为

$$M_{\max} = \frac{1}{2}ql^2$$

故该截面是危险截面。

(2) 计算截面几何性质。截面对中性轴的惯性矩为

$$I_z = \frac{1}{12}BH^3 - \frac{1}{12}bh^3 = \frac{1}{12} \times 60 \times 120^3 \times 10^{-12} - \frac{1}{12} \times 30 \times 80^3 \times 10^{-12}$$

$$= 7.36 \times 10^{-6} (\text{m}^4)$$

截面的弯曲截面模量为

$$W_z = \frac{I_z}{y_{\max}} = \frac{7.36 \times 10^{-6}}{60 \times 10^{-3}} = 1.23 \times 10^{-4}(\text{m}^3)$$

(3) 确定梁的许用载荷。由梁的正应力强度条件有

$$\sigma = \frac{M_{\max}}{W_z} = \frac{\frac{1}{2}ql^2}{W_z} \leqslant [\sigma]$$

解得

$$q \leqslant \frac{2W_z[\sigma]}{l^2} = \frac{2 \times 1.23 \times 10^{-4} \times 160 \times 10^6}{1.2^2}$$

$$= 273.3 \times 10^3(\text{N/m}) = 273.3(\text{kN/m})$$

例 6.3　如图 6.9(a) 所示的简支梁，若梁的许用正应力$[\sigma] = 140$ MPa，试选择工字钢的型号。

解　(1) 作剪力、弯矩图如图 6.9(b)、(c) 所示。由剪力、弯矩图，得

$F_S = 54$ (kN)，　$M = 10.8$ (kN·m)。

(2) 选择截面。因梁的强度主要取决于正应力强度条件，可按梁的正应力强度条件选择截面尺寸，再对切应力强度进行校核。由梁的正应力强度条件有

$$\sigma = \frac{M_{\max}}{W_z} \leqslant [\sigma]$$

解得

$$W_z \geqslant \frac{M_{\max}}{[\sigma]} = \frac{10.8 \times 10^3}{140 \times 10^6} = 77.1 \times 10^{-6}(\text{m}^3)$$

$$= 77.1(\text{cm}^3)$$

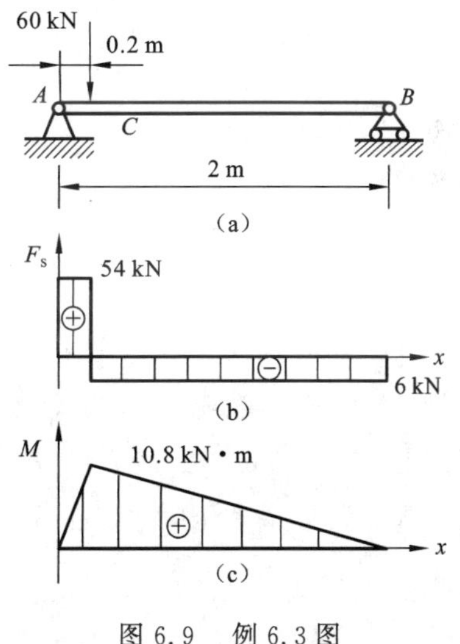

图 6.9　例 6.3 图

查附录型钢表选 12.6 号工字钢，其 $W_z = 77.529(\text{cm}^3)$。

例 6.4　T 形截面铸铁梁的受力和尺寸如图 6.10(a) 所示，材料的许用拉应力$[\sigma_t] = 30$ MPa，许用压应力$[\sigma_c] = 60$ MPa，试校核梁的正应力强度。

解　(1) 作弯矩图。由弯矩图[图 6.10(b)]可知：梁的 AE 段受正弯矩作用，危险截面在 C 处，最大正弯矩为 $M_C = 2.5$ kN·m；而梁的 ED 段受负弯矩作用，危险截面在 B 处，最大负弯矩为 $M_B = -4$ kN·m。

(2) 计算截面的几何性质。截面形心的位置为

$$y_c = y_1 = \frac{80 \times 20 \times 130 + 20 \times 120 \times 60}{80 \times 20 + 20 \times 120} = 88(\text{mm})$$

$$y_2 = 140 - 88 = 52(\text{mm})$$

截面对中性轴的惯性矩为

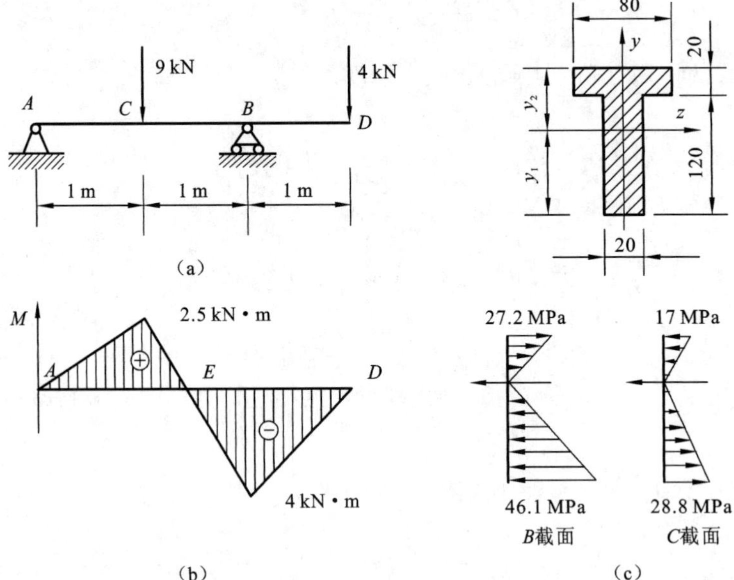

图 6.10　例 6.4 图

$$I_z = \frac{1}{12} \times 80 \times 20^3 + 80 \times 20 \times (130 - 88)^2 + \frac{1}{12} \times 20 \times 120^3 + 20 \times 120 \times (88 - 60)^2$$

$$= 763.7 \times 10^4 (\text{mm}^4)$$

(3) 校核强度。截面 C 的最大拉、压应力是梁 AE 段的最大应力；截面 B 的最大拉、压应力是梁 ED 段的最大应力；比较截面 B 和 C 上的应力就可得到全梁的最大应力。

截面 C 的最大压应力发生在截面的上边缘处，其值为

$$\sigma_{\text{cmax}}^C = \frac{M_C y_2}{I_z} < \sigma_{\text{cmax}}^B = \frac{M_B y_1}{I_z}$$

因为 $M_C < M_B$，$y_2 < y_1$，所以 $\sigma_{\text{cmax}}^C < \sigma_{\text{cmax}}^B$，因此，其值可不必计算。

截面 C 的最大拉应力发生在截面的下边缘处，其值为

$$\sigma_{\text{tmax}}^C = \frac{M_C y_1}{I_z} = \frac{2.5 \times 10^3 \times 88 \times 10^{-3}}{763.7 \times 10^{-8}} = 28.8(\text{MPa})$$

截面 B 的最大拉应力发生在截面的上边缘处，其值为

$$\sigma_{\text{tmax}}^B = \frac{M_B y_2}{I_z} = \frac{4 \times 10^3 \times 52 \times 10^{-3}}{763.7 \times 10^{-8}} = 27.2(\text{MPa})$$

截面 B 的最大压应力发生在截面的下边缘处，其值为

$$\sigma_{\text{cmax}}^B = \frac{M_B y_1}{I_z} = \frac{4 \times 10^3 \times 88 \times 10^{-3}}{763.7 \times 10^{-8}} = 46.1(\text{MPa})$$

比较截面 B 和 C 上的应力，全梁的最大拉应力为

$$\sigma_{\text{tmax}} = \sigma_{\text{tmax}}^C = 28.8 \text{ MPa} < [\sigma_t] = 30 \text{ MPa}$$

全梁的最大压应力为

$$\sigma_{\text{cmax}} = \sigma_{\text{cmax}}^{B} = 46.1\ \text{MPa} < [\sigma_{\text{c}}] = 60\ \text{MPa}$$

如图 6.10(c) 所示。因此，该梁满足强度条件。

6.3　梁的切应力及强度条件

梁在横力弯曲时，横截面上的内力除了弯矩外，还有剪力，相应地横截面上有弯曲切应力(shearing stress in bending)。现以矩形截面梁为例，推导横截面上切应力公式。

6.3.1　矩形截面梁横截面上的切应力

现在研究剪力引起的切应力的分布情况。为使问题得到简化，对横截面上的切应力分布作如下假设(如图 6.11 所示)：

(1) 横截面上各点的切应力方向与剪力 F_{S} 的方向一致，即与剪力方向平行；

(2) 横截面上到中性轴距离相同的点的切应力相等，即切应力沿截面宽度均匀分布。

实践证明，上述假设对高度 h 大于宽度 b 的矩形截面梁具有足够的精度。

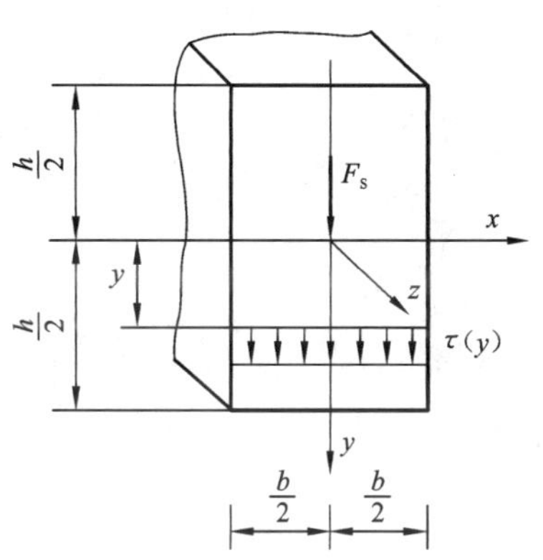

图 6.11　切应力分布

用相距为 $\mathrm{d}x$ 的两个横截面 mm 和 nn 及平行中性层且到中性层距离为 y 的平面 pr 截取微元体[图 6.12(b)、(c)]。设截面 mn 和 m_1n_1 上的弯矩分别为 M 和 $M+\mathrm{d}M$[图 6.12(a)]。

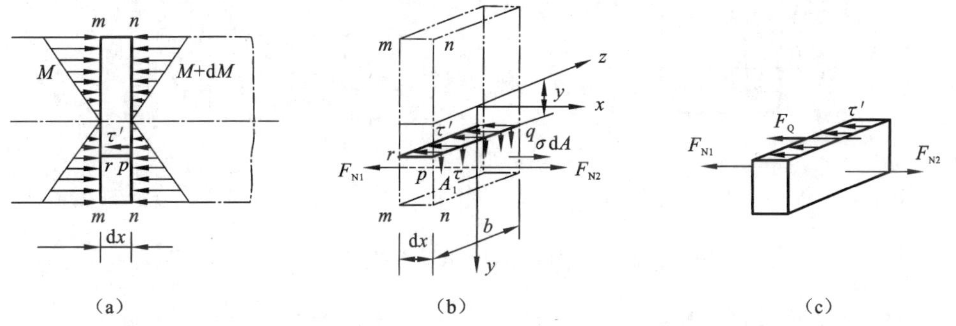

图 6.12　矩形截面梁横截面上切应力组成的内力分量

微元体右侧截面上由弯矩 $M+\mathrm{d}M$ 引起正应力的合力为

$$F_{\text{N2}} = \int_{A^*} \sigma \mathrm{d}A = \int_{A^*} \frac{(M+\mathrm{d}M)y^*}{I_z}\mathrm{d}A = \frac{M+\mathrm{d}M}{I_z}\int_{A^*} y^*\,\mathrm{d}A = \frac{M+\mathrm{d}M}{I_z}S_z^* \tag{6.16}$$

同理，微元体左侧截面上由弯矩 M 引起正应力的合力为

$$F_{N1}=\int_{A^*}\sigma dA=\frac{M}{I_z}S_z^*\tag{6.17}$$

式中，y^*是微分面积到横截面中性轴的距离，A^*为微元体左右侧截面面积，S_z^*是微元体左右侧面对横截面中性轴的静矩。

由于微段梁左右上的弯矩不同，所以微元体左右侧面的 F_{N1} 和 F_{N2} 不相等。在微元体的顶面必存在切应力 τ'，合成剪力 F_Q

$$F_Q=\tau' b\,dx\tag{6.18}$$

由微元体在 x 方向的平衡方程可得

$$F_Q=N_2-N_1\tag{6.19}$$

将式(6.13)～(6.15)代入式(6.16)得

$$\tau' b\,dx=\frac{M+dM}{I_z}S_z^*-\frac{M}{I_z}S_z^*=\frac{dM}{I_z}S_z^*$$

即

$$\tau'=\frac{dM}{dx}\frac{S_z^*}{bI_z}=\frac{F_S S_z^*}{bI_z}\tag{6.20}$$

根据切应力互等定理，知横截面上距中性轴为 y 的水平线上各点的切应力 τ 与微元体的顶面上的切应力 τ' 相等，即

$$\tau=\frac{F_S S_z^*}{bI_z}\tag{6.21}$$

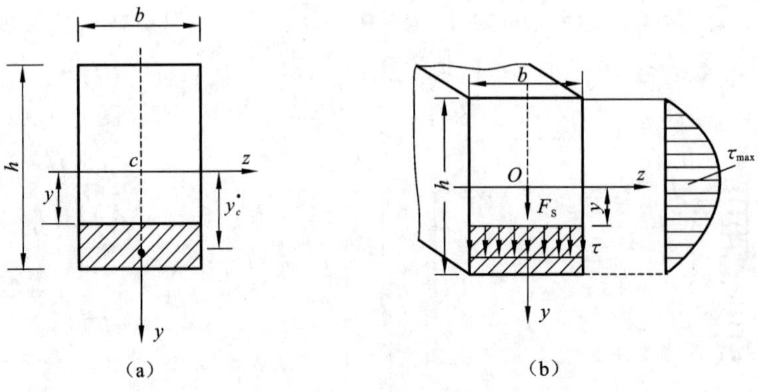

图 6.13　矩形截面梁横截面上切应力分布

对于矩形截面[图 6.13(a)]有

$$I_z=\frac{1}{12}bh^3\tag{6.22}$$

$$S_z^*=A^*y_c^*=\left(\frac{h}{2}-y\right)b\times\frac{1}{2}\left(\frac{h}{2}+y\right)=\frac{b}{2}\left[\left(\frac{h}{2}\right)^2-y^2\right]\tag{6.23}$$

将式(6.22)、(6.23)代入式(6.21)，得

$$\tau=\frac{3}{2}\frac{F_S}{bh}\left[1-\left(\frac{y}{h/2}\right)^2\right]\tag{6.24}$$

由式(6.24)可以看出：矩形截面切应力沿梁的高度呈抛物线规律变化[图 6.13(b)]。

当 $y=\pm\frac{h}{2}$ 时，即截面的上下边缘处，切应力为零；当 $y=0$ 时，切应力最大，即最大切应力发生在中性轴上各点，其值为

$$\tau_{\max}=\frac{3}{2}\frac{F_S}{bh} \tag{6.25}$$

即矩形截面上的最大切应力是该截面平均切应力的1.5倍。

6.3.2　工字型截面梁横截面上的切应力

工字形截面梁由腹板和翼缘组成。其横截面如图6.14(a)所示，中间狭长部分为腹板，上、下扁平部分为翼缘。梁横截面上的切应力主要分布于腹板上，翼缘部分的切应力情况比较复杂，数值很小，可以不予考虑。由于腹板比较狭长，可以认为，其上的切应力平行于腹板的竖边，且沿宽度方向均匀分布。由式(6.24)求得，切应力 τ 沿腹板高度方向也是呈二次抛物线规律变化如图6.14(b)所示，最大切应力发生在中性轴上，其值为

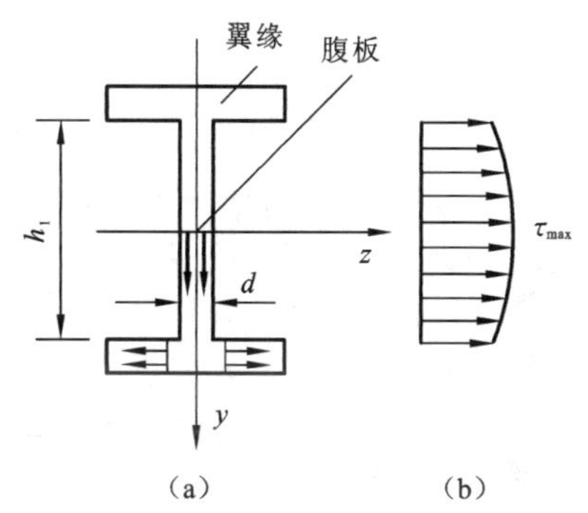

图6.14　工字型截面梁横截面上切应力分布

$$\tau_{\max}=\frac{F_S S_{z\max}^*}{dI_z} \tag{6.26}$$

式中，d 为腹板的宽度；$S_{z\max}^*$ 为中性轴一侧的截面面积对中性轴的静矩。如果是型钢，式中的比值 $\frac{I_z}{S_{z\max}^*}$ 可直接由型钢规格表中查得。

此外，由图6.14(b)可以看到，腹板上的最大切应力与最小切应力差别并不太大，切应力接近于均匀分布，因此也可按下式近似地计算腹板上的最大切应力

$$\tau_{\max}\approx\frac{F_S}{dh_1} \tag{6.27}$$

式中，d 为腹板的宽度；h_1 为腹板的高度。

6.3.3　圆形、圆环形截面梁横截面上的切应力

对于圆形截面和圆环形截面如图6.15所示，可以证明，梁横截面上的最大切应力也发生在中性轴上各点处，并沿中性轴均匀分布，其值为

圆形截面

$$\tau_{\max}=\frac{4}{3}\frac{F_S}{A} \tag{6.28}$$

圆环形截面

$$\tau_{\max}=2\frac{F_S}{A} \tag{6.29}$$

式中，A—— 横截面面积。

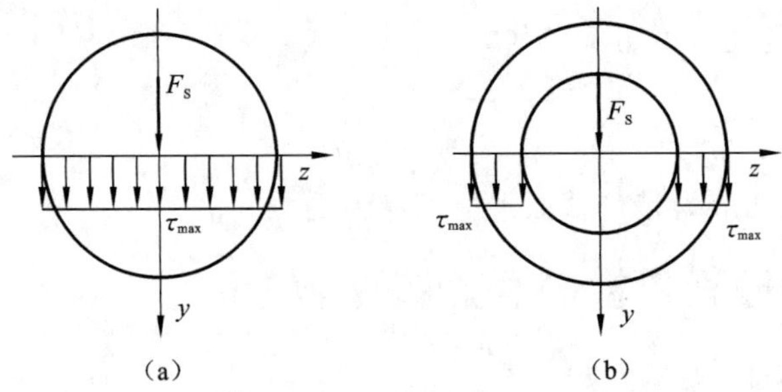

图 6.15　圆形和圆环形截面梁横截面上切应力分布

6.3.4　梁的切应力强度条件

通常，与正应力相比梁的切应力比较小，而材料的许用切应力与许用正应力则相差较小，因此，一般情况下，梁满足了正应力强度条件就满足了切应力强度条件。

但是下列两种情况，需校核梁的切应力强度：① 腹板宽度较小的薄壁截面梁，由于其抗弯能力强，能承受的载荷大，而横截面面积相对较小，因此，切应力就大；② 跨度较小和支座附近作用有较大载荷的梁，其弯矩相对较小而剪力相对较大。

梁的切应力强度条件为

$$\tau_{max} \leqslant [\tau] \tag{6.30}$$

例 6.5　矩形截面简支梁受力如图 6.16(a) 所示，求梁的最大正应力和最大切应力，并求二者的比值。

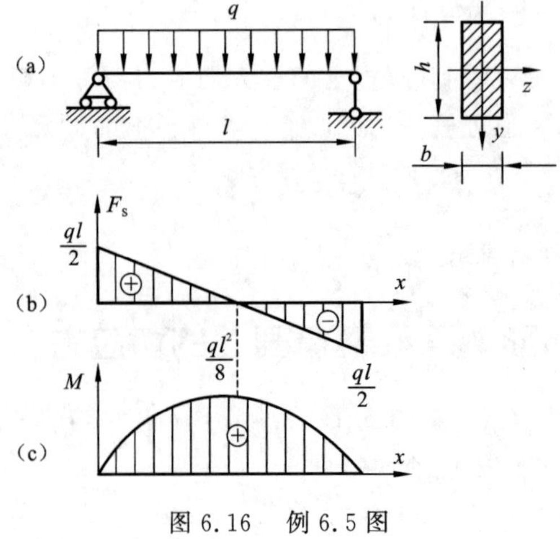

图 6.16　例 6.5 图

解　绘出梁的剪力图和弯矩图如图 6.16(b)、(c) 所示。由图可知，最大剪力和最大弯矩分别为

$$F_S = \frac{1}{2}ql, \qquad M = \frac{1}{8}ql^2$$

梁的最大切应力发生在任一横截面的中性轴上各点，其值为

$$\tau_{\max}=\frac{3}{2}\frac{F_S}{bh}=\frac{3}{2}\frac{\frac{1}{2}ql}{bh}=\frac{3}{4}\frac{ql}{bh}$$

梁的最大正应力发生在跨中截面的上下边缘各点，其值为

$$\sigma_{\max}=\frac{M_{\max}}{W_z}=\frac{\frac{1}{8}ql^2}{\frac{1}{6}bh^2}=\frac{3}{4}\frac{ql^2}{bh^2}$$

最大切应力与最大正应力的比值为

$$\frac{\tau_{\max}}{\sigma_{\max}}=\frac{\frac{3}{4}\frac{ql}{bh}}{\frac{3}{4}\frac{ql^2}{bh^2}}=\frac{h}{l}$$

从本例可以看出，梁的最大切应力与最大正应力之比的数量级等于梁的高度 h 与梁的跨度 l 之比。工程中，一般梁的跨度远大于梁的高度，所以，通常梁的切应力比梁的正应力小很多。

6.4　提高梁强度的主要措施

工程实际中，为了节省材料降低成本和减少梁的自重，应以较少的材料消耗，使梁获得更大的抗弯能力。梁的强度主要取决于梁的正应力强度条件，即

$$\sigma_{\max}=\frac{M_{\max}}{W_z}\leqslant[\sigma]$$

可以看出：梁的弯曲强度与梁的最大弯矩 $M_{\max}$ 和弯曲截面模量 W_z 有关。因此，要提高梁的承载能力，应从两个方面考虑：① 合理地布置梁上的载荷和安排梁的支座，可以降低梁内的最大弯矩，同样的载荷引起的弯矩越小，意味着梁能承受更大的载荷；② 采用合理的截面形状，可以提高梁的弯曲截面模量，同样的载荷，同样的弯矩，弯曲截面模量越大，弯曲应力就越小，意味着梁能承受更大的载荷。

6.4.1　合理布置梁上的载荷和合理安排梁的支承

在可能的情况下，恰当地调整载荷和支座的位置，可以减小梁内的最大弯矩，增大梁的抗弯能力。

例如，将如图 6.17(a) 所示受均匀分布载荷作用的简支梁的左右两端的支承均向内移动 $0.2l$，如图 6.17(b) 所示，则最大弯矩由原来的 $0.125ql^2$ 降为 $0.025ql^2$，即支座位置调整后最大弯矩为原来的 1/5。梁的截面尺寸可相应地减少，既节省了材料，又减轻了自重。

图 6.18 是某铣床的齿轮轴，如果将齿轮从轴的跨中位置，移到距右轴承 $l/6$ 处时，最大弯矩将由原来的 $F_Pl/4$ 降为 $\frac{5}{36}F_Pl$，可见由于齿轮的移动，使啮合力 F_P 引起的最大弯矩降低很多。

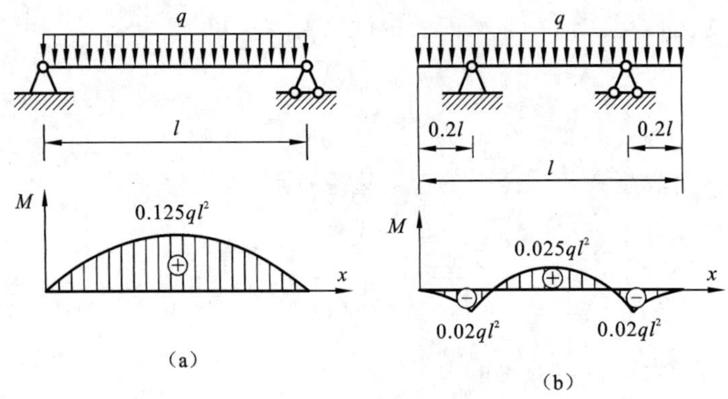

(a) (b)

图 6.17 支承的最佳位置

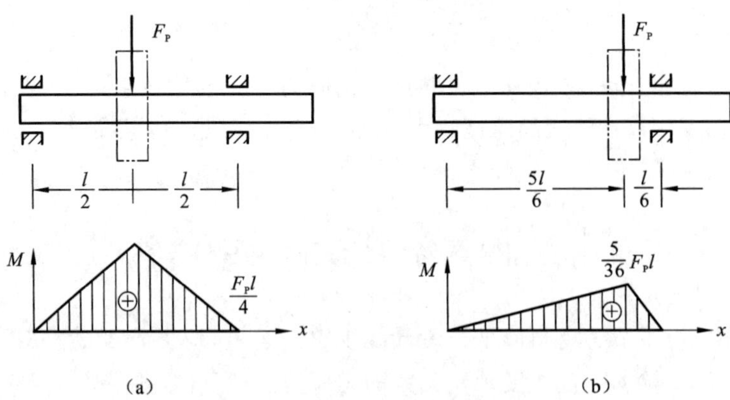

(a) (b)

图 6.18 改善受力位置提高梁的强度

对于梁上的集中载荷，如果能适当地将它分散，也可提高梁的抗弯强度。以如图 6.19(a) 所示的简支梁为例，集中力 F_P 作用在梁的中点时，其最大弯矩为 $F_P l/4$[图 6.19(a)]；如将力 F_P 以集度 $q = P/l$ 均匀地分布于整根梁上，这时的最大弯矩仅为 $F_P l/8$[图 6.19(b)]，减少了一半。同样，若用一根副梁将力 F_P 分为两个靠近支座的集中力，也可减小梁的最大弯矩。例如，按图 6.19(c) 所示的位置安放副梁，主梁的最大弯矩也可减小为 $ql/8$。根据这个道理，上海运输工人和技术人员，在运送重 1.2 kN 的 12.5 万千

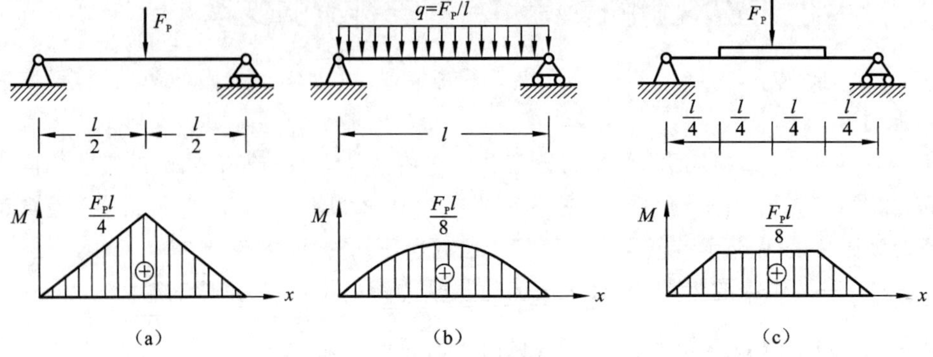

(a) (b) (c)

图 6.19 改善受力状况提高梁的强度

瓦双水内冷汽轮机组的重型设备时，为使其通过只能行驶 130 kN 汽车的公路桥，特制了一个大型平板车（如图 6.20），其宽度与桥宽相近，长度超过桥孔跨度，底盘上装有 7 排 8 行共 56 个车轮。这样就使包括平板车自重 1.6 kN 的载荷，近似均匀地分散在较长较宽的面积上；而且，因车身长度超过桥的跨度，不致使全部重量都落在一个桥孔上。这样就大大提高了桥梁的承载能力，使平板车顺利地通过。

图 6.20　大型平板车

6.4.2　选用合理的截面形状

由梁的正应力强度条件知道，梁的弯曲截面模量愈大，梁的抗弯能力就越大；另一方面，由材料的使用来说，梁横截面的面积愈大，消耗的材料就愈多。因此，应采用尽可能小的横截面面积 A，得到尽可能大的弯曲截面模量 W_z。可以用比值 W_z/A 来衡量截面的合理程度，这个比值愈大，截面就愈经济合理。

例如，对于矩形截面

$$\frac{W_z}{A}=\frac{bh^2/6}{bh}=0.167h$$

其他形状的截面 W_z/A 列于表 6.1 中。

表 6.1　其他形状的截面 W_z/A

截面形状	矩形（b，h）	圆形（h）	环形（h，内径 $d=0.8h$）	槽钢（h）	工字钢（h）
$\frac{W_z}{A}$	$0.167h$	$0.125h$	$0.205h$	$(0.27\sim0.31)h$	$(0.27\sim0.31)h$

由表 6.1 中数据可知，实心圆形最不经济，矩形次之，空心圆形截面较好，槽钢和工字钢最佳。显然，这与梁弯曲时正应力的分布规律有关。离中性轴越远处，弯曲正应力越大。因此，为充分地发挥材料的作用，应尽可能地将材料置于离中性轴较远的地方。空心圆截面比实心圆截面合理[图 6.21(a)]；矩形截面梁竖放比横放合理[图 6.21(b)]；如再将矩形截面梁中部

的一些材料移至其上下边缘处，从而形成工字形截面，就更为合理[图 6.21(c)]。

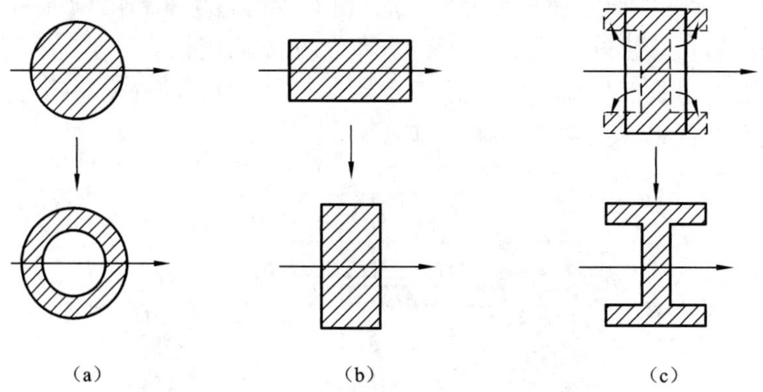

图 6.21　改变截面形状提高梁的强度

6.4.3　合理利用材料的性能

对于抗拉和抗压强度相等的塑性材料，应采用对称于中性轴的截面，使截面最大的拉应力和最大的压应力同时达到材料的许用应力，如矩形、槽形、工字形截面。对于抗拉、抗压强度不等的脆性材料，其抗拉强度小于抗压强度，宜采用上、下不对称截面(图 6.22)。中性轴偏于受拉一侧，即将翼缘置于受拉一侧，理想情况是

$$\frac{\sigma_{\text{tmax}}}{\sigma_{\text{cmax}}}=\frac{M_{\max}y_1/I_z}{M_{\max}y_2/I_z}=\frac{y_1}{y_2}=\frac{[\sigma_t]}{[\sigma_c]}$$

这样，截面上的最大拉应力和最大压应力可同时达到各自的许用应力。

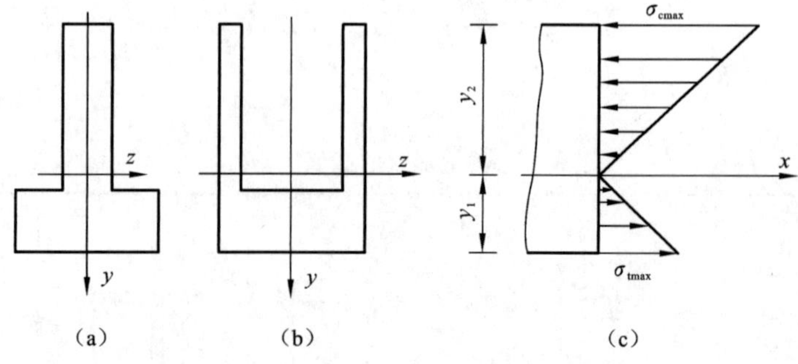

图 6.22　不对称截面

对于混凝土材料为了充分利用其抗压能力强的优点，使其最大压应力达到其许用应力，应在受拉部分配备抗拉性能较好的钢筋，这样可以大大提高梁的抗弯能力。但应该注意，由于混凝土的抗拉能力较差，因此，这类钢筋混凝土梁的弯曲方向不能颠倒(例如，将钢筋混凝土预制楼板的截面上下倒置，其承载能力极低，在使用和运输过程中易断裂而造成事故)。

6.4.4　采用变截面梁

由于梁在各截面上的弯矩是随截面位置变化的。在采用等截面梁时，只有在弯矩为最

大值 M 的截面上，最大应力才有可能接近许用应力。其余各截面上弯矩较小，应力较低，材料没有充分利用。因而，有必要改变各截面尺寸，使抗弯截面系数随弯矩而变化。这种横截面尺寸沿轴线变化的梁，称为变截面梁(beams of variable cross section)。理想的变截面梁可设计成每个横截面上的最大正应力都正好等于材料的许用应力，这种梁称为等强度梁(beams of constant strength)。等强度梁一般制作困难，实际应用时，多采用接近等强度梁的变截面梁。如图 6.23(a) 所示房屋建筑中的阳台挑梁，图 6.23(b) 所示汽车轮轴上的叠板弹簧，图 6.23(c) 所示传动系统中的阶梯轴等。

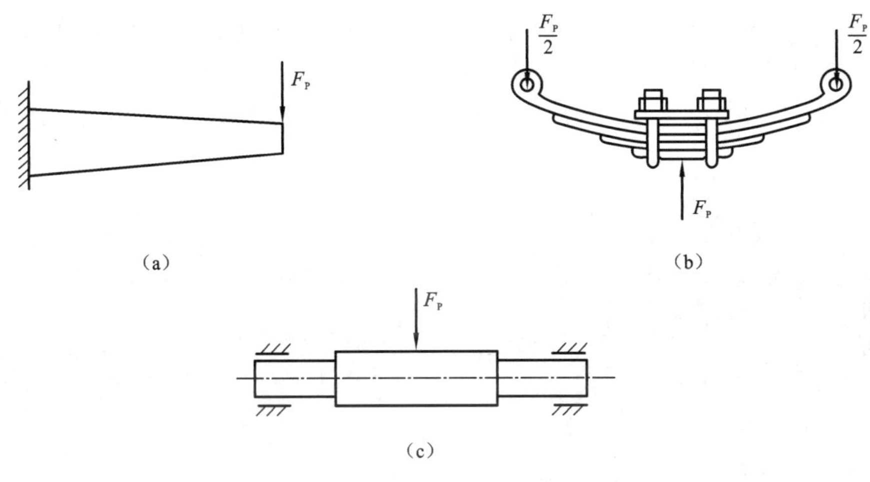

图 6.23　工程实际中的等强度梁

6.5　思考与讨论

6.5.1　高架桥裂纹位置问题

在工程实际中在如图 6.24 所示高架桥的下方出现了裂缝。如果裂缝持续扩展，可能会引起桥梁垮塌。为什么裂缝总是出现在桥的底部?这些裂缝又是什么原因引起的?

将桥简化成一个简支梁模型如图 6.25，假设外力 $F_P = 500\ \text{kN}$，$l = 10\ \text{m}$，横截面为矩形截面，高 0.2 m，宽 5.94 m。

图 6.24　高架桥裂纹

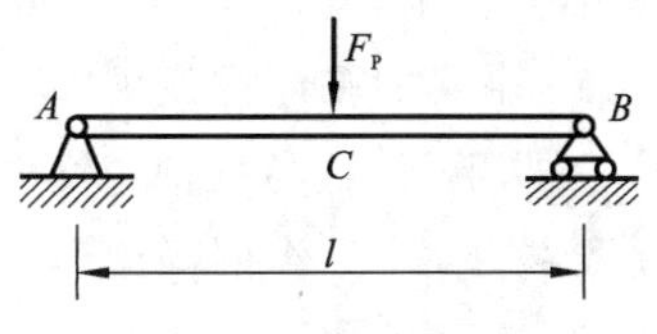

图 6.25　高架桥简化图

6.5.2 三板搭桥问题

“村边小溪，木桥已断，现有三板，尺寸相同，如何搭桥，安全可靠?”有人发现板长够长，就将三块板叠放成桥。当他走上桥，到跨中位置时，桥产生了较大变形，板上出现细小裂纹，桥是摇摇欲坠。于是他说:“三块板不够搭桥。”这时，来了位经验丰富的老木工说“三板组合，钉在一起就可成桥”。果然，三块板还是如此叠放，只是用铆钉钉在一起，奇迹发生了，此人再次走上桥，桥是岿然不动。

方案一:三块板叠放成桥如图6.26。现象:受力后，桥产生了较大变形，板上出现细小裂纹，桥摇摇欲坠。结论:三块板不够搭桥。

方案二:三块板钉装成桥如图6.27。现象:受力后，桥岿然不动。结论:三块板足够搭桥。

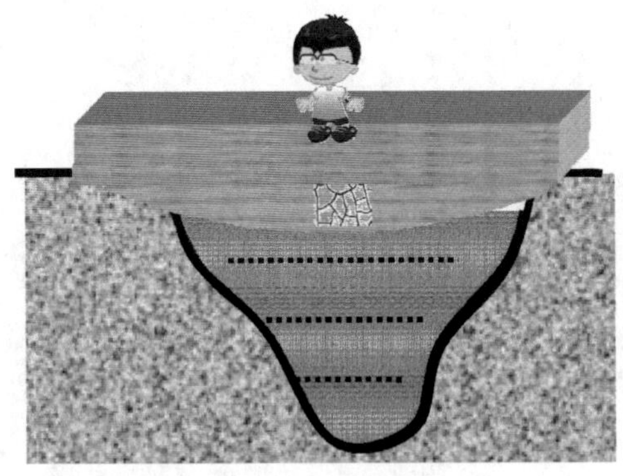

图6.26 三块板叠放

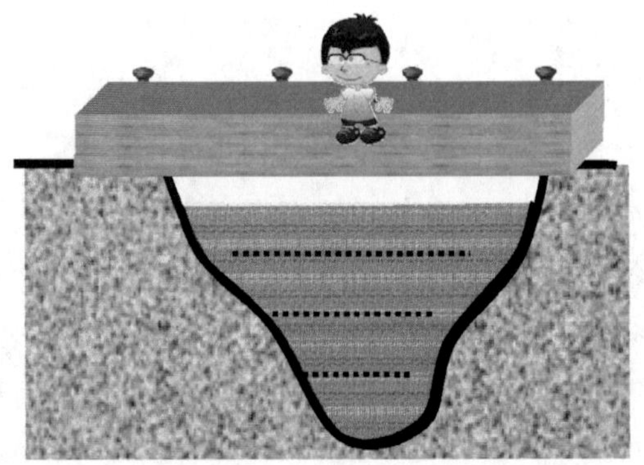

图6.27 三块板钉装

这是为什么呢?两种情况下，相同外力作用，相同的承弯构件，为什么组合梁更抗弯呢?这样的组合梁蕴含着什么道理呢?

习 题 6

6-1 在下列四种情况中，(　　)称为纯弯曲。

A. 载荷作用在梁的纵向对称面内

B. 载荷仅有集中力偶，无集中力和分布载荷

C. 梁只发生弯曲，不发生扭转和拉压变形

D. 梁的各个截面上均无剪力，且弯矩为常量

6-2 由梁的平面假设可知，梁纯弯曲时，其横截面(　　)。

A. 保持平面，且与梁轴正交　　B. 保持平面，且形状大小不变

C. 保持平面，只作平行移动　　D. 形状尺寸不变，且与梁轴正交

6-3 在梁的正应力公式 $\sigma(y)=\dfrac{My}{I_z}$ 中，I_z 为梁截面对(　　)的惯性矩。

A. 形心轴　　B. 对称轴　　C. 中性轴　　D. 形心主惯性轴

6-4　梁弯曲正应力公式的应用条件是(　　)。

A. 适用于所有弯曲问题　　B. 纯弯曲、等截面直梁

C. 平面弯曲、弹性范围　　D. 平面弯曲、剪应力为零

6-5　梁弯曲时横截面的中性轴，就是梁弯曲时的(　　)与(　　)的交线。

A. 纵向对称平面　　B. 梁的横截面

C. 中性层　　D. 梁的上表面

6-6　直梁弯曲的正应力公式是依据梁的纯弯曲得出的，可以应用于剪切弯曲的强度计算，是因为剪切弯曲时梁的横截面上(　　)。

A. 有切应力，无正应力

B. 无切应力只有正应力

C. 既有切应力又有正应力，但切应力对正应力无影响

D. 既有切应力又有正应力，切应力对正应力的分布影响很小，可以忽略不计

6-7　如题6-7图所示梁，在其横截面面积不变的条件下采用(截面)合理。

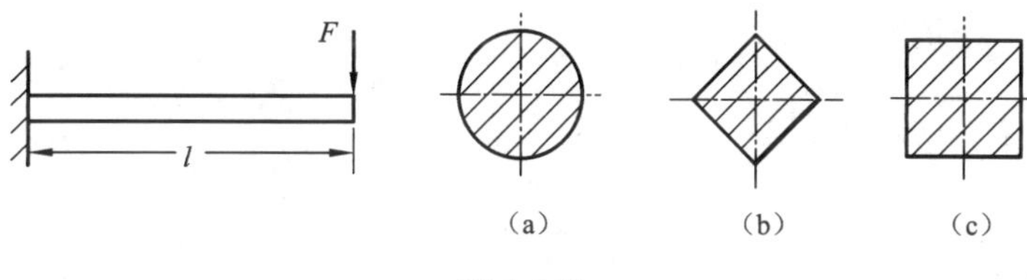

题6-7图

6-8　T形截面铸铁梁弯曲时，最佳的放置方式是(　　)。

A. 正弯矩作用下 ┬　　B. 正弯矩作用下 ┴

C. 负弯矩作用下 ┴　　D. 无论什么弯矩均 ┬

6-9　矩形截面梁，当横截面的高加两倍，宽度减小一半时，从正应力强度条件考虑，该梁的承载能力将(　　)。

A. 不变　　B. 增大一倍

C. 减小一半　　D. 增大三倍

6-10　矩形截面梁的高宽比 $h/b=2$，把梁竖放和平放安置时，梁的惯性矩之比 $I_{竖}/I_{平}$ 为(　　)。

A. 4　　B. 2　　C. 1/4　　D. 1/2

6-11　设梁的截面为T字形(如题6-11图所示)，中性轴为 z，已知：A 点的拉应力为 $\sigma_A=40$ MPa，其离中性轴的距离为 $y_1=10$ mm，同一截面上 B、C 两点离中性轴的距离分别为 $y_2=8$ mm，$y_3=30$ mm。试确定 B、C 两点的正应力的大小和正负，以及该截面上的最大拉应力。

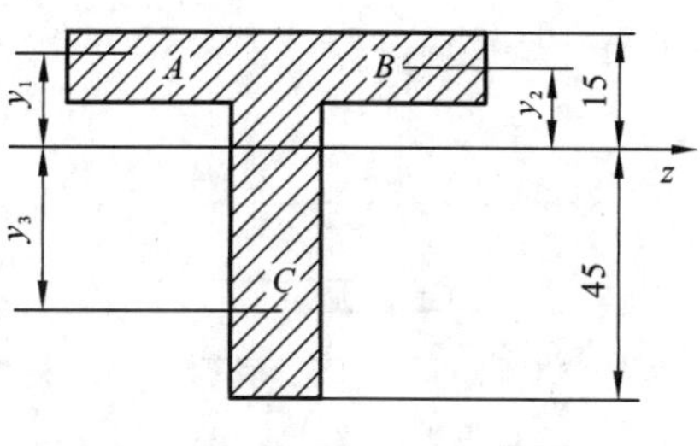

题6-11图

6-12　如题 6-12 图所示，简支梁为矩形截面。已知：$b \times h = 50 \times 150(\mathrm{mm}^2)$，$F_P = 16\ \mathrm{kN}$。试求：(1) 截面 1-1 上 D、E、F、H 等点的正应力大小和正负；(2) 梁的最大正应力；(3) 若将梁的截面转 90°[图(c)]，则最大正应力是原来最大正应力的几倍。

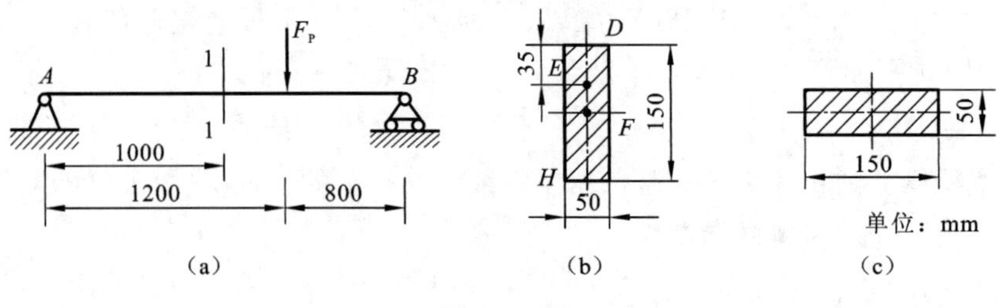

题 6-12 图

6-13　如题 6-13 图所示，简支梁受均布载荷作用，其许用正应力为$[\sigma] = 120\ \mathrm{MPa}$。若采用面积相等(或近似相等)，形状不同的截面。试求它们能承担的均布载荷集度 q，并加以比较。

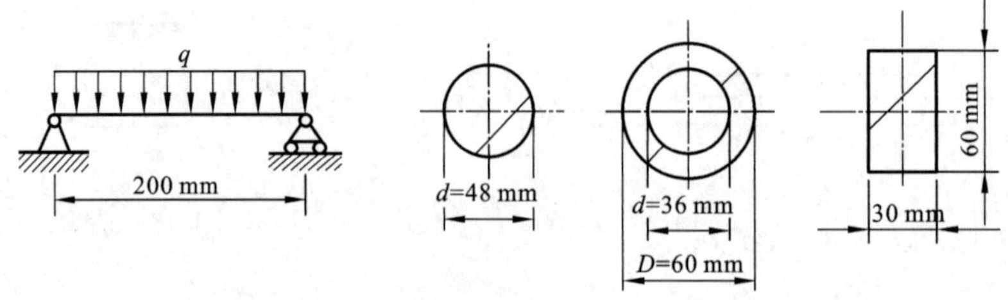

题 6-13 图

6-14　如题 6-14 图所示，一受均布载荷的外伸梁，梁为 18 号工字钢制成，许用正应力$[\sigma] = 160\ \mathrm{MPa}$，试求许可载荷。

6-15　如题 6-15 图所示，外伸梁受集中力作用，已知材料的许用正应力$[\sigma] = 160\ \mathrm{MPa}$，许用切应力$[\tau] = 90\ \mathrm{MPa}$。试选择工字钢的型号。

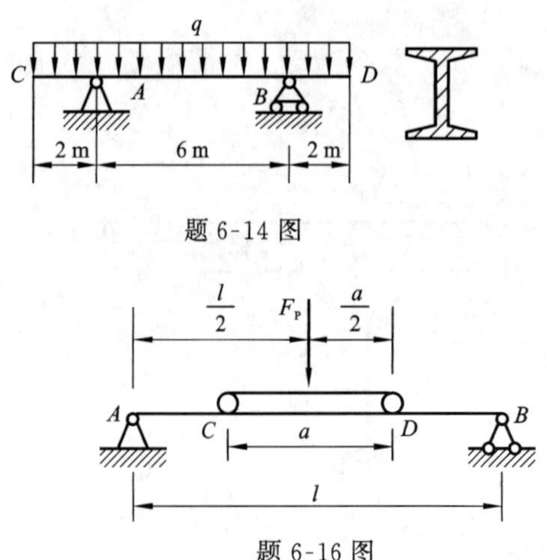

题 6-16 图

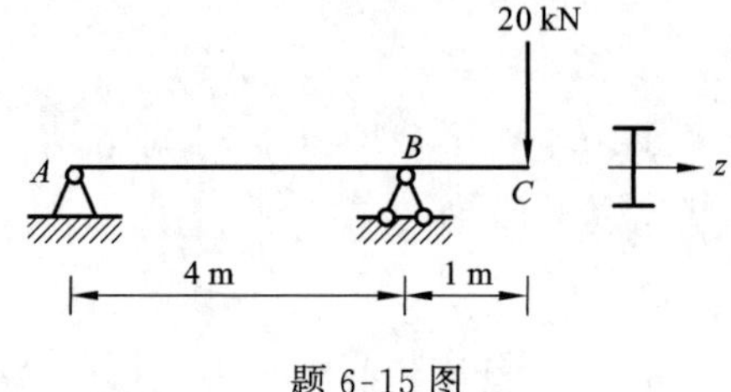

题 6-15 图

6-16　当 F_P 力直接作用柱梁 AB 中点时，梁内最大应力超过许用应力 30%，为了消除此过载现象，配置了如题 6-16 图所示的辅助梁 CD。已知 $l = 6\ \mathrm{m}$，试求此辅助梁的跨度 a。

6-17　试计算题 6-17 图示工字形截面梁内的最大正应力和最大切应力。

6-18　由三根木条胶合而成的悬臂梁截面尺寸如题 6-18 图所示。跨度 $l = 1$ m。若胶合面上的许用切应力为 0.34 MPa，木材的许用正应力为 $[\sigma] = 10$ MPa，许用切应力为 $[\tau] = 1$ MPa，试求许用载荷 $[F_P]$。

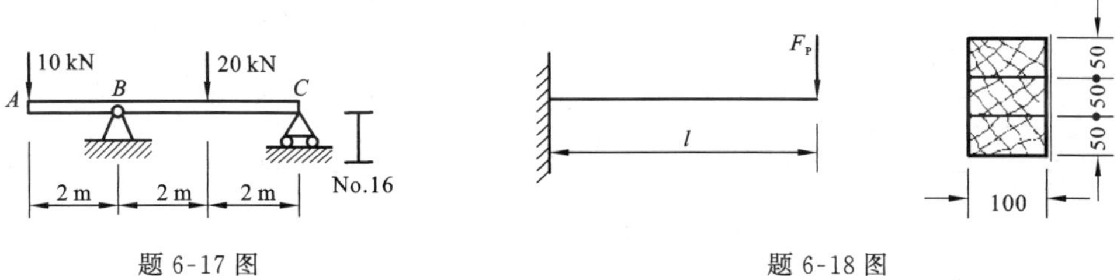

题 6-17 图　　　　题 6-18 图

6-19　题 6-19 图所示槽形截面悬臂梁。材料的许用拉应力 $[\sigma_t] = 35$ MPa，许用压应力 $[\sigma_c] = 120$ MPa，试校核梁的正应力强度。

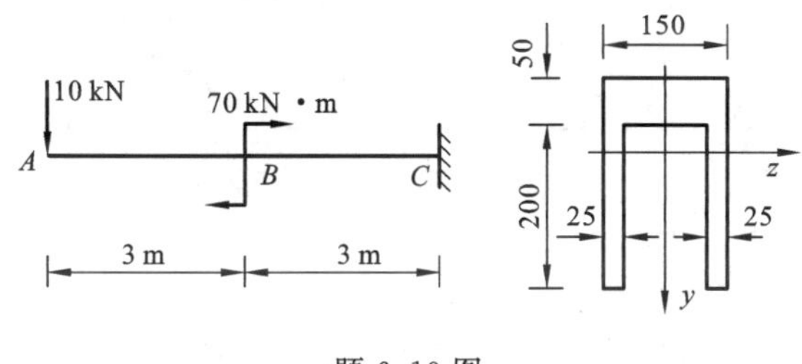

题 6-19 图

6-20　题 6-20 图所示承受纯弯曲的 T 形截面梁，已知材料的许用拉、压应力的关系为 $[\sigma_c] = 4[\sigma_t]$，试从正应力强度观点考虑，b 为何值合适。

6-21　T 形截面铸铁悬臂梁，尺寸及荷载如题 6-21 图所示。已知材料的许用拉应力 $[\sigma_t] = 40$ MPa，许用压应力 $[\sigma_c] = 80$ MPa，截面对形心轴的惯性矩 $I_z = 101.8 \times 10^6\ \text{mm}^4$，$h_1 = 96.4$ mm。求此梁的许用荷载 $[F_P]$。

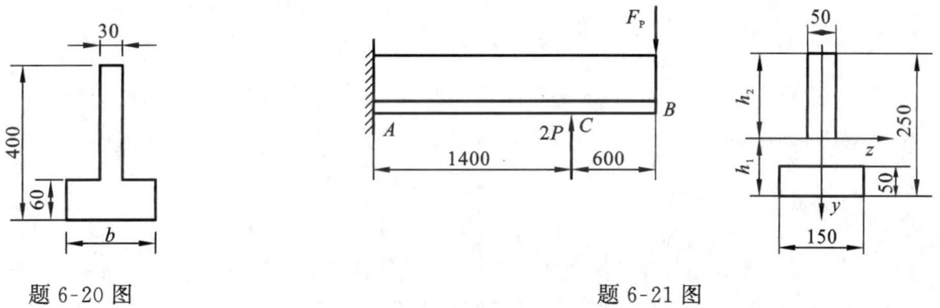

题 6-20 图　　　　题 6-21 图

6-22　一悬臂梁长为 900 mm，在自由端受一集中力 F_P 的作用。此梁由三块 50 mm × 100 mm 的木板胶合而成，如题 6-22 图所示。胶合缝的许用切应力 $[\tau] = 0.35$ MPa。试按胶合缝的切应力强度求许用荷载 $[F_P]$，并求在此荷载作用下，梁的最大正应力。

6-23　一正方形截面的悬臂木梁，其尺寸及所受荷载如题 6-23 图所示。木料的许用正应力$[\sigma]=10\ \text{MPa}$。现需要在梁的截面 c 上中性轴处钻一直径为 d 的圆孔，问在保证梁强度的条件下，圆孔的最大直径 d（不考虑圆孔处应力集中的影响）可达多少？

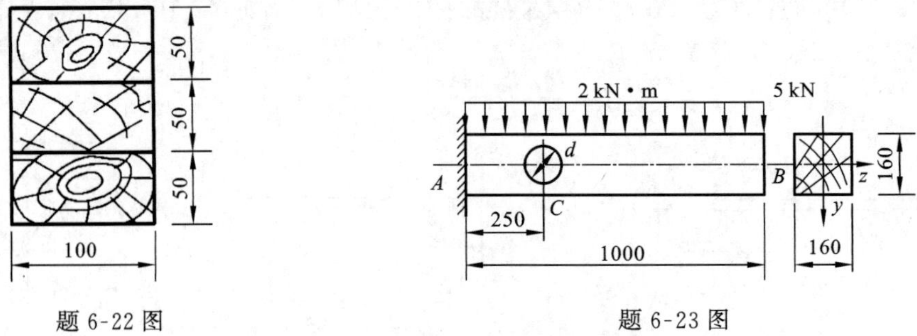

题 6-22 图　　　　题 6-23 图

6-24　如题 6-24 图所示一矩形截面简支梁由圆柱形木料锯成。已知 $F_P=5\ \text{kN}$，$a=1.5\ \text{m}$，许用正应力$[\sigma]=10\ \text{MPa}$，试确定弯曲截面系数为最大时矩形截面的高宽比 h/b，以及锯成此梁所需木料的最小直径 d。

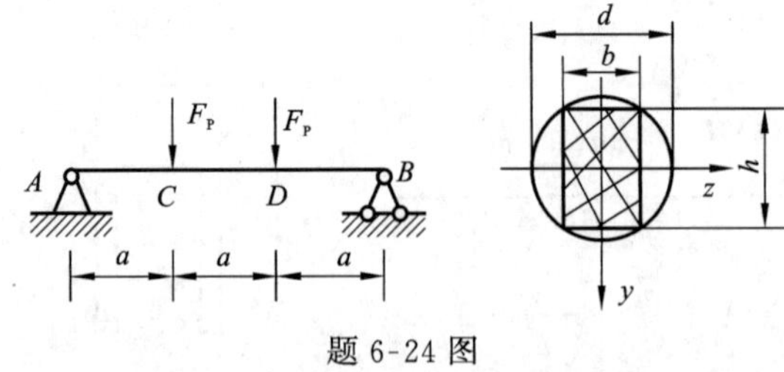

题 6-24 图

6-25　铸铁轴承架的尺寸如题 6-25 图。受力 $F_P=16\ \text{kN}$。材料的许用拉应力$[\sigma_t]=30\ \text{MPa}$，许用压应力$[\sigma_c]=100\ \text{MPa}$。试校核截面 A-A 的强度。

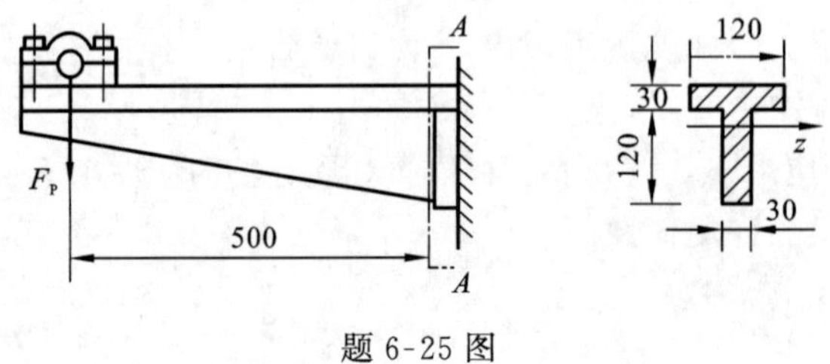

题 6-25 图

6-26　矩形截面梁 AB，以铰链支座 A 及拉杆 CD 支承，有关尺寸如题 6-26 图所示。设拉杆及横梁的许用正应力$[\sigma]=140\ \text{MPa}$，试求作用于梁 B 端的许用载荷$[F_P]$。

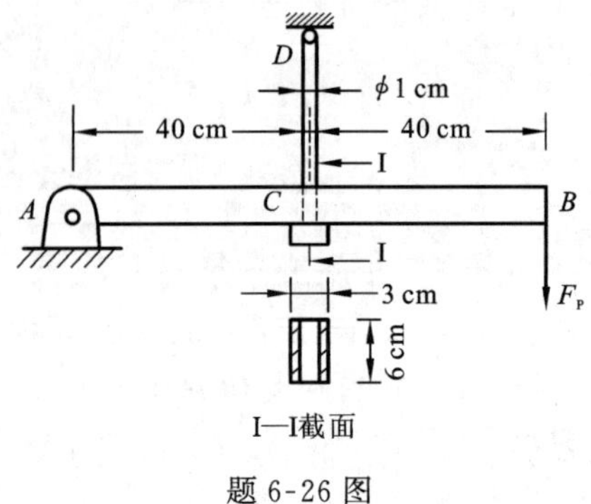

题 6-26 图

6-27　如题6-27图所示，由No. 10号工字钢制成的ABD梁，左端A处为固定铰链支座，B点处用铰链与钢制圆截面杆BC连接，BC杆在C处用铰链悬挂。已知圆截面杆直径$d = 20$ mm，梁和杆的许用正应力均为$[\sigma] = 160$ MPa。试求：结构的许用均布载荷集度$[q]$。

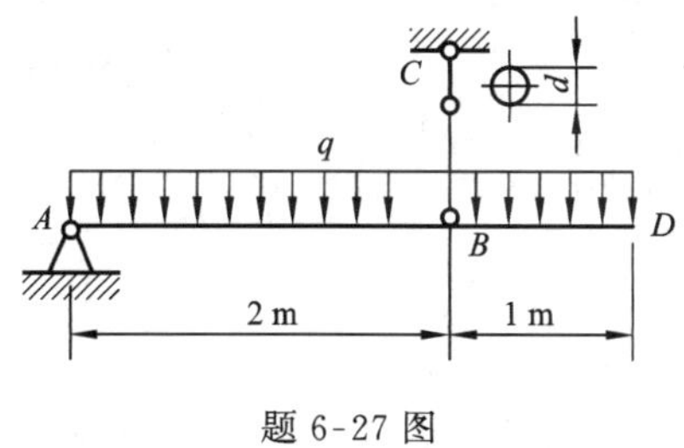

题6-27图

6-28　试求题6-28图(a)和(b)中所示之二杆横截面上最大正应力及其比值。

6-29　简易起重机如题6-29图所示。水平梁AB为18号工字钢，拉杆BC为一钢杆，滑车可沿梁AB移动。已知滑车自重及载重共计为$F_P = 15$ kN，AB杆的许用正应力$[\sigma] = 120$ MPa。当滑车移动到AB中点时，试校核梁AB的强度。

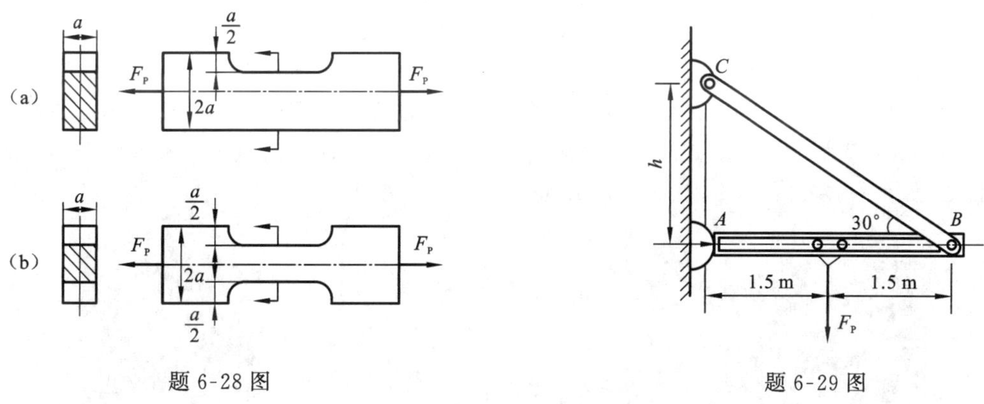

题6-28图　　题6-29图

第7章 弯曲变形

前面已经讨论了弯曲内力和弯曲应力，本章将从建立挠曲线近似微分方程入手，研究梁的位移的计算方法，讨论受弯构件的变形与位移的计算，这也是求解弯曲静不定问题的一个有效途径。同时在研究了梁位移的基础上，建立梁的刚度条件。

7.1 挠度和转角的概念

在实际工程中，常常对梁或轴等受弯构件受力后的变形有一定的限制要求，很多结构需要考虑弯曲变形。例如，横跨道路或江河的桥梁(图 7.1) 弯曲变形过大，就会影响车辆的行驶；房屋的主梁(图 7.2) 弯曲变形过大，将会导致楼面倾斜甚至垮塌；桥式起重机大梁(图 7.3) 在起吊重物时，如产生的弯曲变形过大，就会引起梁的过大振动；机床主轴(图 7.4) 的刚度不够，会影响加工工件的精度等。

图 7.1　跨江桥梁

图 7.2　房屋的主梁

图 7.3　起重机大梁

图 7.4　机床主轴

梁在外力作用下，轴线会由直线变为曲线(图7.5)。梁弯曲后的轴线，称为梁的挠曲线(deflection curve)，它是一条连续光滑的曲线。由弯曲应力一章可知，如果作用在梁上的外力均位于梁的同一纵向对称面内，则挠曲线为一平面曲线，并位于该对称面内。取 x 轴与梁变形前的轴线重合，垂直于 x 轴方向为 w 轴，xw 平面是梁的纵向对称面，如图7.5所示。

于是梁的挠曲线可表示为

$$w = f(x) \tag{7.1}$$

此式又称为梁的挠曲线方程。

研究表明，对于细长梁，剪力对其变形的影响一般可忽略不计，认为变形后的各横截面仍保持为平面。因此，梁的变形可用横截面形心的线位移与横截面的角位移表示。

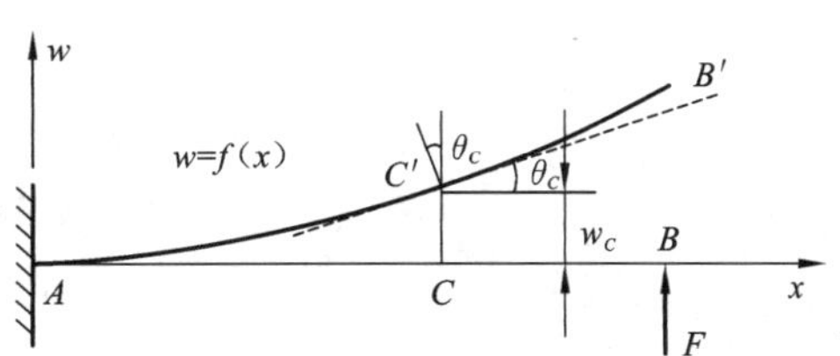

图7.5　梁的变形和位移

梁的任一截面形心 C 在变形后移到 C'(图7.5)。由于变形很小，其水平方向的位移可以忽略不计，因此认为 CC' 垂直于变形前梁的轴线。梁的任一横截面的形心在垂直于梁变形前轴线方向的线位移，称为梁的挠度(deflection)，即图7.5中的 w 挠度的符号由选择的坐标而定，图7.5中 C 点的挠度为正值。

横截面绕中性轴转过的角度 θ，称为截面的转角(slope)。根据平面假设，梁变形后，各横截面仍垂直于梁的挠曲线。因此，如果在梁的挠曲线上的 C' 点引一切线，显然该切线的倾角，就等于横截面 C 的转角。而转角的符号，按变形过程中逆时针方向转动为正；反之为负。图7.5中，截面 C 的转角即为正值。

梁的挠曲线在 C' 点的切线斜率为 $\tan\theta = \dfrac{\mathrm{d}w}{\mathrm{d}x}$，在工程问题中，梁的变形比较小，挠曲线比较平坦，故可认为 $\tan\theta \approx \theta$，即

$$\theta = \frac{\mathrm{d}w}{\mathrm{d}x} \tag{7.2}$$

式(7.2)表明，梁的挠曲线上任一点的斜率等于该点处的横截面的转角。式(7.2)又称为转角方程。

综上所述，只要知道梁的挠曲线方程，即可求得梁轴上任一点的挠度和横截面的转角。

7.2　挠曲线近似微分方程

在第6章，曾得到梁的挠曲线的曲率(curvature)与弯矩的关系，即下式所示

$$\frac{1}{\rho} = \frac{M}{EI_z} \tag{7.3}$$

式中，ρ 为挠曲线的曲率半径，EI_z 为梁的弯曲刚度，对于等截面梁 EI_z 为常量。这时曲率 $\dfrac{1}{\rho}$ 和弯矩 M 皆为 x 的函数，故式(7.3)可写为

$$\frac{1}{\rho(x)}=\frac{M(x)}{EI_z} \tag{7.4}$$

另外，由微积分可知，平面曲线上任一点的曲率为

$$\frac{1}{\rho}=\pm\frac{\frac{\mathrm{d}^2w}{\mathrm{d}x^2}}{\left[1+\left(\frac{\mathrm{d}w}{\mathrm{d}x}\right)^2\right]^{3/2}} \tag{7.5}$$

将式(7.5)代入式(7.4)，并考虑挠曲线极为平坦，$\frac{\mathrm{d}w}{\mathrm{d}x}$ 的数值很小，即 $\left(\frac{\mathrm{d}w}{\mathrm{d}x}\right)^2 \ll 1$，得

$$\pm\frac{\mathrm{d}^2w}{\mathrm{d}x^2}=\frac{M(x)}{EI_z} \tag{7.6}$$

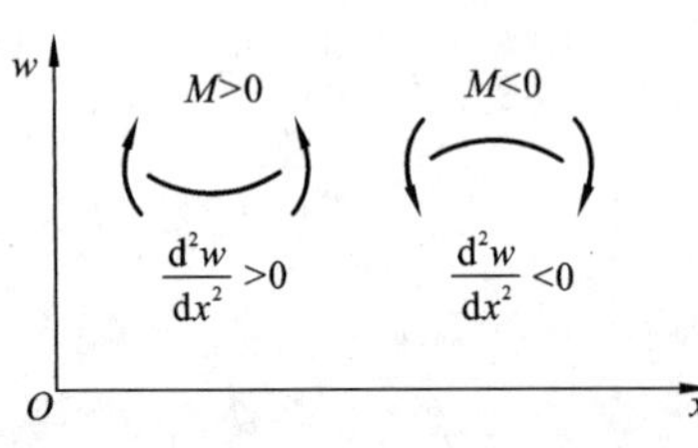

图 7.6 弯矩与挠曲线对应的符号

式中的正负号要按弯矩的符号和 y 轴的方向而定。由弯矩的符号规定，当挠曲线向下凸出时，弯矩为正；反之为负。另外，在我们选定的坐标系中，向下凸出的曲线，其二阶导数也为正，而向上凸出的曲线之二阶导数则为负(图 7.6)。因此式(7.6)两边的符号是一致的，即该式左边应该取正号，所以有

$$\frac{\mathrm{d}^2w}{\mathrm{d}x^2}=\frac{M(x)}{EI_z} \tag{7.7}$$

这就是梁的挠曲线微分方程(differential equation of the deflection curve)。这是一个近似的微分关系，所以也称挠曲线近似微分方程。

7.3 计算梁变形的积分法

对于等截面梁，EI_z 为一常数。现将式(7.7)改写成

$$EI_z\frac{\mathrm{d}^2w}{\mathrm{d}x^2}=M(x) \tag{7.8}$$

对式(7.8)两边乘以 $\mathrm{d}x$ 并积分一次，得转角方程为

$$EI_z\theta=\int M\mathrm{d}x+C \tag{7.9}$$

再积分一次，得挠曲线方程为

$$EI_zw=\iint M\mathrm{d}x\mathrm{d}x+Cx+D \tag{7.10}$$

式中，两个积分常数 C 和 D 可利用梁上某些截面的已知位移来确定。

梁截面的已知位移条件或位移约束条件，称为梁位移的边界条件(boundary condition)。例如，梁在固定端处，横截面的挠度与转角均为零，即 $w_A=0, \theta_A=0$；在固定铰支座或活动铰支座处，横截面的挠度为零，即 $w_A=0$，如图 7.7 所示。

图 7.7 常见支承情况下的边界条件

此外，当有集中力或载荷集度突变时，梁的弯矩方程需要分段建立，挠曲线微分方程也应分段建立。此时，各积分常数应根据位移边

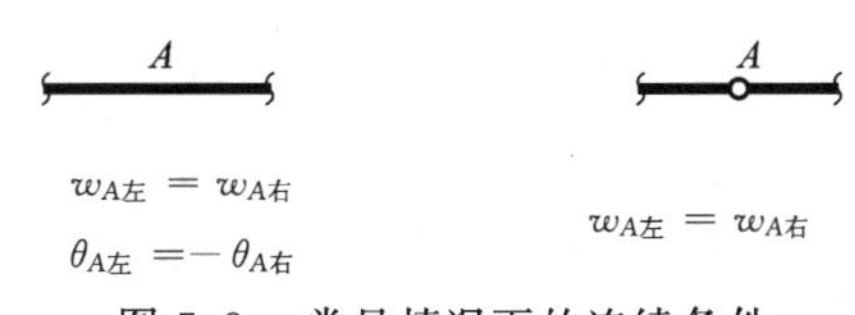

图 7.8　常见情况下的连续条件

界条件和分段处挠曲线的光滑、连续条件确定。因为在相邻梁段的交接处，相连两截面应具有相同的挠度和转角。分段处挠曲线所应满足的连续、光滑条件，称为梁位移的连续条件（continuity condition），如图 7.8 所示。

由此可见，梁的变形不仅与弯矩及梁的弯曲刚度有关，而且与梁位移的边界条件及连续条件有关。

例 7.1　车床上用卡盘夹紧长度为 $l = 90$ mm，直径 $d = 15$ mm 的圆形工件进行切削，如图 7.9(a) 所示。设车刀作用于工件上的径向力 $F = 400$ N，工件的材料为 Q235 钢，弹性模量 $E = 200$ GPa，试求车刀在工件端点切削时，工件端点的挠度。

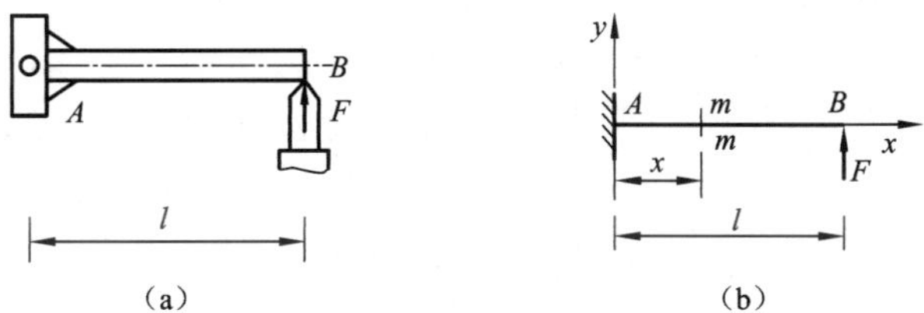

图 7.9　例 7.1 图

解　工件可简化为悬臂梁，选取坐标如图 7.9(b) 所示。任意截面上的弯矩为

$$M(x) = F(l - x)$$

代入式(7.8) 得

$$EI_z \frac{d^2 w}{dx^2} = F(l - x)$$

积分得

$$EI_z \frac{dw}{dx} = Flx - \frac{F}{2}x^2 + C$$

$$EI_z w = \frac{Fl}{2}x^2 - \frac{F}{6}x^3 + Cx + D$$

在固定端，转角和挠度均为零，即 $x = 0$ 时，

$$w = 0, \quad \frac{dw}{dx} = 0$$

代入转角方程和挠曲线方程分别得 $C = 0, D = 0$。于是梁的转角方程和挠曲线方程分别为

$$EI_z \frac{dw}{dx} = Flx - \frac{F}{2}x^2$$

$$EI_z w = \frac{Fl}{2}x^2 - \frac{F}{6}x^3$$

梁的自由端 B，有最大挠度和最大转角，它们分别是

$$w_{max} = w_B = \frac{Fl^3}{3EI_z}$$

$$\theta_{max} = \theta_B = \frac{Fl^2}{2EI_z}$$

式中，w_B 为正，表示 B 点的挠度向上。θ_B 也为正，表示 B 点的截面转角是逆时针的。

将本题数据代入 w_B 的表达式，得工件端点的挠度

$$w_B = \frac{400 \times 90^3}{3 \times 200 \times 10^3 \times \dfrac{\pi \times 15^4}{64}} = 0.196(\text{mm})$$

例 7.2 如图 7.10(a) 所示，悬臂梁 AC 段受到均布载荷 q 的作用，梁的弹性模量为 E、截面惯性矩为 I_z。求 B 点的最大转角与最大挠度。

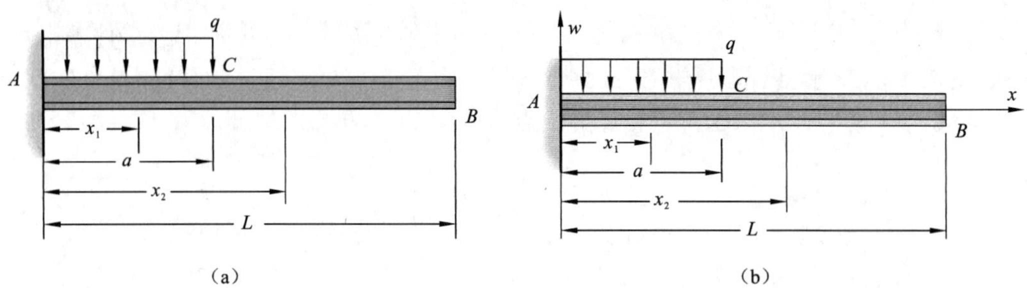

图 7.10 例 7.2 图

解 (1) 选取坐标如图 7.10(b) 所示，梁上任意截面上的弯矩为

AC 段：
$$M(x) = -\frac{q}{2}x_1^2 + qax_1 - \frac{qa^2}{2}$$

CB 段：
$$M(x) = 0$$

代入式(7.8)得

AC 段：
$$EI_z \frac{\mathrm{d}^2 w_1}{\mathrm{d}x_1^2} = -\frac{q}{2}x_1^2 + qax_1 - \frac{qa^2}{2} \qquad ①$$

CB 段：
$$EI_z \frac{\mathrm{d}^2 w_2}{\mathrm{d}x_2^2} = 0 \qquad ②$$

对式 ① 分别积分一次及二次，得转角方程和挠曲线方程为

AC 段：

$$EI_z \frac{\mathrm{d}w_1}{\mathrm{d}x_1} = -\frac{q}{6}x_1^3 + \frac{qa}{2}x_1^2 - \frac{qa^2}{2}x_1 + C_1$$

$$EI_z w_1 = -\frac{q}{24}x_1^4 + \frac{qa}{6}x_1^3 - \frac{qa^2}{4}x_1^2 + C_1 x_1 + D_1$$

(2) 根据已知条件有边界条件：

$$w_1(0) = 0, \quad \frac{\mathrm{d}w_1}{\mathrm{d}x_1}(0) = 0$$

代入转角方程和挠曲线方程，得

$$C_1 = 0, \quad D_1 = 0$$

于是 AC 段梁的转角方程和挠曲线方程分别为

$$EI_z \frac{\mathrm{d}w_1}{\mathrm{d}x_1} = -\frac{q}{6}x_1^3 + \frac{qa}{2}x_1^2 - \frac{qa^2}{2}x_1$$

$$EI_z w_1 = -\frac{q}{24}x_1^4 + \frac{qa}{6}x_1^3 - \frac{qa^2}{4}x_1^2$$

对式 ② 分别积分一次及二次得转角方程和挠曲线方程，为

CB 段：

$$EI_z \frac{\mathrm{d}w_2}{\mathrm{d}x_2} = C_2, \quad EI_z w_2 = C_2 x_2 + D_2$$

由于梁在 *C* 点的变形连续，则有变形连续条件

$$\frac{\mathrm{d}w_1}{\mathrm{d}x_1}(a) = \frac{\mathrm{d}w_2}{\mathrm{d}x_2}(a), \quad w_1(a) = w_2(a)$$

将连续代入上述转角方程和挠曲线方程得

$$C_2 = -\frac{q}{6}a^3, \quad D_2 = \frac{qa^4}{24}$$

于是 *CB* 段梁的转角方程和挠曲线方程分别为

$$EI_z \frac{\mathrm{d}w_2}{\mathrm{d}x_2} = -\frac{q}{6}a^3, \quad EI_z w_2 = -\frac{q}{6}a^3 x_2 + \frac{qa^4}{24}$$

(3) 梁的自由端 *B*，有最大挠度和最大转角，代入方程求得

$$\theta_B = -\frac{q}{6EI_z}a^3, \quad w_B = w_2(x)\big|_{x_2=L} = \frac{q}{24EI_z}a^3(-4L + a)$$

7.4　计算梁变形的叠加法

7.4.1　叠加法

在上节计算梁的位移时，由于梁的变形微小，梁变形后其跨长的改变可以略去不计，而且梁的材料又是在线弹性范围内工作，因而所得到的梁的挠度和转角，均与作用在梁上的载荷成线性关系。在这种情况下，梁在几项载荷(可以是集中力、集中力偶或分布力)同时作用下某一横截面的挠度和转角，就分别等于每一项载荷单独作用下该截面的挠度和转角的叠加。这就是叠加法(superposition method)。

在工程实际中，往往需要计算梁在几项载荷同时作用下的最大挠度和最大转角。若已知梁在每项载荷单独作用下的挠度和转角，则按叠加法来计算梁的最大挠度和最大转角将较为简便。

常用简支梁、悬臂梁受多种载荷的挠度方程、端截面转角和最大挠度列于表 7.1 中。

表 7.1　梁的挠度和转角公式

序号	梁的简图	挠曲线方程	梁端转角	最大挠度
1	F_P A θ_B w_B l	$w = -\frac{Fx^2}{6EI_z}(3l - x)$	$\theta_B = -\frac{Fl^2}{2EI_z}$	$w_B = -\frac{Fl^3}{3EI_z}$
2	A q B w_B θ_B l	$w = -\frac{qx^2}{24EI_z}(x^2 - 4lx + 6l^2)$	$\theta_B = -\frac{ql^3}{6EI_z}$	$w_B = -\frac{ql^4}{8EI_z}$

续表

序号	梁的简图	挠曲线方程	梁端转角	最大挠度
3	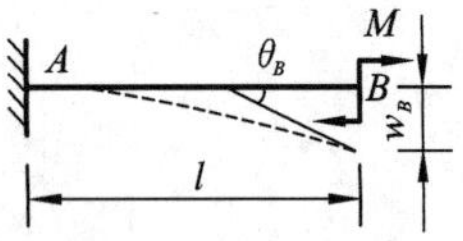	$w=-\dfrac{Mx^2}{2EI_z}$	$\theta_B=-\dfrac{Ml}{EI_z}$	$w_B=-\dfrac{Ml^2}{2EI_z}$
4	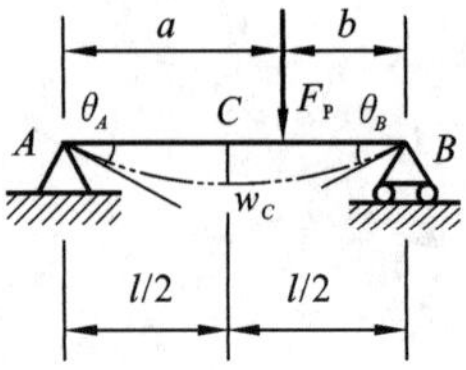	$w=-\dfrac{Fbx}{6EI_zl}(l^2-x^2-b^2)$ $0\leqslant x\leqslant a$ $w=-\dfrac{Fb}{6EI_zl}\left[\dfrac{1}{b}(x-a)^3+(l^2-b^2)x-x^3\right]$ $a\leqslant x\leqslant l$	$\theta_A=-\dfrac{Fab(l+b)}{6EI_zl}$ $\theta_B=\dfrac{Fab(l+a)}{6EI_zl}$	在 $x=\sqrt{\dfrac{l^2-b^2}{3}}$ 处， $w_{\max}=\dfrac{Fb(l^2-b^2)^{3/2}}{9\sqrt{3}EI_zl}$
5	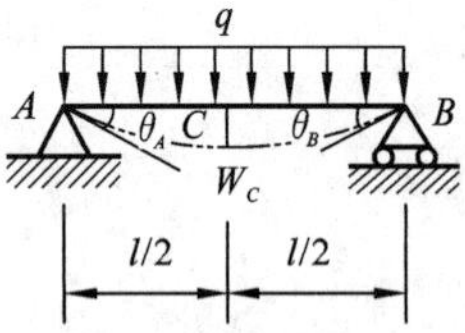	$w=-\dfrac{qx^2}{24EI_z}(l^3-2lx^2+x^3)$	$\theta_A=-\theta_B=-\dfrac{ql^3}{24EI_z}$	$w_C=-\dfrac{5ql^4}{384EI_z}$
6	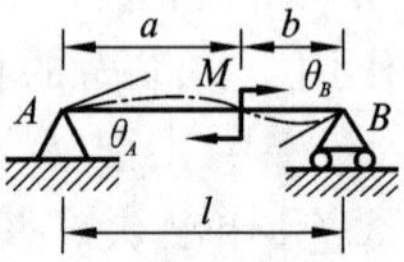	$w=-\dfrac{Mx}{6EI_zl}(l^2-3b^2-x^2)$ $0\leqslant x\leqslant a$ $w=-\dfrac{M(l-x)}{6EI_zl}[l^2-3a^2-(l-x)^2]$ $a\leqslant x\leqslant l$	$\theta_A=\dfrac{M}{6EI_zl}(l^2-3b^2)$ $\theta_B=\dfrac{M}{6EI_zl}(l^2-3a^2)$	在 $x=\sqrt{\dfrac{l^2-3b^2}{3}}$ 处， $w_{1\max}=\dfrac{M(l^2-3b^2)^{3/2}}{9\sqrt{3}EI_zl}$ 在 $x=\sqrt{\dfrac{l^2-3a^2}{3}}$ 处， $w_{2\max}=-\dfrac{M(l^2-3a^2)^{3/2}}{9\sqrt{3}EI_zl}$

如图 7.11 所示简支梁，承受均布载荷 q 和作用于跨中的集中力 $F_p=ql$ 共同作用。为求梁中点的挠度，可将均布载荷 q 和集中力 $F_p=ql$ 分别作用在同一简支梁上，将两种情况下跨中挠度的代数值相加，便得到二者共同作用时所产生的挠度值：

$$w\left(\frac{l}{2}\right)=w_1\left(\frac{l}{2}\right)+w_2\left(\frac{l}{2}\right)$$

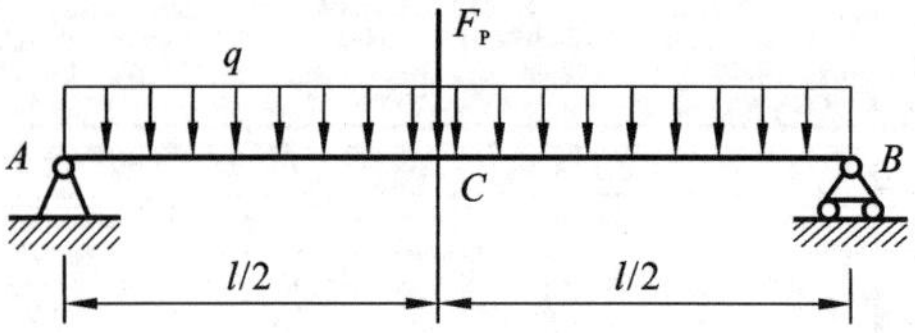

图 7.11 简支梁示意图

式中，$w_1\left(\frac{l}{2}\right)$和$w_2\left(\frac{l}{2}\right)$分别为均布载荷$q$和集中力$F_p=ql$作用在简支梁上，梁中点所产生的挠度。这两种挠度都可以从挠度表中查得：

$$w_1\left(\frac{l}{2}\right)=-\frac{5ql^4}{384EI_z}$$

$$w_2\left(\frac{l}{2}\right)=-\frac{F_pl^3}{48EI_z}=-\frac{ql^4}{48EI_z}$$

二者叠加后，得到总挠度为

$$w\left(\frac{l}{2}\right)=w_1\left(\frac{l}{2}\right)+w_2\left(\frac{l}{2}\right)=-\frac{13ql^4}{384EI_z}$$

7.4.2　逐段分析法

对于间断性分布载荷作用的情形，根据受力与约束等效的要求，可以将间断性分布载荷，变为梁全长上连续分布载荷，然后在原来没有分布载荷的梁段上，加上集度相同但方向相反的均布载荷，最后应用叠加法。

例 7.3　悬臂梁受力如图 7.12(a) 所示，q、l、EI_z 均为已知。求 C 截面的挠度 w_C 和转角 θ_C。

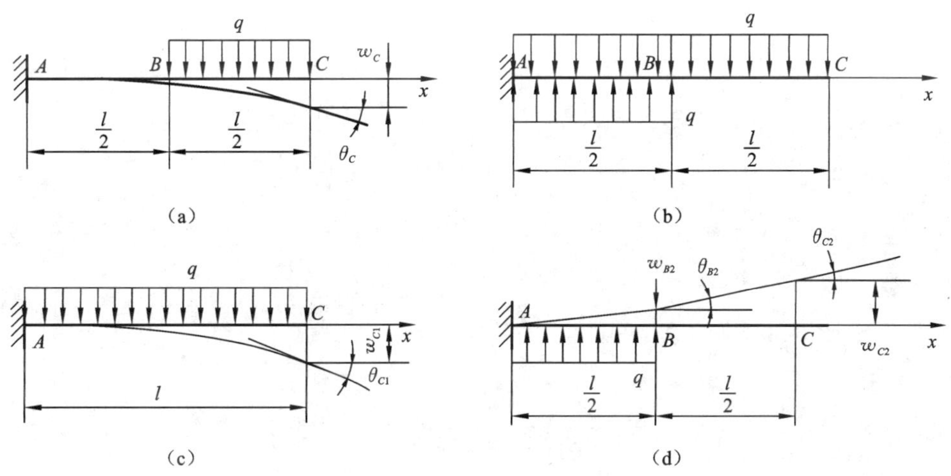

图 7.12　例 7.3 图

解　(1) 首先，将梁上的载荷变成有表可查的情形。

为了利用挠度表中梁全长承受均布载荷的已知结果，先将均布载荷延长至梁的全长，为了不改变原来载荷作用的效果，在 AB 段还需再加上集度相同、方向相反的均布载荷，如图 7.12(b)。

(2) 再将处理后的梁分解为简单载荷作用的情形，如图 7.12(c) 和图 7.12(d)，计算各自 C 截面的挠度和转角。

$$w_{C1}=-\frac{ql^4}{8EI_z},\quad \theta_{C1}=-\frac{ql^3}{6EI_z}$$

$$w_{C2}=w_{B2}+\theta_{B2}\times\frac{l}{2}=\frac{ql^4}{128EI_z}+\frac{ql^3}{48EI_z}\times\frac{l}{2},\quad \theta_{C2}=\frac{ql^3}{48EI_z}$$

(3) 将结果叠加

$$w_C=\sum_{i=1}^{2}w_{Ci}=-\frac{41ql^4}{384EI_z},\quad \theta_C=\sum_{i=1}^{2}\theta_{Ci}=-\frac{7ql^3}{48EI_z}$$

7.4.3 基于逐段刚化的叠加法

所谓逐段刚化是在小变形情形下，将梁分成若干段，根据梁上载荷的作用情况，按顺序逐步将各段梁设为刚体，应用挠度表先确定未刚化部分的挠度与转角，再根据未刚化部分的弹性位移与刚化部分的刚体位移之间的关系，最终确定所要求点的挠度与转角。

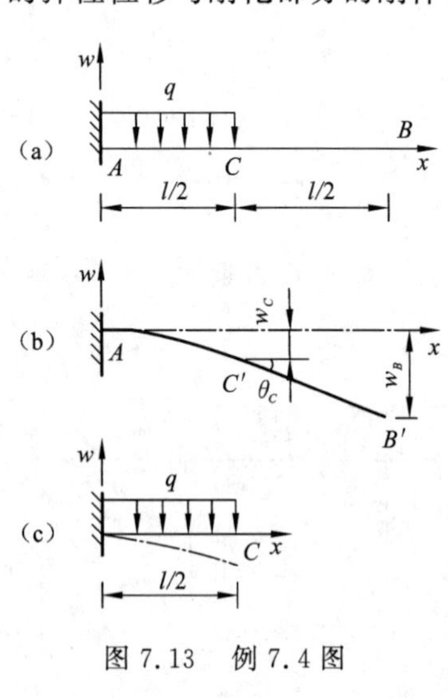

图 7.13　例 7.4 图

例 7.4　悬臂梁的左半段受均布载荷 q 的作用[图 7.13(a)]，弯曲刚度 EI_z 为常数。求 B 端的挠度与转角。

解　因为 CB 段梁上没有载荷，各截面的弯矩均为零，说明在弯曲过程中不产生变形，即 CB 仍为直线。由图 7.13(b) 可知：

$$w_B=w_C+\theta_C\,\frac{l}{2}$$

这里，w_C、θ_C 分别是梁的变形段 AC 上的 C 截面的挠度和转角，可由表 7.1 查出：

$$w_C=-\frac{q\left(\frac{l}{2}\right)^4}{8EI_z}=-\frac{ql^4}{128EI_z}$$

$$\theta_C=-\frac{q\left(\frac{l}{2}\right)^3}{6EI_z}=-\frac{ql^3}{48EI_z}$$

代入上式即得

$$w_B=-\frac{ql^4}{128EI_z}-\frac{ql^3}{48EI_z}\,\frac{l}{2}=-\frac{7ql^4}{384EI_z}$$

$$\theta_B=-\frac{ql^3}{48EI_z}$$

7.5　梁的刚度条件和提高弯曲刚度的措施

7.5.1 梁的刚度条件

在按强度条件选择了梁的截面后，往往还要对梁进行刚度校核，也就是检查梁的位移是否在许可的范围以内。若梁的位移超过了规定的限度，则其正常工作条件就得不到保证。在工程中，通常对梁的挠度和转角加以限制，如果挠度或转角超过了许用值，则应重新选择截面以满足刚度条件的要求。

梁的刚度条件可表示为

$$w_{\max} \leqslant [w] \tag{7.11}$$

$$\theta_{\max} \leqslant [\theta] \tag{7.12}$$

式中，$[w]$ 和 $[\theta]$ 分别为许用挠度和许用转角。至于其他梁或轴的许用位移值，可从有关设计规范或手册中查得。

在各类工程设计中，对于构件弯曲位移许用值的规定各不相同。例如，在土木工程方面，挠度的许用值常限制在 $l/250 \sim l/1000$ 范围内，其中 l 为梁的跨度；在机械制造工程方面，对主要的轴，挠度的许用值则限制在 $l/5000 \sim l/10000$ 范围内；对传动轴在支座处转角的许用值一般限制在 $0.005 \sim 0.001$ rad 范围内。

例 7.5　如图 7.14 所示，已知钢制圆轴左端受力为 $F = 20$ kN，$a = 1$ m，$l = 2$ m，$E = 206$ GPa。轴承 B 处的许用转角 $[\theta] = 0.5°$。根据刚度要求确定轴的直径 d。

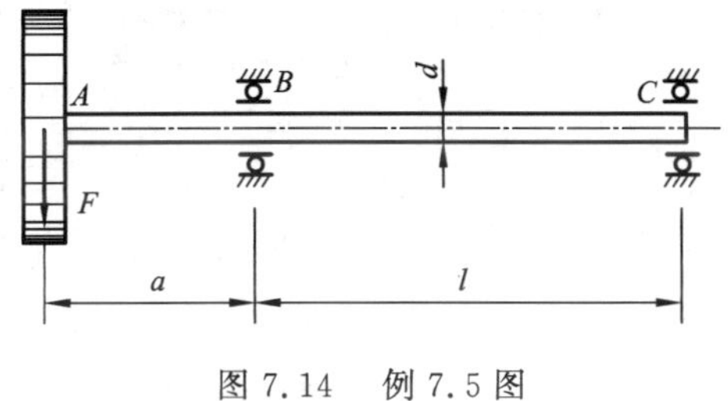

图 7.14　例 7.5 图

解　根据要求，圆轴必须具有足够的刚度，以保证轴承 B 处转角不超过许用值。

(1) 由挠度表中查得承受集中载荷的外伸梁 B 处的转角为

$$\theta_B = \frac{Fla}{3EI_z}$$

(2) 由刚度条件确定轴的直径

$$\theta_B \leqslant [\theta]$$

$$\frac{Fla}{3EI_z} \cdot \frac{180}{\pi} \leqslant [\theta]$$

$$I_z \geqslant \frac{Fla \times 180}{3E\pi[\theta]}$$

$$\frac{\pi d^4}{64} \geqslant \frac{Fla \times 180}{3E\pi[\theta]}$$

$$d \leqslant \sqrt[4]{\frac{64Fla \times 180}{3E\pi[\theta]\pi}} = \sqrt[4]{\frac{64 \times 20 \times 10^3 \times 2 \times 1 \times 180}{3 \times 206 \times 10^9 \times \pi^2 \times 0.5}}$$

$$= 111 \times 10^{-3}\,(\mathrm{m}) = 111\ \mathrm{mm}$$

通常情况下，对于一般工程中的构件，强度要求如能满足，刚度条件一般也能满足。因此，在设计工作中，刚度要求比起强度要求来，常处于从属地位。但是当正常工作条件对构件的位移限制很严，或按强度条件所选用的构件截面过于单薄时，刚度条件有时也可能起控制作用。下列情况，需校核梁的剪应力强度：① 腹板宽度较小的薄壁截面梁；② 跨度较小和支座附近作用有较大载荷的梁；③ 各向异性材料（如木材）的抗剪能力较差，要校核剪应力。

7.5.2 提高梁的刚度的措施

提高梁的刚度主要是指减小梁的位移即挠度和转角。由表 7.1 可见，梁的挠度和转角除了与梁的支承和载荷情况有关外，还与杆长和梁的弯曲刚度(EI_z) 有关。

对于梁，其长度对位移的影响较大。如梁在受到均布载荷作用时，挠度与梁长的四次方成比例。如图 7.15 所示经调整支座的位置后，梁的跨长减小了，梁的最大挠度也大大降低了，$w_{2,\max}/w_{1,\max}=8.75\%$。因此减小位移除了采用合理的截面形状以增加惯性矩 I_z 外，主要是减小梁的长度 l，当梁的长度无法减小时，则可增加中间支座。例如，在车床上加工较长的工件时，为了减小切削力引起的挠度，以提高加工精度，可在卡盘与尾架之间再增加一个中间支架。

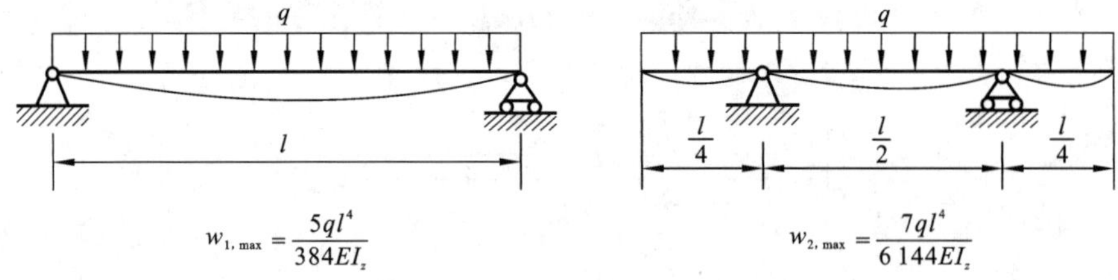

$w_{1,\max}=\dfrac{5ql^4}{384EI_z}$　　　$w_{2,\max}=\dfrac{7ql^4}{6\,144EI_z}$

图 7.15　支座位置变换示意图

此外，选用弹性模量 E 较高的材料也能提高梁的刚度。但是，对于各种钢材弹性模量的数值相差甚微，因而与一般钢材相比，选用高强度钢材并不能有效提高梁的刚度。

7.6 简单静不定梁

前面所研究的梁均为静定梁，就是用平衡方程可以解出作用在梁上全部未知力。在工程实际中，有时为了提高梁的强度与刚度，或由于构造上的需要，往往会给静定梁增加多余的约束。于是，梁的支反力(包括支反力偶) 的数目超过有效平衡方程的数目，即成为静不定梁或超静定梁。

在静不定梁中，凡是多于维持平衡所必需的约束称为多余约束(redundant constrain)，与其相应的支反力或支反力偶矩统称为多余未知力(redundant unknown force)。显然，静不定次数(degree of statically indeterminate problem) 即等于多余约束或多余支反力的数目。例如图 7.16(a) 所示梁即为一次静不定梁。

为了求解静不定梁，除应建立平衡方程外，还应利用变形协调条件以及力与位移间的物理关系，以建立补充方程。现以图 7.16(a) 所示梁为例，说明分析静不定梁的基本方法。

该梁具有一个多余约束，即具有一个多余支反力。如果选择支座 B 为多余约束，则相应的多余支反力为 F_B。

为了求解，假想地将支座 B 解除，而以支反力 F_B 代替其作用，于是得一承受均布载荷 q 与未知支反力 F_B 的静定悬臂梁[图 7.16(c)]。多余约束解除后，所得之受力与原静不定梁相同的静定梁，称为原静不定梁的相当系统。

相当系统在载荷 q 与多余支反力 F_B 作用下发生变形，为了使其变形与原静不定梁相同，在多余约束处的位移，必须符合原静不定梁在该处的约束条件，在本例中，即要求相当

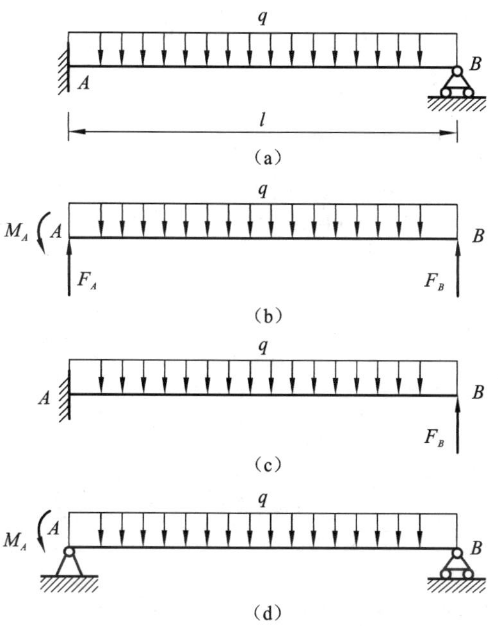

图 7.16　求解静不定梁的示意图

系统横截面 B 的挠度为零,由此得变形协调条件为

$$w_B = 0$$

由叠加法或积分法可知,相当系统截面 B 的挠度为

$$w_B = w_{B,F_B} + w_{B,q} = \frac{F_B l^3}{3EI_z} - \frac{ql^4}{8EI_z}$$

代入式变形协调条件,得补充方程为

$$\frac{F_B l^3}{3EI_z} - \frac{ql^4}{8EI_z} = 0$$

由此得

$$F_B = \frac{3ql}{8}$$

所得结果为正,说明所设支反力 F_B 的方向是正确的。

多余支反力确定后,根据图 7.16(b) 所示,由平衡方程

$$\sum M_A = 0,\quad M_A + F_B l - \frac{ql^2}{2} = 0$$

$$\sum F_y = 0,\quad F_A + F_B - ql = 0$$

得固定端的支反力与支反力偶矩分别为

$$F_A = \frac{5ql}{8}$$

$$M_A = \frac{ql^2}{8}$$

应该指出,只要不是限制刚体位移所必需的约束,均可作为多余约束,即多余约束可以任意选取。因此,对于图 7.16(a) 所示静不定梁,也可将固定端处限制截面 A 转动的约

束作为多余约束。于是，如果将该约束解除，并以支反力偶矩 M_A 代替其作用，则原静不定梁的相当系统如图 7.16(d) 所示，而相应的变形协调条件为横截面 A 的转角为零，即

$$\theta_A = 0$$

由此求得的支反力与支反力偶矩与上述解答完全相同。

例 7.6 图 7.17(a) 所示圆形截面梁，承受集中载荷 F_P 作用，试校核梁的强度。已知：载荷 $F_P = 20\ \text{kN}$；跨度 $a = 500\ \text{mm}$；截面直径 $d = 60\ \text{mm}$；许用应力 $[\sigma] = 100\ \text{MPa}$。

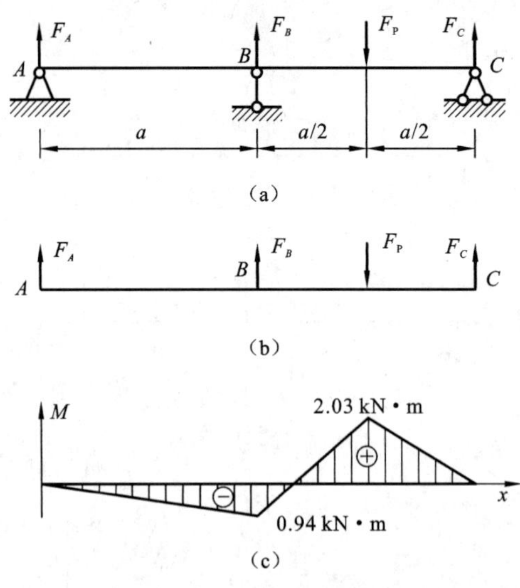

图 7.17 例 7.6 图

解 (1) 求解静不定梁。该梁为一次静不定梁，如果以支座 B 为多余约束，F_B 为多余支反力，则相当系统如图 7.17(b) 所示，而变形协调条件为横截面 B 的挠度为零，即

$$w_B = 0$$

或

$$w_{B,F_P} + w_{B,F_B} = 0 \qquad ①$$

式中，w_{B,F_P}、w_{B,F_B} 分别代表载荷 F_P 与多余支反力 F_B 单独作用时截面 B 的挠度。

从梁变形表中查得：

$$w_{B,F_P} = \frac{F_P \cdot \frac{a}{2} \cdot a}{6 \cdot 2a \cdot EI_z}\left[a^2 - (2a)^2 - \left(\frac{a}{2}\right)^2\right] = -\frac{11F_Pa^3}{96EI_z}$$

$$w_{B,F_B} = \frac{F_B\ (2a)^3}{48EI_z} = \frac{F_Ba^3}{6EI_z}$$

代入式 ①，得补充方程为

$$-\frac{11F_Pa^3}{96EI_z} + \frac{F_Ba^3}{6EI_z} = 0$$

由此得

$$F_B = \frac{11F_P}{16} = \frac{11 \times 20 \times 10^3}{16} = 1.375 \times 10^4\,(\text{N})$$

(2) 强度校核。多支反力 F_B 确定后，根据平衡方程求出铰支座 A 与 C 的支反力，并作弯矩图如图 7.17(c) 所示，可见，梁的最大弯矩为

$$M_{\max} = 2.03 \times 10^3 \ \mathrm{N \cdot m}$$

由此得梁的最大弯曲正应力为

$$\sigma_{\max} = \frac{32M_{\max}}{\pi d^3} = \frac{32 \times 2.03 \times 10^3}{\pi \times 0.06^3} = 9.57 \times 10^7 < [\sigma]$$

上述计算表明，梁的强度符合要求。

7.7　思考与讨论

7.7.1　梁的位移分析的工程意义

工程设计中，对于结构或构件的弹性位移都有一定的限制。弹性位移过大，也会使结构或构件丧失正常功能，即发生刚度失效。

例如，图 7.18 中所示之机械传动机构中的齿轮轴，当变形过大时，两齿轮的啮合处将产生较大的挠度和转角，这不仅会影响两个齿轮之间的啮合，以致不能正常工作，而且还会加大齿轮磨损，同时将在转动的过程中产生很大的噪声；此外，当轴的变形很大时，轴在支承处也将产生较大的转角，从而使轴和轴承的磨损大大增加，降低轴和轴承的使用寿命。

图 7.18　齿轮轴的弯曲刚度问题

风力发电机风轮的关键部件 —— 叶片(图 7.19) 在风载的作用下，如果没有足够的弯曲刚度，将会产生很大弯曲挠度，其结果将是很大的力撞在塔杆上，不仅叶片遭到彻底毁坏，而且会导致塔杆倒塌。

工程设计中还有另外一类问题，所考虑的不是限制构件的弹性位移，而是希望在构件不发生强度失效的前提下，尽量产生较大的弹性位移。例如，各种车辆中用于减振的板簧(图 7.20)，都是采用厚度不大的板条叠合而成，采用这种结构，板簧既可以承受很大的力而不发生破坏，同时又能产生较大的弹性变形，吸收车辆受到振动和冲击时产生的动能，起到抗振和抗冲击的作用。

图 7.19　风力发电机叶片

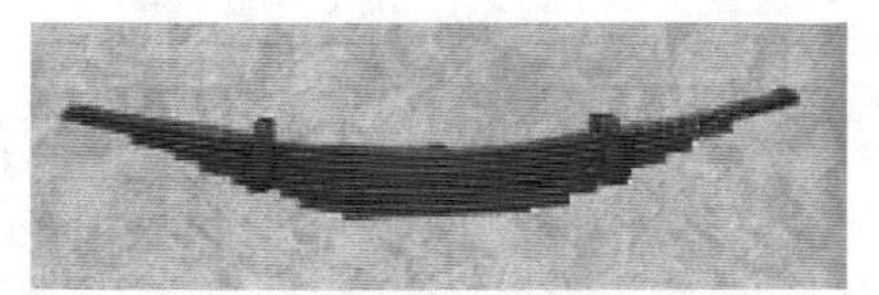

图 7.20　车辆中用于减振的板簧

此外，位移分析也是解决静不定问题与振动问题的基础。

7.7.2 生活实例探讨

如图 7.21 所示，马路边上的路灯，用来给道路提供照明。它由立柱和灯杆构成。立柱和灯杆都会受到自重的作用，同时它们也会受到风载荷的作用。已知路灯杆和立柱的弹性模量、截面惯性矩以及长度，求：(1) 无风载时灯顶的竖向位移；(2) 如果已知风荷载沿杆长分布为二次函数，如图 7.21 所示，则风荷载作用下灯顶的横向位移。

我国有著名的四大石窟，其中云冈石窟中的第十三窟(图 7.22) 为一尊交脚弥勒佛像，高 12 米多，其右臂与腿之间雕有一托臂力士像。这是云冈石窟仅有的一例。那么为什么要在这里设计一托臂力士呢？

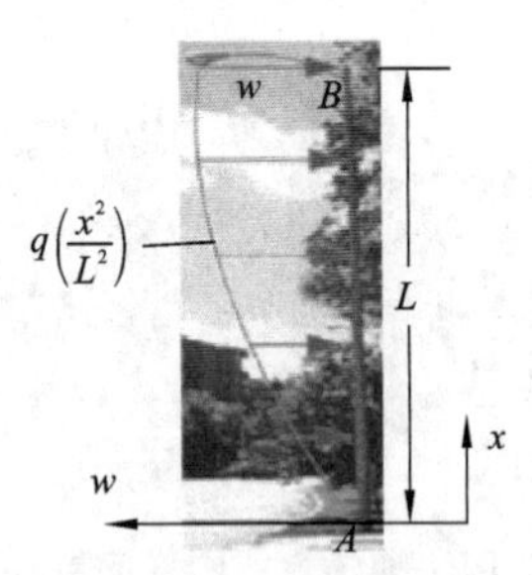

图 7.21 路灯受力问题

图 7.22 云冈石窟

佛像由巨型石料雕刻而成，身形巨大，而右臂悬空，在自身重力作用下会发生弯曲变形。如果变形过大，就会引起手臂断裂。为了避免手臂破坏，工匠特意在此设计一小佛，用心非常巧妙。

我们可以从力学的角度来分析一下佛像右臂的构造。佛像的右胳膊肘处与上部连为一整体，既不能移动又不能转动，可看成一固定端约束，手臂可以近似成一等截面梁，这时手臂的自重则可近似为一均布荷载，而托臂力士限制了手臂铅垂方向的位移，可看成一滚动支座。经过简化我们得到了佛像手臂的力学模型，如图 7.23(b)。如果没有托臂力士的存在，手臂就是一悬臂梁如图 7.23(a)。试用本章所学知识分析这一现象。并讨论加与不加托臂力士，佛像手臂的变形有变化吗？

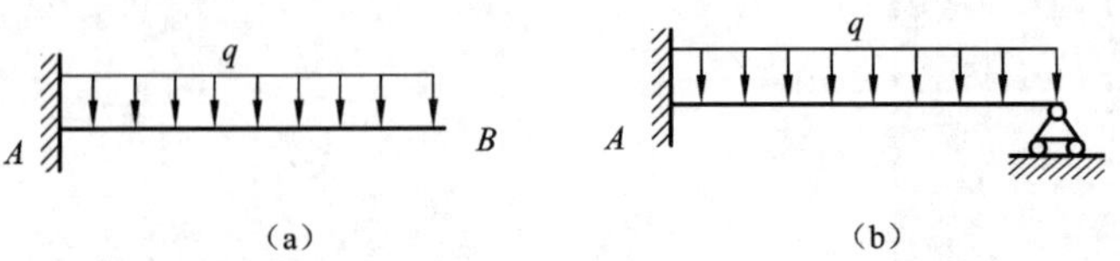

图 7.23 手臂的力学模型示意图

习　题　7

7-1　在下面这些关于梁的弯矩与变形间关系的说法中,(　　)是正确的。

A. 弯矩为正的截面转角为正　　B. 弯矩最大的截面挠度最大

C. 弯矩突变的截面转角也有突变　　D. 弯矩为零的截面曲率必为零

7-2　如题 7-2 图所示变截面梁,用积分法求挠曲线方程时应分几段?共有几个积分常数?(　　)

A. 分 2 段,共有 2 个积分常数

B. 分 2 段,共有 4 个积分常数

C. 分 3 段,共有 6 个积分常数

D. 分 4 段,共有 8 个积分常数

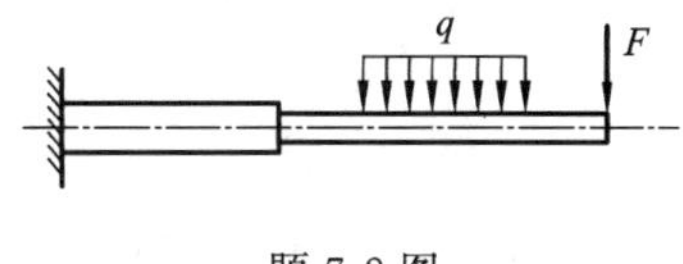

题 7-2 图

7-3　如题 7-3 图所示二简支梁在跨度中点 C 截面处的(　　)。

A. 转角和挠度均相等　　B. 转角和挠度均不相等

C. 转角相等,挠度不等　　D. 转角不等,挠度相等

7-4　如题 7-4 图所示梁中截面 1-1,2-2 无限接近梁中点 C,则有转角(　　)。

A. $|\theta_{C1}| > |\theta_{C2}|$　　B. $|\theta_{C1}| = |\theta_{C2}|$　　C. $|\theta_{C1}| < |\theta_{C2}|$

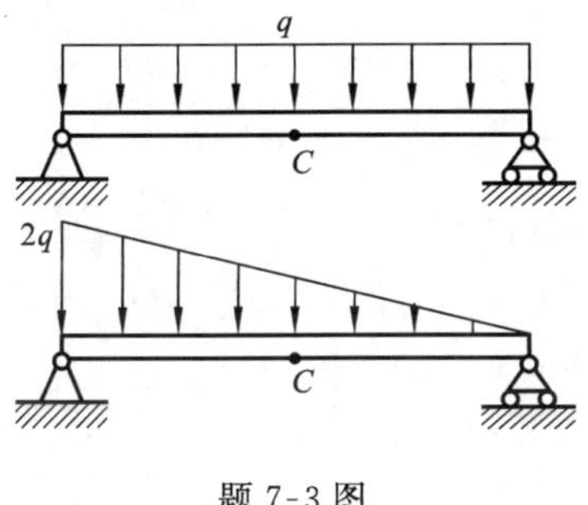

题 7-3 图

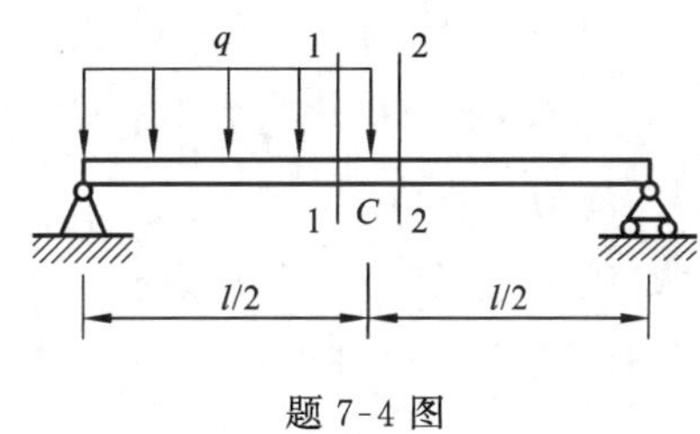

题 7-4 图

7-5　已知一直梁的挠曲线方程是 $EI_z w = -\dfrac{q}{24}x(l^3 - 2lx^2 + x^3)$,则该梁的最大弯矩是(　　)。

A. $\dfrac{1}{4}ql^2$　　B. $\dfrac{1}{8}ql^2$　　C. $\dfrac{1}{16}ql^2$

7-6　提高梁的弯曲刚度,可通过(　　)来实现。

A. 选择优质材料　　B. 选择合理截面形状

C. 减少梁上作用的载荷　　D. 合理安置梁的支座,减少梁的跨长

7-7　用积分法求题 7-7 图所示悬臂梁的转角方程和挠曲线方程,并求出自由端的挠度和转角。设梁的 EI_z 为常数。

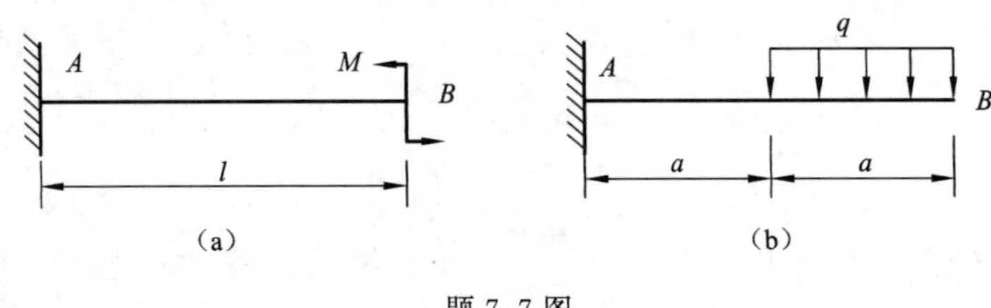

题 7-7 图

7-8　用叠加法求题 7-8 图所示各梁中截面 B 的挠度和转角。梁的抗弯刚度 EI_z 为已知。

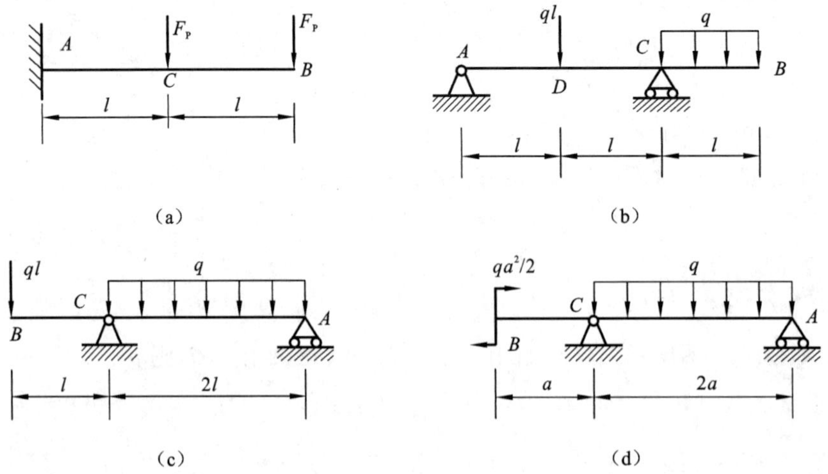

题 7-8 图

7-9　用叠加法计算题 7-9 图所示阶梯梁的最大挠度。已知 $I_{z2} = 2I_{z1}$，阶梯梁的两段承受相同的均布载荷 q。

7-10　如题 7-10 图所示钢轴，已知材料的弹性模量 $E = 200$ GPa，$F_P = 20$ kN，$a = 1$ m，若规定截面 A 处许用转角 $[\theta] = 0.5°$，试选定此轴的直径。

题 7-9 图　　　　题 7-10 图

7-11　如题 7-11 图所示悬臂梁，均布载荷 $q = 15$ kN/m，$a = 1$ m，许用正应力 $[\sigma] = 100$ MPa，其许用挠度 $[w] = \dfrac{a}{500}$，$E = 200$ GPa。试确定工字钢的型号。

7-12　两端简支的输气管道如图题所示。已知外径 $D = 114$ mm，内外径之比 $\alpha = 0.9$，单位长度的重力 $q = 106$ N/m，材料的弹性模量 $E = 210$ GPa。若管道材料的许用应

力 $[\sigma] = 120\ \text{MPa}$，许用挠度 $[w] = \dfrac{l}{400}$，试确定此管道允许的最大跨度。

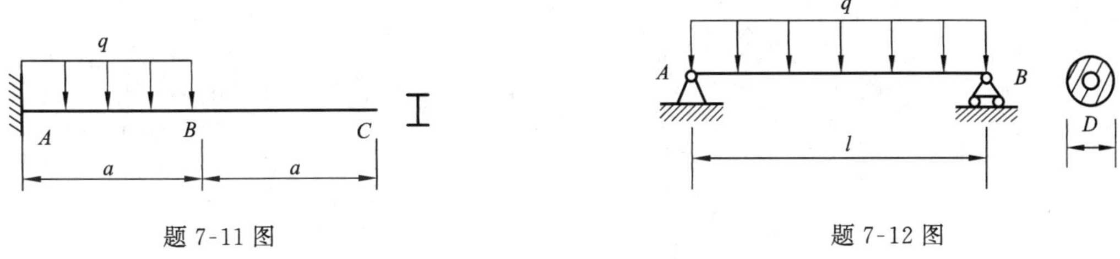

题 7-11 图　　　　题 7-12 图

7-13　已知图所示梁的外力 F_P 以及尺寸 l，试求支座处的反力并画出剪力、弯矩图。

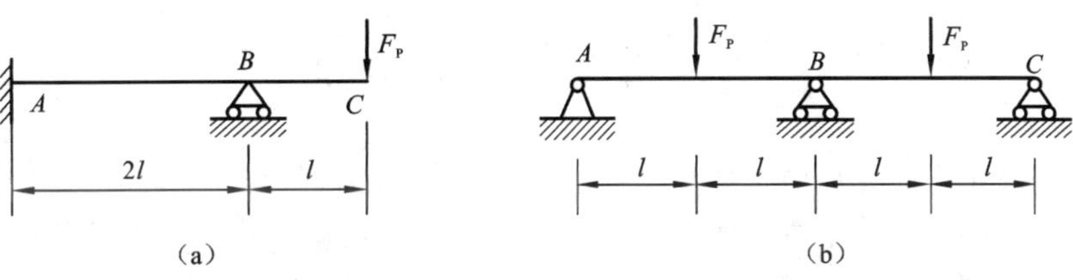

题 7-13 图

7-14　结构受载如题 7-14 图所示，已知梁的弯曲刚度为 EI_z，杆的拉（压）刚度为 EA，试求杆 CD 的内力。

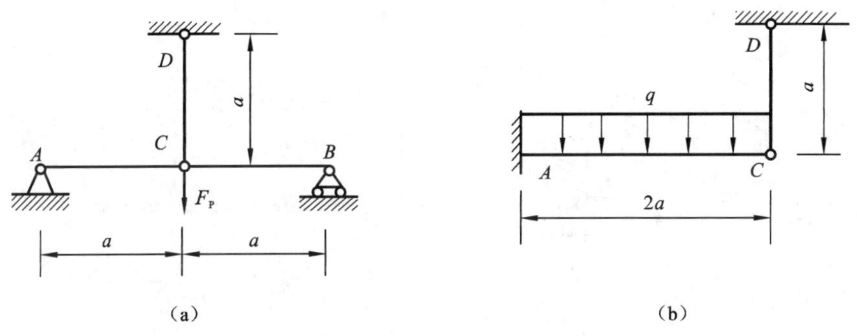

题 7-14 图

7-15　如题 7-15 图所示静不定梁，其横截面是由两个槽钢组合而成的组合截面。若 $q = 30\ \text{kN/m}$，$a = 1\ \text{m}$，许用正应力 $[\sigma] = 140\ \text{MPa}$，试选定槽钢的型号。

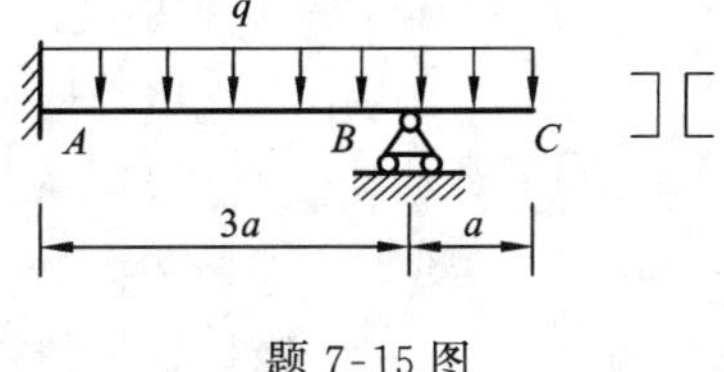

题 7-15 图

第8章 应力状态分析与强度理论

8.1 应力状态的概念

我们已经研究了杆件轴向拉伸与压缩、圆轴扭转、梁的弯曲等强度问题，由于这些构件横截面上危险点处仅有正应力或切应力，因此与许用拉(压)应力[σ]或许用切应力[τ]进行比较，就可以建立强度条件。然而，在工程实际中，还常遇到一些复杂受力的构件。例如，图8.1(a)所示螺旋桨轴既受拉又受扭，在轴表层用纵、横截面切取微体，其应力情况如图8.1(b)所示。

又如，充压气瓶与气缸，均为受内压的圆筒[图8.2(a)]。在内压作用下，筒壁纵、横截面同时受拉，微体 $abcd$ 的应力情况如图8.2(b)所示。

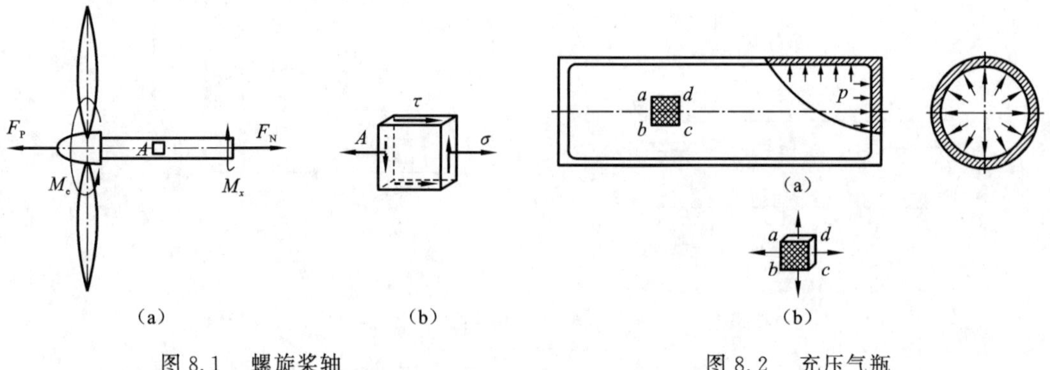

图8.1 螺旋桨轴

图8.2 充压气瓶

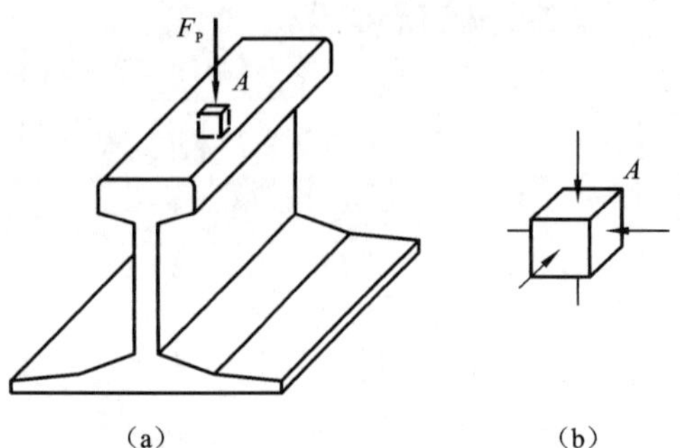

图8.3 导轨

再如，在导轨与滚轮的接触处[图8.3(a)]，导轨表层的微体A除在铅垂方向、直接受压外，由于其横向膨胀受到周围材料的约束，其四侧也受压，即微体A处于三向受压状态[图8.3(b)]，等等。

显然，仅仅依靠对单向受力与纯剪切的已有认识，尚不能解决上述构件的强度问题，为解决这类构件的强度问题，应综合考虑正应力

σ 与切应力 τ 的影响。为此，必须研究微体受力的一般情况，以及微体内各截面的应力，分析危险点处的应力状态，并且研究材料在复杂应力状态下的破坏或失效规律，从而建立构件的强度条件。

对圆轴扭转或直梁弯曲的研究表明，杆内不同位置的点具有不同的应力。而就一点而言，通过此点的截面可以有不同方位，截面上的应力又随方位变化而变化。概括地说，受力构件内同一截面上不同点的应力一般是不同的，通过同一点不同（方向）截面上应力也是不同的。一点处的应力状态（state of stress at a point）是指通过一点不同截面上的应力情况，或指所有方位截面上应力的集合。应力状态分析就是研究这些不同方位截面上应力随截面方向的变化规律。

一点的应力状态可用微元体来表示。围绕一点取边长为无穷小的正六面体，该六面体称为微元体。微元体六个面上的应力可以看成是均匀分布的。等直杆轴向拉伸如图 8.4(a) 所示，杆内某点 A 的应力状态如图 8.4(b) 所示，微元体左右两面上有正应力 $\sigma = F_N/A$，另四个为纵截面，在这些面上没有应力。

圆轴扭转如图 8.5(a) 所示，轴表面上 A 点的应力状态如图 8.5(b) 所示，微元体左右两面上有切应力 $\tau = M_x/W_p$，由切应力互等定理，其上下两面也有与此相等的切应力。图 8.6(a) 则是一矩形截面简支梁受集中力 F_P 作用而发生弯曲，梁内 A、B 点的应力状态如图 8.6(b)、(c) 所示，微元体的左右两面有正应力 σ 和切应力 τ。

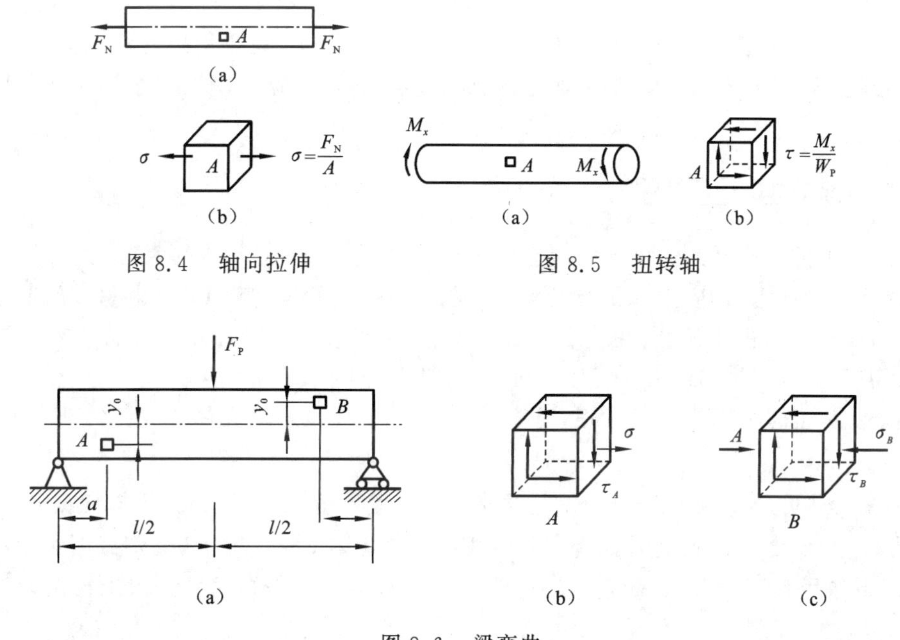

图 8.4　轴向拉伸

图 8.5　扭转轴

图 8.6　梁弯曲

在围绕一个点所取的不同方位的微元体中，有一个特殊的微元体称为主微元体，在它的三对相互垂直的平面上，都没有切应力，只有正应力。通常将微元体上切应力等于零的平面称为主平面（principal planes），其外法线方向称为主方向（principal direction）。作用在主平面上的正应力称为主应力（principal stress）。主微元体上有三个主应力，分别用 σ_1、

σ_2、σ_3 表示，并按它们的代数值大小顺序排列为 $\sigma_1 \geqslant \sigma_2 \geqslant \sigma_3$。

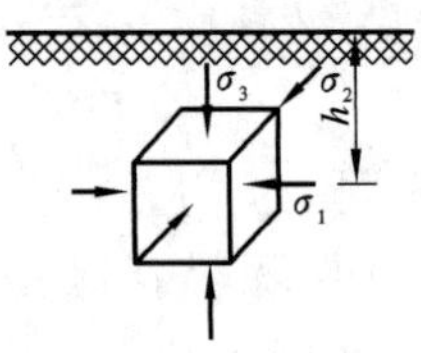

图 8.7 三向受压微元体

一个点的应力状态通常用该点的三个主应力表示。只有一个主应力不等于零的应力状态，称为单向应力状态(one dimensional state of stress)，如轴向拉伸(压缩)时和纯弯曲梁上各点的应力状态都是单向应力状态。有两个主应力不为零时，称为二向应力状态(two dimensional state of stress)，又称为平面应力状态(plane state of stress)。如图 8.2 所示，在受有内压的薄壁圆柱形容器中，表面任一点的应力状态均为二向应力状态。当三个主应力均不为零时，称三向应力状态(three dimensional state of stress)，如图 8.7 中，在很深的岩层下的某点取出微元体，在三个方向上均有压应力。单向应力状态称为简单应力状态。二向和三向应力状态统称为复杂应力状态。

8.2 平面应力状态分析

图 8.1(b) 与图 8.2(b) 所示应力状态有一共同特点：在微元体的六个侧面中，仅在四个侧面上作用有应力，且其作用线均平行于同一平面。仅在微元体四个侧面上作用有应力，且其作用线均平行于微元体不受力表面的应力状态，称为平面应力状态，它是一种常见的应力状态。许多工程构件受力时，危险点处于平面应力状态。为了对这类构件进行强度计算，通常需要确定在危险点处的主应力。因此，下面我们讨论平面应力状态下，通过已知一点的某些截面上的应力，如何确定该点其他截面上的应力，从而确定主应力和主方向。

8.2.1 斜截面上的应力

图 8.8(a) 所示的微元体是平面应力状态最一般的情况。微元体的六个面中，只有四个平面上有应力作用，且应力皆平行于无应力作用的一对平面。其中与 x 轴垂直的平面称为 x 面，与 y 轴垂直的平面称为 y 面。x 面上作用有正应力 σ_x、切应力 τ_x，y 面上作用有正应力 σ_y、切应力 τ_y。现欲在求平行于 z 轴的任意斜截面上的应力。

我们规定：正应力以拉应力为正，压应力为负；切应力以绕微元体顺时针转动为正，反之为负。

上述微元体可用图 8.8(b) 所示的平面图表示。将微元体沿截面 ef 假想地截开，以 α 表示其方位角，规定由 x 轴逆时针转到外法线 n 时为正。把方位角为 α 的斜截面称为 α 截面。α 截面上作用有正应力 σ_α 和切应力 τ_α，研究锲形体 aef 部分的平衡即可求出斜截面上的应力[图 8.8(c)]。

设斜截面的面积为 $\mathrm{d}A$，则 ae 和 af 平面的面积分别为 $\mathrm{d}A\cos\alpha$ 和 $\mathrm{d}A\sin\alpha$[图 8.8(d)]，取 α 截面的外法线 n 和切线 t 为投影轴，将各平面上的应力乘以其作用面的面积，可得到作用于锲形体 aef 各面上的力，而后向上述方向投影，得出以下平衡方程式

$$\sigma_\alpha \mathrm{d}A - (\sigma_x \mathrm{d}A\cos\alpha)\cos\alpha + (\tau_x \mathrm{d}A\cos\alpha)\sin\alpha - (\sigma_y \mathrm{d}A\sin\alpha)\sin\alpha + (\tau_y \mathrm{d}A\sin\alpha)\cos\alpha = 0$$

$$\tau_\alpha \mathrm{d}A - (\sigma_x \mathrm{d}A\cos\alpha)\sin\alpha - (\tau_x \mathrm{d}A\cos\alpha)\cos\alpha + (\sigma_y \mathrm{d}A\sin\alpha)\cos\alpha + (\tau_y \mathrm{d}A\sin\alpha)\sin\alpha = 0$$

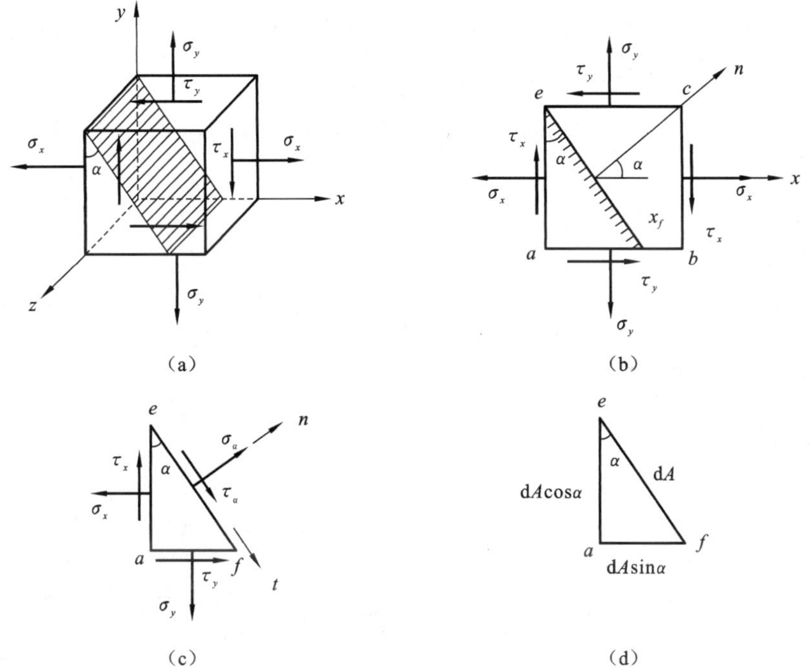

图 8.8　平面应力状态

由于切应力互等，所以 τ_x、τ_y 数值相等，再利用三角公式

$$\cos^2\alpha = \frac{1+\cos 2\alpha}{2},\quad \sin^2\alpha = \frac{1-\cos 2\alpha}{2},\quad 2\sin\alpha\cos\alpha = \sin 2\alpha$$

将以上两个方程简化，得出斜截面上应力计算公式

$$\sigma_\alpha = \frac{\sigma_x+\sigma_y}{2} + \frac{\sigma_x-\sigma_y}{2}\cos 2\alpha - \tau_x \sin 2\alpha \tag{8.1}$$

$$\tau_\alpha = \frac{\sigma_x-\sigma_y}{2}\sin 2\alpha + \tau_x \cos 2\alpha \tag{8.2}$$

8.2.2　应力圆的绘制与应用

微元体任意斜截面上的应力 σ_α、τ_α 除用以上解析方法计算外，还可以用图解方法进行分析。若将式(8.1) 改写为

$$\sigma_\alpha - \frac{\sigma_x+\sigma_y}{2} = \frac{\sigma_x-\sigma_y}{2}\cos 2\alpha - \tau_x \sin 2\alpha$$

并与式(8.2) 各自平方相加，则有

$$\left(\sigma_\alpha - \frac{\sigma_x+\sigma_y}{2}\right)^2 + \tau_\alpha^2 = \left(\frac{\sigma_x-\sigma_y}{2}\right)^2 + \tau_{xy}^2 \tag*{①}$$

将此式与普通 $x-y$ 坐标平面内的圆方程

$$(x-a)^2 + (y-b)^2 = R^2$$

相比较，可以看出，式①是 σ-τ 坐标平面内的圆方程，圆心 C 的坐标为 $\left(\frac{\sigma_x+\sigma_y}{2},0\right)$，半

径为$\sqrt{\left(\frac{\sigma_x-\sigma_y}{2}\right)^2+\tau_{xy}^2}$，如图 8.9 所示。此圆称应力圆（stress circle）或莫尔（Mohr）圆，应力圆上任一点的坐标都代表微元体内某一相应平面上的应力。

下面，我们以图 8.10 所示微元体为例，简单说明应力圆的作法。

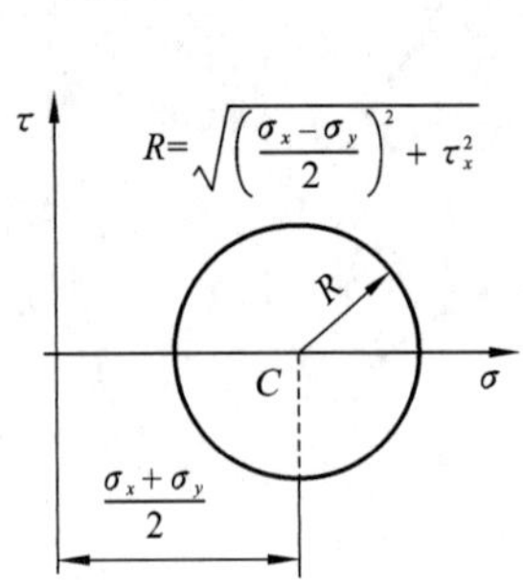

图 8.9　应力圆

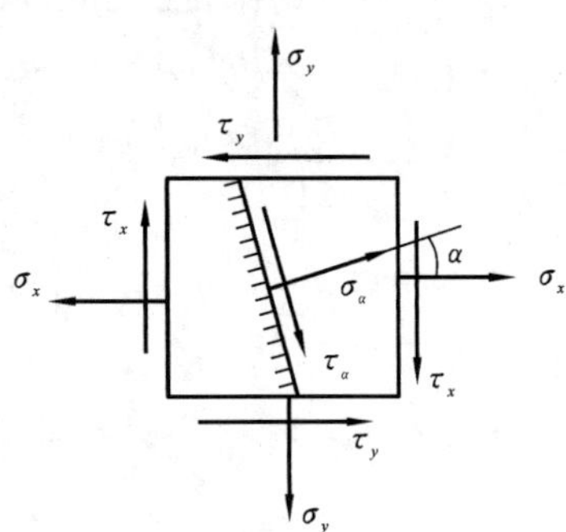

图 8.10　点的应力状态

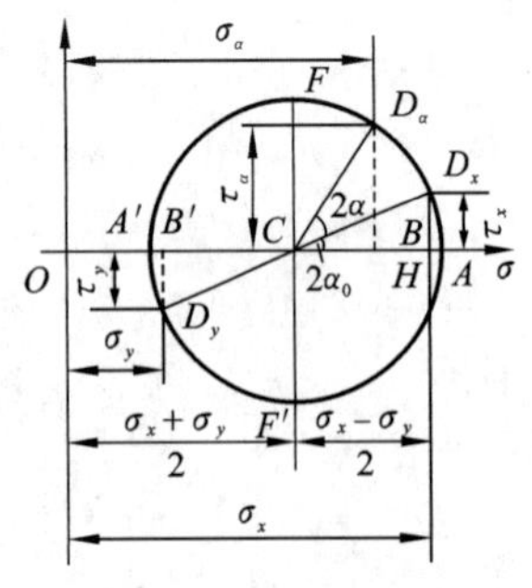

图 8.11　应力圆

在 σ-τ 直角坐标平面内，选取适当比例尺。标出 $D_x(\sigma_x, \tau_x)$ 点和 $D_y(\sigma_y, \tau_y)$ 点，如图 8.11 所示。连接 D_xD_y 两点，交 σ 轴于 C 点，以 C 为圆心，以 CD_x 或 CD_y 为半径作圆，即为应力圆。

应力圆作好后，如要确定微元体上 α 斜截面上的应力 σ_α、τ_α，只须将半径 CD_x 沿逆时针方向旋转 2α 到达 CD_α，所得 D_α 点的横坐标和纵坐标即为 σ_α、τ_α。因为由图 8.11 知

$$
\begin{aligned}
OH &= OC + CH = OC + CD_\alpha\cos(2\alpha + 2\alpha_0) \\
&= OC + CD_x\cos(2\alpha + 2\alpha_0) \\
&= OC + CD_x\cos 2\alpha_0\cos 2\alpha - CD_\alpha\sin 2\alpha_0\sin 2\alpha \\
&= \frac{\sigma_x + \sigma_y}{2} + \frac{\sigma_x - \sigma_y}{2}\cos 2\alpha - \tau_x\sin 2\alpha
\end{aligned}
$$

$$
\begin{aligned}
D_\alpha H &= CD_x\sin(2\alpha + 2\alpha_0) = CD_x\cos 2\alpha_0\sin 2\alpha + CD_x\sin 2\alpha_0\cos 2\alpha \\
&= \frac{\sigma_x - \sigma_y}{2}\sin 2\alpha + \tau_x\cos 2\alpha
\end{aligned}
$$

与式(8.1)、式(8.2) 比较，可见

$$OH = \sigma_\alpha, \quad D_\alpha H = \tau_\alpha$$

这就证明，应力圆上任一点的横坐标和纵坐标，分别代表微元体某一相应平面上的正应力和切应力；应力圆上任意两点间的圆弧所对应的圆心角，为微元体上两个对应截面外法线夹角的两倍，而且二者转向相同。

例 8.1　图 8.12(a) 所示微元体，试分别用解析法和图解法求出 m-m 斜截面上的应力（图中应力单位为 MPa）。

解　(1) 解析法。由图可知，x 与 y 截面的应力分别为 $\sigma_x = 100$ MPa，$\tau_x = -20$ MPa，

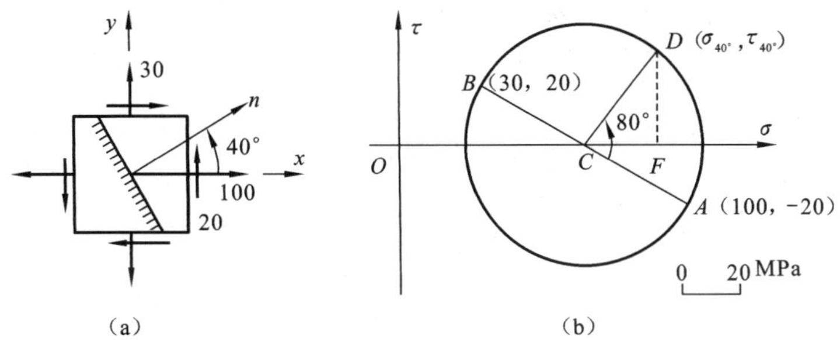

(a)　　(b)

图 8.12　点的应力状态

$\sigma_y = 30$ MPa，m-m 斜截面的方位角为 $\alpha = 40°$。将上述数据代入式(8.1)与式(8.2)，分别得

$$\sigma_\alpha = \frac{100+30}{2} + \frac{100-30}{2}\cos 80° - (-20)\sin 80° = 90.8(\text{MPa})$$

$$\tau_\alpha = \frac{100-30}{2}\sin 80° + (-20)\cos 80° = 31.0(\text{MPa})$$

(2) 图解法。首先，在 σ-τ 平面内，按选定的比例尺，由坐标(100，-20)与(30,20)分别确定 A 与 B 点[图 8.12(b)]。然后，以 CA 为半径画圆，即得相应的应力圆。由半径 CA 沿逆时针方向旋转 $2\alpha = 80°$ 至 CD 处，所得 D 点即为 α 斜截面的对应点。按选定的比例尺，量得 $OF = 91$ MPa，$FD = 31$ MPa，由此得到 α 斜截面的正应力与切应力分别为

$$\sigma_{40°} = 91.0 \text{ MPa}$$

$$\tau_{40°} = 31.0 \text{ MPa}$$

8.3　极值应力与主应力

8.3.1　主应力和主方向

平面应力状态的应力圆如图 8.13 所示，可以看出，在平行于 z 轴的各截面中(图 8.8)，正应力极值分别为 A、B 点的横坐标，为

$$\left.\begin{matrix}\sigma_{\max}\\ \sigma_{\min}\end{matrix}\right\} = OC \pm OA = \frac{\sigma_x + \sigma_y}{2} \pm \sqrt{\left(\frac{\sigma_x - \sigma_y}{2}\right)^2 + \tau_x^2} \tag{8.3}$$

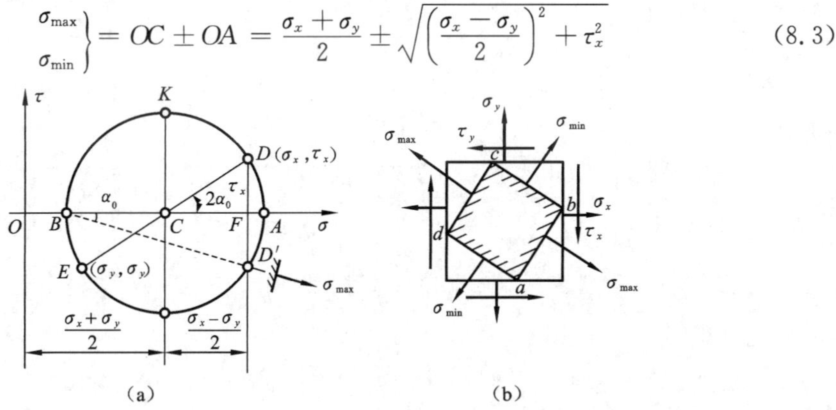

(a)　　(b)

图 8.13　点的应力状态

正应力极值所在截面的切应力为零，故为主平面。相应的两个应力值 $\sigma_{\max}$，$\sigma_{\min}$ 为主应力。由于在应力圆上由 A 点到 B 点所对应的圆心角是 180°，说明 $\sigma_{\max}$ 和 $\sigma_{\min}$ 所在的主平面法线之间的夹角为 90°。

最大正应力 $\sigma_{\max}$ 所在主平面的方位角 α_0 可由下式确定

$$\tan\alpha_0 = -\frac{FD}{BF} = -\frac{\tau_x}{\sigma_x - \sigma_{\min}} = -\frac{\tau_x}{\sigma_{\max} - \sigma_y} \tag{8.4}$$

式中，负号表示由 x 截面至最大正应力作用面为顺时针方向。主平面方位如图 8.13(b) 所示。

8.3.2 最大切应力

由图 8.13(a) 还可以看出，在垂直于 z 轴的各截面中，最大切应力(maximum shearing stress) 与最小切应力(minimum shearing stress) 分别为

$$\left.\begin{matrix}\tau_{\max}\\ \tau_{\min}\end{matrix}\right\} = \pm CK = \pm\frac{\sigma_{\max} - \sigma_{\min}}{2} \tag{8.5}$$

其所在截面也相互垂直，并与正应力极值截面成 45° 夹角。

例 8.2 从构件中切取一微元体，各截面的应力如图 8.14(a) 所示，试用解析法与图解法确定主应力的大小及方位。

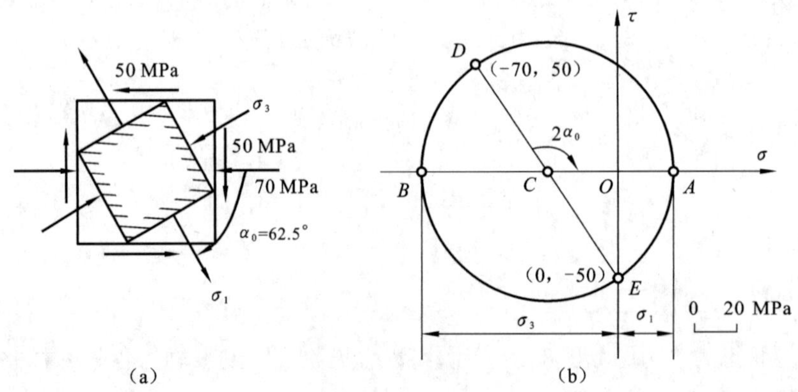

图 8.14 点的应力状态

解 (1) 解析法。x 与 y 截面的应力分别为

$$\sigma_x = -70\ \text{MPa},\quad \tau_x = 50\ \text{MPa},\quad \sigma_y = 0\ \text{MPa}$$

将其代入式(8.3) 与式(8.4)，得

$$\left.\begin{matrix}\sigma_{\max}\\ \sigma_{\min}\end{matrix}\right\} = \frac{-70+0}{2} \pm \sqrt{\left(\frac{-70-0}{2}\right)^2 + 50^2} = \begin{matrix}26(\text{MPa})\\ -96(\text{MPa})\end{matrix}$$

$$\alpha_0 = \arctan\left(-\frac{\tau_x}{\sigma_{\max} - \sigma_y}\right) = \arctan\left(-\frac{-50}{26-0}\right) = -62.5°$$

由此可见

$$\sigma_1 = 26\ \text{MPa},\quad \sigma_2 = 0,\quad \sigma_3 = -96\ \text{MPa}$$

而主应力 σ_1 的方位角 α_0 则为 $-62.5°$[图 8.14(a)]。

(2) 图解法。在 σ-τ 平面内，按选定的比例尺，由坐标(−70,50) 与(0,−50) 分别确定

D 与 E 点[图 8.14(b)]。以 CE 为半径画圆，即得相应的应力圆。应力圆与坐标轴 σ 相交于 A 与 B 点，按选定的比例尺，量得 $OA = 26$ MPa，$OB = 96$ MPa，所以

$$\sigma_1 = \sigma_A = 26\ \text{MPa}, \quad \sigma_3 = \sigma_B = -96\ \text{MPa}$$

从应力圆量得 $\angle DCA = 125°$，而且，由于自半径 CD 至 CA 的转向为顺时针方向，由此，主应力 σ_1 的方位角为

$$\alpha_0 = -\frac{\angle DCA}{2} = -\frac{125°}{2} = -62.5°$$

8.3.3　纯剪切状态的最大应力

纯剪切是一种常见应力状态[图 8.15(a)]，相应应力圆如图 8.15(b) 所示，x 与 y 截面分别对应于 A 与 B 点。

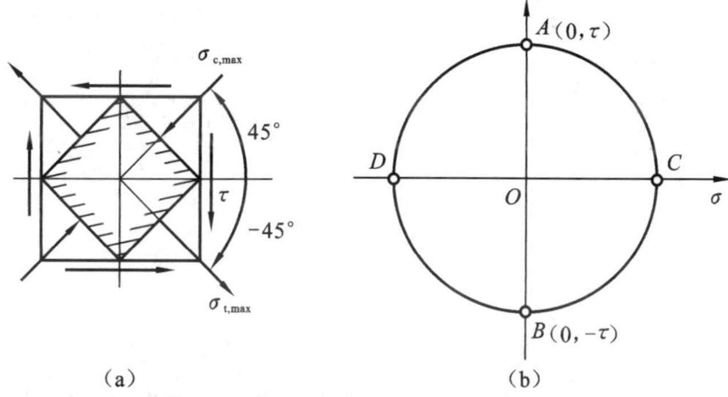

图 8.15　纯剪切应力状态

由应力圆中可以看出，纯剪切应力状态的最大拉应力与最大压应力分别为

$$\sigma_{t,\max} = \sigma_C = \tau \tag{8.6}$$

$$\sigma_{c,\max} = |\sigma_D| = \tau \tag{8.7}$$

并分别位 $\alpha = -45°$ 与 $\alpha = 45°$ 的截面上。

从应力圆中还可以看出，在微体的纵、横截面上，切应力取极值，其绝对值均等于 τ，即

$$\tau_{\max} = -\tau_{\min} = \tau \tag{8.8}$$

低碳钢圆轴扭转屈服时，在其表面纵、横方向出现滑移线，灰口铸铁圆轴扭转破坏时，在与轴线约成 45° 倾角的螺旋面发生断裂，即分别与最大切应力及最大拉应力有关。

8.4　三向应力状态下的最大应力

应力状态的一般形式是三向应力状态。这里我们只讨论当一点处的三个主应力 σ_1、σ_2、σ_3 为已知时[图 8.16(a)]，求该点处的最大正应力和最大切应力，以便在强度理论中应用。这个问题可以用下面的三向应力圆(stress circle of three dimensional state of stress)加以解决。

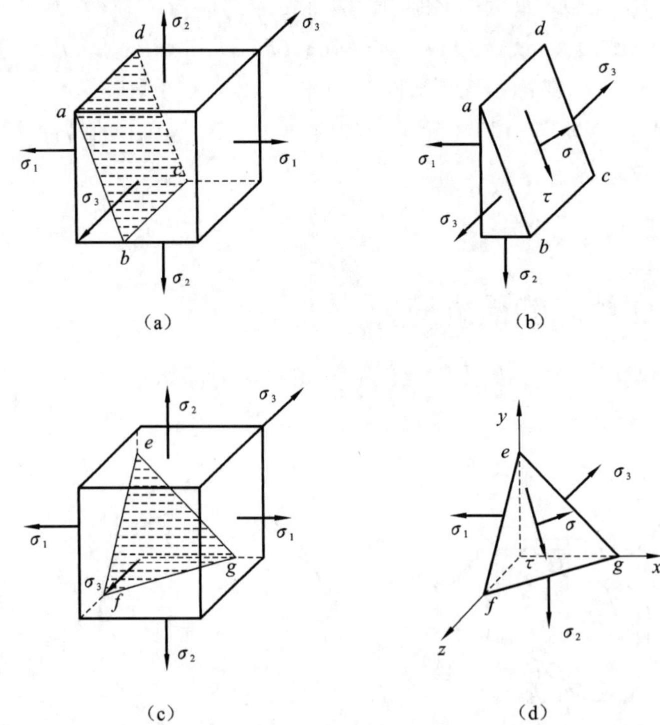

图 8.16 点的三向应力状态

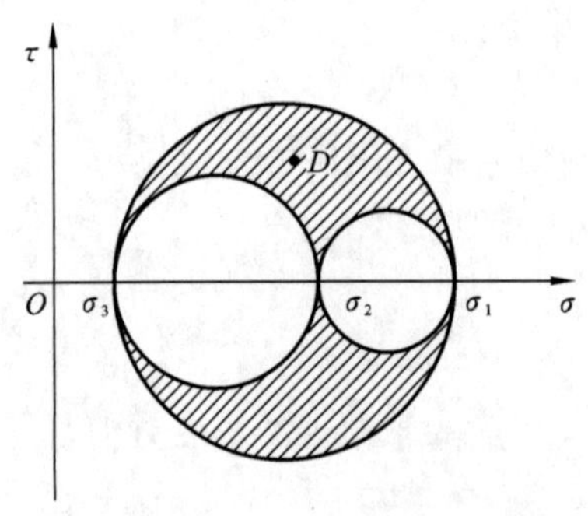

图 8.17 应力圆

首先分析与 σ_3 平行的任意斜截面 *abcd* 上的应力[图 8.16(b)]。不难看出该类斜截面上的应力 σ,τ 与 σ_3 无关,仅由 σ_1、σ_2 决定,所以,在 σ-τ 平面内,与此类斜截面对应的点必然位于 σ_1、σ_2 绘出的应力圆上,如图 8.17 所示。同理,以 σ_2、σ_3 所作的应力圆代表微元体中与 σ_1 平行的各斜截面的应力;以 σ_3、σ_1 所作的应力圆代表微元体中与 σ_2 平行的各斜截面的应力。

可以证明,对于与三个主应力均不平行的任意斜截面,在 σ-τ 平面上对应点 D 必位于三个应力圆所围成的阴影面积内。

因此,在三向应力状态下,最大和最小正应力分别为最大和最小主应力,即

$$\begin{aligned} \sigma_{\max} &= \sigma_1 \\ \sigma_{\min} &= \sigma_3 \end{aligned} \tag{8.9}$$

而最大切应力为

$$\tau_{\max} = \frac{\sigma_1 - \sigma_3}{2} \tag{8.10}$$

并且位于与 σ_1 和 σ_3 均构成 45° 的截面内。

8.5　广义胡克定律

现在研究三向应力状态下的应力和应变的关系。对于各向同性材料，正应力不会引起切应变；同时，在小变形的条件下，切应力对线应变的影响也可以忽略不计，因此图 8.18 中微元体当 σ_x 单独作用时，三个方向所产生的线应变分别为

$$\varepsilon_x' = \frac{\sigma_x}{E}, \quad \varepsilon_y' = -\mu\frac{\sigma_x}{E}, \quad \varepsilon_z' = -\mu\frac{\sigma_x}{E}$$

式中，E、μ 分别为材料的弹性模量和泊松比。

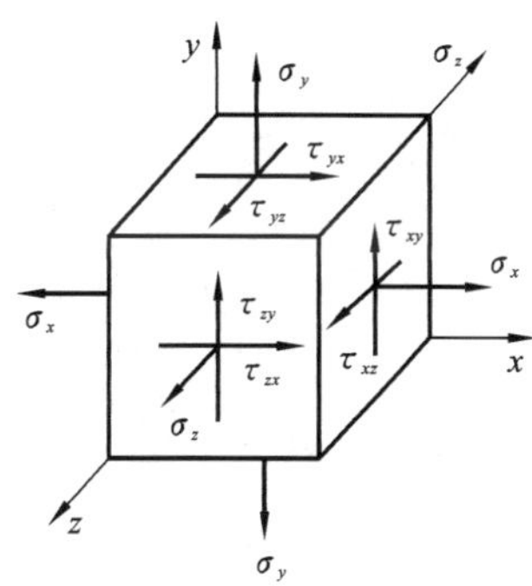

图 8.18　点的应力状态

同理，当 σ_y，σ_z 单独作用时，上述三个方向的线应变分别为

$$\varepsilon_x'' = -\mu\frac{\sigma_y}{E}, \quad \varepsilon_y'' = \frac{\sigma_y}{E}, \quad \varepsilon_z'' = -\mu\frac{\sigma_y}{E}$$

$$\varepsilon'''_x = -\mu\frac{\sigma_z}{E}, \quad \varepsilon'''_y = -\mu\frac{\sigma_z}{E}, \quad \varepsilon'''_z = \frac{\sigma_z}{E}$$

应用叠加原理，微元体在 σ_x，σ_y，σ_z 共同作用下所产生的线应变为

$$\begin{aligned}\varepsilon_x &= \frac{1}{E}[\sigma_x - \mu(\sigma_y + \sigma_z)] \\ \varepsilon_y &= \frac{1}{E}[\sigma_y - \mu(\sigma_x + \sigma_z)] \\ \varepsilon_z &= \frac{1}{E}[\sigma_z - \mu(\sigma_x + \sigma_y)]\end{aligned} \tag{8.11}$$

上式称为广义胡克定律。

例 8.3　图 8.19(a) 为一钢质圆杆，直径 $d = 20$ mm，已知 A 点在与水平线成 60° 方向的线应变 $\varepsilon_{60^\circ} = 4.1\times10^{-4}$，试求载荷 F_P。已知 $E = 210$ GPa，$\mu = 0.28$。

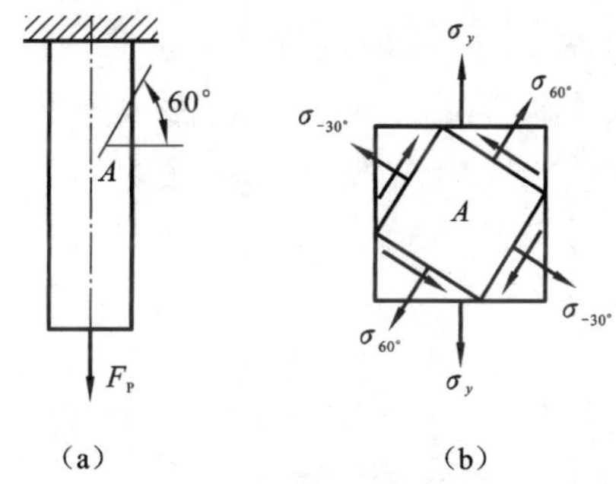

图 8.19　受拉钢质圆杆

解　(1) 围绕 A 点取一微元体，其应力状态如图 8.19(b) 所示。

$$\sigma_x = 0, \quad \sigma_y = \frac{F_P}{A} = \frac{4F_P}{\pi d^2}, \quad \tau_x = 0$$

(2) 计算 σ_{60°，σ_{-30°，由

$$\sigma_\alpha = \frac{\sigma_x + \sigma_y}{2} + \frac{\sigma_x - \sigma_y}{2}\cos 2\alpha - \tau_x \sin 2\alpha$$

得

$$\sigma_{60^\circ} = \frac{\sigma_y}{2} + \frac{-\sigma_y}{2}\cos 120^\circ = \frac{3\sigma_y}{4}$$

$$\sigma_{-30^\circ} = \frac{\sigma_y}{2} + \frac{-\sigma_y}{2}\cos(-60^\circ) = \frac{\sigma_y}{4}$$

(3) 由广义胡克定律得

$$\varepsilon_{60^\circ} = \frac{1}{E}(\sigma_{60^\circ} - \mu\sigma_{-30^\circ}) = \frac{(3-\mu)\sigma_y}{4E} = \frac{(3-\mu)F}{E\pi d^2}$$

所以，

$$F_P = \frac{E\pi d^2 \varepsilon_{60^\circ}}{3-\mu} = \frac{210\times 10^3 \times \pi \times 20^2 \times 4.1\times 10^{-4}}{3-0.28} = 39.8(\text{kN})$$

8.6 复杂应力状态下的强度理论

当构件内的危险点处于单向应力状态时；例如，直杆在轴向拉伸(压缩)的情况下，其强度条件为

$$\sigma_{\max} = \left(\frac{F_N}{A}\right)_{\max} \leqslant [\sigma] = \frac{\sigma^0}{n}$$

式中，许用应力[σ]是根据拉伸(压缩)试验而测定的极限应力。并且考虑适当的安全系数而获得的。像这种直接根据试验结果来建立强度条件的方法相当简明直观。然而，工程构件中的危险点经常处于复杂应力状态，如果仿照上述方式来建立复杂应力状态下的强度条件，则必须对材料在各种复杂应力状态下进行试验，以测定相应的极限应力。而复杂应力状态是多种多样乃至变化无穷的，要用试验来确定材料的极限应力既很困难，也过于烦琐。所以关于复杂应力状态下的强度条件，通常并不是用直接试验的方式去建立，而是在分析各种破坏现象的基础上，采用推理的方法，提出适当的假设而建立的。

长期以来，人们对材料的各种破坏现象进行了大量的分析研究。结果表明，尽管破坏现象比较复杂，但破坏的形式主要有两种，一种是断裂，另一种是屈服，或者产生显著的塑性变形。断裂破坏时，材料没有明显的塑性变形。屈服破坏时，材料出现屈服现象或显著的塑性变形。人们根据以上对于材料破坏现象的分析和研究，提出各种假设，这些关于材料破坏规律的假设称为强度理论。

强度理论认为，不论材料处于何种应力状态，只要破坏的类型相同，其破坏都是由同一因素引起的。这样，就可以把复杂应力状态和简单拉伸试验结果联系起来，从而利用简单拉伸试验结果建立复杂应力状态下的强度条件。

根据材料破坏的两种形式，强度理论也分成两类，一类是用于断裂破坏的最大拉应力理论和最大拉应变理论；另一类是用于屈服破坏的最大切应力理论和形状改变比能理论。

8.6.1 最大拉应力理论(第一强度理论)

最大拉应力理论(maximum tensile stress criterion)认为：引起材料断裂破坏的主要因素是最大拉应力。不论材料处于何种应力状态，只要最大拉应力 σ_1 达到单向拉伸断裂

时的最大拉伸应力值 $\sigma^0=\sigma_b$，材料就将发生断裂破坏。这里 σ^0 是极限应力，σ_b 是材料单向拉伸时的强度极限。

因此发生断裂破坏的条件是

$$\sigma_1=\sigma_b \tag{①}$$

将 σ_b 除以安全系数后，即得材料的许用应力$[\sigma]$。于是按此理论所建立的、在复杂应力状态下的强度条件是

$$\sigma_1\leqslant[\sigma] \tag{8.12}$$

试验表明，这一理论可以很好地解释铸铁等脆性材料在单向拉伸和扭转时的破坏现象。但是它没有考虑其余两个主应力对于断裂破坏的影响，而且也不能解释材料在单向压缩、三向压缩等没有拉应力的应力状态下的破坏现象。

8.6.2　最大拉应变理论（第二强度理论）

最大拉应变理论（maximum tensile strain criterion）认为：引起材料断裂破坏的主要因素是最大拉应变。也就是说，不论材料处于何种应力状态，只要最大拉应变 ε_1 达到单向拉伸断裂时的最大拉应变值 $\varepsilon^0=\frac{\sigma_b}{E}$，材料就将产生断裂破坏。由此得出断裂破坏的条件是

$$\varepsilon_1=\varepsilon^0=\frac{\sigma_b}{E} \tag{②}$$

在三向应力状态下，式 ② 中的 ε_1 可由广义胡克定律式(8.11)求得

$$\varepsilon_1=\frac{1}{E}[\sigma_1-\mu(\sigma_2+\sigma_3)]$$

所以断裂条件可以写成

$$\frac{1}{E}[\sigma_1-\mu(\sigma_2+\sigma_3)]=\frac{\sigma_b}{E}$$

或

$$\sigma_1-\mu(\sigma_2+\sigma_3)=\sigma_b \tag{③}$$

考虑安全系数以后，可得强度条件为

$$\sigma_1-\mu(\sigma_2+\sigma_3)\leqslant[\sigma] \tag{8.13}$$

这一理论可以很好地解释石料或混凝土等脆性材料受轴向压缩时，试件沿纵向面破坏的现象（试件两端加润滑剂），因为这时最大拉应变发生在横向。但是按照这个理论，铸铁在二向拉伸时应该比单向拉伸更加安全，但实验结果却不能证实这一点。

8.6.3　最大切应力理论（第三强度理论）

最大切应力理论（maximum shearing stress criterion）认为：引起材料塑性屈服的主要因素是最大切应力。不论材料处于何种应力状态，只要最大切应力 τ_{max} 达到单向拉伸屈服时的最大切应力值 $\tau^0=\frac{\sigma_s}{2}$，材料即发生屈服。这样，材料发生屈服破坏的条件为

$$\tau_{\max} = \tau^0 = \frac{\sigma_s}{2} \tag{④}$$

在复杂应力状态下的最大切应力 $\tau_{\max}$ 可由式(8.10)求得，即

$$\tau_{\max} = \frac{\sigma_1 - \sigma_3}{2}$$

代入式④，得出材料的屈服条件是

$$\frac{\sigma_1 - \sigma_3}{2} = \frac{\sigma_s}{2} \tag{⑤}$$

考虑安全系数后，可得复杂应力状态下的强度条件为

$$\sigma_1 - \sigma_3 \leqslant [\sigma] \tag{8.14}$$

这一理论与塑性材料的试验结果比较符合，而且概念明确，形式简单，因此在机械工业中广为使用。不足之处是该理论忽略了中间主应力 σ_2 对屈服的影响，使得在二向应力状态下按该理论所得的结果与试验相比稍偏安全。

8.6.4 形状改变比能理论（第四强度理论）

形状改变比能理论(criterion of strain energy density corresponding to distortion)认为：引起材料塑性屈服的主要因素是形状改变比能。不论材料处于何种应力状态，只要形状改变比能达到单向拉伸屈服时的形状改变比能值，材料就将发生屈服。

由于材料在外力作用下产生变形，同时在其内部积储了变形能，单位体积内所积储的变形能称为比能。通常微元体在变形时，其形状和体积都会发生变化，与形状改变相对应的那一部分比能称为形状改变比能。与体积改变相对应的那一部分比能称为体积改变比能。在复杂应力状态下，形状改变比能的表达式为

$$u_f = \frac{1+\mu}{6E}[(\sigma_1 - \sigma_2)^2 + (\sigma_2 - \sigma_3)^2 + (\sigma_3 - \sigma_1)^2] \tag{⑥}$$

因此，按这一理论所得出的材料塑性屈服条件是

$$u_f = u_f^0 \tag{⑦}$$

u_f^0 是单向拉伸屈服时的形状改变比能，只要在式⑥中令 $\sigma_1 = \sigma_s, \sigma_2 = \sigma_3 = 0$，即得

$$u_f^0 = \frac{1+\mu}{6E}(2\sigma_s^2) \tag{⑧}$$

将式⑥和式⑧代入式⑦，得到材料屈服条件为

$$\sqrt{\frac{1}{2}[(\sigma_1 - \sigma_2)^2 + (\sigma_2 - \sigma_3)^2 + (\sigma_3 - \sigma_1)^2]} = \sigma_s \tag{⑨}$$

考虑安全系数后，相应的强度条件为

$$\sqrt{\frac{1}{2}[(\sigma_1 - \sigma_2)^2 + (\sigma_2 - \sigma_3)^2 + (\sigma_3 - \sigma_1)^2]} \leqslant [\sigma] \tag{8.15}$$

对于塑性材料，如钢、铝、铜等，这个理论比最大切应力理论更加符合试验结果。上述四个强度理论的强度条件可以归纳为一般形式

$$\sigma_{ri} \leqslant [\sigma] \tag{8.16}$$

式中，σ_{ri} 称为相当应力。

对于不同的强度理论，相当应力分别是

$$
\begin{aligned}
\sigma_{r1} &= \sigma_1 \\
\sigma_{r2} &= \sigma_1 - \nu(\sigma_2 - \sigma_3) \\
\sigma_{r3} &= \sigma_1 - \sigma_3 \\
\sigma_{r4} &= \sqrt{\frac{1}{2}[(\sigma_1 - \sigma_2)^2 + (\sigma_2 - \sigma_3)^2 + (\sigma_3 - \sigma_1)^2]}
\end{aligned}
\tag{8.17}
$$

通常在常温和静载荷条件下，脆性材料多发生脆性断裂，宜采用最大拉应力理论或最大拉应变理论；塑性材料多发生塑性屈服，宜采用最大切应力理论或形状改变比能理论。但是，材料的破坏不仅与材料的性质有关，而且还与它所处的应力状态有关。因此还要注意在某些特殊情况下，材料所处的应力状态会影响其破坏形式，应该据此选择适当的强度理论。例如，在接近三向均匀压缩的应力状态下，不论塑性材料还是脆性材料，都发生屈服型破坏，因此应该采用第三、第四强度理论；而在接近三向均匀拉伸应力状态下，不论塑性材料还是脆性材料，都发生断裂型破坏，这时则应采用第一、第二强度理论。

有了强度理论，就能够对于复杂应力状态下的构件进行强度计算，其步骤是：

(1) 从构件中的危险点处截取微元体，求出主应力 $\sigma_1, \sigma_2, \sigma_3$。

(2) 根据材料性质及该点的应力状态选用适当的强度理论，计算出相当应力。

(3) 选定材料的许用应力$[\sigma]$，将相当应力 σ_{ri} 与之相比较，按式(8.17) 进行强度计算。

8.6.5　单向与纯剪切组合应力状态的强度条件

图 8.20 所示为单向与纯剪切组合应力状态，是一种常见的应力状态，现根据第三与第四强度理论建立相应的强度条件。

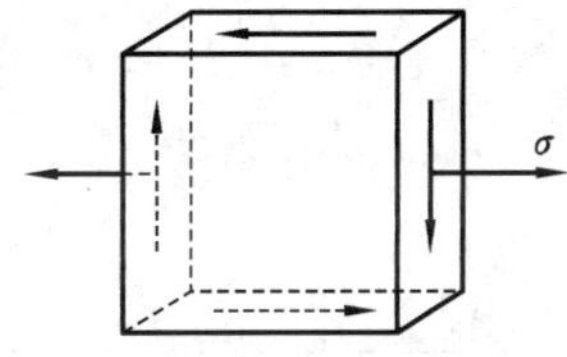

图 8.20　单向与纯剪切组合应力状态

由式(8.3) 可知，该微体的最大与最小正应力分别为

$$
\left.\begin{matrix}\sigma_{\max} \\ \sigma_{\min}\end{matrix}\right\} = \frac{1}{2}\left(\sigma \pm \sqrt{\sigma^2 + 4\tau^2}\right)
$$

可见，相应的主应力为

$$
\left.\begin{matrix}\sigma_1 \\ \sigma_3\end{matrix}\right\} = \frac{1}{2}\left(\sigma \pm \sqrt{\sigma^2 + 4\tau^2}\right)
$$

$$
\sigma_2 = 0
$$

根据第三强度理论，由式(8.14) 得

$$
\sigma_{r3} = \sqrt{\sigma^2 + 4\tau^2} \leqslant [\sigma] \tag{8.18}
$$

根据第四强度理论，由式(8.15) 得

$$
\sigma_{r4} = \sqrt{\sigma^2 + 3\tau^2} \leqslant [\sigma] \tag{8.19}
$$

例 8.4　试按强度理论建立纯剪切应力状态的强度条件，并寻求许用切应力$[\tau]$与许用正应力$[\sigma]$之间的关系。

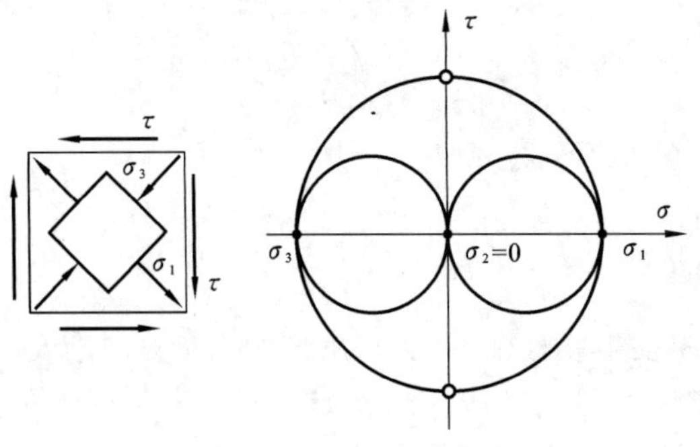

图 8.21 纯切应力状态

解 纯剪切应力状态为二向应力状态，如图 8.21 所示。其三个主应力分别为

$$\sigma_1 = \tau, \quad \sigma_2 = 0, \quad \sigma_3 = -\tau$$

(1) 对于脆性材料。

按第一强度理论 $\sigma_1 \leqslant [\sigma]$，即 $\tau \leqslant [\sigma]$，得 $[\tau] = [\sigma]$；

按第二强度理论 $\sigma_1 - \nu(\sigma_2 + \sigma_3) \leqslant [\sigma]$，即 $\tau(1+\nu) \leqslant [\sigma]$，或 $\tau \leqslant \dfrac{[\sigma]}{1+\nu}$，如铸铁的 $\nu = 0.25$，则 $[\tau] = 0.8[\sigma]$。

(2) 对于塑性材料。

按第三强度理论 $\sigma_1 - \sigma_3 \leqslant [\sigma]$，即 $\tau \leqslant 0.5[\sigma]$，得 $[\tau] = 0.5[\sigma]$；

按第四强度理论

$$\sqrt{\frac{1}{2}[(\sigma_1 - \sigma_2)^2 + (\sigma_2 - \sigma_3)^2 + (\sigma_3 - \sigma_1)^2]} \leqslant [\sigma]$$

即 $\sqrt{3}\tau \leqslant [\sigma]$，得

$$[\tau] = 0.577[\sigma] \approx 0.6[\sigma]$$

工程实际中，一般采用的许用切应力 $[\tau]$ 为

塑性材料： $[\tau] = (0.5 \sim 0.6)[\sigma]$

脆性材料： $[\tau] = (0.8 \sim 1.0)[\sigma]$

例 8.5 图 8.22 所示钢梁，$F_P = 210$ kN，许用正应力 $[\sigma] = 160$ MPa，许用切应力 $[\tau] = 80$ MPa，截面高度 $h = 250$ mm，宽度 $b = 113$ mm，腹板与翼缘的厚度分别为 $t = 10$ mm 与 $\delta = 13$ mm，截面的惯性矩 $I_z = 5.25 \times 10^{-5}\ \text{m}^4$，试按第三强度理论校核梁的强度。

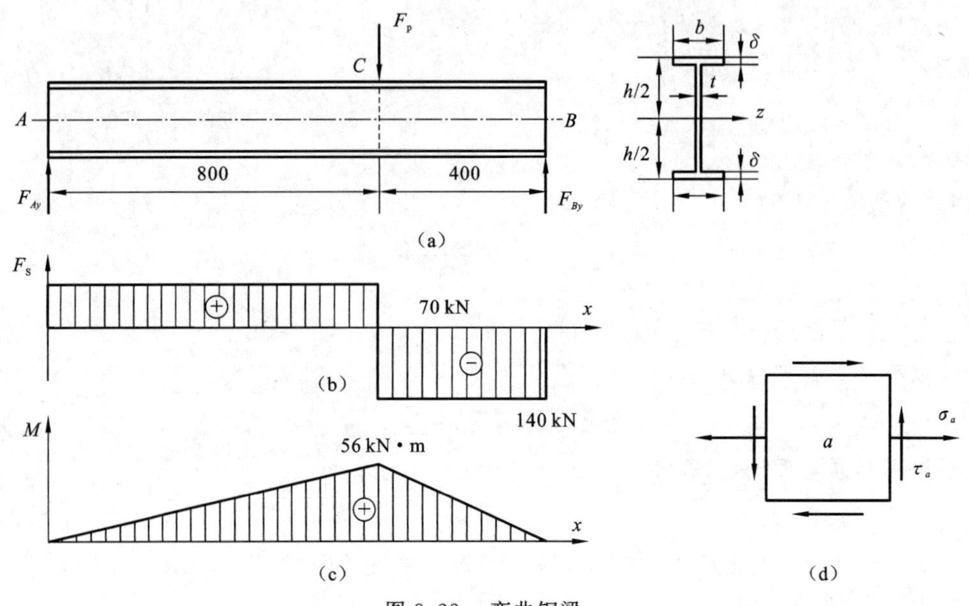

图 8.22 弯曲钢梁

解　(1) 问题分析。

梁的剪力与弯矩分别如图 8.22(b) 与(c) 所示，横截面 C_+ 为危险截面，其剪力与弯矩分别为

$$F_{\text{Smax}} = 140.4\ \text{kN}$$

$$M_{\max} = 5.60 \times 10^4\ \text{N} \cdot \text{m}$$

在该截面的上、下边缘处，弯曲正应力最大；在中性轴处，弯曲切应力最大；在腹板与翼缘的交界处，弯曲正应力与弯曲切应力均有相当大的数值。因此，应对此三处进行强度校核。

(2) 最大弯曲正应力与最大弯曲切应力作用处的强度校核。

最大弯曲正应力为

$$\sigma_{\max} = \frac{M_{\max}}{W_z} = \frac{M_{\max} h}{2I_z} = \frac{5.60 \times 10^4 \times 0.25}{2 \times 5.25 \times 10^{-5}} = 133.3(\text{MPa}) < [\sigma]$$

由弯曲应力这一章可知，最大弯曲切应力为

$$\tau_{\max} = \frac{F_{\text{Smax}}}{8I_z t}[bh^2 - (b-t)(h-2\delta)^2]$$

由此得

$$\tau_{\max} = \frac{140 \times 10^3 \times 0.25}{8 \times 5.25 \times 10^{-5} \times 0.01} \times [0.113 \times 0.25^2 - (0.113 - 0.01) \times (0.25 - 2 \times 0.013)^2] = 63.1(\text{MPa})$$

可见

$$\tau_{\max} < [\tau]$$

(3) 腹板与翼缘交界处的强度校核。

在腹板与翼缘的交接处 a，弯曲正应力为

$$\sigma_a = \frac{M_{\max}}{I_z}\left(\frac{h}{2} - \delta\right) = \frac{5.60 \times 10^4}{5.25 \times 10^{-5}} \times \left(\frac{0.25}{2} - 0.013\right) = 119.5(\text{MPa})$$

由弯曲应力这一章可知，该点处的弯曲切应力为

$$\tau_a = \frac{F_{\text{Smax}} b}{8I_z t}[h^2 - (h-2\delta)^2] = \frac{F_{\text{Smax}} b\delta(h-\delta)}{2I_z t}$$

由此得

$$\tau_a = \frac{140 \times 10^3 \times 0.113 \times 0.013 \times (0.25 - 0.013)}{2 \times 5.25 \times 10^{-5} \times 0.01} = 46.4(\text{MPa})$$

a 点处的应力状态如图 8.22(d) 所示，即出于单向与纯剪切组合应力状态，由第三强度理论得

$$\sigma_{r3} = \sqrt{\sigma_a^2 + 4\tau_a^2} = \sqrt{(1.195 \times 10^8)^2 + 4 \times (4.64 \times 10^7)^2} = 151.3(\text{MPa}) \leqslant [\sigma]$$

(4) 讨论。

上述计算表明,在短而高的薄壁截面梁内$\left(例如本例\frac{l}{h}=4.8\right)$,与弯曲正应力相比,弯曲切应力也可能相当大。在这种情况下,除应对最大弯曲正应力的作用处进行强度校核外,对于最大弯曲切应力的作用处以及腹板与翼缘交接处,也应进行强度校核。

8.7 思考与讨论

8.7.1 应力概念的再认识

"应力"是材料力学的最基本的也是最重要的概念之一。从绪论开始,直至课程结束,始终围绕着这个概念展开课程的内容,进行实验研究和理论推断。学生也随着教学内容的展开,由特殊到一般,由浅入深地认识、理解这个概念。在绪论课内首先提出"应力就是内力的集度""微面积上平均内力的极限就是应力"。学生觉得"应力"是那么的抽象,难以捉摸,对它的认识是肤浅的。到了"拉、压",学习了截面上应力均匀分布,觉得比较具体了,但认识还停留在"轴力除以截面面积就是应力"的水平上。再通过扭转、弯曲学习,由应力在截面上非均匀分布,进一步提高了对"应力"的认识,但还没有深入到问题的本质。只有在此基础上,再通过"应力状态"单元的教学,实现了对"应力"认识的三个飞跃,才能使"应力"概念的建立得以完成。对"应力"认识的三个飞跃是:① 受力构件内一点处不同截面上的应力情况是不相同的,并由此引伸出"应力状态"概念。② 构件受不同形式的外力是重要的外部条件,而内在本质则是构件内各点的应力状态。③ 主应力是受力构件内点的应力状态的特征量。

8.7.2 如何建立一点的应力状态并应用

(1) 建立一点的应力状态。

根据拉杆斜截面上的应力与横截面上的应力。归纳出同一截面上不同点的应力是不相同的。而构件往往在工作中受力是较复杂的,要研究受力构件的机械性能,必须找出危险截面上的危险点,求出最大应力值,即要分析受力构件一点沿各个不同截面方位上的应力情况,既一点处的应力状态:受力构件内一点处不同截面上的应力全部情况。接下来就是如何表示一点的应力状态,要研究某点的应力状态,首先围绕该点取一微正六面体,即微元体,分析微元体上各个面上的应力分布情况。取微元体的方法:所取微元体上各个面上的应力应为已知或很容易得出。以前面所学过的基本变形如拉压、剪切、扭转和弯曲为例,研究各种基本变形下杆上一点的微元体的选取方法。对于拉杆,取微元体方法:两个面垂直于轴线(沿横向方向),另四个面均平行于轴线(沿纵向方向),如图 8.23 所示。

对于圆轴扭转时,危险点在截面的边缘处,围绕边缘处点取微元体,微元体取法和拉杆取法相同，如图 8.24 所示。

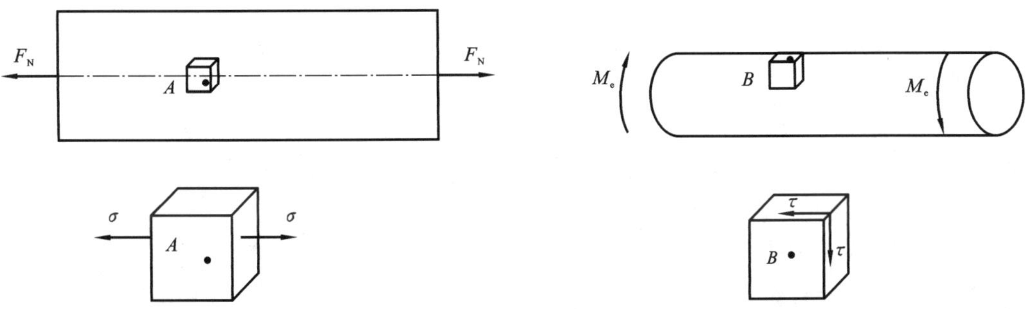

图 8.23　拉杆上微元体的选取方法　　图 8.24　扭转轴上微元体的选取方法

对于平面弯曲变形的梁，可分别研究梁上几个典型的点的微元体的选取方法并分析各个面上的应力。如图 8.25 所示梁受均布载荷作用，由弯曲变形研究方法知：梁中间截面上弯矩最大，为危险截面。现在研究危险截面上的应力分布情况，可选取 A、B、C、D 和 E 五个典型的点处的应力状态。

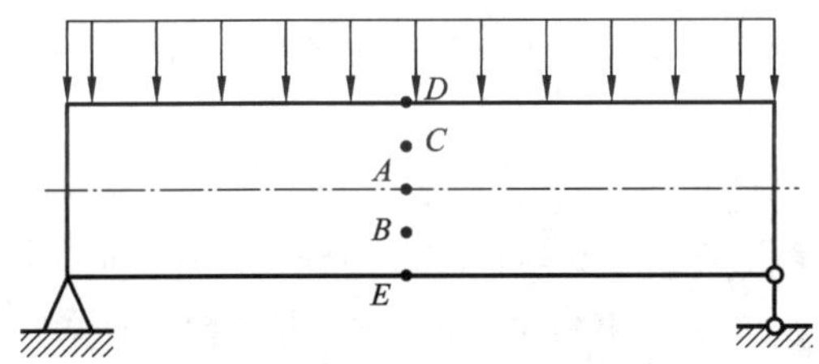

图 8.25　弯曲梁上微元体的选取方法

以上所选 A、B、C、D 和 E 五个点微元体的选取方法相同，各微元体各个面的应力分布不同，微元体图在这里不再画出。通过以上三种基本变形微元体的取法的例子，掌握了微元体的选取方法，并且进一步理解了研究应力状态的必要性，为以后的任意截面上的应力分布研究打好了基础。

最后利用斜截面上的应力公式，得出应力圆，确定主应力、主平面以及最大切应力。

(2) 应用。

由强度理论建立的普遍的强度条件最终以主应力形式表现出。组合变形的强度条件是分析了危险点的应力状态，求出其主应力，按强度理论来建立的。可见，“应力状态”对它们的服务作用是显然的。“应力状态”的分析是建立强度条件的出发点和前提，而强度理论借助于“应力状态”理论使之更加科学和完备。所以“应力状态”在材料力学中有相当重要的作用。由于它的内容是实际问题的高度概括和升华，学生需要由表及里，由现象到本质，去探索材料力学的“庐山真面目”。

习　题　8

8-1　微元体应力状态如题 8-1 图，对应的应力圆有如图所示四种，正确的是（　　）。

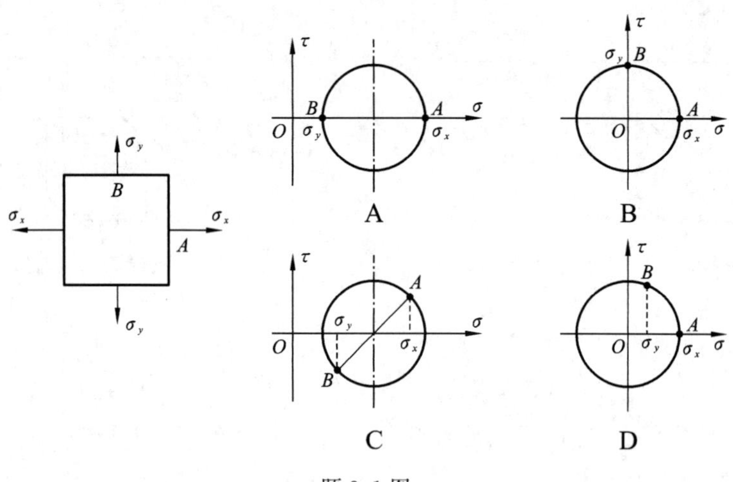

题 8-1 图

8-2　如题 8-2 图所示微元体，如切应力左向改变，则（　　）。

A. 主应力大小和主平面方位都将变化　　B. 主应力大小和主平面方位都不变化

C. 主应力大小变化，主平面方位改变　　D. 主应力大小不变化，主平面方位改变

8-3　按照第三强度理论，比较图示(a)、(b) 两种应力状态的危险程度，应该是（　　）。

A. 两者相同　　B. (a) 更危险　　C. (b) 更危险　　D. 无法判断

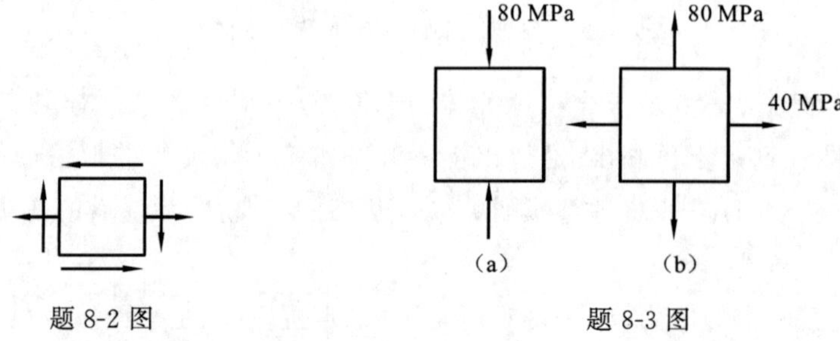

题 8-2 图　　题 8-3 图

8-4　在题 8-4 图示四种应力状态中，关于应力圆具有相同圆心和相同半径者，正确答案是（　　）。

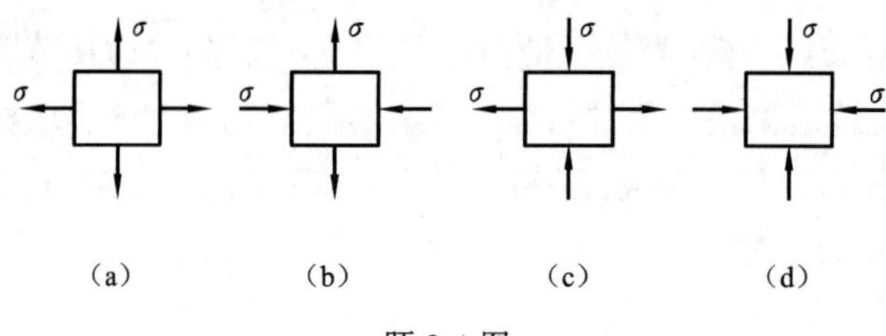

题 8-4 图

A. (a) 与(d)　　　　B. (b) 与(c)

C. (a) 与(d) 及(c) 与(b)　　　　D. (a) 与(b) 及(c) 与(d)

8-5　试用微元体表示题 8-5 图示各种构件中指定点的应力状态，并算出微元体上的应力值。

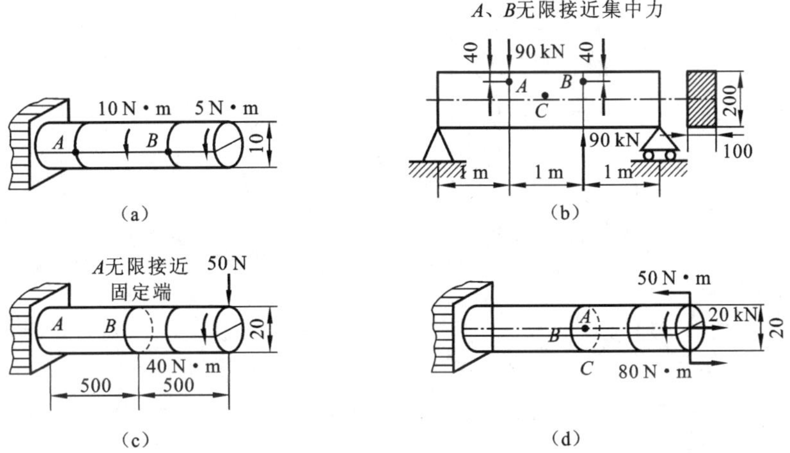

题 8-5 图

8-6　用解析法和图解法计算题 8-6 图示各微元体斜截面上的应力(单位：MPa)。

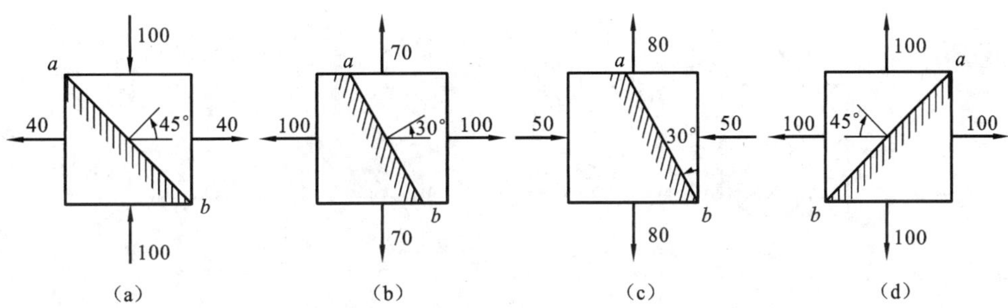

题 8-6 图

8-7　已知微元体的应力状态如题 8-7 图所示。试用解析法或图解法求：(1) 主应力的大小和方向；(2) 在微元体上画出主平面的位置；(3) 最大切应力。(图中应力单位为 MPa)

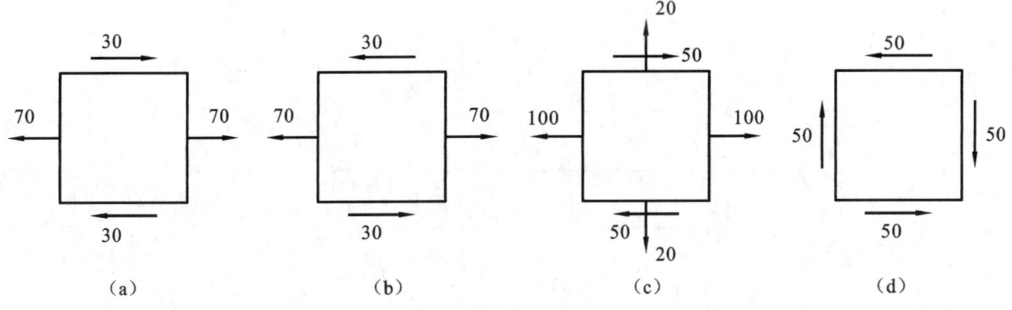

题 8-7 图

8-8　求出题 8-8 图示微元体的主应力和最大切应力(图中应力单位为 MPa)。

8-9　已知构件中某点处于平面应力状态,已知两个斜截面上的应力大小和方向,如题 8-9 图所示,试用解析法和图解法确定该点的主应力(应力单位为 MPa)。

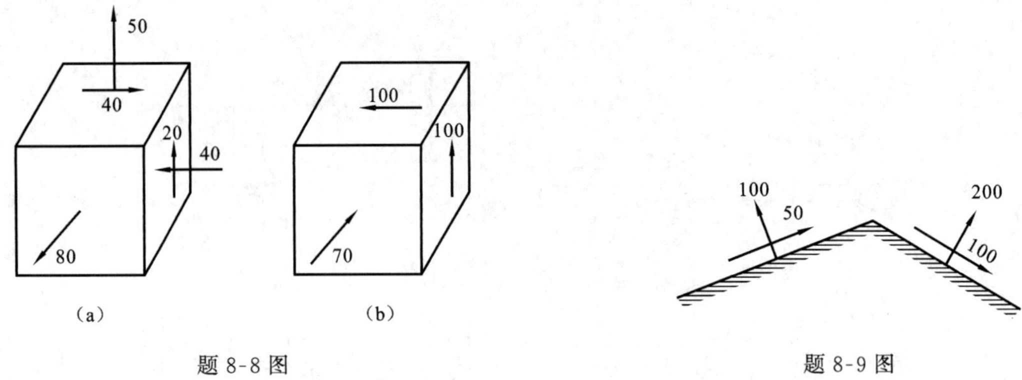

题 8-8 图　　题 8-9 图

8-10　如题 8-10 图示粗纹木块,如果沿木纹方向切应力大于 5 MPa 时,就会沿木纹剪裂。设 $\sigma_y = 8$ MPa,要使木块不发生剪断,σ_x 的值应在什么范围内?

8-11　如题 8-11 图所示,直径为 d 的圆轴,两端受扭矩 M_x 的作用,由实验测出轴表面某点 K 与轴线成 15° 方向的线应变为 $\varepsilon_{15°}$,试求 M_x 的数值。设材料的弹性模量 E 和 μ 已知。

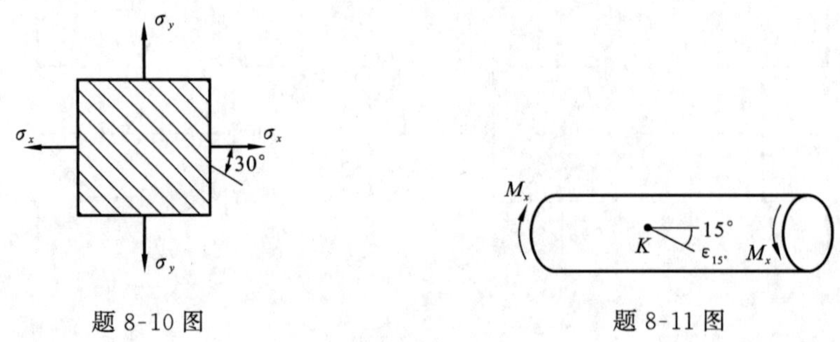

题 8-10 图　　题 8-11 图

8-12　在题 8-12 图示矩形截面简支梁的中性层上某一点 K 处,沿与轴线成 30° 方向贴有应变片,并测出正应变 $\varepsilon_{30°} = -1.3 \times 10^{-5}$,试求梁的载荷 F_P。设梁的弹性模量 $E = 200$ GPa,$\mu = 0.3$。

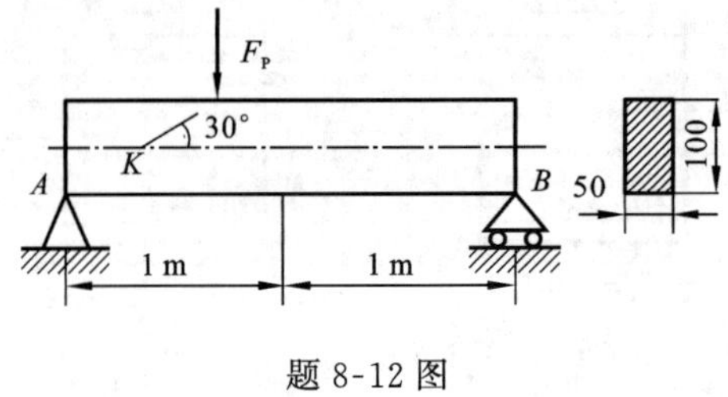

题 8-12 图

8-13　某构件中的三个点的应力状态如题 8-13 图所示(应力单位为 MPa)。试按第一、第三两种强度理论判断哪一点是危险点。

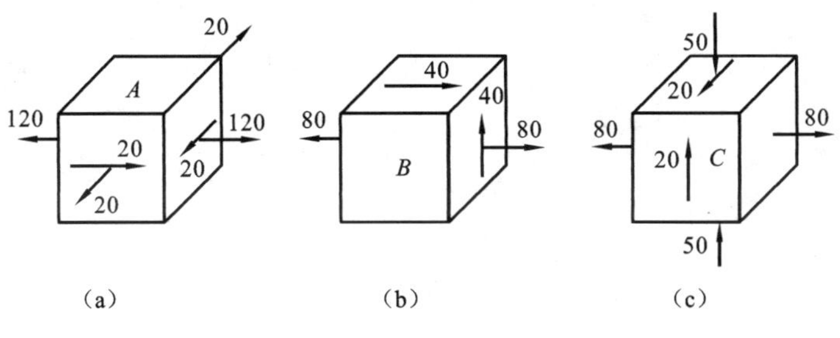

题 8-13 图

8-14　如题 8-14 图示 25b 工字钢简支梁,载荷 $F_P = 200$ kN,$q = 10$ kN/m,尺寸 $a = 0.2$ m,$L = 2$ m,许用正应力$[\sigma] = 160$ MPa,许用切应力$[\tau] = 100$ MPa。试对梁的最大正应力和最大切应力进行强度校核,并对翼缘与腹板交界处的应力状态按第四强度理论进行校核。

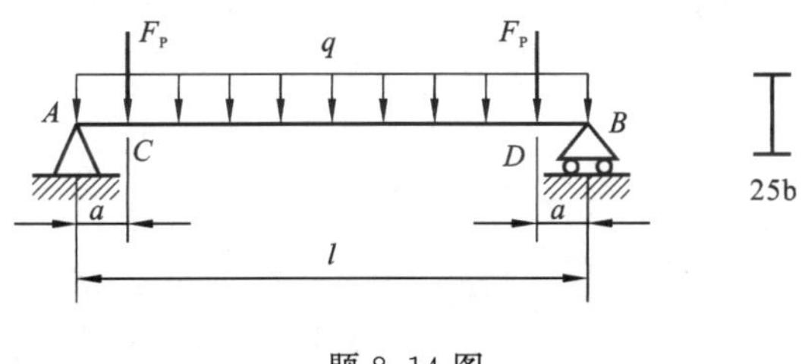

题 8-14 图

第9章 组合变形

9.1 组合变形的概念

在前面各章中，分别讨论了杆件在拉压、剪切、扭转、平面弯曲四种基本变形条件下的强度及刚度问题。但在工程实际中，受力构件所发生的变形往往是由两种或两种以上的基本变形所构成。例如图 9.1(a) 中，机床立柱在受轴向拉伸的同时还有弯曲变形；图 9.1(b) 机械传动中的圆轴为扭转和弯曲变形的组合；而图 9.1(c) 中的厂房立柱为轴向压缩及弯曲变形的组合。我们将这种由两种或两种以上的基本变形所组成的变形称为组合变形(comblex deformation)。

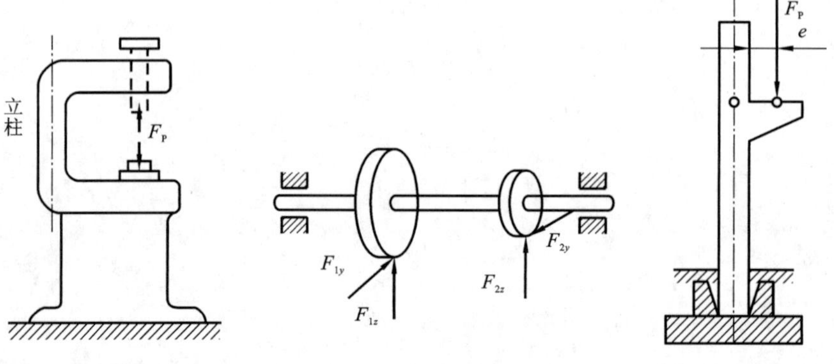

(a) 立柱为拉弯组合变形　　(b) 圆轴为弯扭组合变形　　(c) 厂房立柱为压弯组合变形

图 9.1　几种组合变形形式

构件在外力作用下，若在线弹性范围内，且满足小变形条件，即受力变形后仍可按原始尺寸和形状进行计算，那么构件上各个外力所引起的变形将相互独立、互不影响。这样，在处理组合变形问题时，就可以先将构件所受外力简化为符合各种基本变形作用条件下的外力系。通过对每一种基本变形条件下的内力、应力、变形进行分析计算，然后再根据叠加原理，综合考虑在组合变形情况下构件的危险截面的位置以及危险点的应力状态，并可据此对构件进行强度计算。但需指出，若构件超出了线弹性范围，或不满足小变形假设，则各基本变形将会互相影响，这样就不能应用叠加原理进行计算，对于这类问题的解决，可参阅相关资料的介绍。而本章所涉及的内容，叠加原理均适用。

9.2 斜弯曲

在弯曲问题中已经介绍，若梁所受外力或外力偶均作用在梁的纵向对称平面内，则梁变形后的挠曲线亦在其纵向对称平面内，将这种弯曲称为平面弯曲。但在工程实际中，也常常会遇到梁上的横向力并不在梁的对称平面内，而是与其纵向对称平面有一夹角的情况。例如，屋顶檩条倾斜安置时，梁所承受的铅垂方向的外力并不在其纵向对称平面内，其受力简图如图 9.2 所示。在这种情况下，梁变形后的挠曲线将与外力不在同一纵向平面内，将这种弯曲称为斜弯曲(skew bending)。

以图 9.3 所示矩形截面悬臂梁为例，其自由端受一与 y 轴夹角为 φ 的集中力 F_P 作用。可将力 F_P 先简化为平面弯曲的情况，即将力 F_P 沿 y 轴和 z 轴进行分解，即

$$F_y = F_P\cos\varphi,\quad F_z = F_P\sin\varphi \qquad ①$$

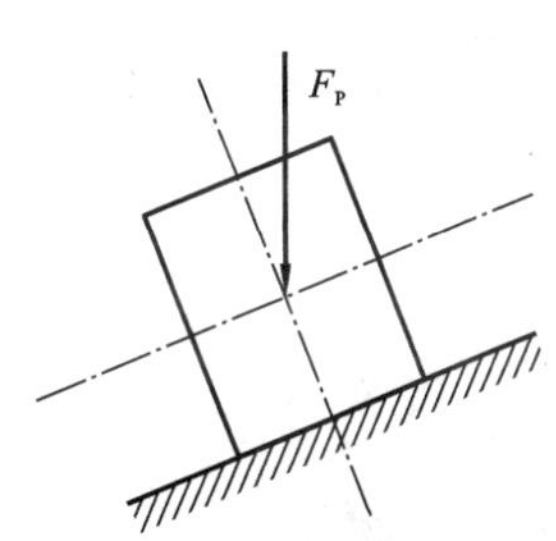

图 9.2　矩形截面受力图

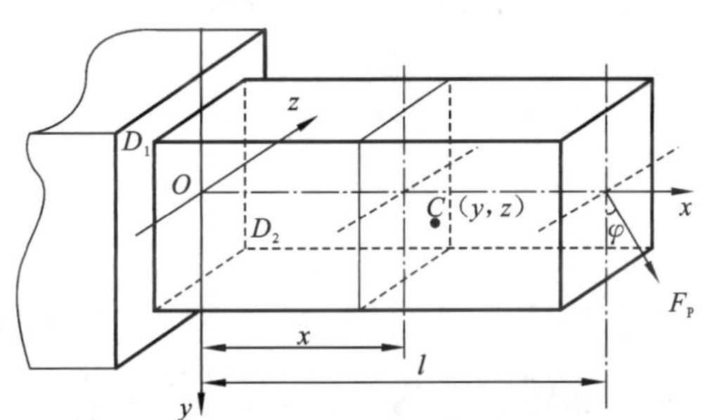

图 9.3　悬臂梁斜弯曲受力图

在分力 F_y、F_z 作用下，梁将分别在铅垂纵向对称平面内(xOy 面内)和水平纵向对称平面内(xOz 面内)发生平面弯曲。则在距左端点为 x 的截面上，由 F_z 和 F_y 引起的截面上的弯矩值分别为

$$M_y = F_z(l-x),\quad M_z = F_y(l-x) \qquad ②$$

若设 $M = F_P(l-x)$，并将式 ① 代入式 ② 中，则

$$M_y = M\sin\varphi,\quad M_z = M\cos\varphi \qquad ③$$

在截面的任一点 $C(y,z)$ 处，由 M_y 和 M_z 引起的正应力分别为

$$\sigma' = -\frac{M_y z}{I_y},\quad \sigma'' = -\frac{M_z y}{I_z} \qquad ④$$

式中，负号表示均为压应力。对于其他点处的正应力的正负可由实际情况确定。所以，C 点处的正应力为

$$\sigma = \sigma' + \sigma'' = -\frac{M_y z}{I_y} - \frac{M_z y}{I_z}$$

将式 ③ 代入上式可得

$$\sigma = -M\left(\frac{\sin\varphi z}{I_y} + \frac{\cos\varphi y}{I_z}\right) \qquad (9.1)$$

由上面分析及式(9.1) 可知，梁上固定端截面上有最大弯矩，且其顶点 D_1 和 D_2 点为危险点，分别有最大拉应力和最大压应力。而拉压应力的绝对值相等，可知危险点的应力状态均为单向应力状态，所以，梁的强度条件为

$$\sigma_{\max} = \left| M\left(\frac{\sin\varphi}{I_y} z_{\max} + \frac{\cos\varphi}{I_z} y_{\max}\right) \right| \leqslant [\sigma]$$

即

$$\sigma_{\max} = \left| \frac{M_y}{W_y} + \frac{M_z}{W_z} \right| \leqslant [\sigma] \tag{9.2}$$

同平面弯曲一样，危险点应在离截面中性轴最远的点处。而对于这类具有棱角的矩形截面梁，其危险点的位置均应在危险截面的顶点处，所以较容易确定。但对于图 9.4 所示没有棱角的截面，要先确定出截面的中性轴位置，才能确定出危险点的位置。

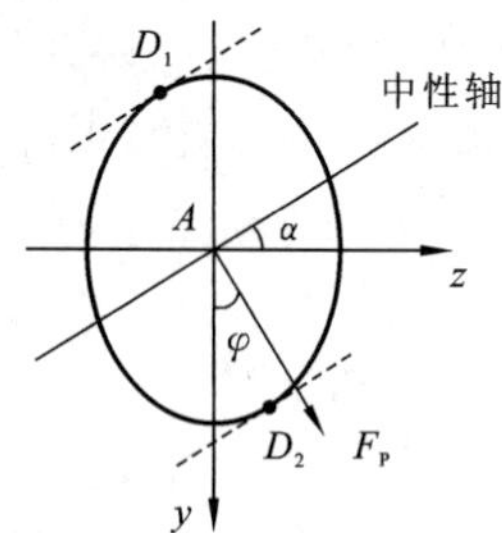

图9.4　横截面中性轴位置图

因为中性轴上的正应力必为 0，若设截面中性轴上任一点的坐标为 $(y_O、z_O)$，且由式(9.1) 可得

$$\sigma = -M\left(\frac{\sin\varphi}{I_y} z_O + \frac{\cos\varphi}{I_z} y_O\right) = 0$$

所以，中性轴的方程式为

$$\frac{\sin\varphi}{I_y} z_O + \frac{\cos\varphi}{I_z} y_O = 0 \tag{9.3}$$

由上式可知，它是一条通过截面形心的斜直线。设它与 z 轴的夹角为 α，可得

$$\tan\alpha = \left| \frac{y_O}{z_O} \right| = \left| \frac{I_z}{I_y} \tan\varphi \right| \tag{9.4}$$

由截面中性轴与 z 轴的夹角 α 即可确定其位置。

由式(9.3)、式(9.4) 可知，截面中性轴主要有以下特点：

(1) 中性轴通过截面形心。

(2) 其位置只取决于外力 F_P 与 z 轴的夹角及截面形状和几何尺寸，而与外力的大小无关。

(3) 当外力 F_P 在第一、三象限时，中性轴必在第二、四象限内；当外力 F_P 在第二、四象限时，中性轴必在第一、三象限内。

(4) 当截面的 $I_y \neq I_z$ 时，$\alpha \neq \varphi$，即中性轴不垂直于外力 F_P，而截面的挠曲线所在平面与中性轴垂直，所以挠曲线与外力作用面不在同一平面内，故称为斜弯曲；反之，若截面的 $I_y = I_z$ 时，则 $\alpha = \varphi$，即不论 φ 为何值，中性轴都会与外力 F_P 垂直，即梁只会发生平面弯曲，例如圆、正方形、正多边形等截面均为此类截面。

9.3　拉伸(压缩) 与弯曲组合变形

由杆件的基本变形可知，轴向拉压时杆件所受外力的合力作用线必须通过轴线；而在弯曲时所受外力则须与杆件轴线垂直。但当杆件受到轴向力和横向力共同作用时，或外力的合力作用线不通过轴线时，杆件都将产生拉伸(或压缩) 与弯曲的组合变形(combined bending and axial local)。例如，图 9.5 所示一悬臂吊车的横梁 AB，其在受到压缩的同时

还受到弯曲变形，即为压弯组合变形。另外当梁发生横力弯曲时，若还受到轴向力作用也可构成拉弯(或压弯)组合变形，如图 9.6 所示。但需注意，若要利用叠加原理，则杆件须满足应用的条件，即材料在线弹性范围内，且符合小变形假设。例如，图 9.6 中只有当梁的弯曲刚度 EI 较大，即其挠度较小且可由其原始尺寸计算时，叠加原理才是适用的。

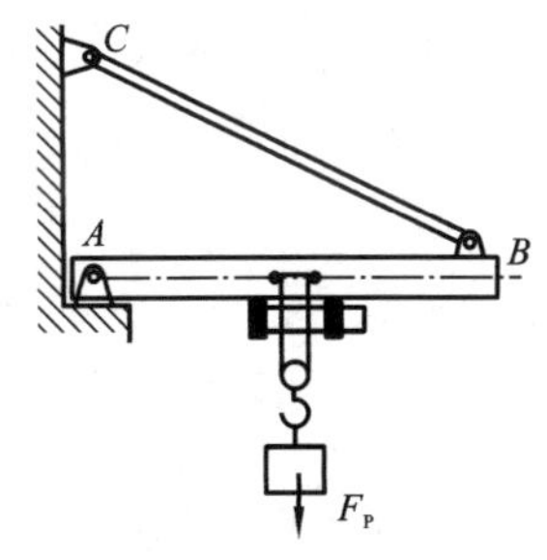

图 9.5　起重架 AB 梁为拉弯组合

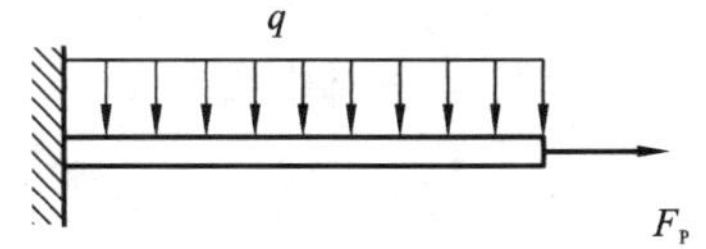

图 9.6　悬臂梁受拉弯组合

以图 9.7(a) 所示矩形截面等直杆其自由端受一集中力 F_P 作用为例，来说明拉(压)弯组合变形时的分析方法和强度计算问题。

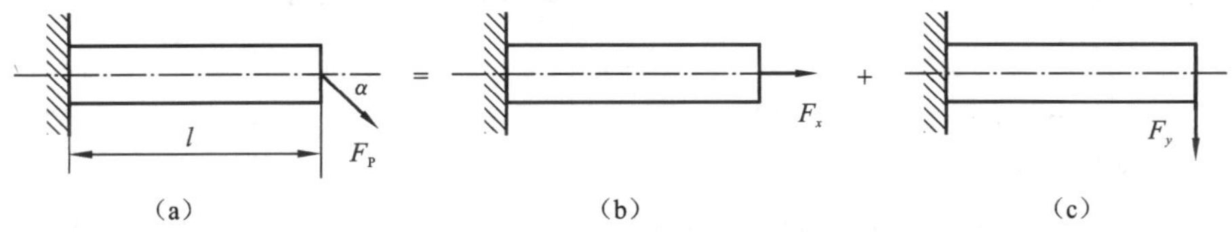

图 9.7　悬臂梁受拉弯组合图

设力 F_P 与杆轴线在自由端截面上相交且夹角为 α。可先将力 F_P 分解为沿轴线和垂直于轴线方向的两个分力 F_x 和 F_y，其大小分别为

$$F_x = F_P\cos\alpha,\quad F_y = F_P\sin\alpha$$

由图 9.7(b) 可知，杆件为轴向拉伸，横截面上的正应力为均匀分布，如图 9.8(a) 所示，其截面上各点均为危险点，最大正应力为

$$\sigma_N = \frac{F_x}{A}$$

由图 9.7(c) 可知，杆件为平面弯曲，因为固定端截面上弯矩最大 $M_z = F_y l$，所以其截面上、下边缘各点均为危险点，横截面上的正应力为线性分布，如图 9.8(b) 所示，最大正应力的大小为

$$\sigma_M = \frac{M_z}{W_z} = \frac{F_y l}{W_z}$$

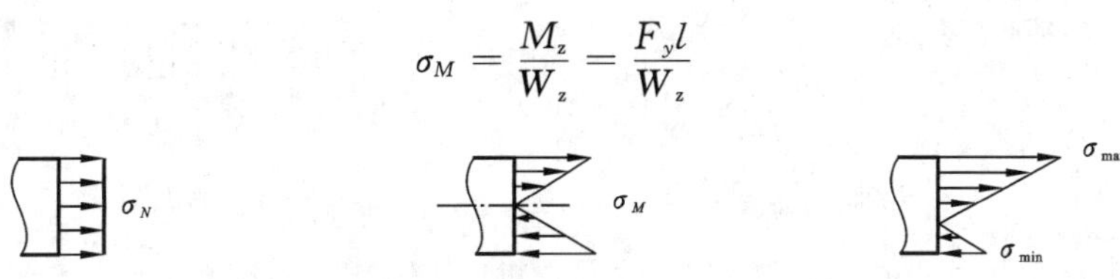

(a) 轴向拉伸时应力分布图　(b) 横向弯曲时正应力分布图　(c) 拉弯组合时正应力分布图

图 9.8　横截面上应力分布图

利用叠加原理,将拉伸及弯曲正应力叠加后,危险截面上正应力沿截面高度的变化情况如图 9.8(c) 所示,仍为线性分布。所以,危险截面上危险点的正应力为

$$\left.\begin{matrix}\sigma_{\max}\\ \sigma_{\min}\end{matrix}\right\}=\frac{F_x}{A}\pm\frac{M_z}{W_z}$$

应当注意,图 9.8(c) 是当 $\sigma_N < \sigma_M$ 时的情况,这时 $\sigma_{\max}$ 为拉应力,$\sigma_{\min}$ 为压应力。而当 $\sigma_N \geqslant \sigma_M$ 时,$\sigma_{\max}$、$\sigma_{\min}$ 均为拉应力,所以,截面上的应力分布情况要根据实际受力状态来确定。

由上分析可知,危险点处的应力状态应为单向应力状态,所以可将截面上的 $\sigma_{\max}$ 与材料的许用应力相比较而建立其强度条件:

$$\sigma_{\max}=\frac{F_x}{A}+\frac{M_z}{W_z}\leqslant[\sigma] \tag{9.5}$$

对于许用拉、压应力不相等的材料,且危险截面上同时存在最大拉、压应力时,则须使杆内的最大拉、压应力分别满足杆件的拉、压强度条件。

例 9.1 图 9.9(a) 所示起重架最大起重量 $G = 40$ kN,结构自重不计,横梁 AB 由两根槽钢组成,跨长为 $l = 3.5$ m,其许用正应力 $[\sigma] = 120$ MPa,弹性模量 $E = 200$ GPa。试求:

(1) 选择槽钢型号。

(2) 若拉杆 BC 为 $b \times h = 10\text{ mm} \times 40\text{ mm}$ 的钢条,材料与 AB 梁相同。当载荷 G 作用于梁 AB 的中点时,计算该点的铅垂位移。

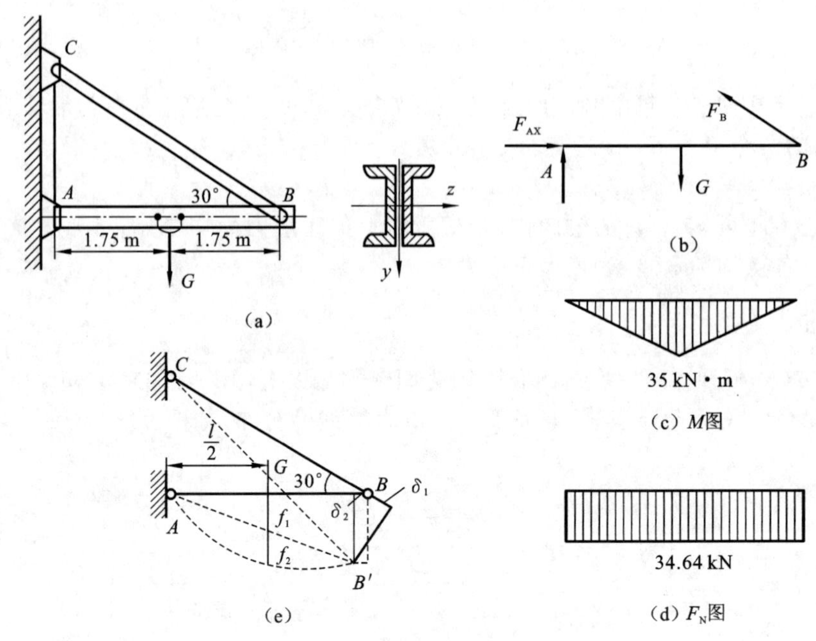

图 9.9　起重架

解　(1) AB 梁的受力简图如图 9.9(b) 所示,可知其应为压弯组合变形。且当载荷 G 移动到梁中点时,横梁处于最危险状态。其弯矩及轴力图如图 9.9(c)、(d) 所示,可判断出

危险截面应为梁的中点截面，其内力分量为

$$F_N = \frac{\frac{G}{2}}{\tan 30^\circ} = \frac{40}{2\tan 30^\circ} = 34.64(\text{kN})$$

$$M_z = \frac{Gl}{4} = \frac{40 \times 3.5}{4} = 35(\text{kN})$$

因为在危险截面的上边缘有最大压应力，所以应以此点进行计算。

由强度条件 $\sigma_{\max} = \frac{F_x}{A} + \frac{M_z}{W_z} \leqslant [\sigma]$ 进行截面设计。

因为式中 A、M_z 均为待定参数，故不能直接求出。可先由弯曲强度选择截面（注意：截面由两个槽钢组成），然后再考虑轴向力进行校核，则有

$$\sigma = \frac{M_z}{2W_z} \leqslant [\sigma]$$

$$W_z \geqslant \frac{M_z}{2[\sigma]} = \frac{35 \times 10^3}{2 \times 120 \times 10^6} = 0.146 \times 10^{-3}(\text{m}^3) = 146\ \text{cm}^3$$

查表。可选用 No. 18 号槽钢，其相关截面参数为 $A = 29.29\ \text{cm}^2$，$W_z = 152.2\ \text{cm}^3$，$I_z = 1369.9\ \text{cm}^4$。所以横梁最大的压应力的值为

$$\sigma_{\max} = \frac{F_N}{A} + \frac{M_z}{W_z} = \frac{34.64 \times 10^3}{2 \times 29.29 \times 10^{-4}} + \frac{35 \times 10^3}{2 \times 152.2 \times 10^{-6}} = 120.9(\text{MPa}) > [\sigma]$$

(2) 求载荷作用点的铅垂位移。

因材料受力在线弹性范围内，且为小变形，故也可由叠加原理进行计算。其变形几何关系如图 9.9(e) 所示，当仅有轴向力作用时，因为

$$\delta_1 = \frac{F_1 l_1}{E_1 A_1} = \frac{F_N l}{E_1 A_1 \cos 30^\circ} = \frac{34.64 \times 3.5}{200 \times 10^9 \times 10 \times 40 \times 10^{-6}\ \cos^2 30^\circ} = 2.02 \times 10^{-3}(\text{m})$$

$$\delta_2 = \frac{F_2 l_2}{E_2 A_2} = \frac{F_N l}{E_2 A_2} = \frac{34.64 \times 3.5}{200 \times 10^9 \times 2 \times 29.29 \times 10^{-4}} = 0.104 \times 10^{-3}(\text{m})$$

所以由轴向力引起的荷载作用点的位移为

$$\Delta_1 = \frac{\delta_B}{2} = \frac{1}{2}\left(\frac{\delta_1}{\sin 30^\circ} + \frac{\delta_2}{\tan 30^\circ}\right) = \frac{1}{2}\left(\frac{2.02}{\sin 30^\circ} + \frac{0.104}{\tan 30^\circ}\right) \times 10^{-3} = 2.11 \times 10^{-3}(\text{m})$$

由弯矩引起的荷载作用点的位移为

$$\Delta_2 = \frac{Gl^3}{48EI_z} = \frac{40 \times 10^3 \times 3.5^3}{48 \times 200 \times 10^9 \times 2 \times 1369.9 \times 10^{-8}} = 6.52 \times 10^{-3}(\text{m})$$

所以荷载作用点的铅垂位移为

$$\Delta = \Delta_1 + \Delta_2 = 2.11 \times 10^{-3} + 6.52 \times 10^{-3} = 8.63 \times 10^{-3}(\text{m})$$

9.4　弯曲与扭转组合变形

在基本变形中我们研究了圆轴受扭时的强度和刚度问题。而在工程实际中，杆件在受到扭转变形的同时，往往还会受横力弯曲的作用。而当这种弯曲变形不能忽略时，杆件所

发生的变形就应是扭转和弯曲共同作用的弯扭组合变形。图 9.10(a) 为一圆杆，左端固定，右端自由。在自由端的横截面内作用着一个外力偶矩以及一个通过轴心的横向力 F_P。外力偶矩使圆杆产生扭转变形，而横向力使圆杆产生弯曲变形。考虑到由横向力引起的切应力影响很小，可以略去不计，于是圆杆的变形就是弯曲与扭转变形的组合(combined bending and torsion)。

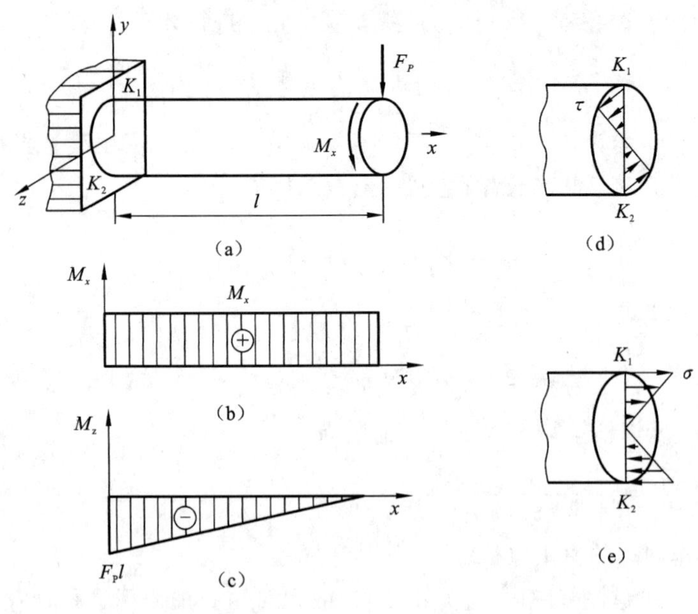

图 9.10　组合变形圆杆

(1) 内力分析及危险截面的确定。

由圆杆的扭矩图和弯矩图[图 9.10(e)、(d)]可见，固定端是危险截面。

(2) 危险点的确定。

按危险截面上弯曲正应力和扭转切应力的分布可知[图 9.10(d)、(e)]，该截面上、下缘 K_1、K_2 两点同时有最大的弯曲正应力和扭转切应力，其值分别为

$$\sigma = \pm\frac{M_z}{W_z} = \pm\frac{F_P l}{W_z},\quad \tau = \frac{M_x}{W_p}$$

式中，W_z，W_p 是圆杆的抗弯和抗扭截面系数。因 K_1、K_2 两点均属复杂应力状态，故需分别进行强度计算。

(3) 强度计算。

按 K_1、K_2 的应力状态[图 9.11(a)、(b)]画出应力圆分别如图 9.11(c)、(d) 所示，主应力分别为

$$\sigma_1 = \sigma_{\max} = \frac{\sigma}{2} + \sqrt{\left(\frac{\sigma}{2}\right)^2 + \tau^2}$$

$$\sigma_2 = 0$$

$$\sigma_3 = \sigma_{\min} = \frac{\sigma}{2} - \sqrt{\left(\frac{\sigma}{2}\right)^2 + \tau^2}$$

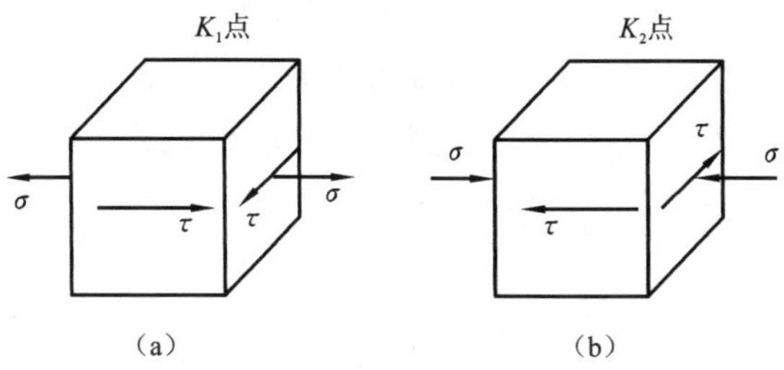

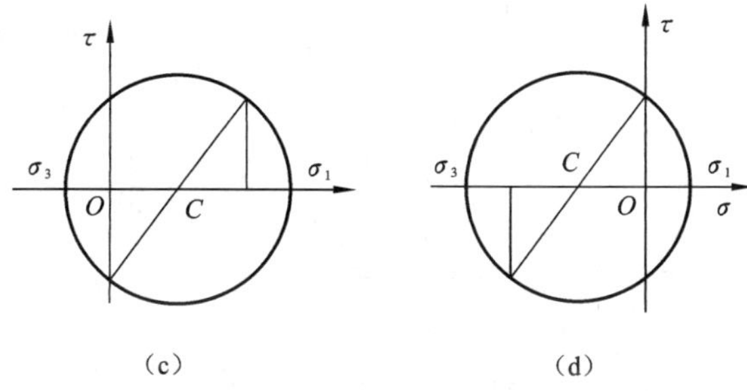

图 9.11　点的应力状态

工程中的许多轴类零件(传动轴、齿轮轴)经常处于弯扭组合变形状态,它们多由塑性材料制成,因此选择第三或第四强度理论。

选用第三强度理论计算时,强度条件是

$$\sigma_{r3}=\sigma_1-\sigma_3\leqslant[\sigma]$$

将所得的主应力 σ_1、σ_3 代入,得出

$$\sigma_{r3}=\sqrt{\sigma^2+4\tau^2}\leqslant[\sigma] \tag{9.6}$$

式中,$\sigma=\dfrac{M_z}{W_z}$,$\tau=\dfrac{M_x}{W_p}$。对于实心圆轴有

$$W_p=\frac{\pi}{16}d^3=2W_z$$

则式(9.6)可以写成

$$\frac{\sqrt{M_z^2+M_x^2}}{W_z}\leqslant[\sigma] \tag{9.7}$$

选用第四强度理论计算时,强度条件是

$$\sigma_{r4}=\sqrt{\frac{1}{2}[(\sigma_1-\sigma_2)^2+(\sigma_2-\sigma_3)^2+(\sigma_3-\sigma_1)^2]}\leqslant[\sigma]$$

将所得的主应力 σ_1、σ_2、σ_3 代入,得出

$$\sigma_{r4}=\sqrt{\sigma^2+3\tau^2}\leqslant[\sigma] \tag{9.8}$$

按同样步骤式(9.8)可以改写成

$$\frac{\sqrt{M_z^2+0.75M_x^2}}{W_z}\leqslant[\sigma] \tag{9.9}$$

应该指出，对于上述圆轴受弯扭组合变形的问题，我们是在假设圆轴处于静止平衡状态下而进行分析和讨论的。但实际上一般机械传动中的圆轴应处于均速转动状态，这时圆轴截面上的危险点应力处于周期性交替变化状态中，我们将这种状态下所产生的应力称为交变应力。而在交变应力状态下，构件往往是在最大应力远小于静载时的强度指标的情况下而发生突然的破坏。

例 9.2 水平薄壁圆管 AB，A 端固定支承，B 端与刚性臂 BC 垂直连接，且 $l = 800\ \mathrm{mm}$，$a = 300\ \mathrm{mm}$，如图 9.12(a) 所示。圆管的平均直径 $D_0 = 40\ \mathrm{mm}$，壁厚 $t = \dfrac{5}{\pi}\ \mathrm{mm}$。材料的许用正应力 $[\sigma] = 100\ \mathrm{MPa}$，若在 C 端作用铅垂载荷 $F_P = 200\ \mathrm{N}$，试按第三强度理论校核圆管强度。

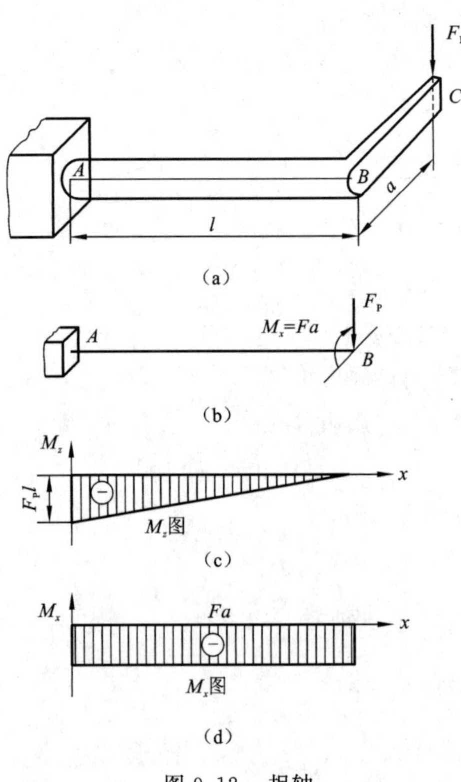

图 9.12　拐轴

解　杆 AB 的受力简图如图 9.12(b) 所示，可知其为弯扭组合变形。其弯矩 M_z 图、扭矩 M_x 图如图 9.12(c)、图 9.12(d) 所示，可知其危险截面为固定端 A 截面，其上的内力为

$$M_z = F_P l = 200 \times 800 \times 10^{-3} = 160(\mathrm{N \cdot m})$$

$$M_x = F_P a = 200 \times 300 \times 10^{-3} = 60(\mathrm{N \cdot m})$$

且截面惯性矩为

$$I_z = \frac{I_P}{2} = \frac{1}{2}\pi D_0 t \left(\frac{D_0}{2}\right)^2 = \frac{\pi \times \dfrac{5}{\pi} \times 40^3 \times 10^{-12}}{8} = 4 \times 10^{-8}(\mathrm{m}^4)$$

所以弯曲截面模量为

$$W_z = \frac{I_z}{\frac{(D_0 + t)}{2}} = \frac{4 \times 10^{-8} \times 2}{\left(40 + \frac{5}{\pi}\right) \times 10^{-3}} = 1.92 \times 10^{-6} (\mathrm{m}^4)$$

由式(9.7)第三强度理论强度条件

$$\sigma_{r3} = \frac{\sqrt{M_z^2 + M_x^2}}{W_z} \leqslant [\sigma]$$

$$\sigma_{r3} = \frac{\sqrt{160^2 + 60^2}}{1.92 \times 10^{-6}} = 89(\mathrm{MPa}) \leqslant [\sigma]$$

故 AB 杆满足强度条件。

例 9.3　某精密磨床砂轮轴如图 9.13 所示，已知电动机功率 $P = 3$ kW，转速 $n = 1\,400$ rpm，转子重力 $G_1 = 101$ N，砂轮直径 $D = 25$ cm，重力为 $G_2 = 275$ N，磨削力 $\frac{F_y}{F_z} = 3$，轴的直径 $d = 50$ cm，材料的许用正应力 $[\sigma] = 60$ MPa。当砂轮机满负荷工作时，试校核轴的强度。

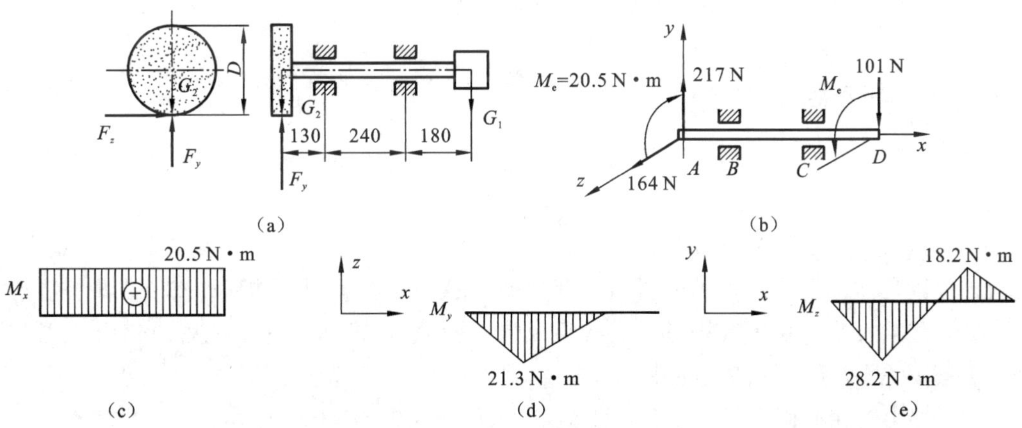

图 9.13　磨床砂轮轴

解　(1) 受力分析。

先由已知条件求出砂轮轴所受所有外力，其所受的扭转力偶矩为

$$M_x = 9549\,\frac{P}{n} = 9549 \times \frac{3}{1400} = 20.5(\mathrm{N \cdot m})$$

磨削力为

$$F_z = \frac{M_x}{\frac{D}{2}} = \frac{20.5 \times 2}{25 \times 10^{-2}} = 164(\mathrm{N})$$

$$F_y = 3F_z = 3 \times 164 = 492(\mathrm{N})$$

根据砂轮轴的受力状态，可作出其受力简图如图 9.13(b) 所示。

(2) 内力分析。

作出轴的扭矩 M_x、弯矩 M_y、M_z 图如图 9.13(c)、图 9.13(d) 和图 9.13(e) 所示。可知危险截面为截面 B，其内力分量即扭矩和弯矩值分别为

$$M_x = 20.5\ \mathrm{N \cdot m}$$

$$M = \sqrt{M_y^2 + M_z^2} = \sqrt{21.3^2 + 28.2^2} = 35.4(\mathrm{N \cdot m})$$

但应注意,因为圆截面的任一直径都是主形心轴,故可将弯矩 M_y、M_z 合成,先求出合成弯矩 M,再按 M 进行应力或强度计算。但若不是圆截面,则不可合成,而应按两相互垂直平面内平面弯曲的方法进行计算。

(3) 强度校核。

由第四强度理论

$$\sigma_{r4} = \frac{\sqrt{(M)^2 + 0.75\,(M_x)^2}}{W} = \frac{\sqrt{35.4^2 + 0.75 \times 20.5^2}}{\frac{\pi}{32} \times (50 \times 10^{-3})^3} = 3.23(\mathrm{MPa}) \leqslant [\sigma]$$

由上述计算可见,轴的强度是非常保守的。这是因为精密磨床的加工精度要求较高,轴的设计主要是根据轴的刚度来进行设计的。

9.5 思考与讨论

9.5.1 复杂荷载处理方法

材料力学教材中,对组合变形的教学均是按照组合变形的分类来逐一介绍。但是充其量只能介绍拉(压)弯、弯扭及斜弯曲几种,而且对于每一种组合变形的判定只能通过教材中给定的外力特点来分析。那么如果构件受任意载荷、发生的是更为复杂的组合变形。针对这一问题本专题介绍一种分析组合变形的一般性方法:外力分析法。该种方法的特点是给出了组合变形是由哪几种基本变形组成的一般分析方法,而这正是解决组合变形问题的关键。根据作用在构件上的外力的方位,可以分为以下四种情况:

(1) 外力与横截面平行作用且过截面形心,但与主轴不重合,如图 9.14(a) 所示;

(2) 外力与横截面平行作用,但力作用线不通过形心,如图 9.14(b) 所示;

(3) 外力过截面形心与横截面斜交,如图 9.14(c) 所示;

(4) 外力与横截面垂直,但与杆轴线不重合,如图 9.14(d) 所示。

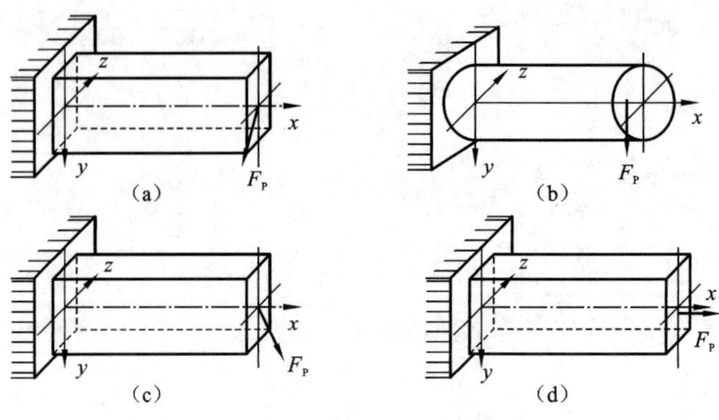

图 9.14　杆件受力图

针对不同的外力作用形式,采取不同的处理方法。有以下三种方法:

将外力沿横截面形心主惯性轴分解。对于上述第(1) 种外力作用形式可以采取此方法,如图 9.15 所示。

图 9.15 中分解以后得到 F_y 和 F_z,F_y 使构件产生在 xOy 平面内的弯曲变形,F_z 使构件产生在 xOz 平面内的弯曲变形,所以该组合变形是由发生在两个互相垂直的平面内的弯曲变形组合而成,也就是所谓的斜弯曲。

将外力沿横截面的法线与切面方向分解。对于上述第(3) 种外力作用形式可以采取此方法,如图 9.16 所示。图 9.16 中分解以后得到 F_y 和 F_x,F_x 使构件产生拉伸变形,F_y 使构件产生在 xOy 平面内的弯曲变形,所以该组合变形是由拉伸与弯曲组成。

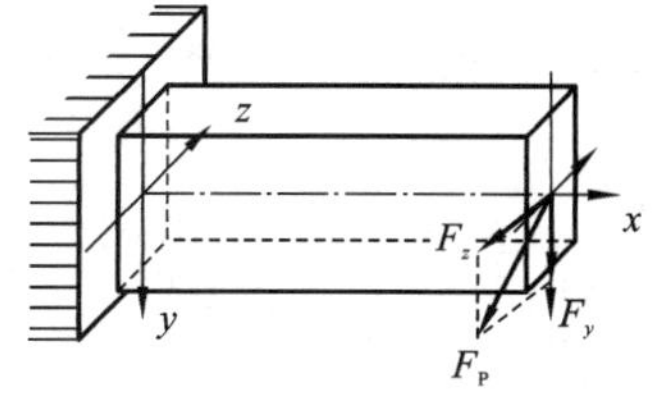

图 9.15　力的分解

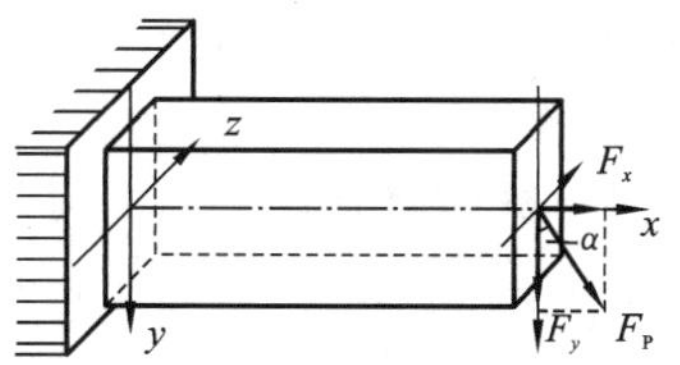

图 9.16　力的分解图

外力向截面形心处简化。对于上述第(2) 种和第(4) 种外力作用形式可以采取此方法,如图 9.17 和图 9.18 所示。

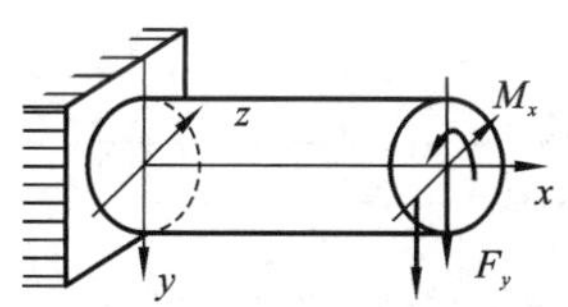

图 9.17　力向截面形心简化

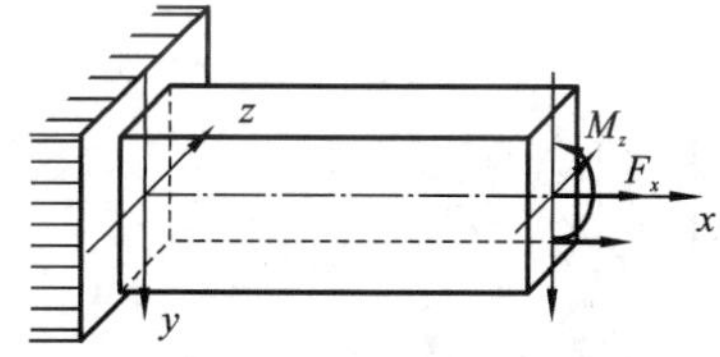

图 9.18　力向截面形心简化

值得注意的是,图 9.17 和图 9.18 中的外力 F 在向截面形心处简化时,要伴随一个附加力偶的出现,这个力偶是产生扭转变形还是弯曲变形呢?作用在与杆轴线相垂直的平面内的力偶是产生扭转变形;作用在通过杆轴线的平面内的力偶是产生弯曲变形。

图 9.17 中外力 F 在向截面形心处简化时,得到 F_y 和 M_x,F_y 使构件产生在 xOy 平面内的弯曲变形,M_x 使构件产生扭转变形,所以该组合变形是弯曲和扭转变形的组合。

图 9.18 中外力 F 在向截面形心处简化时,得到 F_x 和 M_z,F_x 使构件产生拉伸变形,M_z 使构件产生在 xOy 平面内的弯曲变形,所以该组合变形是拉伸和弯曲变形的组合。

9.5.2　归纳组合变形的解题步骤

组合变形时的构件强度计算,是材料力学中具有广泛实用意义的问题。它的计算是以力作用的叠加原理为基本前提,即构件在全部荷载作用下所发生的应力和变形,等于构件在每一个荷载单独作用时所发生的应力或变形的总和。

分析组合变形杆件强度问题的方法和步骤可归纳如下。

(1) 分析作用在杆件上的外力,将外力分解成几种使杆件只产生单一的基本变形时受力情况。

(2) 作出杆件在各种基本变形情况下的内力图，并确定危险截面及其上的内力值。

(3) 通过对危险截面上的应力分布规律的分析，确定危险点的位置，并明确危险点的应力状态。

(4) 若危险点为单向应力状态，则可按基本变形时的情况建立强度条件；若为复杂应力状态，则应由相应的强度理论进行强度计算。

习 题 9

9-1　如题 9-1 图所示，正方形截面杆一端固定，另一端自由，中间部分开有切槽。杆自由端受有平行于杆轴线的纵向力 $F_P = 1$ kN，试求杆内横截面上的最大正应力，并指出其作用位置。

9-2　矩形截面的悬臂梁承受荷载如题 9-2 图所示，已知材料的许用正应力 $[\sigma] = 12$ MPa，弹性模量 $E = 10$ GPa。当 $h/b = 2$ 时，试设计截面的尺寸 b、h。

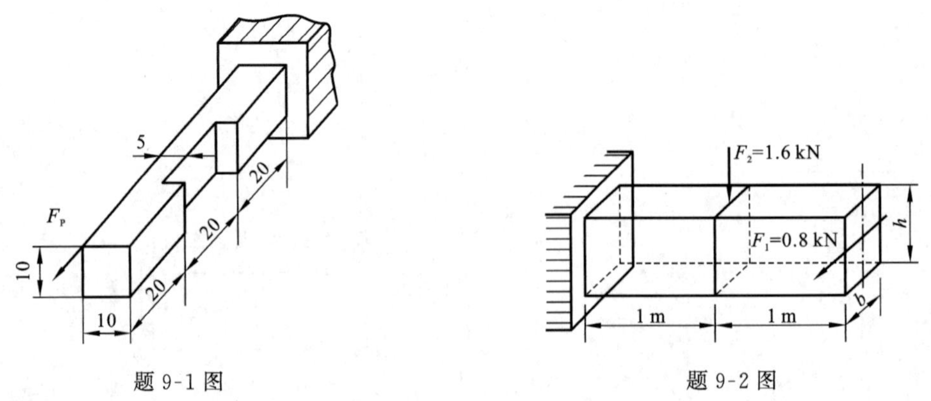

题 9-1 图　　　　题 9-2 图

9-3　如题 9-3 图所示矩形截面简支梁，受均布载荷 $q = 1.2$ kN/m 作用，且载荷作用面与梁的纵向对称平面的夹角为 $\alpha = 30°$。已知 $l = 3$ m，$h/b = 1.5$，许用正应力 $[\sigma] = 10$ MPa。试确定 h 和 b 的尺寸。

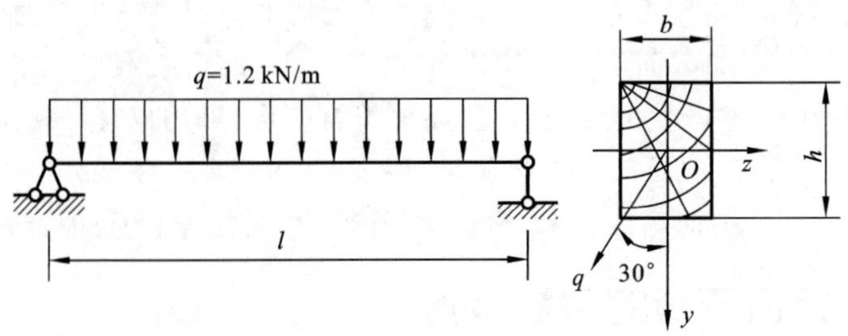

题 9-3 图

9-4　如题 9-4 图所示，已知一砖砌烟囱的高度 $h = 30$ m，底截面 m-m 的外径 $d_1 = 3$ m，内径 $d_2 = 2$ m，自重 $P_1 = 2000$ kN，受 $q = 1$ kN/m 的风力作用。若将烟囱看成等截面杆，试求：

(1) 烟囱底截面上的最大压应力；

(2) 若烟囱的基础埋深 $h_0 = 4$ m，基础及填土自重为 $P_2 = 1000$ kN，土壤的许用压应力$[\sigma_c]=0.3\ \text{MPa}$，圆形基础的直径$D$应为多大？

9-5　如题9-5图所示一浆砌块石挡土墙，墙高4 m，已知墙背承受的土压力$F_4=137$ kN，并且与铅垂线成夹角$\alpha=45.7°$，浆砌石的密度为$\rho=2.35\times10^3\ \text{kg/m}^3$，其他尺寸如图所示。试取1 m长的墙体作为研究对象，计算作用在截面AB上A点和B点处的正应力。又砌体的许用拉、压应力分别为$[\sigma_b]=0.14\ \text{MPa}$，$[\sigma_c]=3.5\ \text{MPa}$，试校核强度。

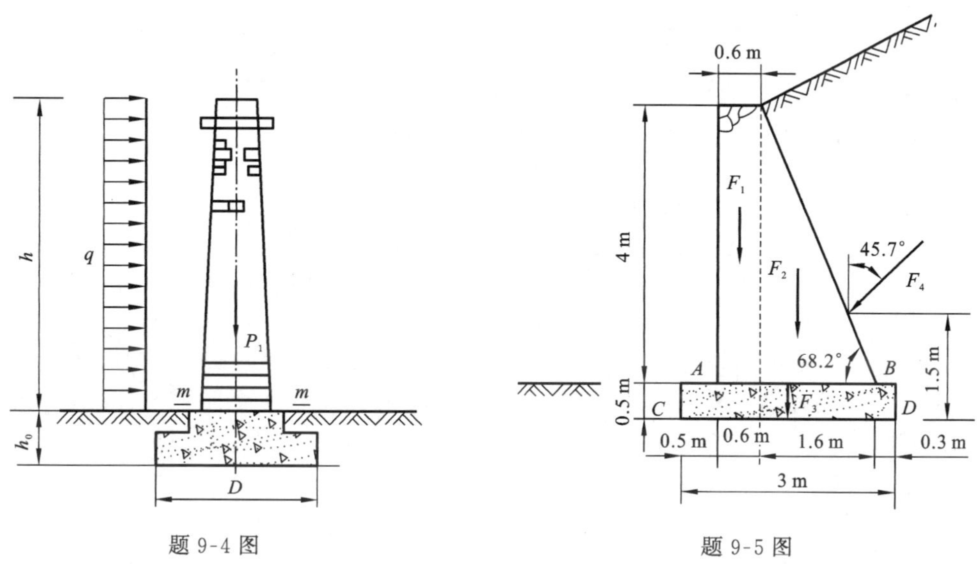

题9-4图　　题9-5图

9-6　如题9-6图所示钻床的立柱由铸铁制成，$F_P=15$ kN，许用拉应力$[\sigma_t]=35$ MPa，试确定立柱所需的直径d。

9-7　如题9-7图所示，一楼梯木斜梁的长度为$l=4$ m，截面为$b\times h=0.1\ \text{m}\times0.2\ \text{m}$的矩形，受均布荷载作用$q=2\ \text{kN/m}$。试作梁的轴力图和弯矩图，并求横截面上的最大拉、压应力。

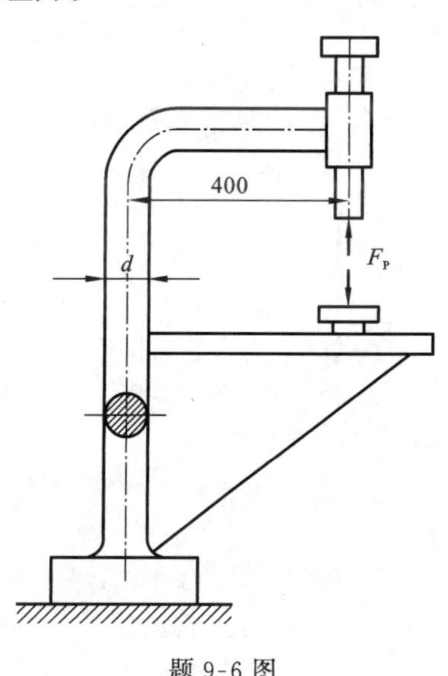

题9-6图

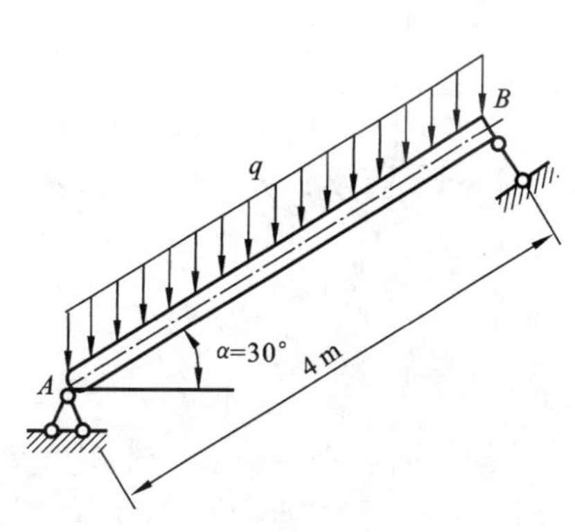

题9-7图

9-8　人字架承受载荷如题 9-8 图所示。试求 I-I 截面上的最大正应力及 A 点的正应力。

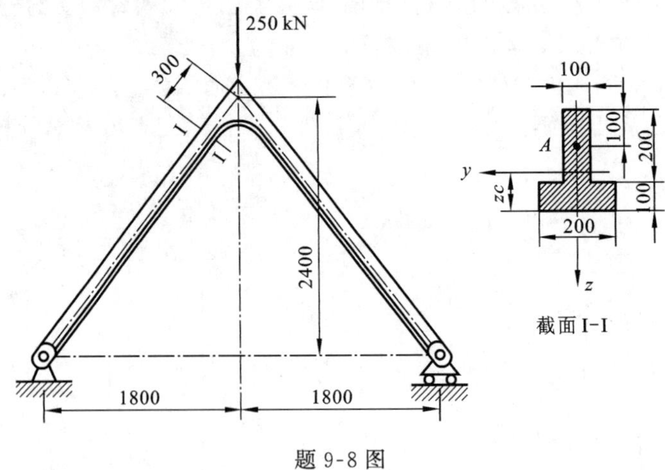

题 9-8 图

9-9　某水轮机主轴如题 9-9 图所示，水轮机组的输出功率 $P = 37\,500$ kW。转速 $n = 150$ r/min。已知轴向推力 $F_z = 4\,800$ kN。转轮重 $W_1 = 390$ kN；主轴的内径 $d = 340$ mm，外径 $D = 750$ mm，自重 $W = 285$ kN；主轴材料为 45 钢，其许用正应力为 $[\sigma] = 80$ MPa，试按第四强度理论校核该主轴的强度。

9-10　矩形截面杆在自由端承受位于纵向对称面内的纵向载荷 $F = 60$ kN 作用，如题 9-10 图所示，试求：

(1) 已知 $\alpha = 5°$ 时，求图示横截面上 a、b、c 三点的正应力。

(2) 求使横截面上点 b 正应力为 0 时的角度 α 值。

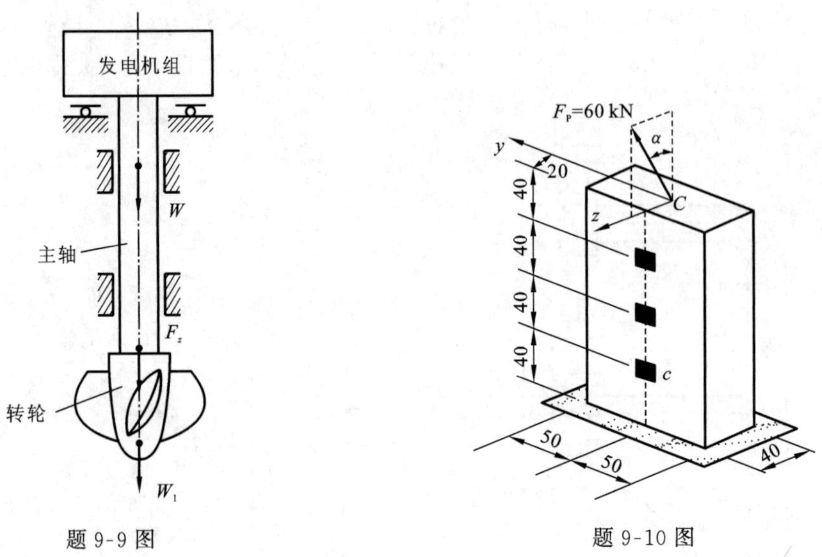

题 9-9 图　　题 9-10 图

9-11　如题 9-11 图示拐轴一端固定，试按第三强度理论决定轴的许用载荷 $[F_P]$。已知：$l = 200$ mm，$a = 150$ mm，$d = 50$ mm，材料的许用正应力 $[\sigma] = 130$ MPa。

9-12　磨床磨平面时，砂轮受到磨削的圆周力 $F_1 = 80$ N 和径向力 $F_2 = 400$ N 的作用。如题 9-12 图所示，若砂轮的直径 $D = 10$ cm，轴的长度 $l = 12$ cm，轴的直径 $d = 2$ cm，许用正应力$[\sigma] = 70$ MPa，试按第四强度理论校核轴的强度。

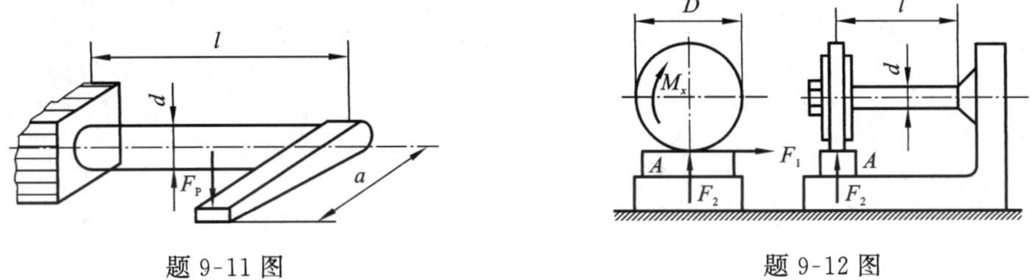

题 9-11 图　　　　题 9-12 图

9-13　如题 9-13 图所示，两个直径均为 $D = 600$ mm 的带轮 C，D 装在轴上。由 C 轮传来的功率为 $P = 7.5$ kW，轴的转速 $n = 100$ r/min，若带的松边张力 $F_1 = 1.5$ kN，轴所用材料的许用正应力$[\sigma] = 80$ MPa，试按第三强度理论确定轴的直径。

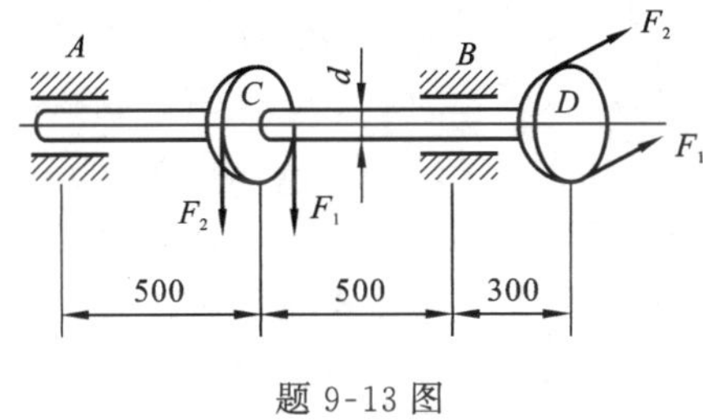

题 9-13 图

9-14　如题 9-14 图所示，带轮 1 受重力 $W_1 = 1$ kN，轮 2 受重力 $W_2 = 0.8$ kN，主动轮 C 以 $P = 7.5$ kW、$n = 125$ r/min 带动轴转动，若 $F_1 = 2F_4$，$F_2 = 2F_3$，轴所用材料许用正应力$[\sigma] = 60$ MPa，试用第四强度理论确定轴的直径。

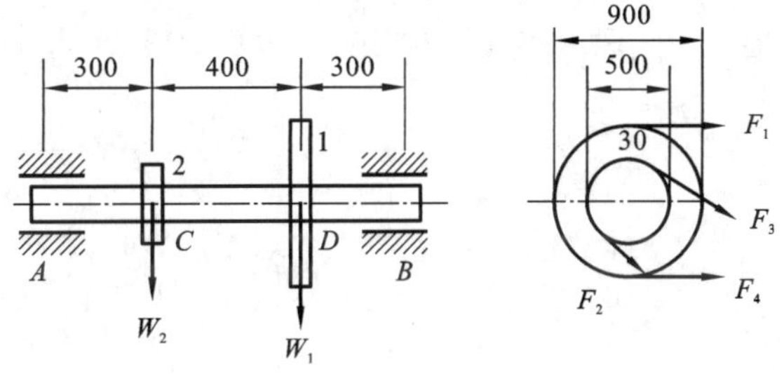

题 9-14 图

9-15　如题 9-15 图所示薄壁圆柱容器，平均直径 $D = 500$ mm，壁厚 $t = 10$ mm，受内压强 $p = 3$ MPa 和扭矩 $M_x = 100$ kN · m 的联合作用，材料的许用正应力$[\sigma] = 120$ MPa。试按第四强度理论对该容器进行强度校核。

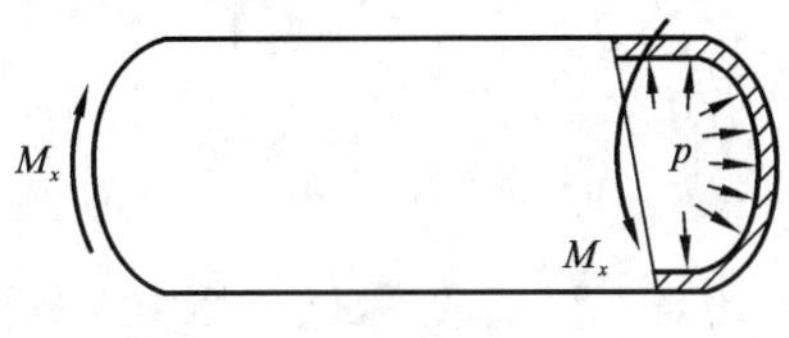

题 9-15 图

第10章 压杆稳定

10.1 压杆稳定的概念

在第 2 章研究受压直杆时，认为其之所以破坏是由于强度不够造成的，即当横截面上的正应力达到材料的极限应力时，杆就发生破坏。实践表明这对于粗而短的压杆是正确的；但对于细长的压杆，情况并非如此。细长压杆的破坏并不是由于强度不够，而是由于载荷增大到一定数值后，不能保持其原有的直线平衡形式而破坏。图 10.1(a) 为一两端铰支的细长压杆。当轴向压力 F_P 较小时，杆将保持其原有的直线平衡形式。如在侧向干扰力作用下使其微弯，如图 10.1(b) 所示；当干扰力撤除，杆在往复摆动几次后仍回复到原来的直线形式，仍处于平衡状态，如图 10.1(c) 所示。可见，原有的直线平衡形式是稳定的。但当压力超过某一数值时，如作用一侧向干扰力使压杆微弯，则在干扰力撤除后，杆不能回复到原来的直线形式，并在一个弯曲形态下平衡，如图 10.1(d) 所示。可见这时杆原有的直线平衡形式是不稳定的。这种丧失原有平衡形式的现象称为丧失稳定性，简称失稳(buckling)。

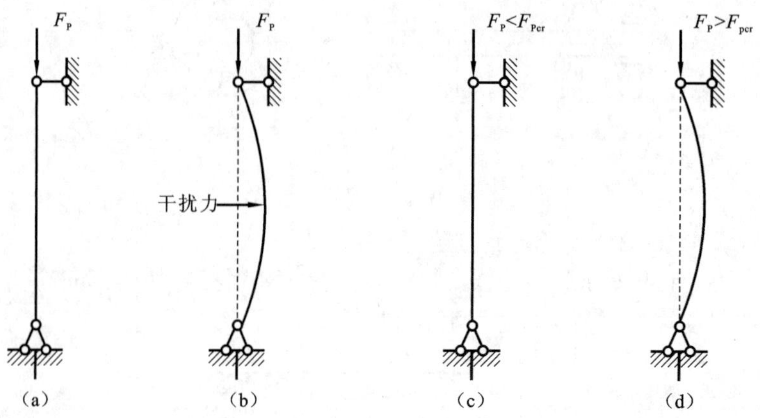

图 10.1 压杆的稳定平衡与不稳定平衡

同一压杆的平衡是稳定的还是不稳定的，取决于压力 F 的大小。压杆从稳定平衡过渡到不稳定平衡时，轴向压力的临界值，称为临界压力(critical pressure) 或临界荷载

(critical load),用 F_{Pcr} 表示。显然,若 $F_P < F_{Pcr}$,压杆将保持稳定,若 $F_P \geqslant F_{Pcr}$,压杆将失稳。因此,分析稳定性问题的关键是求压杆的临界压力。

工程结构中的压杆如果失稳,往往会引起严重的事故。例如,1907 年加拿大一座长达 548 m 的魁北克大桥,在施工时由于两根压杆失稳而引起倒塌,造成数十人死亡。1909 年,汉堡一个 $60 \times 10^4\ m^3$ 的大贮气罐由于支撑结构中的一根压杆失稳而倒塌。压杆的失稳破坏是突发性的,必须防范在先。

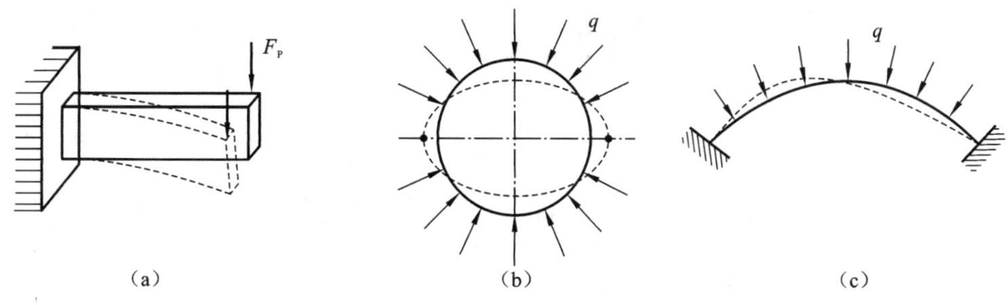

图 10.2　构件失稳

稳定性问题不仅在压杆中存在,在其他一些构件,尤其是一些薄壁构件中也存在。图 10.2 表示了几种构件失稳的情况。图(a) 为一薄而高的悬臂梁因受力过大而发生侧向失稳,图(b) 为一薄壁圆环因受外压力过大而失稳,图(c) 为一薄拱受过大的均布压力而失稳。

本章主要讨论中心受压直杆的稳定问题。研究确定压杆临界压力的方法,压杆的稳定计算和提高压杆承载能力的措施。

10.2　细长压杆的临界压力

根据压杆失稳是由直线平衡形式转变为弯曲平衡形式的这一重要概念,可以预料,凡是影响弯曲变形的因素,如截面的抗弯刚度 EI,杆件长度 l 和两端的约束情况,都会影响压杆的临界压力。确定临界压力的方法有静力法、能量法等。本节采用静力法,以两端铰支的中心受压直杆为例,说明确定临界压力的基本方法。

10.2.1　两端铰支压杆的临界压力

两端铰支中心受压的直杆如图 10.3(a) 所示。设压杆处于临界状态,并具有微弯的平衡形式,如图 10.3(b) 所示。建立 w-x 坐标系,任意截面(x) 处的内力[图 10.3(c)] 为

$$F_N = F_P(\text{压力}), \quad M = -F_P w$$

在图示坐标系中,根据小挠度近似微分方程 $\frac{d^2 w}{dx^2} = \frac{M}{EI}$,得到

$$\frac{d^2 w}{dx^2} = -\frac{F_P}{EI} w$$

令 $k^2 = \frac{F_P}{EI}$,得微分方程

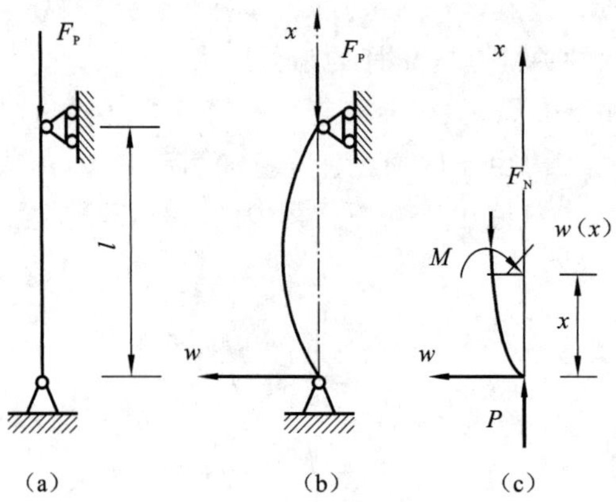

图 10.3　两端铰支压杆的失稳

$$\frac{d^2 w}{dx^2} + k^2 w = 0$$

此方程的通解为

$$w = A\sin kx + B\cos kx$$

利用杆端的约束条件，$x = 0, w = 0$，得 $B = 0$，可知压杆的微弯挠曲线为正弦函数：

$$w = A\sin kx$$

利用约束条件，$x = l, w = 0$，得

$$A\sin kl = 0$$

这有两种可能：一是 $A = 0$，即压杆没有弯曲变形，这与一开始的假设（压杆处于微弯平衡形式）不符；二是 $kl = n\pi, n = 1,2,3\cdots$。由此得出相应于临界状态的临界压力表达式

$$F_{Pcr} = \frac{n^2\pi^2 EI}{l^2}$$

实际工程中有意义的是最小的临界压力值，即 $n = 1$ 时的 F_{Pcr} 值：

$$F_{Pcr} = \frac{\pi^2 EI}{l^2} \tag{10.1}$$

此即计算压杆临界压力的表达式，又称为欧拉(Euler)公式。因此，F_{Pcr} 也称为欧拉临界压力。此式表明，F_{Pcr} 与抗弯刚度(EI)成正比，与杆长的平方(l^2)成反比。压杆失稳时，总是绕抗弯刚度最小的轴发生弯曲变形。因此，对于各个方向约束相同的情形（例如，球铰约束），式(10.1)中的 I 应为截面最小的主形心惯性矩。

10.2.2　其他约束情况压杆的临界压力

用上述方法，还可求得其他约束条件下压杆的临界压力，结果如下：

(1) 一端固定、一端自由的压杆

$$F_{Pcr} = \frac{\pi^2 EI}{(2l)^2}$$

(2) 两端固定的压杆

$$F_{Pcr} = \frac{\pi^2 EI}{(0.5l)^2}$$

(3) 一端固定、一端铰支的压杆

$$F_{\mathrm{Pcr}} \approx \frac{\pi^2 EI}{(0.7l)^2}$$

综合起来,可以得到欧拉公式的一般形式为

$$F_{\mathrm{Pcr}} = \frac{\pi^2 EI}{(\mu l)^2} \tag{10.2}$$

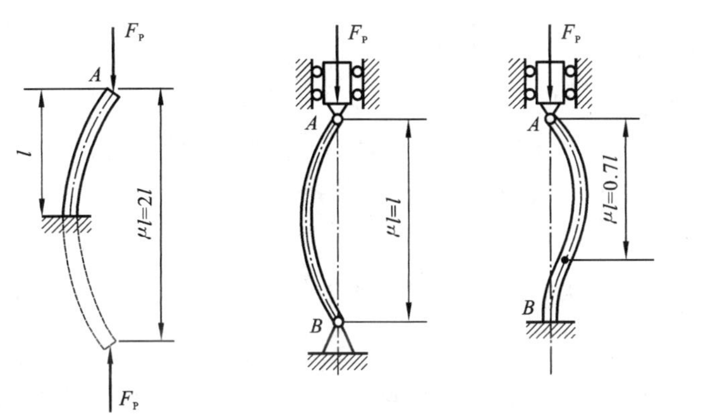

(a) 一端固定、一端自由　(b) 两端铰支　(c) 一端固定、一端铰支　(d) 两端固定

图 10.4　不同杆端约束细长压杆挠度曲线类比

式中,μl 称为相当长度(equivalent length)。μ 称为长度系数(length coefficient)或约束系数(constraint coefficient),它反映了杆端约束情况对临界载荷的影响。

两端铰支	$\mu = 1$
一端固定、一端自由	$\mu = 2$
两端固定	$\mu = 0.5$
一端固定、一端铰支	$\mu \approx 0.7$

由此可知,杆端的约束愈强,则 μ 值愈小,压杆的临界压力愈高;杆端的约束愈弱,则 μ 值愈大,压杆的临界压力愈低。

需要指出的是,欧拉公式的推导中应用了弹性小挠度微分方程,因此公式只适用于弹性稳定问题。另外,上述各种 μ 值都是对理想约束而言的,实际工程中的约束往往是比较复杂的,例如,压杆两端若与其他构件连接在一起,则杆端的约束是弹性的,μ 值一般在 0.5 与 1 之间,通常将 μ 值取接近于 1。对于工程中常用的支座情况,长度系数 μ 可从有关设计手册或规范中查到。

例 10.1　图 10.5 所示各杆材料和截面均相同,试问哪一根杆能承受的压力最大,哪一根的最小?

解　各杆相当长度 μl 分别为

$$(\mu l)_1 = 2a$$

$$(\mu l)_2 = 1.3a$$

$$(\mu l)_3 = 0.7 \times 1.6a = 1.12a$$

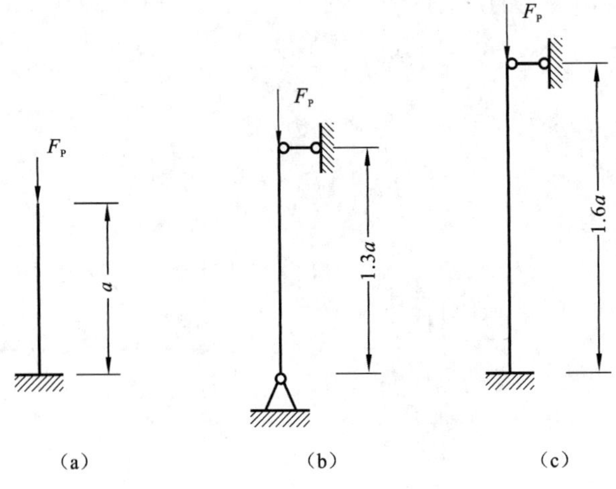

图 10.5　例 10.1 图

因为$(\mu l)_1 > (\mu l)_2 > (\mu l)_3$，而且

$$F_{Pcr} = \frac{\pi^2 EI}{(\mu l)^2}$$

可知

$$F_{Pcr1} < F_{Pcr2} < F_{Pcr3}$$

故杆(a) 能承受的压力最小，最先失稳；杆(c) 能承受的压力最大，最稳定。

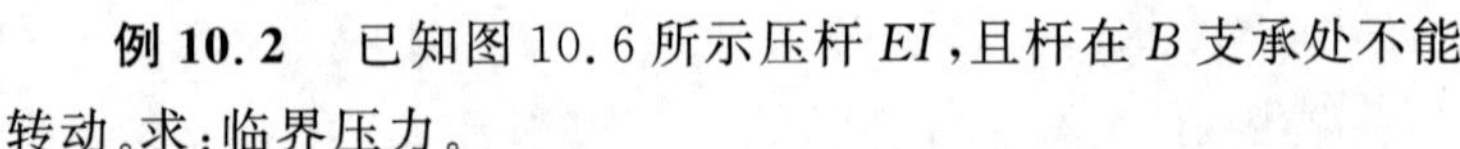

例 10.2　已知图 10.6 所示压杆 EI，且杆在 B 支承处不能转动。求：临界压力。

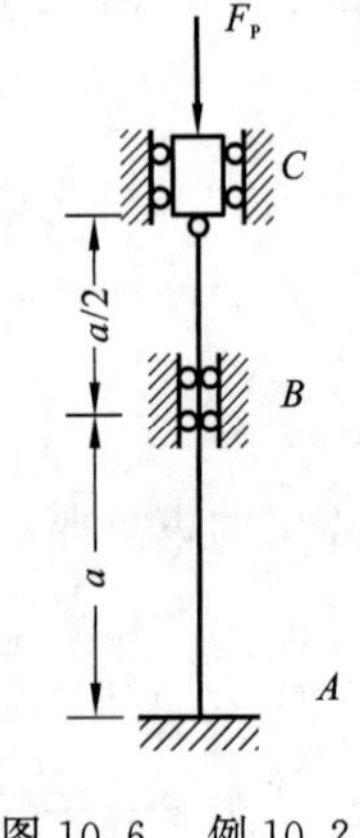

图 10.6　例 10.2 图

解　BC 段可以看成一端固支，一端铰支，AB 段可以看成两端固支，则其相当长度：

$$(\mu l)_{AB} = 0.5 \times a = 0.5a$$

$$(\mu l)_{BC} = 0.7 \times 0.5a = 0.35a$$

根据欧拉公式：

$$F_{Pcr}^{AB} = \frac{\pi^2 EI}{(0.5a)^2} < F_{Pcr}^{BC} = \frac{\pi^2 EI}{(0.35a)^2}$$

故

$$F_{Pcr} = \frac{\pi^2 EI}{(0.5a)^2}$$

10.3　压杆的临界应力

如上节所述，欧拉公式只有在弹性范围内才是适用的。为了判断压杆失稳时是否处于弹性范围，以及超出弹性范围后临界压力的计算问题，必须引入临界应力(critical stress) 及柔度(flexibility) 的概念。

压杆在临界压力作用下，其在直线平衡位置时横截面上的应力称为临界应力，用 σ_{cr}

表示。压杆在弹性范围内失稳时,则临界应力为

$$\sigma_{cr}=\frac{F_{Pcr}}{A}=\frac{\pi^2 EI}{(\mu l)^2 A}=\frac{\pi^2 Ei^2}{(\mu l)^2}=\frac{\pi^2 E}{\lambda^2} \tag{10.3}$$

式中,λ 称为柔度,i 为截面的惯性半径(radius of inertia),即

$$\lambda=\frac{\mu l}{i},\quad i=\sqrt{\frac{I}{A}} \tag{10.4}$$

式中,I 为截面最小的主形心惯心矩(见附录 B),A 为截面面积。

柔度 λ 又称为压杆的长细比(slenderness ratio)。它全面的反映了压杆长度、约束条件、截面尺寸和形状对临界压力的影响。柔度 λ 在稳定计算中是个非常重要的量,根据 λ 所处的范围,可以把压杆分为三类:

(1) 细长杆($\lambda \geqslant \lambda_p$)。

当临界应力小于或等于材料的比例极限 σ_p 时,即

$$\sigma_{cr}=\frac{\pi^2 E}{\lambda^2}\leqslant\sigma_p$$

压杆发生弹性失稳。若令

$$\lambda_p=\sqrt{\frac{\pi^2 E}{\sigma_p}} \tag{10.5}$$

则 $\lambda \geqslant \lambda_p$ 时,压杆发生弹性失稳。这类压杆又称为大柔度杆。对于不同的材料,因弹性模量 E 和比例极限 σ_p 各不相同,λ_p 的数值亦不相同。例如,A3 钢,$E=210$ GPa,$\sigma_p=200$ MPa,用式(10.5) 可算得 $\lambda_p=102$。

(2) 中长杆($\lambda_s \leqslant \lambda \leqslant \lambda_p$)。

这类杆又称中柔度杆。这类压杆失稳时,横截面上的应力已超过比例极限,故属于弹塑性稳定问题。对于中长杆,一般采用经验公式计算其临界应力,如直线公式

$$\sigma_{cr}=a-b\lambda \tag{10.6}$$

式中,a、b 为与材料性能有关的常数。当 $\sigma_{cr}=\sigma_s$ 时,其相应的柔度 λ_s 为中长杆柔度的下限,据式(10.6) 不难求得

$$\lambda_s=\frac{a-\sigma_s}{b}$$

例如,A3 钢,$\sigma_s=235$ MPa,$a=304$ MPa,$b=1.12$ MPa,代入上式算得 $\lambda_s=61.6$。

(3) 粗短杆($\lambda \leqslant \lambda_s$)。

这类杆又称为小柔度杆。这类压杆将发生强度失效,而不是失稳。故

$$\sigma_{cr}=\sigma_s \tag{10.7}$$

上述三类压杆临界应力与 λ 的关系,可画出 σ_{cr}-λ 曲线如图 10.7 所示。该图称为压杆的临界应力总图。

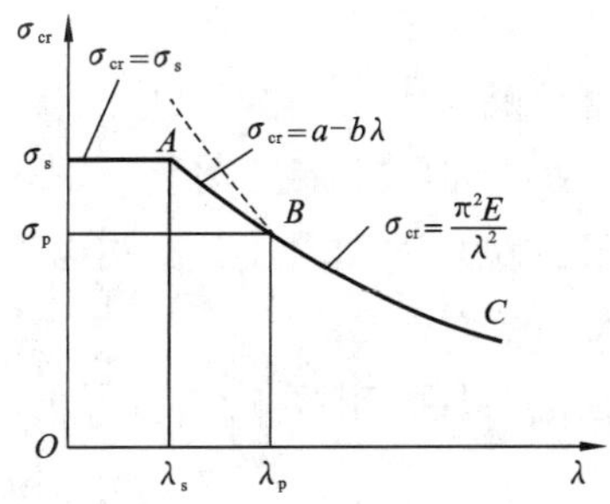

图 10.7 压杆临界应力总图

需要指出的是,对于中长杆和粗短杆,不同的

工程设计中,可能采用不同的经验公式计算临界应力,如抛物线公式 $\sigma_{cr} = a - b\lambda^2$($a$ 和 b 也是和材料有关的常数)等。常用材料及相关值见表 10.1。

表 10.1 常用材料的 a、b 和 λ_p、λ_s 值

材料	a/MPa	b/MPa	λ_p	λ_s
A3 钢 $\sigma_s = 235$ MPa	304	1.12	102	60
铸铁	332.2	1.454	70	
木材	28.7	0.190	80	

10.4 压杆的稳定计算

工程上通常采用下列方法进行压杆的稳定计算。

为了保证压杆不失稳,并具有一定的安全裕度,因此压杆的稳定条件可表示为

$$n = \frac{F_{Pcr}}{F_P} \geqslant [n_{st}] \tag{10.8}$$

式中,F_P 为压杆的工作载荷,F_{Pcr} 是压杆的临界压力,$[n_{st}]$ 是规定的稳定安全系数。由于压杆存在初曲率和载荷偏心等不利因素的影响,$[n_{st}]$ 值一般比强度安全系数要大些,并且 λ 越大,$[n_{st}]$ 值也越大。具体取值可从有关设计手册中查到。在机械、动力、冶金等工业部门,由于载荷情况复杂,一般都采用上述安全系数法进行稳定计算。

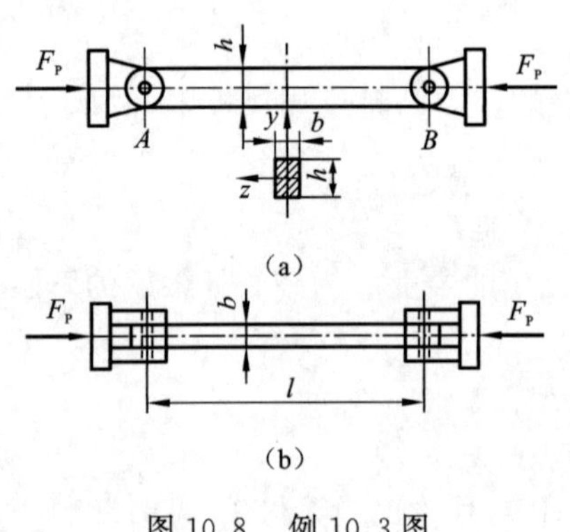

图 10.8 例 10.3 图

例 10.3 A3 钢制成的矩形截面杆,受力及两端约束情况如图 10.8 所示(图 10.8(a) 为正视图;图 10.8(b) 为俯视图),在 A、B 两处为销钉连接。若已知 $l = 2300$ mm,$b = 40$ mm,$H = 60$ mm。材料的弹性模量 $E = 210$ GPa。试求此杆的临界压力。

解 给定的压杆在 A、B 两处为销钉连接,这种约束与球铰约束不同。在正视图平面内屈曲时,A、B 两处可以自由转动,相当于铰链;而在俯视图平面内屈曲时,A、B 二处不能转动,这时可近似视为固定约束。又因为是矩形截面,压杆在正视图平面内屈曲时,截面将绕 z 轴转动;而在俯视图平面内屈曲时,截面将绕 y 轴转动。

根据以上分析,为了计算临界压力,应首先计算压杆在两个平面内的柔度,以确定它将在哪一平面内屈曲。

在正视图平面[图 10.8(a)]内

$$I_z = \frac{bh^3}{12}, \quad A = bh, \quad \mu = 1.0$$

$$i_z = \sqrt{\frac{I_z}{A}} = \frac{h}{2\sqrt{3}}$$

$$\lambda_z = \frac{\mu l}{i_z} = \frac{(1 \times 2300 \times 10^{-3})\ \text{m} \times 2\sqrt{3}}{(60 \times 10^{-3})\ \text{m}} = 132.6$$

在俯视图平面[图 10.8(b)] 内

$$I_y = \frac{hb^3}{12},\quad A = bh,\quad \mu = 0.5$$

$$i_y = \sqrt{\frac{I_y}{A}} = \frac{b}{2\sqrt{3}}$$

$$\lambda_y = \frac{\mu l}{i_y} = \frac{(0.5 \times 2300 \times 10^{-3})\ \text{m} \times 2\sqrt{3}}{(40 \times 10^{-3})\ \text{m}} = 99.48$$

可见压杆将在正视图平面内屈曲。又因为在这一平面内，压杆属于细长杆，故临界压力为

$$F_{\text{Pcr}} = \sigma_{\text{cr}} A = \frac{\pi^2 E}{\lambda_z^2} \times bh = \left(\frac{\pi^2 \times 210 \times 10^9 \times 40 \times 10^{-3} \times 60 \times 10^{-3}}{132.6^2}\right)\ \text{N}$$

$$= 282.9 \times 10^3\ \text{N} = 282.9\ \text{kN}$$

例 10.4　千斤顶如图 10.9 所示，丝杠长度 $l = 375$ mm，内径 $d = 40$ mm，材料是 A3 钢，最大起重量 $F_P = 80$ kN，规定稳定安全系数$[n_{st}] = 3$。试校核丝杠的稳定性。

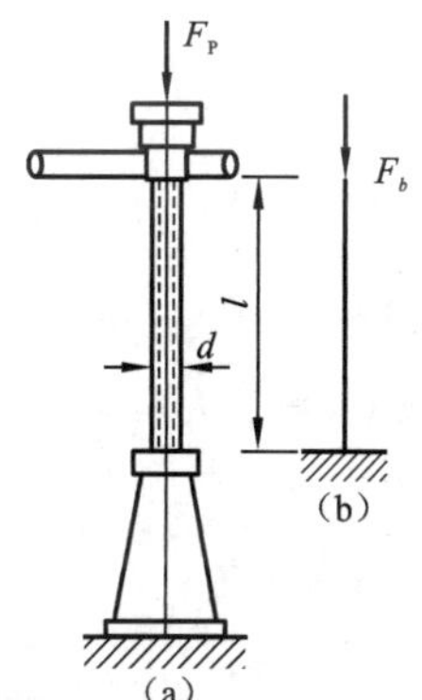

图 10.9　例 10.4 图

解　(1) 丝杠可简化为下端固定上端自由的压杆[图 10.9(b)]，故长度系数$\mu = 2$。由式(10.4) 丝杠的柔度，因为$i = \sqrt{\frac{I}{A}} = \frac{d}{4}$，所以

$$\lambda = \frac{\mu l}{i} = \frac{2 \times 375}{\frac{40}{4}} = 75$$

(2) 计算临界压力并校核稳定性。A3 钢 $\lambda_p = 102$，$\lambda_s = 60$，而 $\lambda_s < \lambda < \lambda_p$，可知丝杠是中柔度压杆，采用直线经验公式计算其临界载荷。由表 10.1 查得 $a = 304$ MPa，$b = 1.12$ MPa，故丝杠的临界载荷为

$$F_{\text{Pcr}} = \sigma_{\text{cr}} A = (a - b\lambda)\ \frac{\pi}{4} d^2$$

$$= (304 - 1.12 \times 75) \times \frac{\pi}{4} \times 40^2$$

$$= 277(\text{kN})$$

由式(10.8) 校核丝杠的稳定性

$$n = \frac{F_{\text{Pcr}}}{F_{\text{P}}} = \frac{277}{80} = 3.46 > [n_{\text{st}}] = 3$$

所以此千斤顶丝杠是稳定的。

例 10.5 图10.10结构中，分布载荷 $q=20\ \text{kN/m}$。梁的截面为矩形，$b=90\ \text{mm}$，$h=130\ \text{mm}$。柱的截面为圆形，直径 $d=80\ \text{mm}$。梁和柱的材料为A3钢，$[\sigma]=160\ \text{MPa}$，规定的稳定安全系数为 $[n_{st}]=3$。试校核结构的安全性。

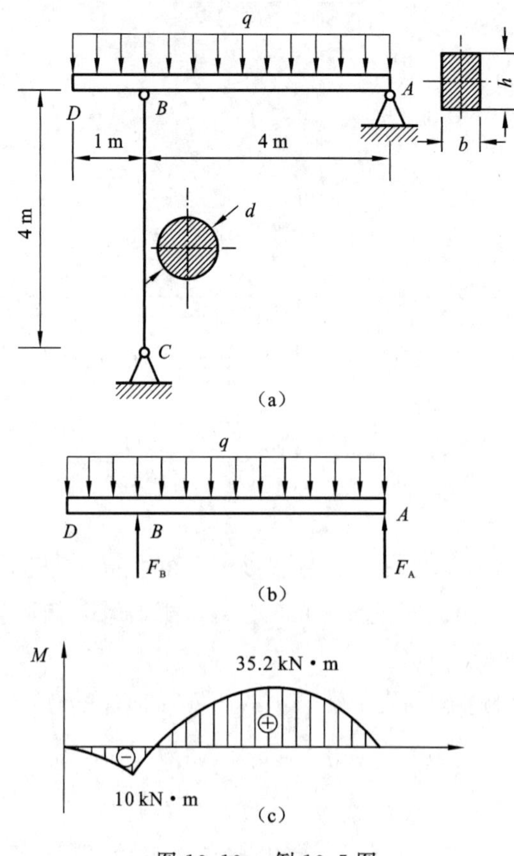

图 10.10　例 10.5 图

解　(1) 校核梁的强度。

梁的受力图如图10.10(b)所示，由 $\sum M_A=0$ 可得

$$F_B=62.5\ \text{kN}$$

作梁的弯矩图如图10.10(c)所示，最大弯矩

$$M_{\max}=35.2\ \text{kN}\cdot\text{m}$$

梁的最大弯曲正应力

$$\sigma_{\max}=\frac{M_{\max}}{W_z}=\frac{M_{\max}}{\frac{bh^2}{6}}=\frac{6\times 35.2\times 10^6}{90\times 130^2}=138.9(\text{MPa})<[\sigma]$$

所以梁的弯曲强度足够。

(2) 柱的稳定性校核。

柱所受的压力 $F=F_B=62.5\ \text{kN}$，柱为两端铰支

$$\mu=1,\quad i=\frac{d}{4}=\frac{80}{4}=20(\text{mm}),\quad \lambda=\frac{\mu l}{i}=\frac{4000}{20}=200$$

由于 $\lambda > \lambda_p$，故柱 BC 是细长杆。柱的临界压力为

$$F_{Pcr} = \frac{\pi^2 \times 210 \times 10^3}{4000^2} \times \frac{\pi \times 80^4}{64} = 260.5(\text{kN})$$

柱的实际稳定安全系数为

$$n = \frac{F_{Pcr}}{F} = \frac{260.5}{62.5} = 4.2 > [n_{st}]$$

柱的稳定性足够，所以结构安全。

10.5　提高压杆承载能力的措施

10.5.1　影响压杆承载能力的因素

压杆的稳定性取决于临界压力的大小。由临界应力总图可知，当柔度 λ 减小时，则临界应力提高，而 $\lambda = \frac{\mu l}{i}$，所以影响压杆承载能力的因素有：压杆的长度，截面形状，支承的刚性以及选用的材料。现分述如下：

(1) 压杆的长度。

减小压杆的长度，可使 λ 降低，从而提高了压杆的临界载荷。工程中，为了减小柱子的长度，通常在柱子的中间设置一定形式的撑杆，它们与其他构件连接在一起后，对柱子形成支点，限制了柱子的弯曲变形，起到减小柱长的作用。对于细长杆，若在柱子中设置一个支点，则长度减小一半，而承载能力可增加到原来的 4 倍。

(2) 截面形状。

压杆的承载能力取决于最小的惯性矩 I，当压杆各个方向的约束条件相同时，使截面对两个形心主轴的惯性矩尽可能大，而且相等，是压杆合理截面的基本原则。因此，薄壁圆管[图 10.11(a)]、正方形薄壁箱形截面[图 10.11(b)]是理想截面，它们各个方向的惯性矩相同，且惯性矩比同等面积的实心杆大得多。但这种薄壁杆的壁厚不能过薄，否则会出现局部失稳现象。对于型钢截面(工字钢、槽钢、角钢等)，由于它们的两个形心主轴惯性矩相差较大，为了提高这类型钢截面压杆的承载能力，工程实际中常用几个型钢，通过缀板组成一个组合截面，如图 10.11(c)、(d) 所示。并选用合适的距离 a，使 $I_z = I_y$，这样可大大地提高压杆的承载能力。但设计这种组合截面杆时，应注意控制两缀板之间的长度 l_1，以保证单个型钢的局部稳定性。

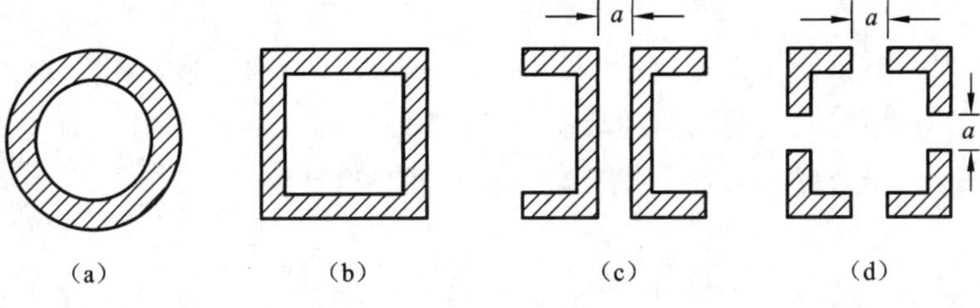

图 10.11　常见截面形状

(3) 支承的刚性。

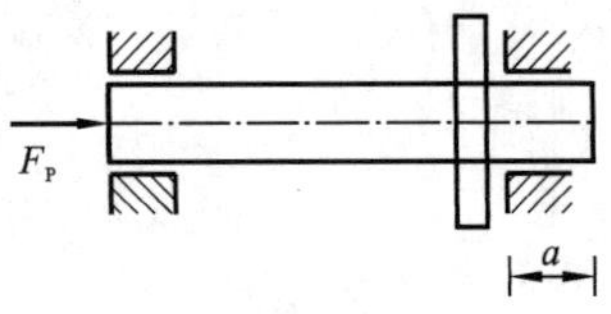

图 10.12　增加止推轴承

对于大柔度的细长杆，一端铰支另一端固定压杆的临界载荷比两端铰支的大一倍。因此，杆端越不易转动，杆端的刚性越大，长度系数就越小，如图 10.12 所示压杆，若增大杆右端止推轴承的长度 a，就加强了约束的刚性。

(4) 选用的材料。

对于大柔度杆，临界应力与材料的弹性模量 E 成正比。因此钢压杆比铜、铸铁或铝制压杆的临界压力高。但各种钢材的 E 基本相同，所以对大柔度杆选用优质钢材比低碳钢并无多大差别。对中柔度杆，由临界应力图可以看到，材料的屈服极限 σ_s 和比例极限 σ_p 越高，则临界应力就越大。这时选用优质钢材会提高压杆的承载能力。至于小柔度杆，本来就是强度问题，优质钢材的强度高，其承载能力的提高是显然的。

对于压杆，在可能的条件下，还可以从结构方面采取相应的措施。例如，将结构中的压杆转换成拉杆，这样，就可以从根本上避免失稳问题，以图 10.13 所示的托架为例，在不影响结构使用的条件下，若图(a) 所示结构改换成图(b) 所示结构，则 AB 杆由承受压力变为承受拉力，从而避免了压杆的失稳问题。

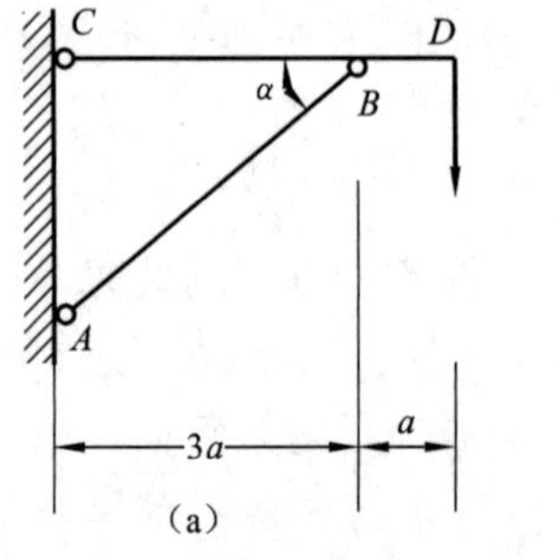

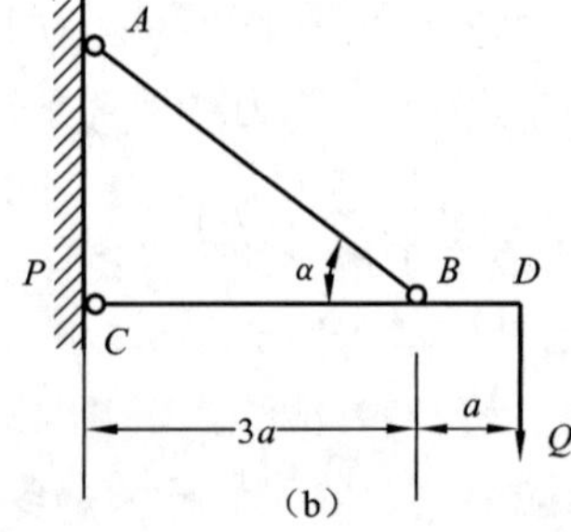

图 10.13　压杆转换为拉杆

10.5.2　工程中提高压杆承载能力的常见措施

细长压杆丧失直线平衡状态时的临界压力比发生强度破坏时的压力小得多。早期人们对这一问题没有深入认识，1907 年在修建加拿大圣劳伦斯河上的魁北克大桥时，悬臂桁架中受压最大的下弦杆失去稳定，致使桥梁在施工过程中突然倒塌(图 10.14)。这引起了工程设计人员对稳定性问题的重视和研究，尤其是近几十年来，由于高强材料的普遍使用，杆件的截面尺寸越来越小，稳定性问题也就越发显得重要了。

(1) 减小压杆长度。

由欧拉公式可知，减小压杆的长度能显著提高压杆的临界压力，但由于工程实际的需要，直接缩短压杆的长度一般不可行，通常采取增加横向支撑来减小压杆的计算长度。在

图 10.14　魁北克大桥倒塌

图 10.15 所示的桁架结构中通过给 1、4 杆增加横向支撑使其计算长度减小一半。图 10.16、图 10.17、图 10.18 都是工程实际中增加横向支撑的实际事例。

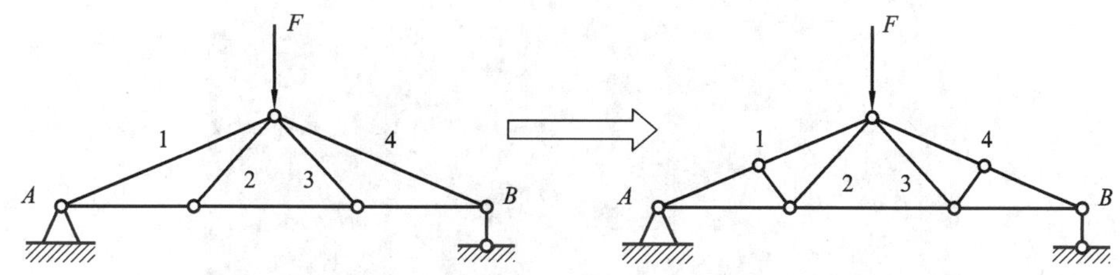

图 10.15　增加横向支撑等同于减小杆长

图 10.16　塔吊

图 10.17　立柱

图 10.18　脚手架

(2) 选择合理截面,增大截面惯性矩。

宁波保国寺是江南著名木质古庙宇,其正殿大厅的每根支柱均由七根圆木粘接复合而成(图 10.19),经粗略估算粘接后的支柱其惯性矩是单根圆木的 81 倍,从而极大提高了支柱的临界压力。

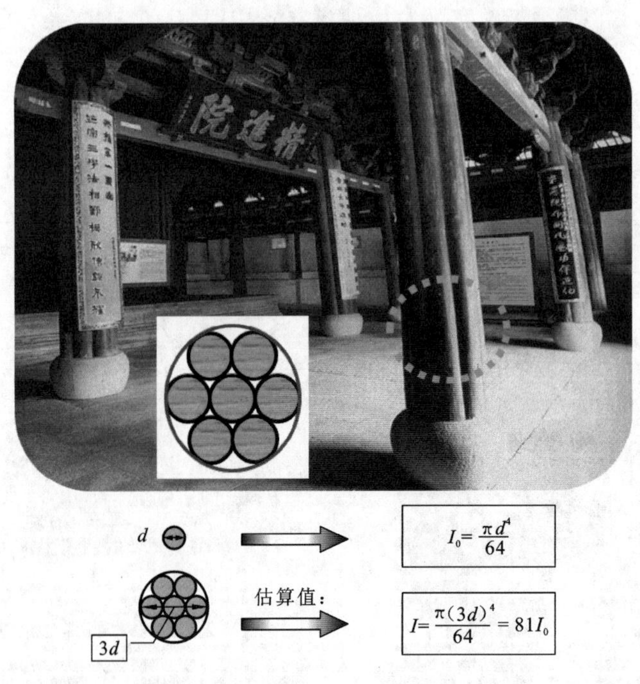

图 10.19　复合立柱

自然界中竹子经过长期的进化,其结构构造(图 10.20)充分说明了选择合理截面、增大截面惯性矩的重要性。在不改变横截面面积的前提下,空心圆截面的惯性矩远大于实心圆截面的惯性矩，因此空心的竹子质量轻，临界压力大；竹子每隔一段就生出一个节硬来，这相当于增加了多个中间约束，节硬的出现大大增强了竹子的稳定性。这就是竹子能生长至很高的高度，并且可以在风雪中挺拔不折的重要原因。

(3) 改善杆端支承条件。

增强杆端约束，即减小长度系数 μ 值，也可以提高压杆的稳定性。例如，对于图 10.21 所示一端固定、一端自由的压杆，对其自由端施加固定约束，长度系数 μ 值由 2.0 减小为 0.5。此外还可在支座处焊接或铆接支承钢板(图 10.22) 或根据实际情况采用柱形铰(图 10.23) 以增强支座的刚性从而减小值 μ。

图 10.20　竹子的结构

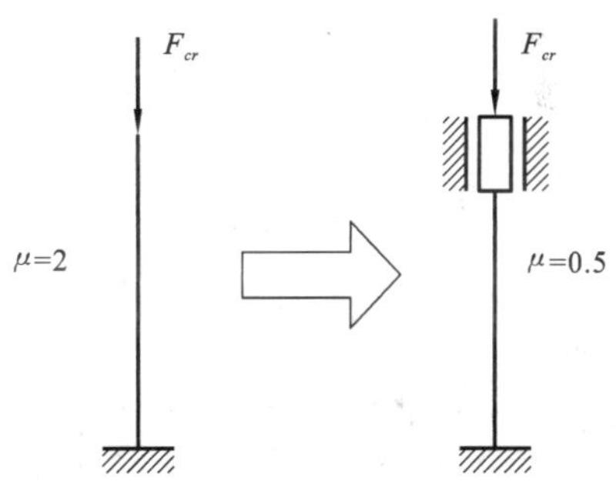

图 10.21　改善杆端支承

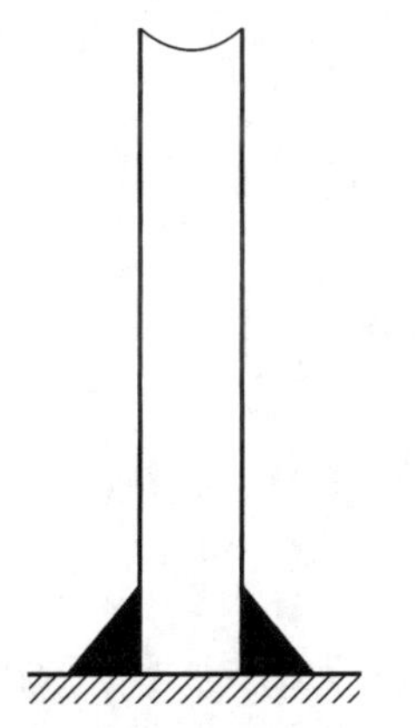

图 10.22　支座处焊接支承钢板

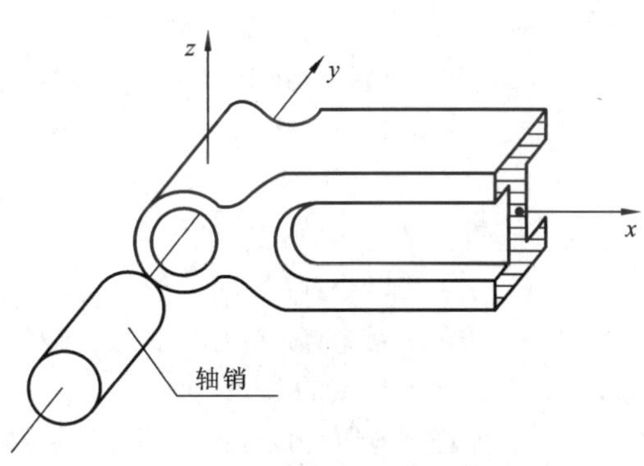

图 10.23　柱形铰

习 题 10

10-1 压杆临界压力的大小( )。

A. 与压杆所承受的轴向压力大小有关　　B. 与压杆的柔度大小有关

C. 与压杆所承受的轴向压力大小无关　　D. 与压杆的柔度大小无关

10-2 细长杆承受轴向压力 P 的作用,其临界压力与( )无关。

A. 杆的材质　　B. 杆的长度

C. 杆承受的压力的大小　　D. 杆的横截面形状和尺寸

10-3 如题 10-3 图示材料相同、截面相同的细长压杆,稳定性最好的压杆是( ),稳定性最差的压杆是( )。

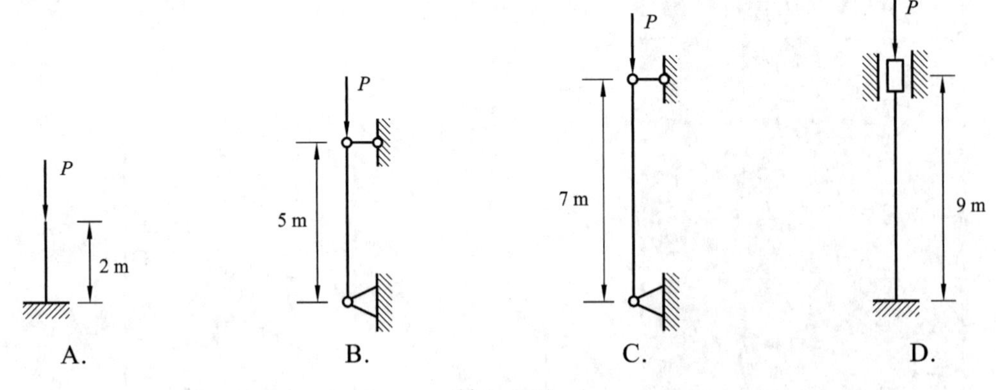

题 10-3 图

10-4 正方形截面受压杆,若截面的边长由 a 增大到 $2a$ 后(其他条件不变),则杆的横截面上的临界压力是原来临界力的( )。

A. 2 倍　　B. 4 倍　　B. 8 倍　　D. 16 倍

10-5 在材料相同的条件下,随着柔度的增大( )。

A. 细长杆的临界应力是减小的,中长杆不是

B. 中长仟的临界应力是减小的,细长杆不是

C. 细长杆和中长杆的临界应力均是减小的

D. 细长扦和中长杆的临界应力均不是减小的

10-6 压杆的柔度与临界应力和压杆的稳定性之间的关系,下列说法正确的是( )。

A. 压杆的柔度越大,临界应力越大,压杆的稳定性越差

B. 压杆的柔度越小,临界应力越小,压杆的稳定性越好

C. 压杆的柔度越小,临界应力越大,压杆的稳定性越好

D. 三者之间无直接的关系

10-7 判定一根压杆属于细长杆、中长杆还是短粗杆时,需全面考虑压杆的( )。

A. 材料、约束状态、长度、横截面形状和尺寸

B. 载荷、约束状态、长度、横截面形状和尺寸

C. 载荷、材料、长度、横截面形状和尺寸

D. 载荷、材料、约束状态、横截面形状和尺寸

10-8　如题 10-8 图示的细长压杆均为圆杆，其直径 d 均相同，材料 Q235 钢，$E = 210$ GPa。其中：图(a) 为两端铰支；图(b) 为一端固定，一端铰支；图(c) 两端固定。试判别哪一种情形的临界压力最大，哪种其次，哪种最小？若圆杆直径 $d = 16$ cm，试求最大的临界压力 F_{Pcr}。

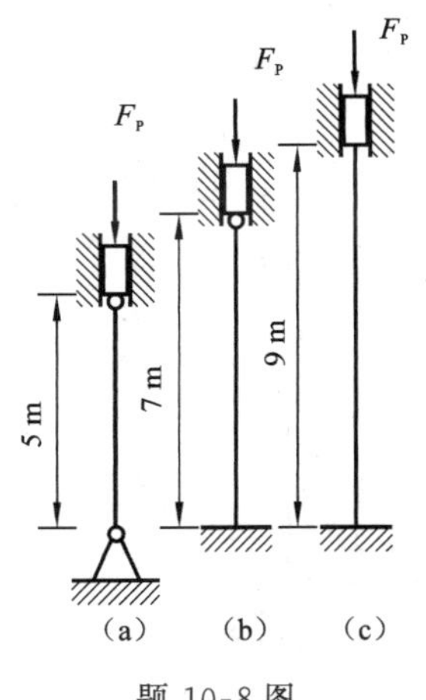

题 10-8 图

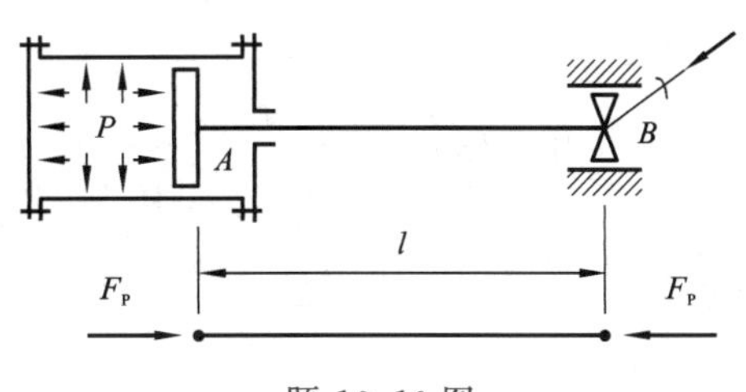

题 10-10 图

10-9　三根圆截面压杆，直径均为 $d = 160$ mm，材料为 A3 钢，$E = 200$ GPa，$\sigma_s = 240$ MPa，$\sigma_p = 200$ MPa，$a = 304$ MPa，$b = 1.12$ MPa。两端均为铰支，长度分别为 l_1、l_2 和 l_3，且 $l_1 = 2l_2 = 4l_3 = 5$ m。试求各杆的临界压力 F_{Pcr}。

10-10　如题 10-10 图示蒸汽机的活塞杆 AB，所受的压力 $F_P = 120$ kN，$l = 180$ cm，横截面为圆形，直径 $d = 7.5$ cm。材料为 A5 钢，$E = 210$ GPa，$\sigma_p = 240$ MPa，规定 $[n_{st}] = 8$，试校核活塞杆的稳定性。

10-11　设千斤顶的最大承载压力为 $F_P = 150$ kN，螺杆内径 $d = 52$ mm，$l = 50$ cm。材料为 A3 钢，$E = 200$ GPa，$\sigma_s = 240$ MPa，$\sigma_p = 200$ MPa，$a = 304$ MPa，$b = 1.12$ MPa。稳定安全系数规定为 $[n_{st}] = 3$。试校核其稳定性。

10-12　如题 10-12 图示结构 AB 为圆截面直杆，直径 $d = 80$ mm，A 端固定，B 端与 BC 直杆球铰连接。BC 杆为正方形截面，边长 $a = 70$ mm，C 端也是球铰。两杆材料相同，弹性模量 $E = 200$ GPa，比例极限 $\sigma_p = 200$ MPa，长度 $l = 3$ m，求该结构的临界压力。

10-13　如题 10-13 图示托架中杆 AB 的直径 $d = 4$ cm，长度 $l = 80$ cm，两端可视为铰支，材料是 Q235 钢，$\lambda_s = 60$，$\lambda_p = 100$，$a = 310$ MPa，$b = 1.14$ MPa。

(1) 试按杆 AB 的稳定条件求托架的临界压力 F_{Pcr}；

(2) 若已知实际载荷 $F_P = 70$ kN，规定的稳定安全系数 $[n_{st}] = 2$，问此托架是否安全？

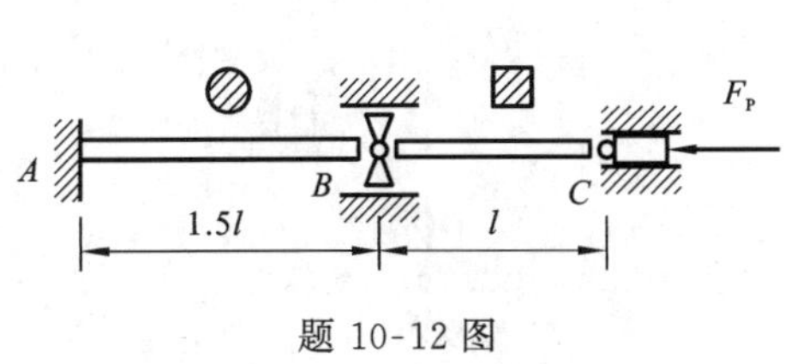

题 10-12 图

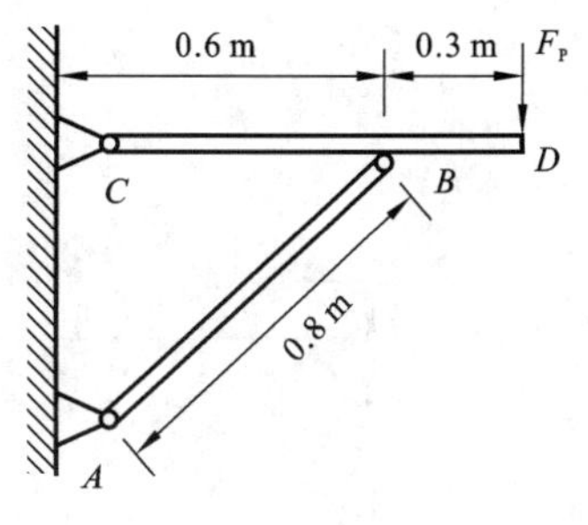

题 10-13 图

10-14　如题 10-14 图示立柱由两根 10 号槽钢(查型钢表,$A_0 = 12.74\ \text{cm}^2$,$z_0 = 1.52\ \text{cm}$,$I_{zc} = 25.6\ \text{cm}^4$,$I_{yc} = 198\ \text{cm}^4$)组成,立柱上端为球铰,下端固定,柱长 $L = 6\ \text{m}$,试求两槽钢距离 a 值取多少立柱的临界压力最大?其值是多少?已知材料的弹性模量 $E = 200\ \text{GPa}$,比例极限 $\sigma_p = 200\ \text{MPa}$。

10-15　蒸汽机车的连杆如题 10-15 图所示,截面为工字形,材料为 A3 钢,$E = 200\ \text{GPa}$,$\lambda_s = 60$,$\lambda_p = 102$,$a = 304\ \text{MPa}$,$b = 1.12\ \text{MPa}$,连杆所受最大轴向压力为 465 kN。连杆在摆动平面(xy 平面)内发生弯曲时,两端可认为铰支;而在与摆动平面垂直的 xz 平面内发生弯曲时,两端可认为是固定支座。试确定其工作安全系数。

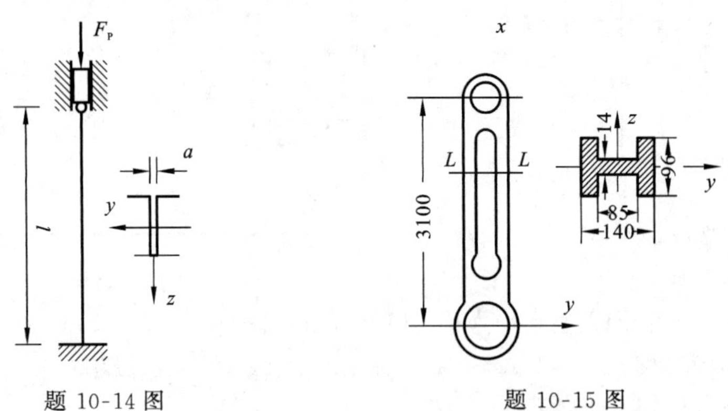

题 10-14 图　　　　题 10-15 图

10-16　一木柱两端铰支,其截面为 $120 \times 200\ \text{mm}^2$ 的矩形,长度为 4 m。木材的 $E = 10\ \text{GPa}$,$\sigma_p = 20\ \text{MPa}$。试求木柱的临界应力。计算临界应力的公式有:

(1) 欧拉公式;

(2) 直线公式 $\sigma_{cr} = 28.7 - 0.19\lambda$。

10-17　某厂自制的简易起重机如题 10-17 图所示,其压杆 BD 为 20 号的槽钢截面,$i_{\min} = 2.09\ \text{cm}$,$A = 32.837\ \text{cm}^2$。材料为 A3 钢,$E = 200\ \text{GPa}$,$\lambda_s = 60$,$\lambda_p = 102$,$a = 304\ \text{MPa}$,$b = 1.12\ \text{MPa}$。起重机的最大起重量是 $F_P = 40\ \text{kN}$。若规定的稳定安全系数为 $[n_{st}] = 5$,试校核 BD 杆的稳定性。

10-18　下端固定、上端铰支、长 $l = 4\ \text{m}$ 的压杆,由两根 10 号的槽钢($A_0 = 12.74\ \text{cm}^2$,$I_{zc} = 25.6\ \text{cm}^4$,$I_{yc} = 198\ \text{cm}^4$)焊接而成,如题 10-18 图所示。已知杆的材料为 3 号钢,$E = 200\ \text{GPa}$,$\lambda_s = 60$,$\lambda_p = 102$,$a = 304\ \text{MPa}$,$b = 1.12\ \text{MPa}$。许用正应力 $[\sigma] = 160\ \text{MPa}$,试求压杆的许用荷载。

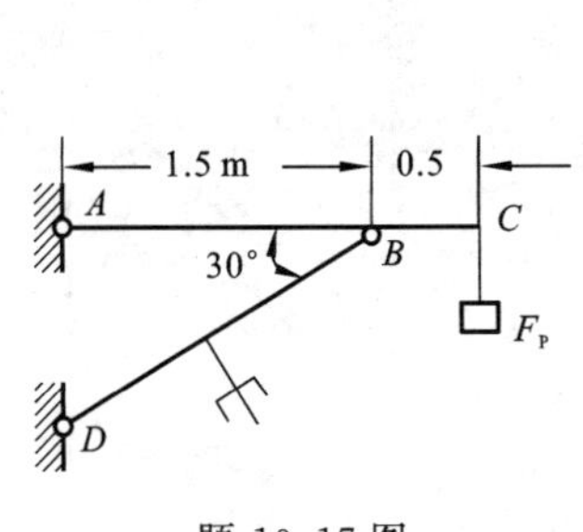

题 10-17 图

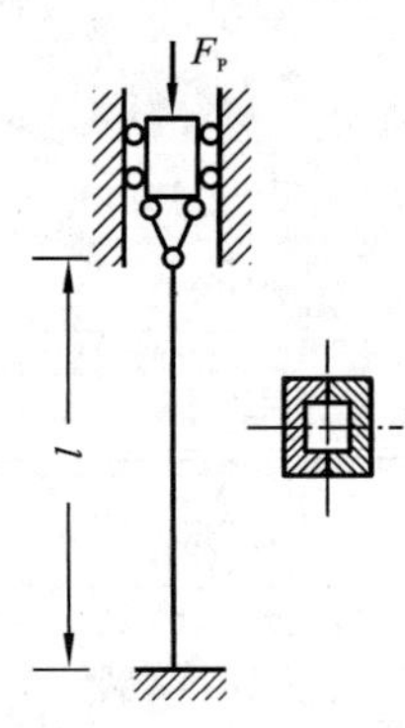

题 10-18 图

10-19　如题10-19图示结构中，AC与CD杆均用钢制成，C、D两处均为球铰。已知$d = 20\ \mathrm{mm}$，$b = 100\ \mathrm{mm}$，$h = 180\ \mathrm{mm}$；$E = 200\ \mathrm{GPa}$，$\sigma_p = 235\ \mathrm{MPa}$，$\sigma_s = 400\ \mathrm{MPa}$；强度安全系数$n = 2.0$，规定的稳定安全系数$[n_{st}] = 3.0$。试确定该结构的许用荷载。

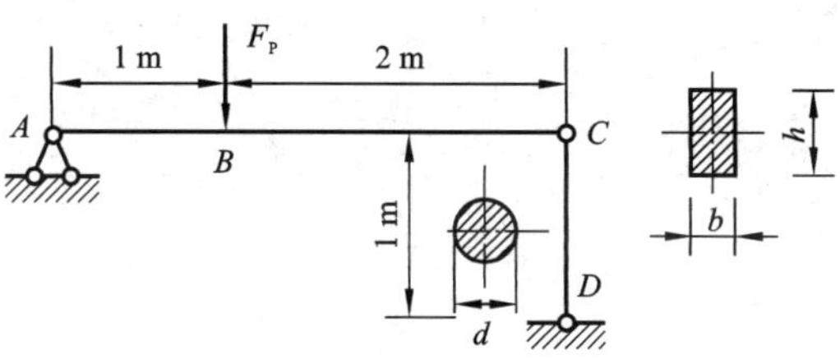

题 10-19 图

第11章 动 载 荷

前面各章讨论了构件在静载荷作用下的强度、刚度问题。所谓静载荷(statical loads),是指载荷由零开始缓慢地增加到其最终值,以后就不再变动的载荷。在加载的过程中,构件内各质点的加速度很小,可以忽略不计。

值得注意的是在实际工程中,有很多构件受到动载荷的作用。所谓动载荷(dynamical loads),是指随时间急剧变化的载荷,以及做加速运动或转动的构件的惯性力。例如,起重机加速吊升重物时,吊索受到惯性力的作用,汽锤打桩时,桩受到冲击载荷等。上述吊索,桩都承受动载荷。构件由动载荷所引起的应力和变形称为动应力和动变形。构件在动载荷作用下同样有强度、刚度和稳定性问题。实验结果表明,在静载荷作用下服从胡克定律的材料,在动载荷作用下,只要动应力不超过材料的比例极限,胡克定律仍然适用。

若在工作时构件内的应力随时间做周期性的变化,则称为交变应力(alternating stress)。塑性材料的构件长期在交变应力作用下,虽然最大工作应力远低于材料的屈服极限,且无明显的塑性变形,却往往会发生脆性断裂。这种破坏称为疲劳破坏(fatigue failure)。因此,在交变应力作用下的构件还应校核疲劳强度。

本章将研究构件做匀加速直线运动或匀速转动和冲击的动载荷问题,以及交变应力作用下构件的疲劳破坏和疲劳强度校核。

11.1 构件做等加速直线运动或匀速转动时的动应力计算

11.1.1 动应力分析中的动静法

加速度为 a 的质点,惯性力为其质量 m 与 a 的乘积,方向与 a 相反。达朗贝尔原理指出,对做加速度运动的质点系,如假想地在每一质点上加上惯性力,则质点系上的原力系与惯性力系组成平衡力系。这样,可把动力学问题在形式上作为静力学问题处理,这就是动静法(method of kineto statics)。

11.1.2 等加速运动构件中的动应力分析

下面举例说明动静法在动应力(dynamic stress) 分析中的应用。

例 11.1　一钢索吊起重物如图 11.1，以等加速度 a 提升。重物 M 的重力为 F_P，钢索的横截面积为 A，钢索的重量与 F_P 相比甚小而可略去不计。试求钢索横截面上的动应力 σ_d。

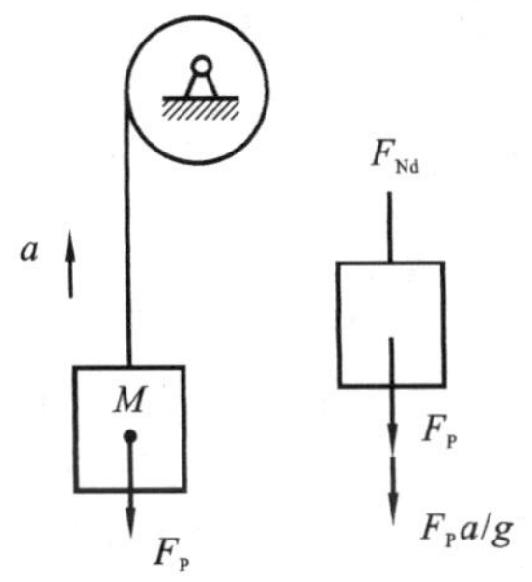

图 11.1　等加速运动构件中的动应力分析

解　钢索除受重力 F_P 作用外，还受动载荷(惯性力)作用。根据动静法，将惯性力 $\frac{F_P}{g}a$ 加在重物上，这样，可按静载荷问题求钢索横截面上的轴力 F_{Nd}。由静力平衡方程

$$F_{Nd} - F_P - \frac{F_P}{g}a = 0$$

解得

$$F_{Nd} = F_P + \frac{F_P}{g}a = F_P\left(1 + \frac{a}{g}\right)$$

从而可求得钢索横截面上的动应力为

$$\sigma_d = \frac{F_{Nd}}{A} = \frac{F_P}{A}\left(1 + \frac{a}{g}\right) = \sigma_{st}\left(1 + \frac{a}{g}\right) = K_d\sigma_{st}$$

其中

$$\sigma_{st} = \frac{F_P}{A}$$

是 F_P 作为静载荷作用时钢索横截面上的应力，而

$$K_d = 1 + \frac{a}{g}$$

是动载系数(coefficient indynamic load)。对于有动载荷作用的构件，常用动载系数 K_d 来反映动载荷的效应。

11.1.3　匀速转动构件内的动应力分析

再以匀速旋转圆环为例说明动静法的应用。

例 11.2　图 11.2 中一平均直径为 D 的薄壁圆环，壁厚为 t，绕通过其圆心且垂直于环平面的轴做匀速转动。已知环的角速度 ω，环的横截面积 A 和材料的容重 γ，求此环横截面上的正应力。

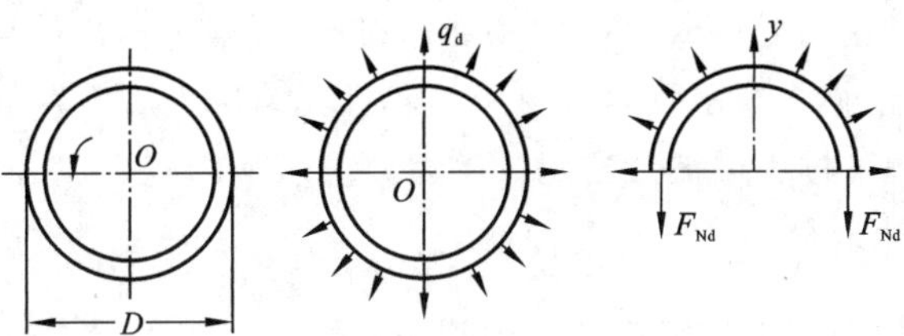

图 11.2　匀速转动构件内的动应力分析

解 因圆环匀速转动，故环内各点只有向心加速度。又因为$t \ll D$，故可认为环内各点的向心加速度大小相等，都等于

$$a_{\mathrm{n}} = \frac{D\omega^2}{2}$$

沿圆环轴线均匀分布的惯性力集度q_d就是沿轴线单位长度上的惯性力，即

$$q_{\mathrm{d}} = \frac{1 \cdot A \cdot \gamma}{g} a_{\mathrm{n}} = \frac{A\gamma D}{2g}\omega^2$$

上述分布惯性力构成全环上的平衡力系。用截面法可求得圆环横截面上的内力F_{Nd}。F_{Nd}的计算，可利用积分的方法求得y方向惯性力的合力。亦可等价地将q_{d}视为“内压”，得

$$2F_{\mathrm{Nd}} = R_{\mathrm{d}} = q_{\mathrm{d}} \cdot D$$

求得

$$F_{\mathrm{Nd}} = \frac{A\gamma D^2\omega^2}{4g}$$

于是横截面上的正应力σ_{d}为

$$\sigma_{\mathrm{d}} = \frac{F_{\mathrm{Nd}}}{A} = \frac{\gamma D^2\omega^2}{4g} = \frac{\gamma v^2}{g}$$

式中，$v = \dfrac{D\omega}{2}$，v是圆环轴线上点的线速度。

σ_{d}的表达式显示，σ_{d}与圆环横截面积A无关。故要保证圆环的强度，只能限制圆环的转速，增大横截面积A并不能提高圆环的强度。

11.2 构件受冲击载荷作用时的动应力计算

当运动着的物体作用到静止的物体上时，在相互接触的极短时间内，运动物体的速度急剧下降，从而使静止的物体受到很大的作用力，这种现象称为冲击(impact)。冲击中的运动物体称为冲击物，静止的物体称为被冲击构件。工程中的落锤打桩、汽锤锻造和飞轮突然制动等，都是冲击现象。其中落锤、汽锤、飞轮是冲击物；而桩、锻件、轴就是被冲击构件。在冲击过程中，冲击物将获得很大的加速度，从而产生很大的惯性力作用在被冲击构件上，在被冲击构件中产生很大的冲击应力和变形。

在冲击问题中，由于冲击物的速度在极短时间内发生很大变化，所以加速度大小很难确定，因此，用精确方法分析冲击问题是十分困难的。工程上一般采用偏于安全的能量法(energy method)，对冲击瞬间的最大应力和变形，进行近似的分析计算。这种方法基于如下假设：① 冲击时，冲击物本身不发生变形，即当做刚体，冲击后不发生回弹；② 忽略被冲击构件的质量；③ 在冲击过程中被冲击构件的材料仍服从胡克定律。

下面将讨论竖向冲击和水平冲击两种情况。

11.2.1 杆件受冲击时的应力和变形

任一弹性杆件或结构都可简化成图 11.3 所示的弹簧。

冲击过程中，设重量为 Q 的冲击物一经与弹簧接触就互相附着共同运动。如省略弹簧的质量，只考虑其弹性，可简化成单自由度的运动体系。冲击物与弹簧接触瞬间的动能为 T；弹簧达到最低位置时冲击物的速度变为零，弹簧的变形为 Δ_d，冲击物 Q 的势能变化量为

$$V = Q\Delta_d \tag{11.1}$$

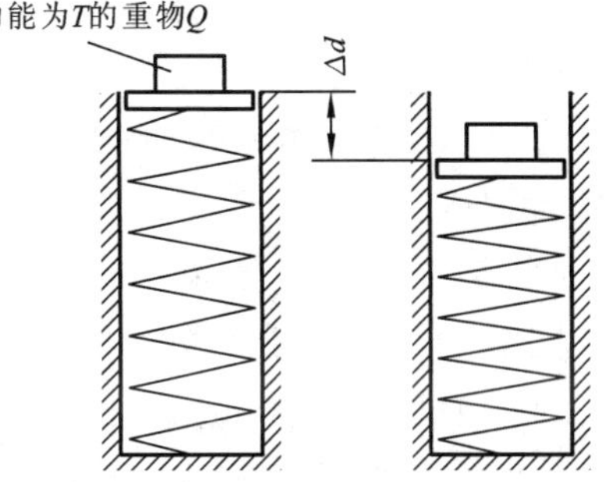

图 11.3　冲击物与受冲击的弹簧

若以 U_d 表示弹簧的变形能，由能量守恒定律，冲击系统的动能和势能全部转化成弹簧的变形能，即

$$T + V = U_d \tag{11.2}$$

设当冲击物速度降为零时，冲击物作用在弹簧上的冲击载荷(impact loads) 为 F_d。在弹性范围内，材料服从胡克定律条件下，F_d 与 Δ_d 成正比。故冲击过程中动载荷所做的功为 $\frac{1}{2}F_d\Delta_d$，且有

$$U_d = \frac{1}{2}F_d\Delta_d \tag{11.3}$$

若重物 Q 以静载方式作用于构件上，构件的静变形和静应力分别为 Δ_{st} 和 σ_{st}。在动载荷 F_d 作用下，相应的冲击变形和冲击应力分别为 Δ_d 和 σ_d。在弹性范围内，由胡克定律可得

$$\frac{F_d}{Q} = \frac{\Delta_d}{\Delta_{st}} = \frac{\sigma_d}{\sigma_{st}} \tag{11.4}$$

或

$$F_d = \frac{\Delta_d}{\Delta_{st}}Q, \quad \sigma_d = \frac{\Delta_d}{\Delta_{st}}\sigma_{st} \tag{11.5}$$

将式(11.5) 中的 F_d 代入式(11.3)，得

$$U_d = \frac{1}{2}\frac{\Delta_d^2}{\Delta_{st}}Q \tag{11.6}$$

将式(11.1) 和式(11.6) 代入式(11.2)，有

$$\Delta_d^2 - 2\Delta_{st}\Delta_d - \frac{2T\Delta_{st}}{Q} = 0$$

解得

$$\Delta_d = \Delta_{st}\left(1 + \sqrt{1 + \frac{2T}{Q\Delta_{st}}}\right) \tag{11.7}$$

引入冲击动载系数 K_d，即

$$K_d = \frac{\Delta_d}{\Delta_{st}} = 1 + \sqrt{1 + \frac{2T}{Q\Delta_{st}}} \tag{11.8}$$

于是有

$$\Delta_d = K_d \Delta_{st}, \quad F_d = K_d Q, \quad \sigma_d = K_d \sigma_{st} \tag{11.9}$$

对上述结果讨论如下：

(1) 以 K_d 乘以静载荷、静变形和静应力，就得到冲击时的冲击载荷 F_d、最大冲击变形 Δ_d 和冲击应力 σ_d。

(2) $K_d \geqslant 2$。即当 $T = 0$ 时，$K_d = 2$，这表明即使冲击物初始速度为零，但只要是突然加于构件上的载荷，构件内的应力和变形也分别为静载时的两倍。

(3) 如果 Δ_{st} 增大，则 K_d 减小，其含义是，构件越柔软(刚性越小)，缓冲作用越强。

(4) 如果冲击是由重物 Q 从高度 h 处自由下落造成的，如图 11.4，则冲击开始时，Q 的动能：

$$T = \frac{1}{2}\frac{Q}{g}v^2 = \frac{1}{2}\frac{Q}{g} \times 2gh = Qh \tag{11.10}$$

将式(11.10) 代入式(11.8)，有

$$K_d = 1 + \sqrt{1 + \frac{2h}{\Delta_{st}}} \tag{11.11}$$

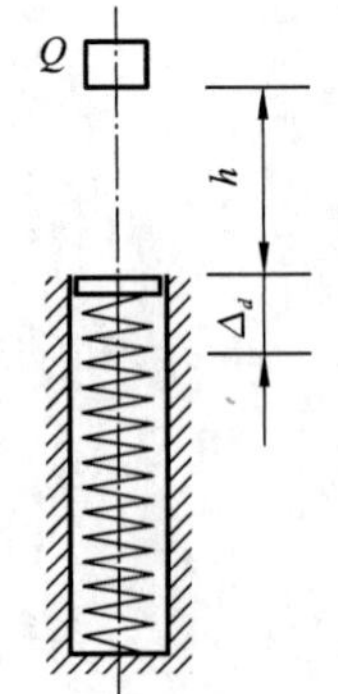

(a) 自由下落重物冲击弹簧

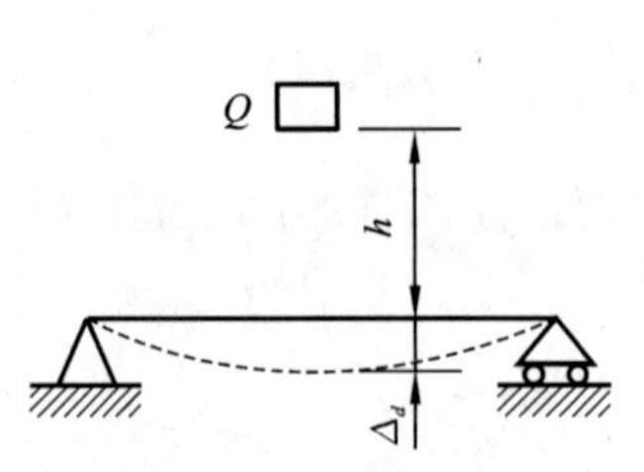

(b) 构件受自由下落重物冲击

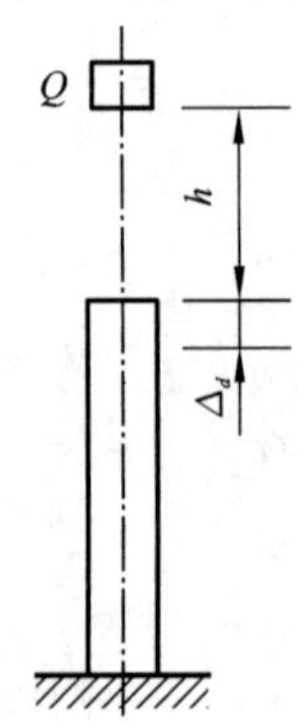

(c) 自由下落重物冲击弹性杆

图 11.4 构件受自由下落重物冲击

(5) 对水平放置系统(如图 11.5)，冲击物的势能 $V = 0$，动能 $T = \frac{1}{2}\frac{Q}{g}v^2$，于是由式(11.2)、式(11.6) 得

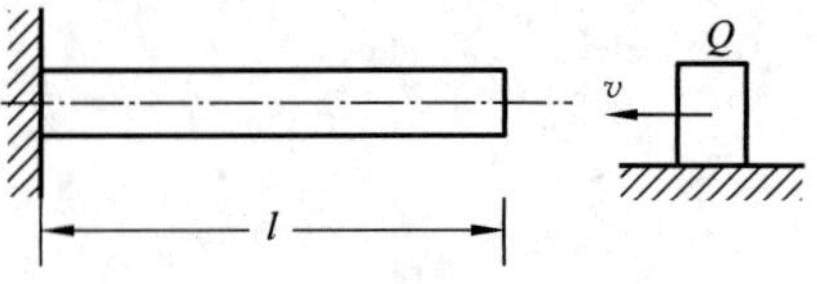

图 11.5 构件受水平冲击

$$\frac{1}{2}\frac{Q}{g}v^2 = \frac{1}{2}\frac{\Delta_d^2}{\Delta_{st}}Q$$

解得

$$\Delta_d = \sqrt{\frac{v^2}{g\Delta_{st}}}\Delta_{st} = K_d \Delta_{st} \tag{11.12}$$

其中

$$K_d = \sqrt{\frac{v^2}{g\Delta_{st}}}$$

进一步求得

$$F_d = K_d Q = \sqrt{\frac{v^2}{g\Delta_{st}}} Q$$

$$\sigma_d = K_d \sigma_{st} = \sqrt{\frac{v^2}{g\Delta_{st}}} \sigma_{st}$$

例 11.3　图 11.6 示 16 号工字钢梁，右端置于一弹簧常数 $k = 0.16$ kN/mm 的弹簧上。重量 $W_z = 2$ kN 的物体自高 $h = 350$ mm 处自由落下，冲击在梁跨中 C 点。梁材料的$[\sigma] = 160$ MPa，$E = 2.1 \times 10^5$ MPa，试校核梁的强度。

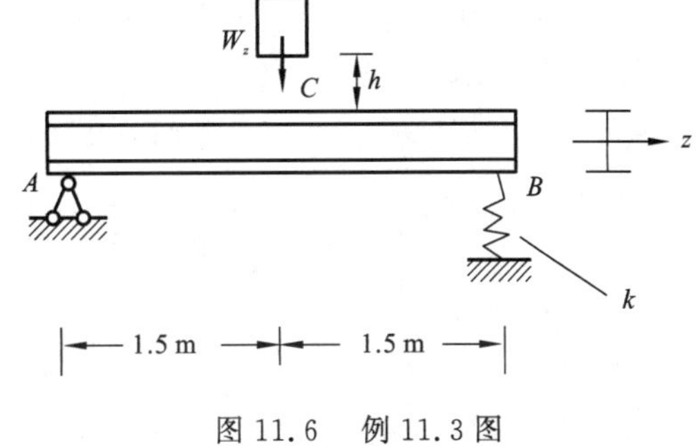

图 11.6　例 11.3 图

解　为计算动载荷系数，首先计算 Δ_{st}。将 W 作为静载荷作用在 C 点。由型钢表查得梁截面的 $I_z = 1130$ cm^4 和 $W_z = 141$ cm^3。梁本身的变形为

$$\Delta_{Cst} = \frac{W_z l^3}{48EI_Z} = \frac{2 \times 10^3 \text{ N} \times 3^3 \text{ m}^3}{48 \times 2.1 \times 10^{11} \text{ N/m}^2 \times 1130 \times 10^{-8} \text{ m}^4}$$
$$= 0.474 \times 10^{-3} \text{ m} = 0.474 \text{ mm}$$

由于右端支座是弹簧，在支座反力 $F_{RB} = \frac{W_z}{2}$ 的作用下，其缩短量为

$$\Delta_{Bst} = \frac{0.5W_z}{k} = \frac{0.5 \times 2 \text{ kN}}{0.16 \text{ kN/mm}} = 6.25 \text{ mm}$$

故 C 点沿冲击方向的总静位移为

$$\Delta_{st} = \Delta_{Cst} + \frac{1}{2}\Delta_{Bst} = 0.474 \text{ mm} + \frac{1}{2} \times 6.25 \text{ mm} = 3.6 \text{ mm}$$

再由式(11.11)，求得动载系数为

$$K_d = 1 + \sqrt{1 + \frac{2h}{\Delta_{st}}} = 1 + \sqrt{1 + \frac{2 \times 350 \text{ mm}}{3.6 \text{ mm}}} = 14.98$$

梁的危险截面为跨中 C 截面，危险点为该截面上、下边缘处各点。C 截面的弯矩为

$$M_{max} = \frac{W_z l}{4} = \frac{2 \times 10^3 \text{ N} \cdot \text{m}}{4} = 1.5 \times 10^3 \text{ N} \cdot \text{m}$$

危险点处的静应力为

$$\sigma_{stmax} = \frac{M_{max}}{W_z} = \frac{1.5 \times 10^3 \text{ N} \cdot \text{m}}{141 \times 10^{-6} \text{ m}^3} = 10.64 \times 10^6 \text{ Pa} = 10.64 \text{ MPa}$$

所以，梁的最大冲击应力为

$$\sigma_{dmax} = K_d \times \sigma_{stmax} = 14.98 \times 10.64 \text{ MPa} = 159.4 \text{ MPa}$$

因为 $\sigma_{dmax} < [\sigma]$，所以梁是安全的。

11.2.2 提高构件抗冲能力的措施

由上述分析可知，冲击将引起冲击载荷，并在被冲击构件中产生很大的冲击应力。在工程中，有时要利用冲击的效应，如打桩、金属冲压成型加工等。但更多的情况下是采取适当的缓冲措施以减小冲击的影响。

一般来说，在不增加静应力的情况下，减小动载因数 K_d，可以减小冲击应力。从以上各 K_d 的公式可见，加大冲击点沿冲击方向的静位移 Δ_{st}，就可有效地减小 K_d 值。因此，受冲击构件采用弹性模量低而变形大的材料制作；或在被冲击构件上冲击点处垫以容易变形的缓冲附件，如橡胶或软塑料垫层、弹簧等，都可以使 Δ_{st} 值大大提高。例如，汽车大梁和底盘轴间安装钢板弹簧，就是为了提高 Δ_{st} 而采取的缓冲措施。

11.3 交变应力和疲劳破坏的概念

工程中，某些构件所受的载荷是随时间改变而变化的，即受交变载荷(alternating loads)作用。例如，图 11.7(a) 所示的梁，受电动机的重量 W 与电动机转动时引起的干扰力 $F_H\sin\omega t$ 作用，干扰力 $F_H\sin\omega t$ 就是随时间做周期性变化的。因而梁跨中截面下边缘危险点处的拉应力将随时间做周期性变化，如图 11.7(b) 所示。

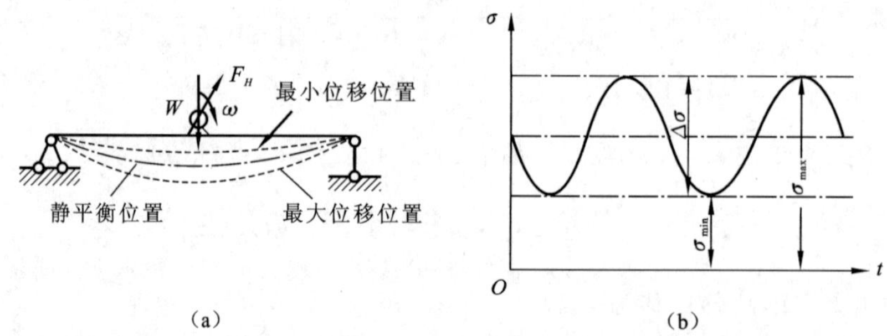

图 11.7 载荷随时间做周期性变化时所产生的交变应力

此外，还有某些构件，虽然所受的载荷并没有变化，但由于构件本身在转动，因而构件内各点处的应力也随时间做周期性的变化。如图 11.8(a) 所示的火车轮轴，承受车厢传来的载荷 F，F 并不随时间变化。轴的弯矩图如图 11.8(b) 所示。但由于轴在转动，横截面上除圆心以外的各点处的正应力都随时间做周期性的变化。如以截面边缘上的某点 i 而言，当 i 点转至位置 1 时(见图 11.8(c)，正处于中性轴上，$\sigma=0$；当 i 点转至位置 2 时，$\sigma=\sigma_{max}$；当 i 点转至位置 3 时，又在中性轴上，$\sigma=0$；当 i 点转至位置 4 时，$\sigma=\sigma_{min}$。可见，轴每转一周，i 点处的正应力经过了一个应力循环，如图 11.8(d) 所示。

在上述两类情况下，构件中都将产生随时间做周期性交替变化的应力。这种应力称为交变应力(alternating stress)。

实验结果以及大量工程构件的破坏现象表明，构件在交变应力作用下的破坏形式与静载荷作用下全然不同。在交变应力作用下，即使应力低于材料的屈服极限(或强度极限)，但经过长期重复作用之后，构件也往往会突然断裂。对于由塑性很好的材料制成的构

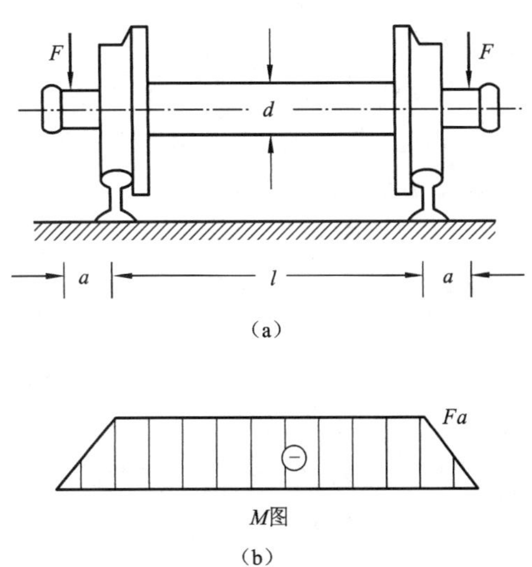

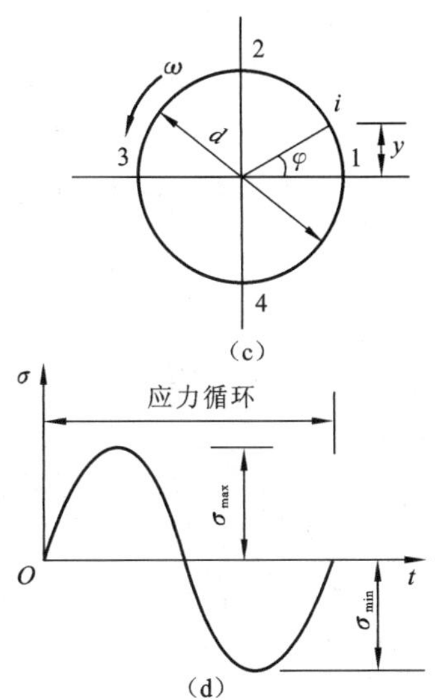

图 11.8　转动构件的应力循环图

件，也往往在没有明显塑性变形的情况下突然发生脆性断裂。这种破坏称为疲劳破坏。所谓疲劳破坏可作如下解释：由于构件不可避免地存在着材料不均匀、有夹杂物等缺陷，构件受载后，这些部位会产生应力集中；在交变应力长期反复作用下，这些部位将产生细微的裂纹。在这些细微裂纹的尖端，不仅应力情况复杂，而且有严重的应力集中。反复作用的交变应力又导致细微裂纹扩展成宏观裂纹。在裂纹扩展的过程中，裂纹两边的材料时而分离，时而压紧，或时而反复的相互错动，起到了类似"研磨"的作用，从而使这个区域十分光滑。随着裂纹的不断扩展，构件的有效截面逐渐减小。当截面削弱到一定程度时，在一个偶然的振动或冲击下，构件就会沿此截面突然断裂。可见，构件的疲劳破坏实质上是由于材料的缺陷而引起细微裂纹，进而扩展成宏观裂纹，裂纹不断扩展后，最后发生脆性断裂的过程。虽然近代的上述研究结果已否定了材料是由于"疲劳"而引起构件的断裂破坏，但习惯上仍然称这种破坏为疲劳破坏。

以上对疲劳破坏的解释与构件的疲劳破坏断口是吻合的。一般金属构件的疲劳断口都有着如图 11.9 所示的光滑区和粗糙区。光滑区实际上就是裂纹扩展区，是经过长期"研磨"所致，而粗糙区是最后发生脆性断裂的那部分剩余截面。

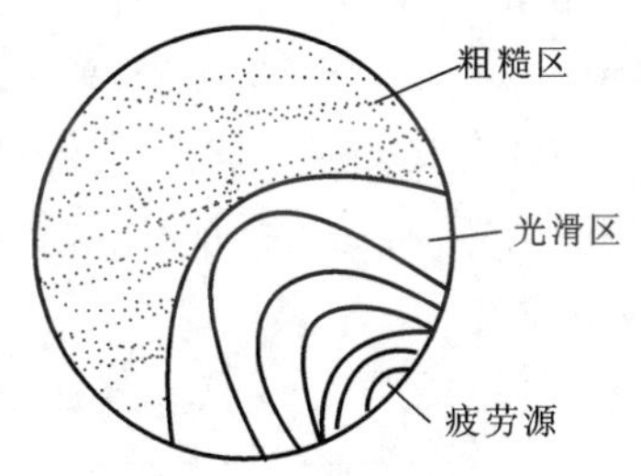

图 11.9　疲劳破坏断口

大量的试验结果以及实际零件和部件的破坏现象表明，构件在交变应力作用下发生失效时，具有以下明显的特征：

(1) 破坏时的名义应力值远低于材料在静载荷作用下的强度的指标。

(2) 构件在一定量的交变应力作用下发生破坏有一个过程，即需要经过一定数量的应力循环。

(3) 构件在破坏前没有明显的塑性变形,即使塑性很好的材料,也会呈现脆性断裂。

(4) 同一疲劳破坏断口,一般都有明显的光滑区域与颗粒状区域。

构件的疲劳破坏,是在没有明显预兆的情况下突然发生的,因此,往往会造成严重的事故。所以,了解和掌握交变应力的有关概念,并对交变应力作用下的构件进行疲劳计算,是十分必要的。

11.4 交变应力的特性和疲劳极限

由应力循环图[图 11.7(b) 和图 11.8(d)] 可见,构件中某一点的交变应力在其最大值 $\sigma = \sigma_{max}$ 和最小值 $\sigma = \sigma_{min}$ 之间做周期性变化。应力每重复变化一次,称为一个应力循环。重复的次数称为循环次数。应力循环中最小应力与最大应力之比,称为交变应力的循环特征(cycle characteristics) 并用 r 表示,即

$$r = \frac{\sigma_{min}}{\sigma_{max}} \tag{11.13}$$

而最大应力和最小应力的差值的二分之一表示交变应力的变化程度,称为交变应力的应力幅(amplitude of stress),即

$$\Delta\sigma = \frac{\sigma_{max} - \sigma_{min}}{2} \tag{11.14}$$

交变应力的特征可用上述四个参量 $\sigma = \sigma_{max}$、$\sigma = \sigma_{min}$、r 和 $\Delta\sigma$ 来表示。交变应力的基本参量,通常用最大应力 $\sigma = \sigma_{max}$ 和循环特征 r 来表示,也可用最大应力 $\sigma = \sigma_{max}$ 和应力幅 $\Delta\sigma$ 来表示。

在交变应力中,当 $r = -1$ 时,称为对称循环(symmetric cycle) 交变应力,此时,应力幅 $\Delta\sigma = \sigma_{max}$,见图 11.9(d);当 $r = 0$ 时,即 $\sigma_{min} = 0$,称为脉冲循环(fluctuating cycle) 交变应力,此时,$\Delta\sigma = \frac{\sigma_{max}}{2}$,见图 11.10(a);当 $r = 1$ 时,即有 $\sigma_{max} = \sigma_{min}$,$\Delta\sigma = 0$,这实际上是静应力作用,因此,静应力可看做是交变应力的一种特例,见图 11.10(b)。通常除对称循环($r = -1$) 以外的交变应力,统称为非对称循环交变应力。

构件在交变应力作用下,即使其最大工作应力小于屈服极限(或强度极限),也可能发生疲劳破坏。可见,材料的屈服极限等静荷强度指标不能用来说明构件在交变应力作用下的强度。

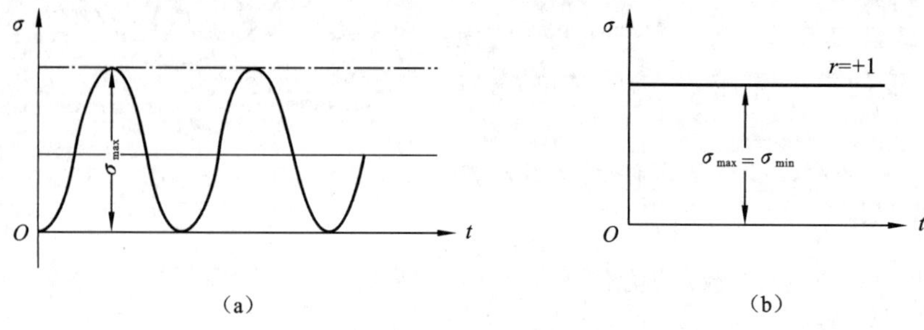

(a)　　(b)

图 11.10　脉冲循环与静载荷应力图

材料在交变应用力作用下是否发生破坏，不仅与最大应力 σ_{max} 有关，还与循环特征 r 和循环次数 N 有关。循环次数又称为疲劳寿命(fatigue life)。试验表明，在一定的循环特征 r 下，σ_{max} 越大，到达破坏时的循环次数 N 就越小，即寿命越短；反之，如 σ_{max} 越小，则到达破坏时的循环次数 N 就越大，即寿命越长。当 σ_{max} 减小到某一限值时，虽经“无限多次”应力循环，材料仍不发生疲劳破坏，这个应力限值就称为材料的持久极限(endurance limit)或疲劳极限(fatigue limit)，以 σ_r 表示。同一种材料在不同循环特征下的疲劳极限 σ_r 是不相同的，对称循环下的疲劳极限 σ_{-1} 是衡量材料疲劳强度的一个基本指标。不同材料的 σ_{-1} 是不相同的。

材料的疲劳极限可由疲劳试验来测定，如材料在弯曲对称循环下的疲劳极限，可按国家标准 GB 4337—84 以旋转弯曲疲劳试验来测定。在试验时，取一组标准光滑小试件，使每根试件都在试验机上发生对称弯曲循环且每根试件危险点承受不同的最大应力(称为应力水平)，直至疲劳破坏，即可得到每根试件的疲劳寿命。然后再以 σ_{max} 为纵坐标，疲劳寿命 N 为横坐标的坐标系内，可定出每根试件 σ_{max} 与 N 的相应点，从而可描出一条应力与疲劳寿命关系曲线，即 σ-N 曲线，称为疲劳曲线。图 11.11 为某种钢材在弯曲对称循环下的疲劳曲线。

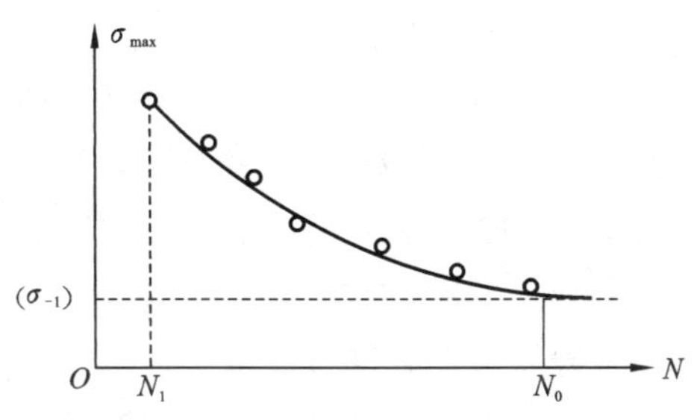

图 11.11　弯曲对称循环疲劳曲线

由疲劳曲线可见，试件达到疲劳破坏时的循环次数将随最大应力的减小而增大，当最大应力降至某一值时，σ-N 曲线趋于水平，从而可作出一条 σ-N 曲线的水平渐近线，对应的应力值就表示材料经过无限多次应力循环而不发生疲劳破坏，即为材料的疲劳极限(σ_{-1})。事实上，如钢材和铸铁等黑色金属材料，σ-N 曲线都具有趋于水平的特点，即经过很大的有限循环次数 N_0 而不发生疲劳破坏，N_0 称为循环基数。通常，钢的 N_0 取10^7 次，某些有色金属的 N_0 取10^8 次。

有些构件受到拉压交变应力作用，以上有关概念同样适用。此外，还有一些扭转构件受到交变切应力的作用，以上有关概念同样适用，只需将正应力 σ 改为切应力 τ 即可。

应该指出，由疲劳试验测得的是材料的疲劳极限，是用标准试件在实验室环境下测得的。而工程中的实际零件、构件的疲劳极限，不仅与材料有关，还受到构件形状、尺寸大小、表面加工质量和工作环境等因素的影响。

11.5　材料的力学性能进一步探讨

前叙章节中介绍了材料在常温、静载荷作用下拉伸、压缩时的力学性能。工程实际中的结构物往往是在比较复杂的条件下工作的，例如，舰艇、武器装备经常受到爆炸所引起的冲击载荷反复作用，石油化工设备中有些机器的工作温度很低，而内燃机或燃气轮机的工作温度很高；汽轮机的叶片在高温下长期受很大的离心力作用；预应力钢筋混凝土中的预应力钢筋或钢丝束则在常温下长期在很高的预拉应力下工作。因此在强度计算时常需考虑这些因素对材料力学性能的影响。

11.5.1 冲击韧度

材料除了在交变应力作用下表现出与常温、静载时不同的力学性能外，载荷施加的快慢同样会对材料的力学性能产生影响。试验研究表明，在应变速率(strain speed)超过 $\dot{\varepsilon}=\frac{\mathrm{d}\varepsilon}{\mathrm{d}t}=3\ \mathrm{mm/mm/s}$ 以后，这种影响更加显著，材料的塑性性能降低，在低温下更是如此，在低于某一温度(即转变温度)后，材料发生冷脆现象。

衡量材料抗冲击能力的力学指标是冲击韧度(impact toughness)α_k。在受冲击构件的设计中，它是一个重要的材料力学性能指标。

材料的冲击韧度是由冲击试验测得的。试验时，将如图 11.12(a) 所示的标准试件置于冲击试验机机架上，并使 U 形切槽位于受拉的一侧，如图 11.12(b) 所示。如试验机的摆锤从一定高度沿圆弧线自由落下将试件正好冲断，则试件所吸收的能量就等于摆锤所做的功 W。将 W 除以试件切槽处的最小横截面面积 A，就得到冲击韧度，即

$$\alpha_k=\frac{W}{A}$$

式中，α_k 的单位为 $\mathrm{N\cdot m/m^2}$ 或 $\mathrm{J/m^2}$。α_k 越大，表示材料的抗冲击能力越好。一般说来，塑性材料的 α_k 比脆性材料大。故塑性材料的抗冲击能力优于脆性材料。

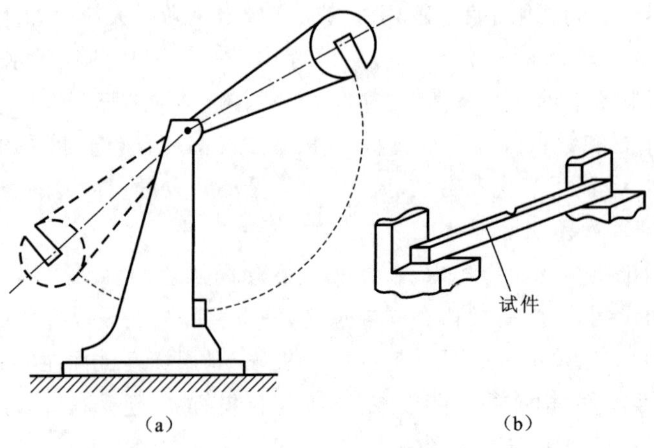

图 11.12　冲击韧度试验

试验结果表明，α_k 的数值随温度的降低而减小。随着温度的降低，在某一狭窄的温度区间内，α_k 的数值骤然下降，材料变脆，这就是冷脆现象。使冲击韧度骤然下降的温度为转变温度(transformation temperature)。因此在低温条件下工作的构件，材料的冲击韧性对结构的可靠工作非常重要。例如，修建在寒冷地区的桥梁用钢要求在最低环境温度的条件下能保证冲击韧性。目前用于桥梁钢板的标准要求必须保证 0 ℃ 或 −5 ℃ 时的韧性，有时甚至要保证 −20 ℃ 和 −40 ℃ 时的良好韧性。

11.5.2 蠕变与松弛

大量实验表明，材料在超过一定温度高温下，拉伸试件在名义应力作用下的塑性变形将随着时间的增长而不断发展，这种现象称为蠕变(creep)。蠕变引起构件的真实应力不断增加，当真实应力达到材料的极限应力时，构件发生断裂。当构件发生蠕变时，若保持总伸长量不变，则构件中的应力会随着蠕变的发展而逐渐减小，这种现象称为应力松弛。如拉伸试样在高温和恒定载荷作用下，维持两端位置固定不动，则材料随时间而发展的蠕变变形将逐步取代其初始的弹性变形，从而使试样中的应力随时间的增长而逐渐降低。

如图 11.13 所示为某一金属材料拉伸试样在某一恒定高温下，长期受恒定载荷作用时，蠕变变形(用线应变 ε 表示) 随加载时间而发展的典型蠕变曲线。从图中可见，加载后材料首先产生应变 ε_0，此后进入蠕变阶段，蠕变曲线分为四个阶段：

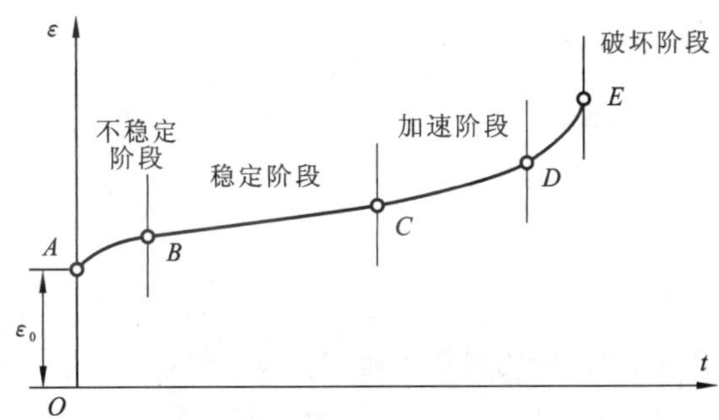

图 11.13 材料的蠕变曲线

AB：不稳定阶段。在蠕变开始的 AB 段内，蠕变变形增加较快，但其应变速率则逐渐降低，由于这一阶段的蠕变速率不稳定，因此，称为不稳定阶段。

BC：稳定阶段。BC 段内蠕变速率达到最低并保持为常数。

CD：加速阶段。过了 C 点后直至 D 点，蠕变速率又逐渐增大。但其变化并不很大。

DE：破坏阶段。达到 D 点后，蠕变速度骤然增加，经过较短时间试样就断裂了，有时，在试样上也会出现“颈缩”。

影响蠕变的两个主要因素是温度和应力水平。构件的工作温度越高，蠕变速率就越大，当温度超过某一界限值后就会发生明显的蠕变变形，这一温度的界限值称为蠕变临界温度(creep critical temperature)。在给定的应力水平下，蠕变临界温度通常约为材料的熔点的一半，软金属(如铅) 以及某些非金属材料(如塑料) 在常温下即可发生蠕变变形。而对于高温合金则在很高的温度下才会发生蠕变。在很高的拉应力水平下，冷拔预应力钢丝即使在常温下也可以看到明显的蠕变现象。

习 题 11

11-1 弹簧之所以能承受较大冲击载荷而难以破坏,这是因为弹簧( )。

A. 用高强度材料制成的　　B. 冲击韧度低

C. 刚度大　　D. 柔度大

11-2 下面有四根悬臂梁,受到重为 W 的重物由高度为 H 的自由落体冲击,其中( )梁动载系数 K_d 最大。

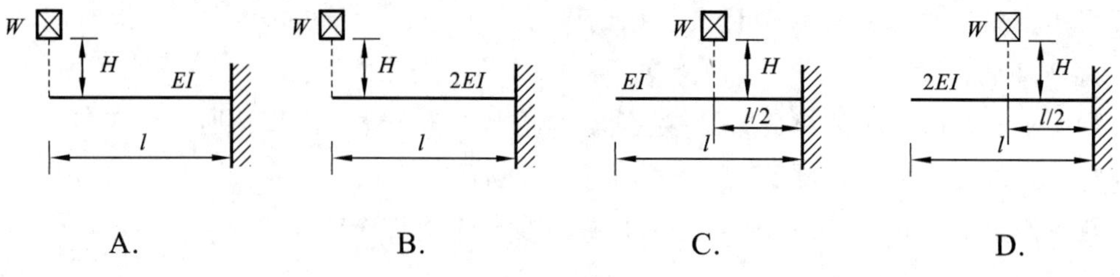

题 11-2 图

11-3 如题 11-3 图所示两尺寸相同的圆环均在水平面内做匀速转动,密度 $\rho_a/\rho_b=1/2$,角速度 $\omega_a/\omega_b=2$,两圆环横截面上动应力之比 $(\sigma_d)_a/(\sigma_d)_b$ 是( )。

A. 1/2　　B. 2　　C. 4　　D. 1

11-4 如题 11-4 图所示,等直杆上端 B 受横向冲击,其动荷系数 $K_d=\sqrt{v^2/(g\Delta_{st})}$,当杆长 l 增加,其余条件不变时,杆内最大弯曲动应力将( )。

A. 增加　　B. 减少　　C. 不变　　D. 可能增加或减少

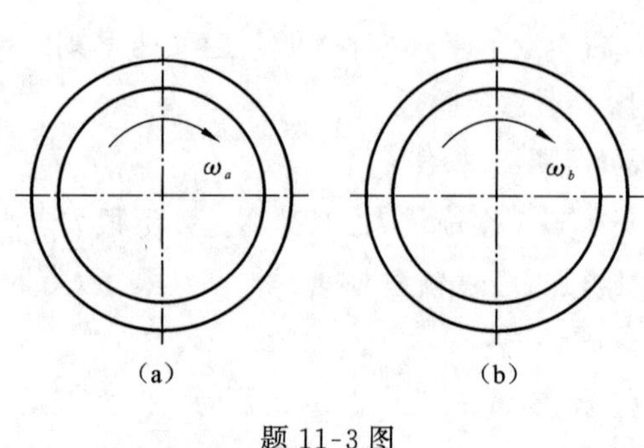

题 11-3 图

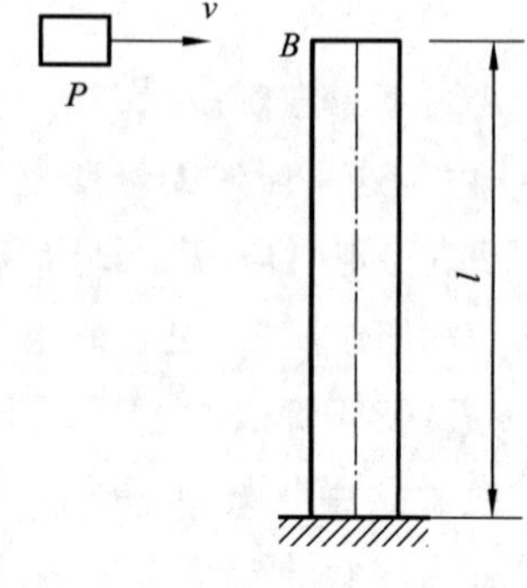

题 11-4 图

11-5 受水平冲击刚架如题 11-5 图所示,欲求 C 点的铅垂位移,则动荷系数表达式中的静位移 Δ_{st} 应是( )。

A. C 点的铅直位移　　B. B 点的铅直位移

C. B 点的水平位移　　D. B 截面的转角

11-6 如题 11-6 图所示起重机吊起一根工字钢,已知工字钢匀速上升时吊索内和工字钢内的最大应力分别为 σ_1 和 σ_2,则当其以匀加速度 a 上升时,吊索内和工字钢内的最大应力应分别为(　　)。

A. σ_1, σ_2

B. $\left(1+\frac{a}{g}\right)\sigma_1, \left(1+\frac{a}{g}\right)\sigma_2$

C. $\sigma_1, \left(1+\frac{a}{g}\right)\sigma_2$

D. $\left(1+\frac{a}{g}\right)\sigma_1, \sigma_2$

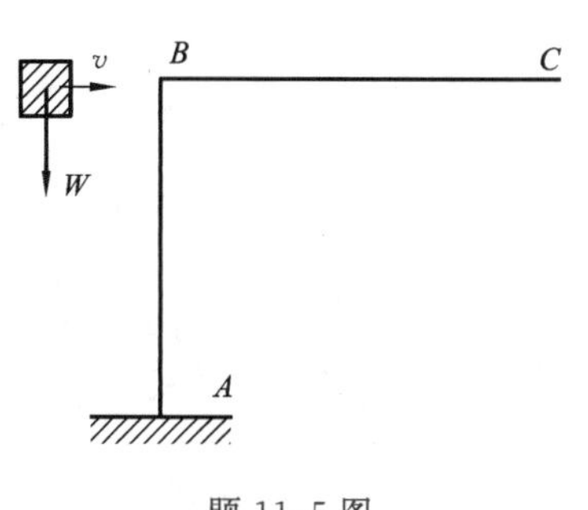

题 11-5 图

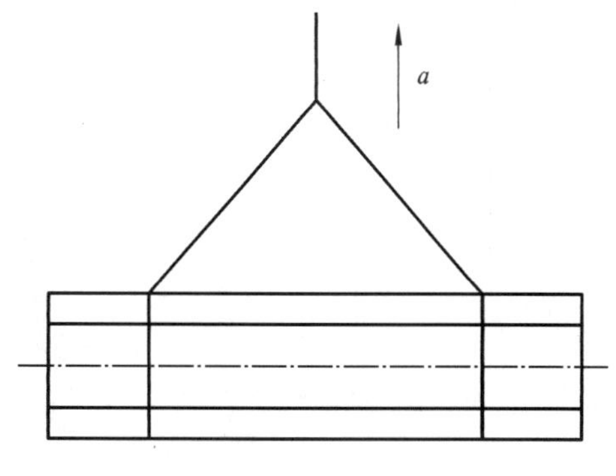

题 11-6 图

11-7　半径为 R 的薄壁圆环,绕其圆心以匀角速度 ω 转动。采用(　　)的措施可以有效地减小圆环内的动应力。

A. 增大圆环的横截面面积

B. 减小圆环的横截面面积

C. 增大圆环的半径 R

D. 降低圆环的角速度 ω

11-8　在设计承受冲击载荷的构件时,从强度观点出发,在条件允许情况下,应尽量(　　)。

A. 采用高弹性模量的材料

B. 设计成接近于一个等刚度的构件

C. 减小构件的截面积

D. 减小构件的长度

11-9　金属构件在交变应力下发生疲劳破坏的主要特征是(　　)。

A. 有明显的塑性变形,断口表面呈光滑状

B. 无明显的塑性变形,断口表面呈粗粒状

C. 有明显的塑性变形,断口表面分为光滑区及粗粒状区

D. 无明显的塑性变形,断口表面分为光滑区及粗粒状区

11-10　影响构件持久极限的主要因素是(　　)。

A. 材料的强度权限,应力集中,表面加工质量

B. 材料的塑性指标,应力集中,构件尺寸

C. 交变应力的循环特征,构件尺寸,构件外形

D. 应力集中,构件尺寸,表面加工质量

11-11　如题 11-11 图所示,长为 l、横截面面积为 A 的杆以加速度 a 向上提升。若材料单位体积的重量为 γ,试求杆内的最大应力。

11-12　如题 11-12 图所示,飞轮的最大圆周速度 $v=25\ \mathrm{m/s}$,材料的比重是 $72.6\ \mathrm{kN/m^3}$。

若不计轮辐的影响，试求轮缘内的最大正应力。

11-13　如题 11-13 图所示，在直径为 100 mm 的轴上装有转动惯量 $I=0.5\ \mathrm{kN\cdot m\cdot s^2}$ 的飞轮，轴的转速为 300 r/min。制动器开始作用后，在 20 s 内将飞轮刹停。试求轴内最大切应力。设在制动器作用前，轴已与驱动装置脱开，且轴承内的摩擦力可以不计。

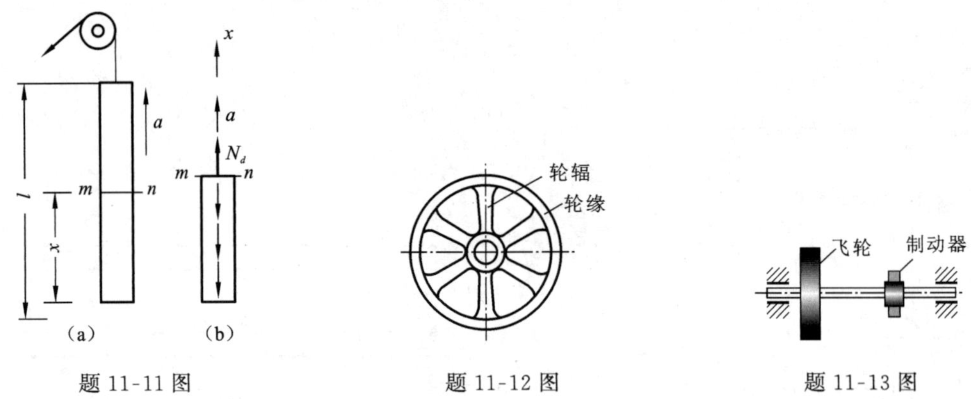

题 11-11 图　　题 11-12 图　　题 11-13 图

11-14　如题 11-14 图所示，重量为 Q 的重物自高度 H 下落冲击于梁上的 C 点。设梁的 E、I 及抗弯截面系数 W 皆为已知量。试求梁内最大正应力及梁的跨度中点的挠度。

11-15　如题 11-15 图所示，AB 杆下端固定，长度为 l，在 C 点受到沿水平运动的物体 G 的冲击。物体的重量为 Q，当其与杆件接触时的速度为 v。设杆件的 E、I 及 W 皆为已知量。试求 AB 杆的最大应力。

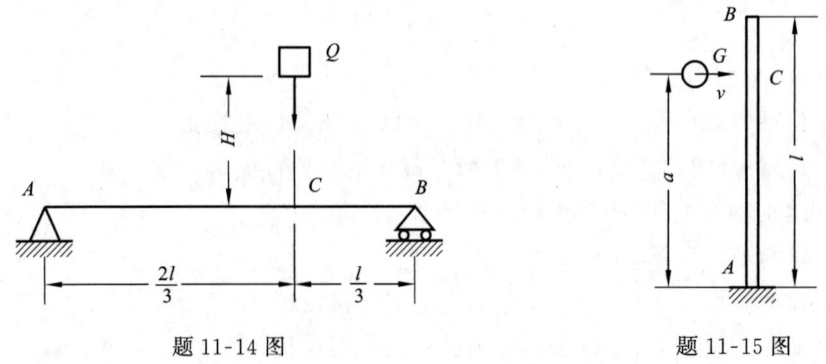

题 11-14 图　　题 11-15 图

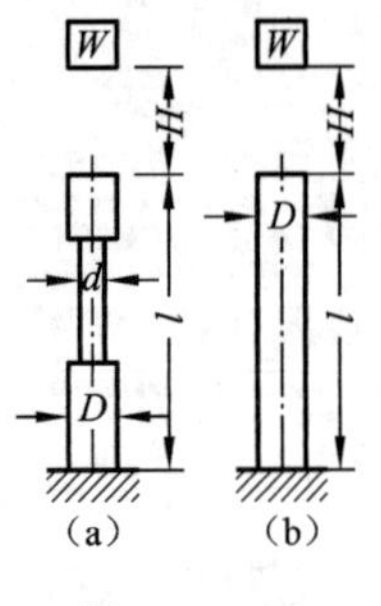

题 11-16 图

11-16　材料相同、长度相等的变截面杆和等截面杆如题 11-16 图所示。若两杆的最大横截面面积相同，问哪一根杆件承受冲击的能力强？设变截面杆直径为 d 的部分长为 $\frac{2}{5}l$，为了便于比较，假设 H 较大，可以近似地把动荷系数取为 $K_d=1+\sqrt{1+\frac{2H}{\Delta_{st}}}\approx\sqrt{\frac{2H}{\Delta_{st}}}$。

11-17　直径 $d=30$ cm、长为 $l=6$ cm 的圆木桩，下端固定，上端受重 $W=2$ kN 的重锤作用。木材的 $E_1=10$ GPa。求下列三种情况下，木桩内的最大正应力。

(1) 重锤以静载荷的方式作用于木桩上；

(2) 重锤从离桩顶 0.5 m 的高度自由落下；

(3) 在桩顶放置直径为 15 cm、厚为 40 mm 的橡皮垫，橡皮的弹性模量 $E = 8$ MPa。重锤也是从离橡皮垫顶面 0.5 m 的高度自由落下。

11-18　如题 11-18 图示钢杆的下端有一固定圆盘，盘上放置弹簧。弹簧在 1 kN 的静载荷作用下缩短 0.0625 cm。钢杆的直径 $d = 4$ cm，$l = 4$ m，许用正应力 $[\sigma] = 120$ MPa，弹性模量 $E = 200$ GPa。若有重为 15 kN 的重物自由落下，求其许可的高度 H。又若没有弹簧，则许可高度 H 将等于多大？

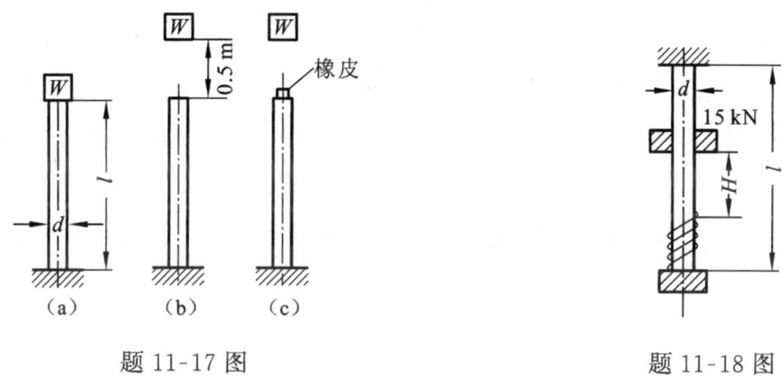

题 11-17 图　　题 11-18 图

11-19　如题 11-19 图所示，钢吊索的下端悬挂一重量为 $Q = 25$ kN 的重物，并以速度 $v = 100$ cm/s 下降。当吊索长为 $l = 20$ m 时，滑轮突然被卡住。试求吊索受到的冲击载荷 F_d。设钢吊索的横截面面积 $A = 4.14\ \text{cm}^2$，弹性模量 $E = 170$ GPa，滑轮和吊索的质量可略去不计。

11-20　如题 11-20 图所示，速度为 v、重为 Q 的重物，沿水平方向冲击于梁的截面 C。试求梁的最大动应力。设已知梁的 E、I 和 W，且 $a = 0.6l$。

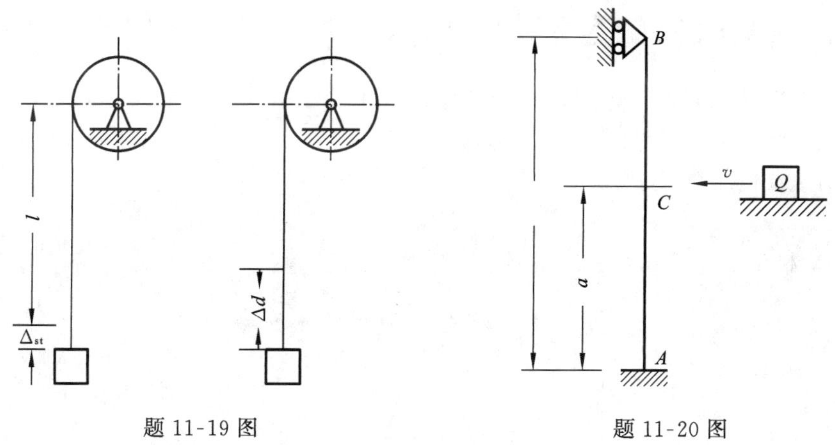

题 11-19 图　　题 11-20 图

第12章 能 量 法

任何弹性体在外力作用下都要发生变形，同时外力作用点要产生位移。因此，在弹性体变形过程中外力将沿其作用线方向做功，我们将此功称为外力功，用 W 表示。当弹性体的变形在弹性范围内时，外力由零缓慢增加，外力功将以能量的形式储存在弹性体内部，通常称为变形能，用 V_ε 表示。在卸载过程中弹性体有恢复其原状的能力。

根据能量守恒定律可知，若不计其他能量损失，弹性体内的变形能在数值上应等于荷载所做的功，即：$V_\varepsilon = W$。根据这一原理求解可变形固体的位移和内力的方法称为能量法(energy method)。

12.1 外力功、应变能与克拉比隆定理

在外力作用下，弹性体发生变形，载荷作用点随之产生位移。载荷作用点沿载荷作用方位的位移分量，称为该载荷的相应位移。

如果材料符合胡克定律，而且构件或结构的变形很小，并可按原始几何关系分析内力与位移，则作用在构件或结构上的载荷，与其相应位移成正比。称为线性弹性体，或简称为线弹性体。

12.1.1 计算外力功的基本公式

对于线弹性体，载荷 f 与相应位移 δ 成正比，即

$$f \propto \delta$$

如果引进比例常数 k，则

$$f = k\delta$$

所以，当载荷 f 与位移 δ 分别由零逐渐增加至最大值 F 与 Δ 时，载荷所做之功为

$$W = \int_0^{\Delta} f\,\mathrm{d}\delta = \int_0^{\Delta} k\delta\,\mathrm{d}\delta = \frac{k\Delta^2}{2}$$

或

$$W = \frac{F\Delta}{2} \tag{12.1}$$

上式表明，当载荷与相应位移保持正比关系、并由零逐渐增加时，载荷所做之功，等于

载荷 F 与相应位移 Δ 的乘积之半。式中的 F 为广义力，即或为力，或为力偶矩，或为一对大小相等、方向相反的力或力偶矩等；式中的 Δ 则为相应于该广义力的广义位移，例如，与集中力相应的位移为线位移，与集中力偶相应的位移为角位移，而对于一对大小相等、方向相反的力或力偶，其相应位移则分别为相对线位移与相对角位移等。总之，广义力在相应广义位移上做功。

12.1.2 克拉比隆定理

当线性弹性体上同时作用几个载荷，例如，在任意点 1 与 2 分别作用载荷 f_1 与 f_2[图 12.1(a)]，而且在加载过程中各载荷之间始终保持一定比例关系，则根据叠加原理可知，载荷 f_1 与 f_2 分别与其相应位移 δ_1 与 δ_2 成正比。因此，如果载荷 f_1 与 f_2 的最大值分别为 F_1 与 F_2，相应位移的最大值分别为 Δ_1 与 Δ_2[图 12.1(b)]，则外力所做之总功为

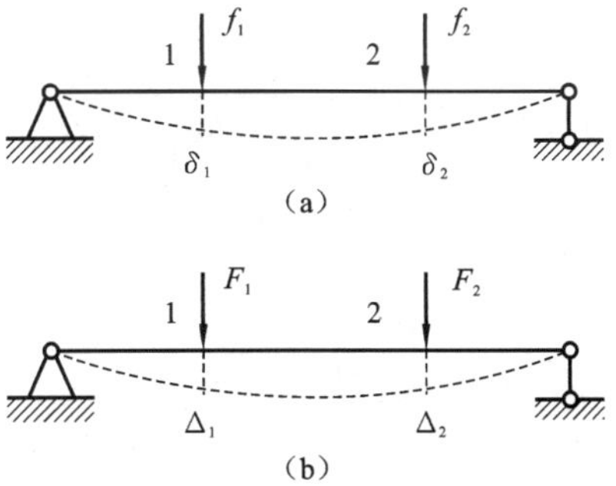

$$W = \frac{F_1\Delta_1}{2} + \frac{F_2\Delta_2}{2} \qquad ①$$

(a)

(b)

图 12.1 载荷图

至于在非比例加载时，例如，先加 F_1、后加 F_2，或先加 F_2、后加 F_1，由叠加原理可知，点 1 与点 2 沿载荷方向的总位移仍分别为 Δ_1 与 Δ_2。于是，如果逐渐卸去载荷，而且在卸载过程中 f_1 与 f_2 之间始终保持一定的比例关系即比例卸载，则不论加载方式有何不同，在卸载过程中弹性体所做之总功均为

$$W = \frac{F_1\Delta_1}{2} + \frac{F_2\Delta_2}{2}$$

由能量守恒定律可知，此功应等于加载时外力所做之总功。也就是说，在非比例加载时，外力所做之总功仍可写成式 ① 的形式。

由此可见，不论按何种方式加载，作用在线性弹性体上的载荷 $F_1, F_2, \cdots, F_n$ 在相应位移 $\Delta_1, \Delta_2, \cdots, \Delta_n$ 上所做之总功恒为

$$W = \sum_{i=1}^{n} \frac{F_i\Delta_i}{2} \qquad (12.2)$$

称为克拉比隆定理。

12.1.3 应变能的一般表达式

现在利用克拉比隆定理分析线性弹性杆的应变能(strain energy)。

圆截面杆微段受力的一般形式如图 12.2(a) 所示。可以看出[图 12.2(b)]，在小变形的条件下，轴力 $F_N(x)$ 仅在轴力引起的轴向变形 $d\delta$ 上做功，而扭矩 $M_x(x)$ 与弯矩 $M(x)$ 则仅分别在各自引起的扭转变形 $d\varphi$ 与弯曲变形 $d\theta$ 上做功，它们相互独立。因此，在忽略剪力影响的情况下，由克拉比隆定理与能量守恒定律得微段 dx 的应变能为

$$dV_\varepsilon = dW = \frac{F_N(x)d\delta}{2} + \frac{M_x(x)d\varphi}{2} + \frac{M(x)d\theta}{2}$$

$$= \frac{F_N^2(x)\mathrm{d}x}{2EA} + \frac{M_x^2(x)\mathrm{d}x}{2GI_P} + \frac{M^2(x)\mathrm{d}x}{2EI}$$

而整个杆或杆系的应变能则为

$$V_\varepsilon = \int_l \frac{F_N^2(x)}{2EA}\mathrm{d}x + \int_l \frac{M_x^2(x)}{2GI_p}\mathrm{d}x + \int_l \frac{M^2(x)}{2EI}\mathrm{d}x \tag{12.3}$$

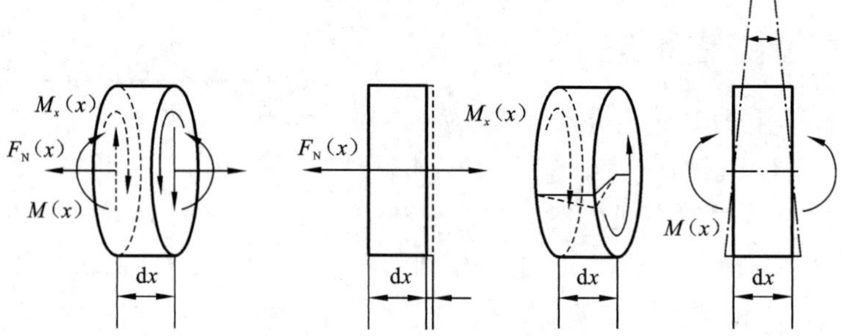

图 12.2 圆截面杆微段受力图

上式只适用于圆截面杆。对于非圆截面等一般杆件，则应将弯矩沿截面主形心轴 y 与 z 分解为 $M_y(x)$ 与 $M_z(x)$ 两个分量，于是得

$$V_\varepsilon = \int_l \frac{F_N^2(x)}{2EA}\mathrm{d}x + \int_l \frac{M_x^2(x)}{2GI_P}\mathrm{d}x + \int_l \frac{M_y^2(x)}{2EI_y}\mathrm{d}x + \int_l \frac{M_z^2(x)}{2EI_z}\mathrm{d}x \tag{12.4}$$

根据上述分析，得轴扭转时的应变能为

$$V_\varepsilon = \frac{1}{2}\int_l \frac{M_x^2(x)}{GI_P}\mathrm{d}x \tag{12.5}$$

而梁在平面弯曲时的应变能则为

$$V_\varepsilon = \frac{1}{2}\int_l \frac{M^2(x)}{EI}\mathrm{d}x \tag{12.6}$$

由式(12.3) ～ 式(12.6) 可以看出，应变能恒为正值。

例 12.1 图 12.3 所示简支梁 AB，承受矩为的集中力偶 M_e 作用，试计算梁的应变能与横截面 A 的转角。设弯曲刚度 EI 为常数。

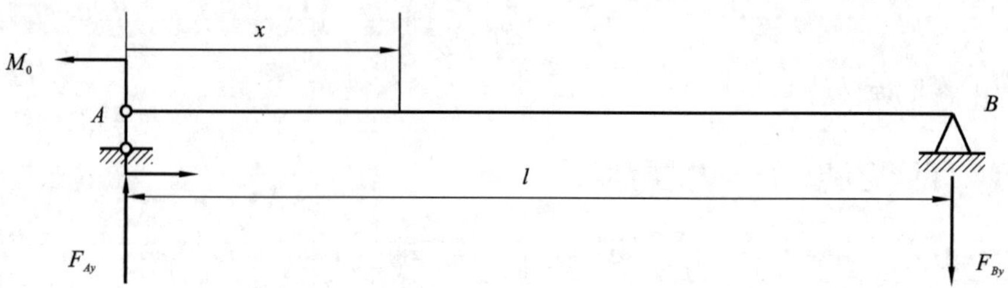

图 12.3 简支梁

解 (1) 应变能计算。

梁的支反力为

$$F_{Ay} = F_{By} = \frac{M_e}{l}$$

所以，梁的弯矩方程为

$$M(x)=F_{Ay}x-M_e=M_e\left(\frac{x}{l}-1\right)$$

将上述表达式代入式(12.6)，得梁的应变能为

$$V_\varepsilon=\frac{1}{2EI}\int_0^l M_e^2\left(\frac{x}{l}-1\right)^2\mathrm{d}x=\frac{M_e^2 l}{6EI}$$

(2) 转角计算。

设截面 A 的转角为 θ，且与力偶矩 M_e 同向，则由弹性体的功能原理可知

$$\frac{M_e\theta_A}{2}=\frac{M_e^2 l}{6EI}$$

由此得

$$\theta_A=\frac{M_e l}{3EI}\text{(逆时针)}$$

所得 θ_A 为正，说明关于转角 θ_A 与力偶矩 M_e 同向的假设是正确的。实际上，由于应变能恒为正，因此，当梁上仅作用一个广义载荷时，该载荷所做之功也恒为正，即载荷与相应位移同向。

12.2　单位荷载法

求结构位移的变形能法有许多种，其中单位荷载法(unit-force method)(也称莫尔法)(Mohr integration) 比较方便，采用的也比较多。今以图 12.4 的梁为例来说明此方法求变形的原理。现在要寻找 AB 梁在 F_1，F_2 力作用下任一点 C 的竖直位移 Δ，设 F_1，F_2 方向的位移分别为 Δ_1，Δ_2，载荷 F_1，F_2 分别在位移 Δ_1，Δ_2 上做功，因而存储有变形能 V_ε，按照式(12.4)，

$$V_\varepsilon=\frac{1}{2}\int\frac{M^2(x)}{EI}\mathrm{d}x \tag{①}$$

这里 $M(x)$ 是 x 截面由于载荷 F_1，F_2 引起的弯矩。积分范围是整个梁长。

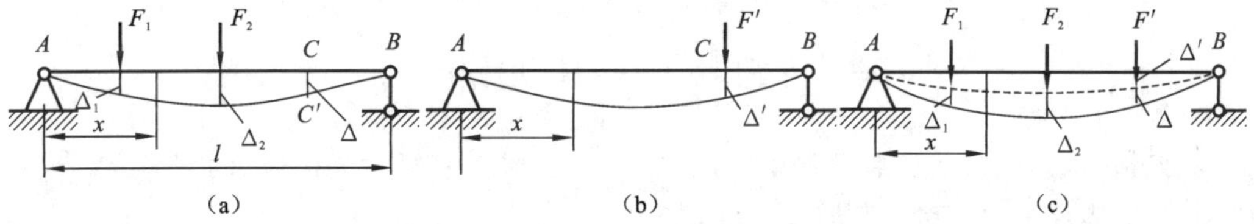

图 12.4　梁受力图

看图 12.4(b)，我们先在 C 点沿竖直方向加一单位力 $F'=1$，沿单位力方向的位移是 Δ'，对于此图可写出变形能

$$V'_\varepsilon=\frac{1}{2}\int\frac{\overline{M}^2(x)}{EI}\mathrm{d}x \tag{②}$$

这里 $\overline{M}(x)$ 是 x 截面由于单位力 F' 引起的弯矩。

再看图 12.4(c),其加载次序是先加 F' 力,后加 F_1 和 F_2 力。先加 F' 力,AB 梁发生变形(如图中虚线所示),此时梁的变形能是 V'_ε。在此变形的位置上再加上 F_1 和 F_2 力,AB 将进一步变形,由虚线位置变形到实线位置。再次过程中 F_1,F_2 力分别在位移 Δ_1,Δ_2 上做功,梁的变形能增加了 V_ε。此外 F' 还完成功 $F'\Delta$,因为在加 F_1,F_2 力时 F' 已作用在梁上来,并且 F' 力作用点的位移即是图12.4(a)的 CC',故最后梁的总变形能是 $V_\varepsilon+V'_\varepsilon+F'\Delta$。在最后变形位置,梁上 x 截面的弯矩是 $M(x)+\overline{M}(x)$,这里 $M(x)$ 对应着图 12.4(a),$\overline{M}(x)$ 对应着图 12.4(b)。于是对于图 12.4(c) 可写出

$$V_\varepsilon+V'_\varepsilon+F'\Delta=\frac{1}{2}\int\frac{[M(x)+\overline{M}(x)]^2}{EI}\mathrm{d}x \tag{③}$$

由式 ③ 减去式 ① 和式 ②,并注意 $F'=1$,得到

$$\Delta=\int\frac{M(x)\overline{M}(x)}{EI}\mathrm{d}x \tag{12.7}$$

式中,$M(x)$ 和 $\overline{M}(x)$ 分别是梁上同一截面 x 由于荷载和单位力产生的弯矩,此外还应按弯矩符号规定给以正负号。如上式右端积分为正,说明单位力的功 $1\cdot\Delta$ 是正,故荷载引起的位移 Δ 和单位力的矢向一致;如积分为负则说明 Δ 和单位力的矢向相反。

在上面的讨论中,当寻求 C 点挠度时,即在 C 点沿挠度方向施加一单位力[图 12.4(b)]。如果求图 12.4(a) 上任一截面的转角,则在该截面上加一单位力偶,仿照上面对推理仍得到式(12.3),不过此时 Δ 代表该截面的角位移,而$\overline{M}(x)$ 是单位力偶引起的弯矩。此情况下,如积分为正,说明角位移 Δ 的转向和所加单位力偶相同。

同样可以证明,杆件发生组合变形时的位移为

$$\Delta=\int_l\frac{\overline{F}_\mathrm{N}(x)F_\mathrm{N}(x)}{EA}\mathrm{d}x+\int_l\frac{\overline{M}_x(x)M_x(x)}{GI_\mathrm{P}}\mathrm{d}x+\int_l\frac{\overline{M}(x)M(x)}{EI}\mathrm{d}x \tag{12.8}$$

式中,$\overline{F}_\mathrm{N}(x)$,$\overline{M}_x(x)$ 与 $\overline{M}(x)$ 分别为单位荷载引起的轴力、扭矩与弯矩;而 $F_\mathrm{N}(x)$,$M_x(x)$ 与 $M(x)$ 则分别为实际荷载引起的轴力、扭矩与弯矩。

而对于线性弹性桁架与轴,该式则分别简化为

$$\Delta=\sum_{i=1}^{n}\frac{\overline{F}_{\mathrm{N}i}F_{\mathrm{N}i}l_i}{E_iA_i} \tag{12.9}$$

$$\Delta=\int_l\frac{\overline{M}_x(x)M_x(x)}{GI_\mathrm{P}}\mathrm{d}x \tag{12.10}$$

应该指出,如果按单位载荷法求得的位移为正,即表示所求位移与所加单位载荷同向,反之,则表示所求位移与所加单位载荷反向。

例 12.2　图 12.5(a) 所示圆弧形小曲率圆截面杆,在杆端 A 承受铅垂载荷 F_P 作用。设曲杆的轴线半径为 R,材料的弹性模量与切变模量分别为 E 与 G,试用单位载荷法计算截面 A 的铅垂位移。

解　如图所示,任一横截面 B 的位置用α 表示,并作辅助线 $AC\perp OB$,可以看出,截面 φ 的弯矩与扭矩分别为

$$M(\alpha)=-F_\mathrm{P}\cdot AC=-F_\mathrm{P}R\sin\alpha$$

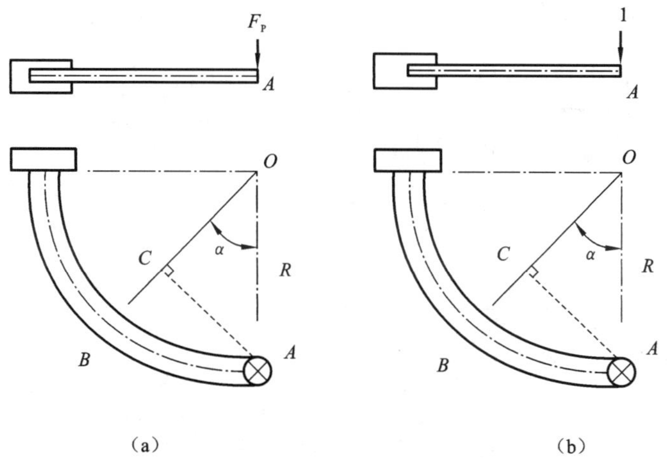

图 12.5 圆弧形小曲率圆截面杆

$$M_x(\alpha) = -F_P \cdot BC = -F_P R(1-\cos\alpha)$$

在图 12.5(b) 所示单位力作用下，曲杆的相应内力为

$$\overline{M}(\alpha) = -R\sin\alpha$$

$$\overline{M}_x(\alpha) = -R(1-\cos\alpha)$$

于是得截面 a 的铅垂位移为

$$\begin{aligned}\Delta_A &= \int_0^{\pi/2} \frac{\overline{M}(\alpha)M(\alpha)}{EI}R\,\mathrm{d}\alpha + \int_0^{\pi/2} \frac{\overline{M}_x(\alpha)M_x(\alpha)}{GI_p}R\,\mathrm{d}\alpha \\ &= \int_0^{\pi/2} \frac{F_P R^2 \sin^2\alpha}{EI}R\,\mathrm{d}\alpha + \int_0^{\pi/2} \frac{F_P R^2 (1-\cos\alpha)^2}{GI_p}R\,\mathrm{d}\alpha \\ &= \frac{\pi F_P R^3}{4EI} + \frac{(3\pi-8)F_P R^3}{4GI_p}(\downarrow)\end{aligned}$$

例 12.3 图 12.6(a) 所示矩形截面悬臂梁，端点承受铅垂载荷 F_P 作用。材料在单向拉伸时的应力应变关系为 $\sigma = c\sqrt{\varepsilon}$，式中的 c 为材料常数；压缩时亦同。截面的宽与高分别为 b 与 h，试用单位载荷法计算自由端的挠度。设平面假设与单向受力假设仍成立。

解 (1) 应力分析。

设中性层的曲率半径为 ρ，则根据平面假设可知，梁横截面上 y 处的纵向正应变为

$$\varepsilon = \frac{y}{\rho}$$

并由此得 y 处的相应正应力为

$$\sigma = c\sqrt{\varepsilon} = \frac{c\sqrt{y}}{\sqrt{\rho}}$$

因此，横截面上的弯矩为

$$M = \int_A y\sigma\,\mathrm{d}A = 2\int_0^{h/2} \frac{c}{\sqrt{\rho}} y^{\frac{3}{2}} b\,\mathrm{d}y = \frac{cbh^{\frac{5}{2}}}{5\sqrt{2\rho}}$$

另，对于任一截面 x，其弯矩为

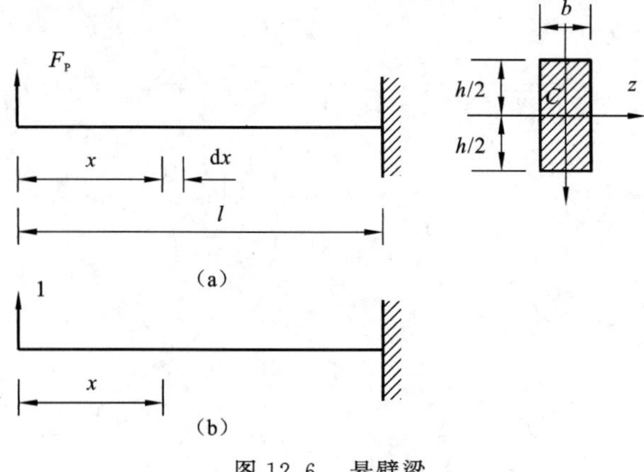

图 12.6　悬臂梁

$$M = F_P x$$

容易得到

$$\frac{1}{\sqrt{\rho}} = \frac{5\sqrt{2}F_P x}{cbh^{\frac{5}{2}}}$$

简化得

$$\frac{1}{\rho} = \frac{50F_P^2 x^2}{c^2 b^2 h^5}$$

(2) 位移计算。

由上式得

$$\frac{M}{EI} = \frac{1}{\rho} \Rightarrow \frac{F_P x}{EI} = \frac{50F_P^2 x^2}{c^2 b^2 h^5} \Rightarrow \frac{1}{EI} = \frac{50F_P x}{c^2 b^2 h^5}$$

在单位荷载作用下[图 12.6(b)],弯矩方程为

$$\overline{M}(x) = 1 \cdot x = x$$

代入式(12.7),于是得自由端的挠度为

$$\Delta = \int_l \frac{M(x)\overline{M}(x)}{EI} \mathrm{d}\theta = \int_0^l x \frac{50F_P^2 x^2}{c^2 b^2 h^5} \mathrm{d}x = \frac{25F_P^2 l^4}{2c^2 b^2 h^5} (\uparrow)$$

例 12.4　如图 12.7 所示具有初始挠度的梁 AB,抗弯刚度为 EI,长为 l。当梁上作用图示三角形分布荷载时,梁便呈直线形状。求梁的初始挠度曲线。

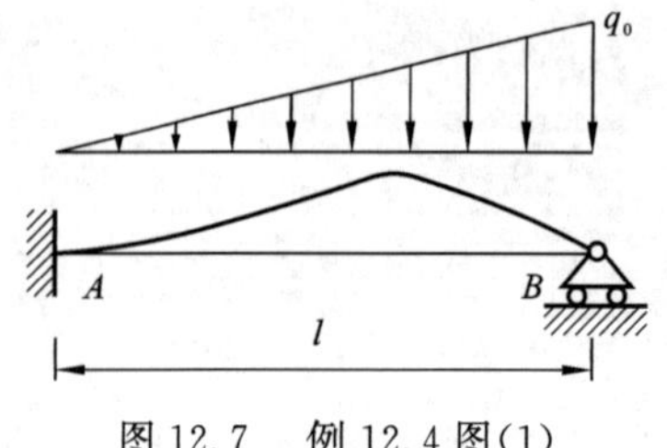

图 12.7　例 12.4 图(1)

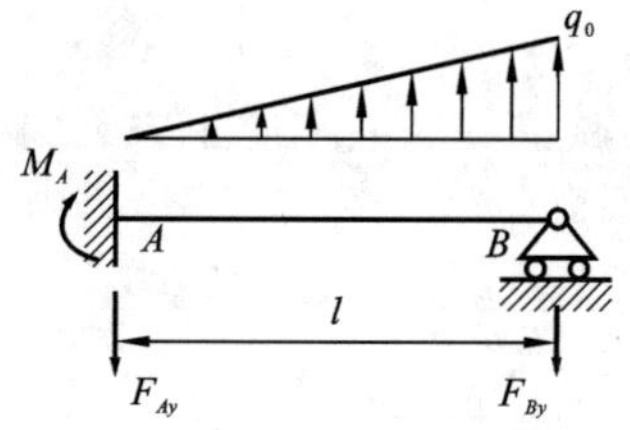

图 12.8　例 12.4 图(2)

解　求梁的初始挠度曲线相当于求图 12.8 所示梁的挠曲线,用单位荷载法求解。由

平衡方程可求得图中的约束力。

$$F_{Ay} = \frac{1}{2}q_0 l - F_{By}, \quad M_A = \frac{1}{2}q_0 l \cdot \frac{2}{3}l - F_{By}l$$

距离 A 端为 ξ 处的弯矩为

$$M(\xi) = M_A - F_{Ay}\xi - \frac{1}{2}\left(q_0 \frac{\xi}{l}\right)\xi \cdot \frac{\xi}{3} = M_A - F_{Ay}\xi - \frac{q_0\xi^3}{6l}$$

悬臂梁为原结构的一种基本系统，如图 12.9 所示，在距离 A 端 x 处作用向上的单位力，则弯矩方程为

$$\overline{M}(\xi) = \begin{cases} x - \xi, & 0 < \xi \leqslant x \\ 0, & x \leqslant \xi \leqslant l \end{cases}$$

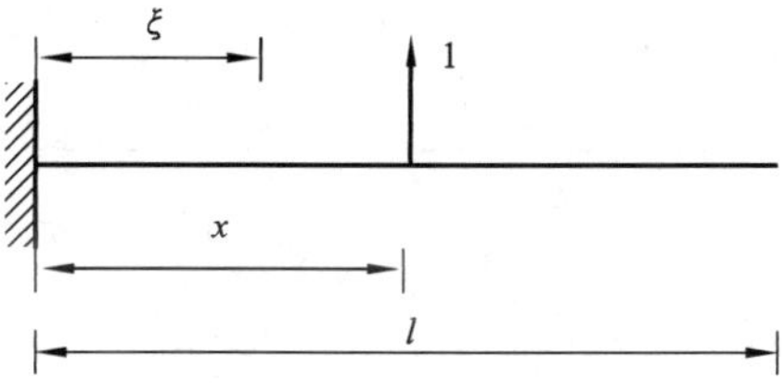

图 12.9　例 12.4 图(3)

单位力作用处的垂直位移即挠度为

$$\begin{aligned} w &= \frac{1}{EI}\int_0^l M(\xi)\overline{M}(\xi)\,\mathrm{d}\xi \\ &= \frac{1}{EI}\int_0^l \left(M_A - F_{Ay}\xi - \frac{q_0\xi^3}{6l}\right)(x-\xi)\,\mathrm{d}\xi \\ &= \frac{1}{EI}\left(\frac{M_A}{2}x^2 - \frac{1}{6}F_{Ay}x^3 - \frac{q_0 x^5}{120l}\right) \end{aligned}$$

由 $w(l) = 0$，得

$$\frac{M_A}{2}l^2 - \frac{1}{6}F_{Ay}l^3 - \frac{q_0 l^4}{120} = 0$$

联立求解得

$$M_A = \frac{7}{270}q_0 l^2, \quad F_{Ay} = \frac{9}{40}q_0 l, \quad F_{By} = \frac{11}{40}q_0 l$$

代入到挠度表达式得

$$y = w = \frac{q_0 x^2}{240EIl}(7l^3 - 9l^2 x + 2x^3)$$

12.3　静不定问题分析

前面讨论了利用单位载荷法分析杆件位移的问题，现在进一步研究单位载荷法在求解静不定问题中的应用。

如第 2 章所述，求解静不定梁的基本要点是：首先，将静不定梁的多余约束解除，而以

相应的多余未知力代替其作用,得静不定梁的相当系统;然后,利用相当系统在多余约束处应满足的变形协调条件,建立用载荷与多余未知力表示的补充方程;最后,由补充方程确定多余未知力,并进一步通过相当系统计算原静不定梁的内力、应力与位移等。

以上所述原则具有普遍意义,它不仅适用于梁,同样也适用于其他杆件与结构,而单位载荷法的应用则为建立补充方程提供了更一般、更有效的手段。现以图 12.10(a) 所示等截面静不定梁为例,说明上述原则的应用。

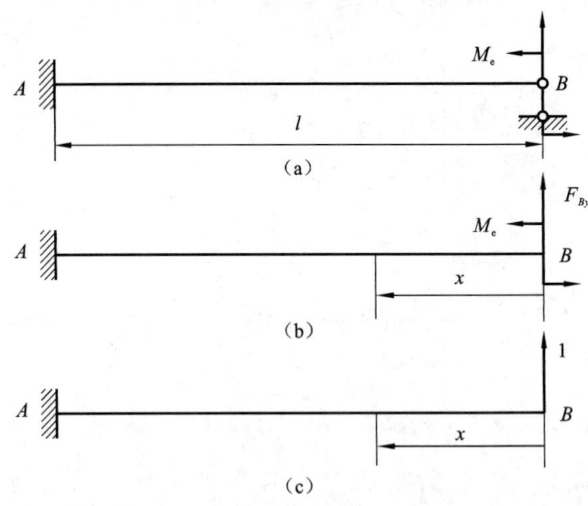

图 12.10　静不定梁

显然,该梁为一度静不定梁。如果将支座 B 当做多余约束予以解除,并以相应支反力代替其作用,则原静不定梁的相当系统如图 12.10(b) 所示,而相应的变形协调条件为截面 B 的挠度为零,即

$$w_B = 0 \qquad ①$$

为了计算截面 B 的挠度,在多余约束解除后的悬臂梁上施加单位力如图 12.10(c) 所示。解除多余约束后的静定杆或结构,称为原静不定杆或结构的基本系统。

在载荷 M_e 与多余支反力 F_{By} 作用下[图 12.10(b)],基本系统的弯矩方程为

$$M(x) = M_e + F_{By}x$$

在单位力作用下[图 12.10(c)],基本系统的弯矩方程则为

$$\overline{M}(x) = 1 \cdot x = x$$

根据单位载荷法,得相当系统截面 B 的挠度为

$$w_B = \frac{1}{EI}\int_0^l (M_e + F_{By}x)x\,\mathrm{d}x = \frac{M_e l^2}{2EI} + \frac{F_{By}l^3}{3EI} \qquad ②$$

将式 ② 代入式 ①,得补充方程为

$$\frac{M_e l^2}{2EI} + \frac{F_{By}l^3}{3EI} = 0$$

所得为负,说明其实际方向与图 12.10(a) 中所设之方向相反,即应为铅垂向下。

多余未知力确定后,通过相当系统即可计算原静不定梁的内力、应力与位移等。

例 12.5　图 12.11(a) 所示等截面刚架,A 端铰支,C 端固定,在杆 AB 上承受集度为

q 的均布载荷作用,试计算支反力。

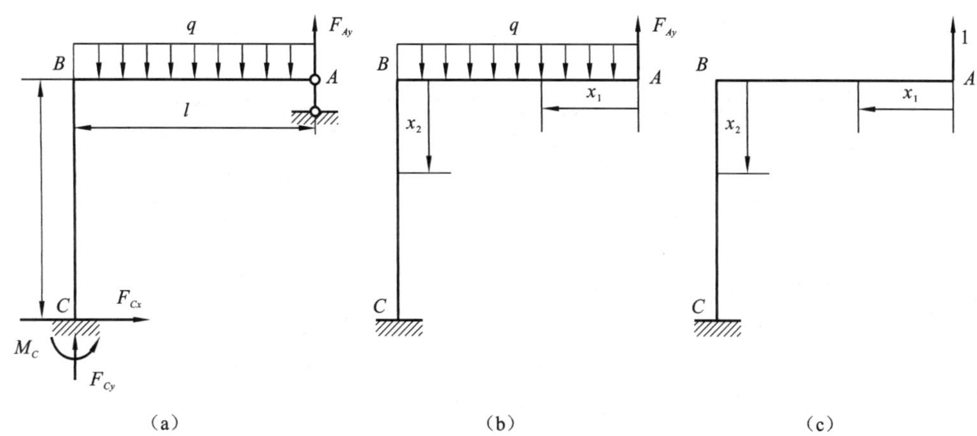

图 12.11　刚架

解　该刚架存在四个支反力 (F_{Ay}, F_{Cy}, F_{Cx} 与 M_C), 而有效平衡方程仅三个 $\left(\sum F_x = 0, \sum F_y = 0 \text{ 与 } \sum M = 0\right)$,故为一度静不定。

如果将铰支座 A 当做多余约束予以解除,并以铅垂支反力 F_{Ay} 代替其作用,则原静不定刚架的相当系统如图 12.11(b) 所示,而相应的变形协调条件为截面 A 的铅垂位移为零,即

$$w_A = 0 \tag{①}$$

为了计算截面 A 的铅垂位移,在基本系统上施加单位力如图 12.11(c) 所示。在载荷 q 与多余支反力 F_{Ay} 作用下[图 12.11(b)],基本系统 AB 与 BC 段的弯矩方程分别为

$$M(x_1) = F_{Ay}x_1 - \frac{qx_1^2}{2}$$

$$M(x_2) = F_{Ay}l - \frac{ql^2}{2}$$

在单位力作用下[图 12.11(c)],该部分的弯矩方程则为

$$\overline{M}(x_1) = 1 \cdot x_1 = x_1$$

$$\overline{M}(x_2) = 1 \cdot l = l$$

根据单位载荷法,得相当系统截面 A 的铅垂位移为

$$w_A = \frac{1}{EI}\int_0^l \left(F_{Ay}x_1 - \frac{qx_1^2}{2}\right)x_1 \mathrm{d}x_1 + \frac{1}{EI}\int_0^l \left(F_{Ay}l - \frac{ql^2}{2}\right)l\mathrm{d}x_2 = \frac{4F_{Ay}l^3}{3EI} - \frac{5ql^4}{8EI} \tag{②}$$

将式 ② 代入式 ①,得补充方程为

$$\frac{4F_{Ay}l^3}{3EI} - \frac{5ql^4}{8EI} = 0$$

由此得

$$F_{Ay} = \frac{15ql}{32}$$

多余支反力确定后,由平衡方程得其他支反力为

$$F_{Cx} = 0,\quad F_{Cy} = \frac{17ql}{32},\quad M_C = \frac{ql^2}{32}$$

例 12.6 图 12.12(a) 所示桁架,在节点 B 承受铅垂载荷 F_P 作用,试求各杆的轴力,已知各杆各截面的拉压刚度均为 EA。

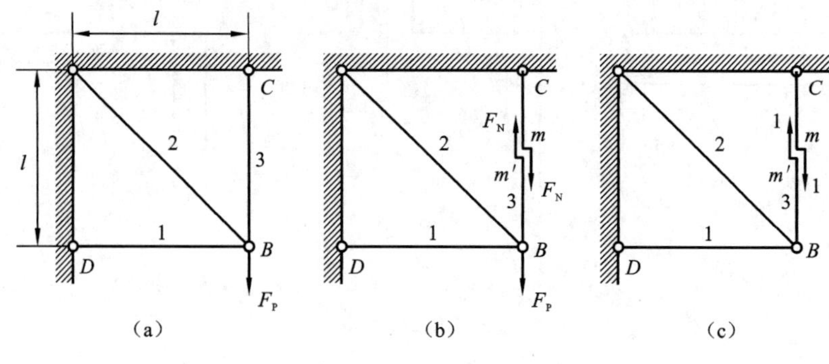

图 12.12 桁架

解 (1) 问题分析。

该桁架为一次静不定。设将杆 3 视为多余约束,假想地将其切开,并以作用在切口两侧横截面 m 与 m' 上的轴力 F_N 代替其作用,则原静不定桁架的相当系统如图 12.12(b) 所示,相应的变形协调条件为截面 m 与 m' 沿杆轴方向的相对位移为零,即

$$\Delta_{m/m'} = 0 \qquad ①$$

(2) 位移计算。

为了计算上述位移,在截面 m 的形心,沿杆轴方向施加一对方向相反的单位力[图 12.12(c)]。

在载荷 F_P 与多余力 F_N 作用下[图 12.12(b)],各杆的轴力分别为

$$F_{N1} = F_N - F_P$$

$$F_{N2} = \sqrt{2}(F_P - F_N)$$

$$F_{N3} = F_N$$

在图 12.12(c) 所示单位力作用下,各杆的轴力则分别为

$$\overline{F}_{N1} = 1$$

$$\overline{F}_{N2} = -\sqrt{2}$$

$$\overline{F}_{N3} = 1$$

于是,由式 ① 得

$$\begin{aligned}\Delta_{m/m'} &= \frac{1}{EA}\left[(F_N - F_P)l\cdot 1 + \sqrt{2}(F_P - F_N)\cdot\sqrt{2}l\cdot(-\sqrt{2}) + F_N l\cdot 1\right] \\ &= \frac{l}{EA}\left[F_N(2+2\sqrt{2}) - (1+2\sqrt{2})F_P\right]\end{aligned} \qquad ②$$

(3) 补充方程与解。

将式 ② 代入式 ①,得补充方程为

$$F_N(2+2\sqrt{2}) - (1+2\sqrt{2})F_P = 0$$

由此得

$$F_N = \frac{(1+2\sqrt{2})}{(2+2\sqrt{2})}F_P$$

多余支反力确定后，各杆的轴力也随之确定，分别为

$$F_{N1} = -\frac{F_P}{(2+2\sqrt{2})},\quad F_{N2} = \frac{F_P}{2+\sqrt{2}},\quad F_{N3} = \frac{(1+2\sqrt{2})F_P}{(2+2\sqrt{2})}$$

12.4　思考与讨论

12.4.1　应变能与加载次序无关

能量守恒原理是自然界普遍存在的一个规律，应用能量原理解决问题的方法称之为能量法。对于《材料力学》所研究的线弹性可变形固体，在外荷载的作用下会产生变形，在变形过程中，外荷载所做的功将转变为储存于固体内部的能量(即应变能)，并且推导建立了四种常见的基本变形及组合变形的应变能的计算公式。到此为止，学生还是能够理解和接受的。然而紧接着，如果完全按照教材的思路，直接以弯曲变形的构件为例，推导后续的各种定理，对于脑中一片空白的学生来说，实在是难以为之。如何找到一个突破点，将一个复杂的问题深入浅出地简化，教师的教和学生的学便会豁然明朗。本人在实际的教学实践和学生的反馈意见中发现：应变能与加载次序无关。这条结论是十分关键而且重要的。它是解决问题的一根引线，就好比顺藤摸瓜，有了这根藤，事情就迎刃而解。拉伸或压缩变形是最直观也是学生最容易理解和掌握的一种基本变形，首先从拉伸变形入手，证实应变能与加载次序无关这条结论，然后以此为突破点，自然而然地道出问题症结之所在。

图 12.13(a) 所示一等截面直杆，抗拉刚度为 EA，在荷载 F_1 和 F_2 的共同作用下发生拉伸变形，根据叠加原理，该直杆在荷载 F_1 和 F_2 的共同作用下所产生的内力、应力及变形就等于荷载 F_1 和 F_2 单独作用下所产生的内力、应力及变形的叠加，分别如图 12.13(b)、(c) 所示，则有

$$\Delta l = \Delta l_1 + \Delta l_2 = \frac{F_1 l}{EA} + \frac{F_2 l}{EA}$$

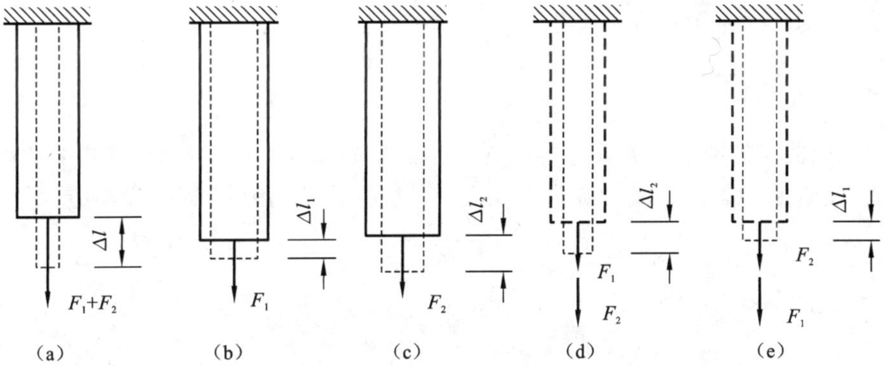

图 12.13　轴向拉伸

现在我们来模拟不同的加载次序，首先模拟第一种加载次序。第一步：加载 F_1，该直

杆伸长 Δl_1[图 12.13(b)],外力所做的功 W_1 为

$$W_1 = \frac{1}{2}F_1\Delta l_1$$

第二步:在不卸载 F_1 的情况下,继续加载 F_2,直杆继续伸长 Δl_2,如图 12.13(d) 所示,则外力所做的功等于荷载 F_1 和 F_2 分别在 Δl_2 位移上所做的功之和。

$$W_2 = F_1\Delta l_2 + \frac{1}{2}F_2\Delta l_2$$

在这里,我们必须弄清这样一个问题:Δl_2 是荷载 F_2 作用所产生的位移,因此,对于荷载 F_1 来说,Δl_2 相当于刚体位移,与荷载 F_1 只有对应关系,不互为因果关系;而对于荷载 F_2 来说,Δl_2 与其既为对应关系,也互为因果关系。换句话说,荷载 F_1 在 Δl_2 位移上所做的功为虚功,而荷载 F_2 在 Δl_2 位移上所做的功为通常所熟悉的实功。如此顺理成章地引出了虚功的概念,为学生学习后续的虚功原理奠定了基础。

荷载施加完毕后,到达最终状态时外力所做的总功 W 为

$$W = W_1 + W_2 = \frac{1}{2}F_1\Delta l_1 + F_1\Delta l_2 + \frac{1}{2}F_2\Delta l_2 = \frac{1}{2}F_1\Delta l_1 + F_1\frac{F_2 l}{EA} + \frac{1}{2}F_2\Delta l_2 \quad ①$$

接着模拟第二种加载次序。第一步:加载 F_2,该直杆伸长 Δl_2[图 12.13(c)],外力所做的功 W_2 为

$$W_2 = \frac{1}{2}P_2\Delta l_2$$

第二步:在不卸载 F_2 的情况下,继续加载 F_1,直杆继续伸长 Δl_1,如图 12.13(e) 所示,则外力所做的功等于荷载 F_1 和 F_2 分别在 Δl_1 位移上所做的功之和。

$$W'_1 = \frac{1}{2}F_1\Delta l_1 + F_2\Delta l_1$$

总功 W 为

$$W = W_2 + W'_1 = \frac{1}{2}F_2\Delta l_2 + F_2\Delta l_1 + \frac{1}{2}F_1\Delta l_1 = \frac{1}{2}F_2\Delta l_2 + F_2\frac{F_1 l}{EA} + \frac{1}{2}F_1\Delta l_1 \quad ②$$

显然,公式 ① 和公式 ② 是完全等价的,也就是说,两种加载方式下外力所做的总功相等,根据能量守恒,到达最终状态时的应变能必然相等,据此应变能只取决于力和位移的最终值,与加载次序无关的结论得证。

12.4.2 互等定理的论证

有了应变能与加载次序无关这样一条结论,我们就从中深入挖掘,将其中的奥秘逐步地透明化。设图 12.13(a)、(b)、(c) 所示状态下的应变能分别为 U、U_1、U_2,则有

$$U = \frac{(F_1 + F_2)^2 l}{2EA} = \frac{F_1^2 l}{2EA} + \frac{F_2^2 l}{2EA} + \frac{F_1F_2 l}{EA} = W = \frac{1}{2}(F_1 + F_2)\Delta l \quad ③$$

$$U_1 = \frac{F_1^2 l}{2EA} = W_1 = \frac{1}{2}F_1\Delta l_1 \quad ④$$

$$U_2 = \frac{F_2^2 l}{2EA} = W_2 = \frac{1}{2}F_2\Delta l_2 \quad ⑤$$

将公式 ④、⑤ 代入公式 ③,得

$$U = U_1 + U_2 + F_1\Delta l_2 = U_1 + U_2 + F_2\Delta l_1$$

由上式可以得到以下推论：

(1) $U \neq U_1 + U_2$，这是一目了然的。因此叠加原理在应变能中的应用与以往有所不同，应变能的叠加是基本变形的叠加，而内力、应力、变形等效应的叠加是荷载的叠加。换句话说，引起同一基本变形的一组荷载在杆内所产生的应变能，并不等于各个荷载单独作用时产生的应变能之和。这一点对于学生应用叠加原理求解应变能大有裨益。

(2) $F_1\Delta l_2 = F_2\Delta l_1$，这就是功的互等定理(reciprocal theorem of work)，当然是虚功互等。我们把图 12.13(b) 所示状态设为第一状态，图 12.13(c) 所示状态设为第二状态，前提是两种状态下的变形状态一致。则第一状态的外力在第二状态位移上所做的功等于第二状态的外力在第一状态位移上所做的功。当 $F_1 = F_2$ 时，$\Delta l_2 = \Delta l_1$，这就是位移互等，浅显易懂，继而推广应用到其他基本变形中。

习　题　12

12-1　图示四种结构，各杆 EA 相同。在集中力 F 作用下结构的应变能分别用 $V_{\varepsilon1}$、$V_{\varepsilon2}$、$V_{\varepsilon3}$、$V_{\varepsilon4}$ 表示。下列结论中(　　)是正确的？

A. $V_{\varepsilon1} > V_{\varepsilon2} > V_{\varepsilon3} > V_{\varepsilon4}$　　B. $V_{\varepsilon1} < V_{\varepsilon2} < V_{\varepsilon3} < V_{\varepsilon4}$

C. $V_{\varepsilon1} > V_{\varepsilon2}$，$V_{\varepsilon3} > V_{\varepsilon4}$，$V_{\varepsilon2} < V_{\varepsilon3}$　　D. $V_{\varepsilon1} < V_{\varepsilon2}$，$V_{\varepsilon3} < V_{\varepsilon4}$，$V_{\varepsilon2} < V_{\varepsilon3}$

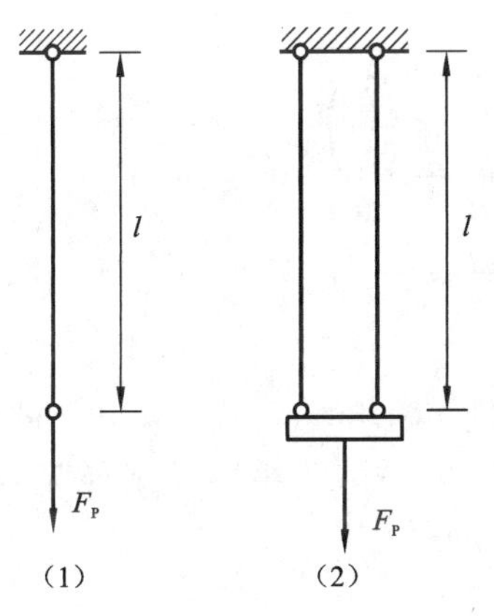

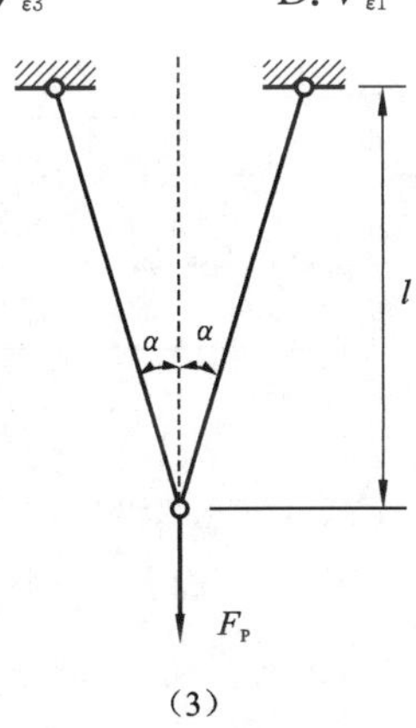

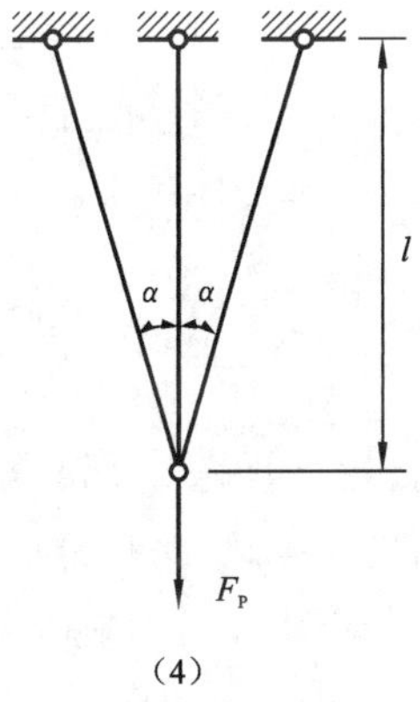

题 12-1 图

12-2　图示悬臂梁，加载次序有下述三种方式：第一种为 F_P、M 同时按比例加载；第二种为先加 F_P，后加 M；第三种为先加 M，后加 F_P。在线弹性范围内，它们的变形能应为(　　)。

A. 第一种大　　B. 第二种大

C. 第三种大　　D. 一样大

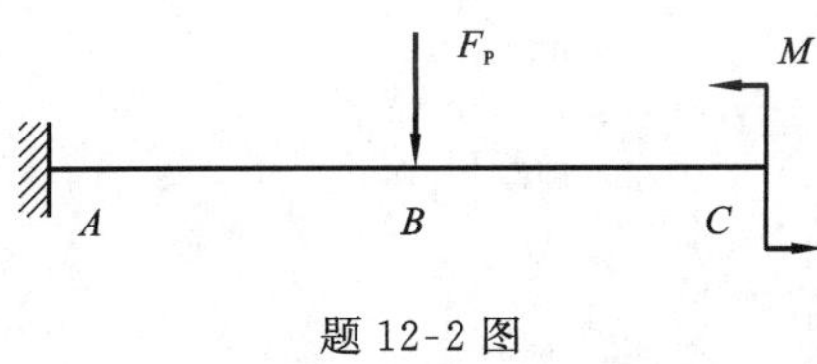

题 12-2 图

12-3　一圆轴在图示两种受扭情况下，下面(　　)是正确的。

A. 应变能相同，自由端扭转角不同　　B. 应变能不同，自由端扭转角相同

C. 应变能和自由端扭转角都相同　　D. 应变能和自由端扭转角都不相同

12-4　图示各杆均由同一种材料制成，材料为线弹性，弹性模量为 E。各杆的长度相同。试求各杆的应变能。

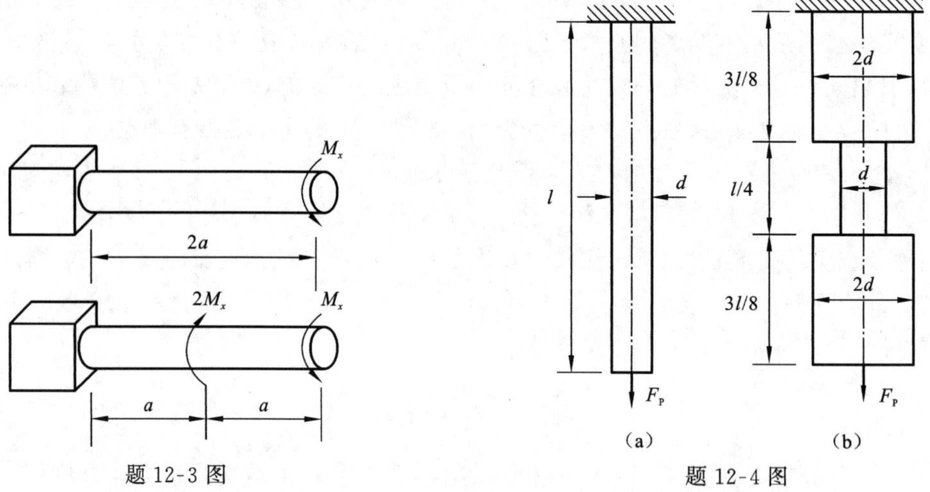

题 12-3 图　　题 12-4 图

12-5　阶梯形轴在其两端承受扭转外力偶矩，如图所示。轴材料为线弹性，$d_2 = 2d_1 = 2d$ 切变模量为 G。试求圆轴内的应变能。

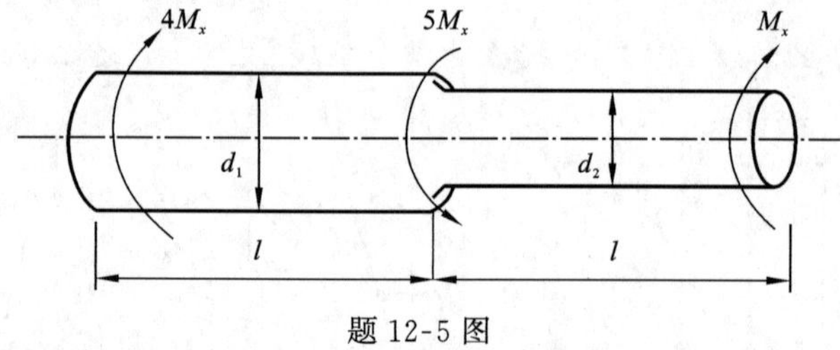

题 12-5 图

12-6　图示三脚架承受荷载 F_P，AB、AC 两杆的横截面面积均为 A。若已知 A 点的水平位移 Δ_{Ax}（向左）和铅垂位移 Δ_{Ay}（向下），试按下列情况分别计算三脚架的应变能 V_ε，将 V_ε 表达式为 Δ_{Ax}，Δ_{Ay} 的函数。

(1) 若三脚架由线弹性材料制成，EA 为已知；

(2) 若三脚架由非线弹性材料制成，其应力-应变关系为 $\sigma = B\sqrt{\varepsilon}$[图(b)]，$B$ 为常数，且拉伸和压缩相同。

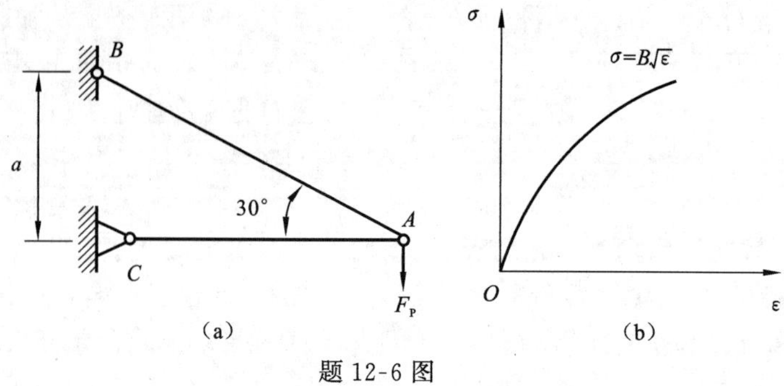

题 12-6 图

12-7　平均半径为 R 的细圆环，截面为直径为 d 的圆形，材料为线弹性，弹性模量为 E，剪切模量为 G。两个力 F_P 垂直于圆环轴线所在的平面(见图)。试求两个力 F_P 作用点的相对位移。

12-8　图示曲拐的自由端 C 上作用集中力 F_P。曲拐两段材料的相同，且均为同一直径的圆截面杆，试求 C 点的垂直位移。

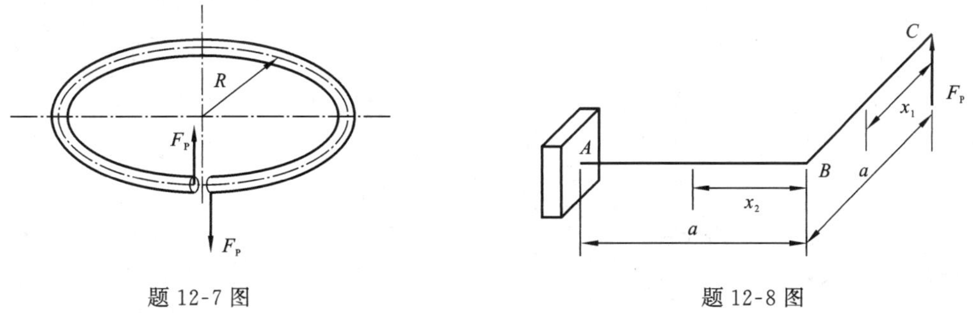

题 12-7 图　　　　题 12-8 图

12-9　等截面曲杆 BC 的轴线为四分之三的圆周，如图所示。若 AB 可视为刚性杆，在 F_P 作用下，试求截面 B 的水平位移及垂直位移。

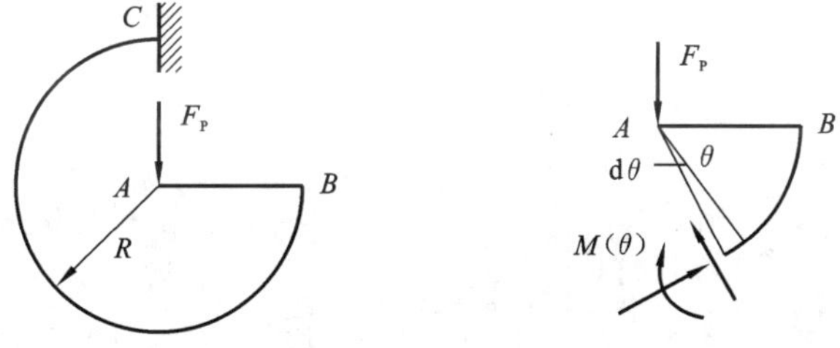

题 12-9 图

12-10　图示为一水平放置的四分之一小曲率圆弧形曲杆。试计算在铅垂方向力 F_P 作用下，自由端 B 的铅垂位移。杆的 EI 和 GI_P 均为已知。(不计剪力影响)

12-11　图示结构，承受载荷 F_P 作用。梁 BC 个截面的弯曲刚度均为 EI，杆 DG 各截面的拉、压刚度均为 EA，试用单位荷载法计算界面 C 的铅垂位移 Δ_C 与转角 θ_C。

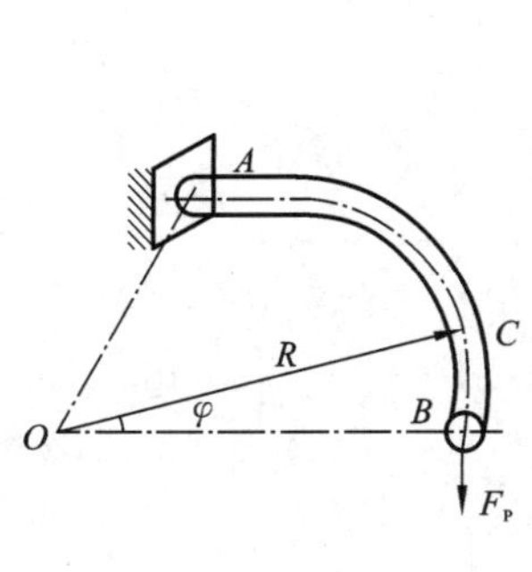

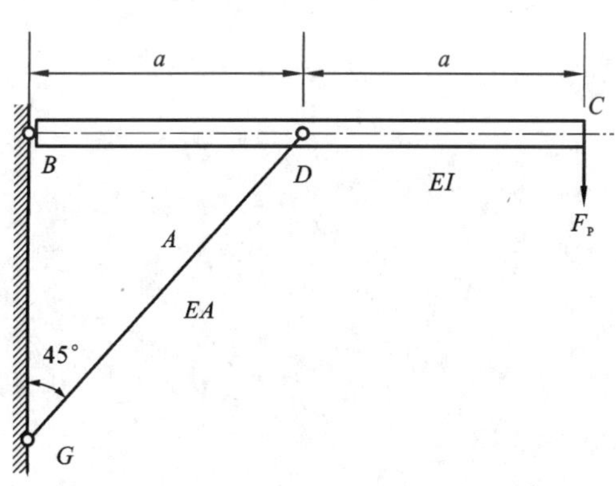

题 12-10 图　　　　题 12-11 图

12-12　图示钢架，承受荷载 F_P 作用。设各截面的弯曲刚度均为 EI，使用单位荷载法计算横截面 C 的转角。

12-13　图示等截面钢架，承受均布荷载 q 作用。设弯曲刚度 EI 与扭转刚度 GI_p 均为已知常数，试用单位荷载法计算横截面 A 的铅垂位移 Δ_A。

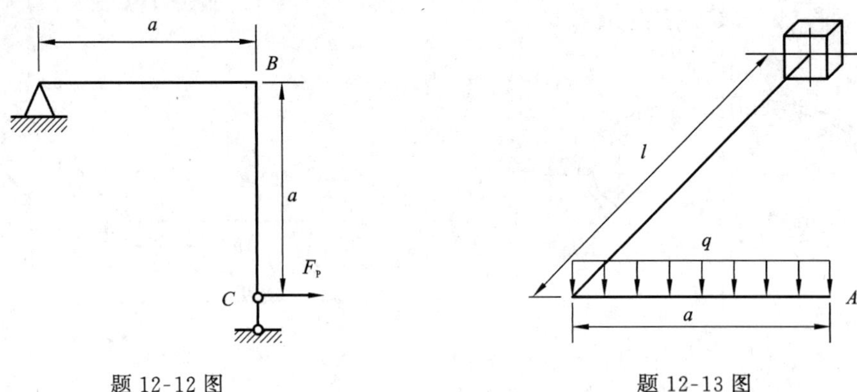

题 12-12 图　　　题 12-13 图

附录A 静力学平衡问题

本附录介绍静力学平衡问题,学习力、刚体、力系、力矩、力偶等概念和静力学公理,对物体进行受力分析,研究平面汇交力系、平面力偶系、平面任意力系和空间力系的简化和平衡方程,目的是能熟练求解各种力系作用下刚体系的平衡问题。

A.1 静力学基本概念和公理

A.1.1 力

力是物体间相互的机械作用。这种作用使物体运动状态发生变化(图 A.1)或使物体产生变形(图 A.2)。前者称为力的运动效应或外效应。后者称为力的变形效应或内效应。

图 A.1 小车的运动

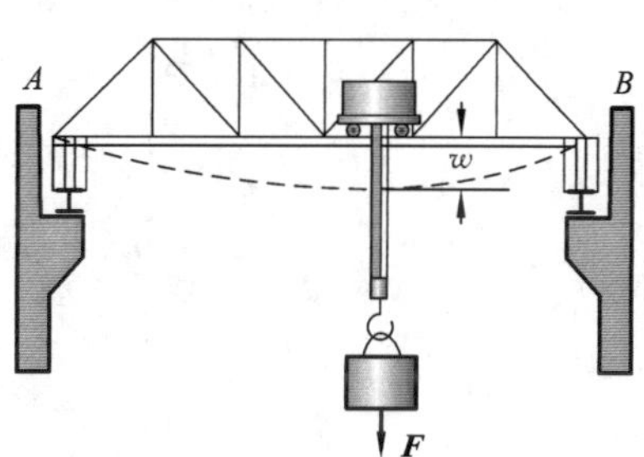

图 A.2 吊车梁变形

力对物体的作用效果取决于力的三要素:大小、方向和作用点。力的三要素表明,力是一个具有固定作用点的定位矢量。如图 A.3 所示。

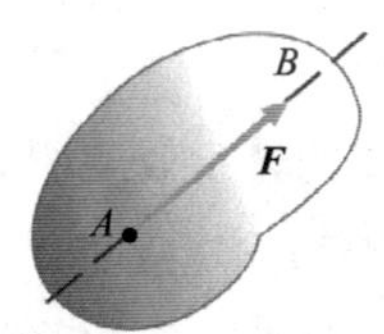

图 A.3 力是定位矢量

体内任意两点之间的距离不变的物体称为刚体。刚体是实际物体被抽象化了的力学模型。例如,在图 A.2 中,吊车梁的弯曲变形 w 一般不超过跨度(A、B 间距离)的 1/1 500,水平方向变形更小。因此,研究吊车梁的平衡规律时,变形是次要因素,可略去不计。静力学研究的物体是刚体,故又称刚体静力学,是研究变形体力学的基础。

作用在物体上的一群力称为力系。按作用线所处位置可分为平面力系和空间力系。对于平面力系，如果作用线汇交于一点，称为平面汇交力系，如果作用线平行，称为平面平行力系。

物体相对惯性参考系(如地面)保持静止或做匀速直线运动，称物体为平衡。

A.1.2 力对点之矩

力对点之矩是度量力使刚体绕此点转动效应的物理量。

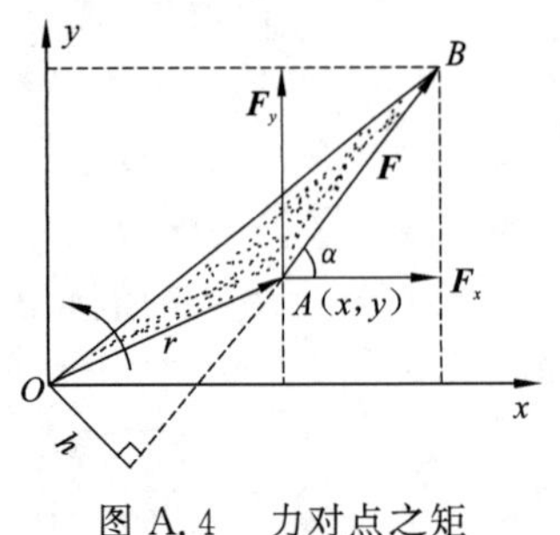

图 A.4 力对点之矩

如图 A.4 所示，力 $\boldsymbol{F}$ 对点 O 之矩与力的大小和其作用线位置有关，等于力与力臂的乘积。即

$$M_O(\boldsymbol{F}) = \pm Fh = \pm 2\Delta OAB \tag{A.1}$$

式中，O 点称为力矩中心，简称矩心。力臂 h 为 O 点到力 $\boldsymbol{F}$ 作用线的垂直距离。平面问题中力对点之矩是代数量。取绕矩心逆时针转动为正，反之为负。空间问题中，力对点之矩为矢量。以 $\boldsymbol{r}$ 表示由点 O 到 A 的矢径，则矢积 $\boldsymbol{r}\times\boldsymbol{F}$ 的模等于该力矩的大小，指向与力矩转向符合右手螺旋定则。

A.1.3 力偶

大小相等，方向相反，作用线平行的两个力称为力偶。力偶是常见的一种特殊力系，例如图 A.5(a) 和(b) 所示的作用在汽车方向盘和电机转子上的力偶。

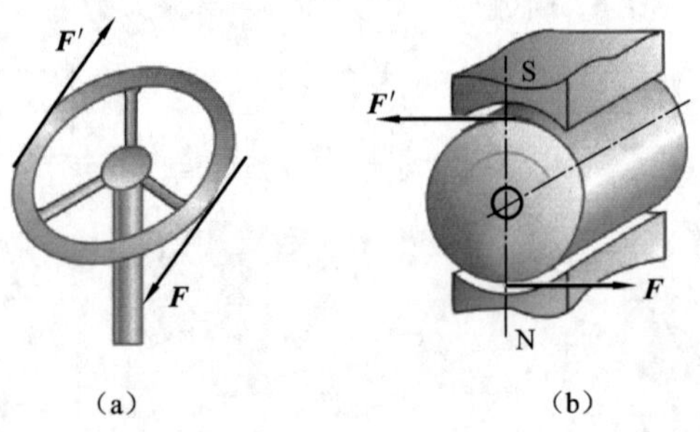

图 A.5 力偶

力偶只能使物体转动。因此，力偶与一个力不等效，它既不能合成一个力，也不能与一个力平衡。

力偶对物体的转动效应用力偶矩度量。它等于力偶中的力的大小与两个力之间的距离(力偶臂) 的乘积，记为 $M(\boldsymbol{F},\boldsymbol{F}')$，简记为 M。如图 A.6 所示。

$$M = \pm F\cdot d \tag{A.2}$$

平面问题中，力偶矩是代数量。取逆时针转向为正，反之为负。空间问题中，力偶矩是矢量。

如取图 A.7 中任一点 O 为矩心，则力偶($\boldsymbol{F},\boldsymbol{F}'$) 对该点之矩为

$$M_O(\boldsymbol{F}) + M_O(\boldsymbol{F}') = F\cdot a + F'\cdot b = F(a+b) = Fd$$

可知，力偶对任一点之矩等于力偶矩，而与矩心位置无关。

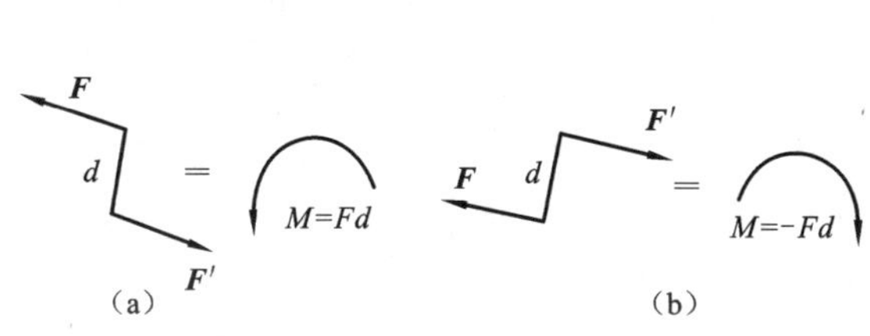

图 A.6 力偶矩

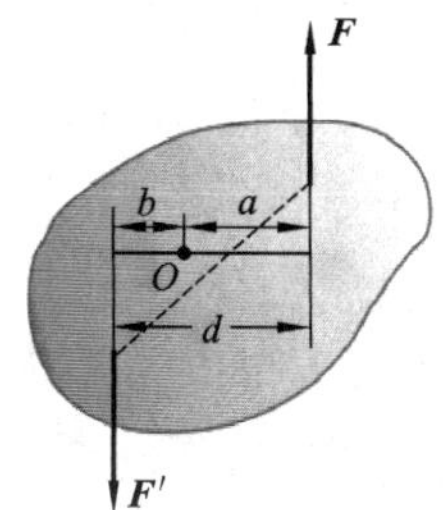

图 A.7 力偶对点之矩

综上所述，力偶对物体的作用效应，取决于(1) 力偶矩大小；(2) 力偶在其作用面(称力偶作用面) 内的转向。

在同平面内的两个力偶，如力偶矩相等，则两力偶等效。如图 A.8 所示。

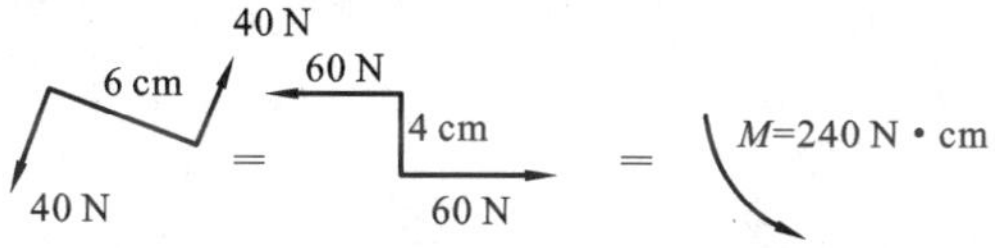

40 N
6 cm
60 N
4 cm
=
=
M=240 N · cm
40 N
60 N

图 A.8 力偶等效

上述定理给出了同平面内力偶的等效条件。由此可得两个推论：

(1) 力偶可在其作用面内任意移转，而不改变它对物体的作用。

(2) 只要力偶矩不变，可任意改变力的大小和力偶臂的长短，而不改变力偶对物体的作用。

A.1.4 静力学公理

静力学公理概括了力的基本性质，是建立静力学理论的基础。

公理 1 力的平形四边形法则

作用在物体上同一点的两个力，可合成一个合力，合力的作用点仍在该点，其大小和方向由以此两力为边构成的平行四边形的对角线确定，如图 A.9(a) 所示，矢量表达式为

$$\boldsymbol{F}_R = \boldsymbol{F}_1 + \boldsymbol{F}_2 \tag{A.3}$$

即合力等于分力的矢量和。合力 $\boldsymbol{F}_R$ 的大小和方向也可通过图 A.9(b) 和(c) 所示的力三角形法则得到。即自任一点 O 以 $\boldsymbol{F}_1$ 和 $\boldsymbol{F}_2$ 为两边作力三角形，第三边 $\boldsymbol{F}_R$ 即所求。

此公理给出了力系简化的基本方法。

平行四边形法则是力的合成法则，也是力的分解法则。例如，在图 A.10 中，拉力 $\boldsymbol{F}$ 作用在螺钉 A 上，与水平方向的夹角为 α，按此法则可将其沿水平及铅垂方向分解为两个分力 $\boldsymbol{F}_1$ 和 $\boldsymbol{F}_2$。

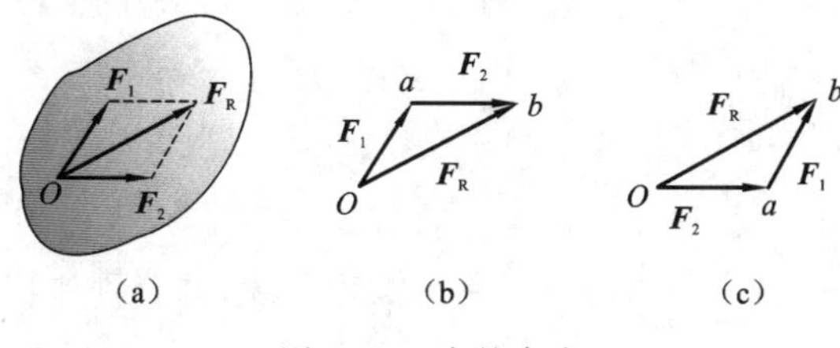

图 A.9 力的合成

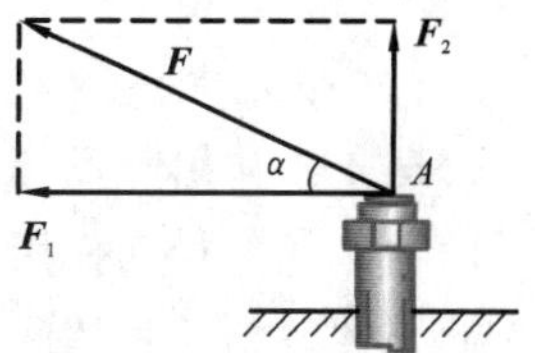

图 A.10 力的分解

公理 2　二力平衡公理

作用在刚体上的两个力，使刚体平衡的必要和充分条件是：两个力的大小相等，方向相反，作用线沿同一直线。如图 A.11 所示，即

$$\boldsymbol{F}_1 = -\boldsymbol{F}_2 \tag{A.4}$$

此公理揭示了最简单的力系平衡条件。

只在两力作用下平衡的刚体称为二力体或二力构件，如图 A.12(a) 所示。当构件为直杆时称为二力杆，如图 A.12(b) 所示。

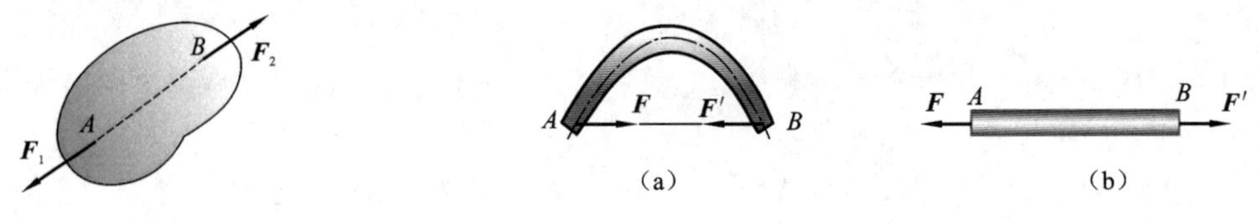

图 A.11　二力平衡　　　　图 A.12　二力构件

公理 3　加减平衡力系公理

在已知力系上加或减去任意平衡力系，并不改变原力系对刚体的作用。

此公理是研究力系等效的重要依据。由此公理可导出下列推理：

推论 1　力的可传性　作用在刚体上某点的力，可沿其作用线移动，而不改变它对刚体的作用。如图 A.13 所示。由此可知，力对刚体的作用取决于：力的大小、方向和作用线。在此，力是有固定作用线的滑动矢量。

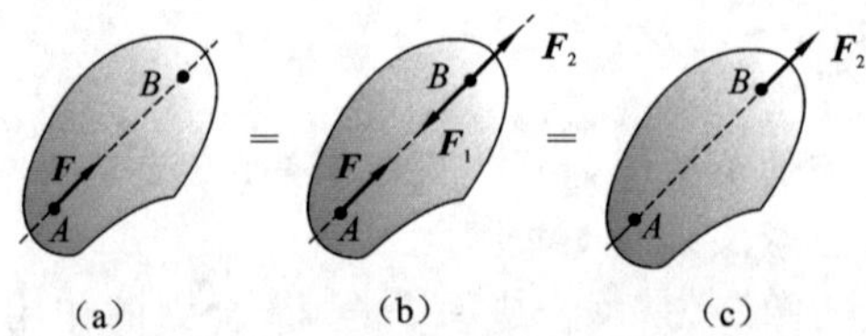

图 A.13　力的可传性

推论 2　三力平衡汇交定理　当刚体受到同平面内不平行的三力作用而平衡时，三力的作用线必汇交于一点，如图 A.14。

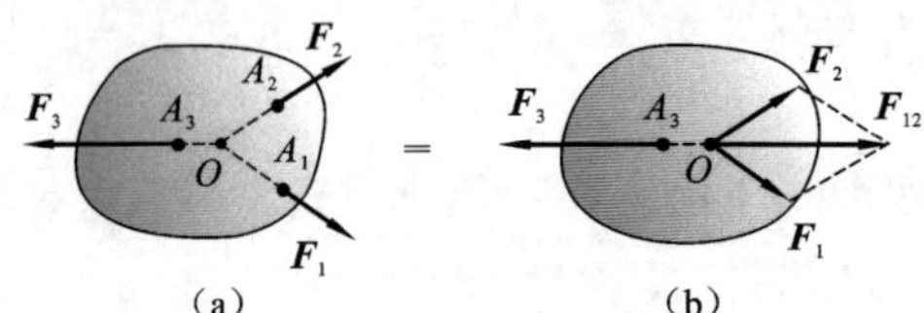

图 A.14　三力汇交于一点

公理 4　作用与反作用定律

两物体间的相互作用力，大小相等，方向相反，作用线沿同一直线。

此公理概括了物体间相互作用的关系，表明作用力与反作用力成对出现，并分别作用

在不同的物体上。

公理 5　刚化公理

变形体在某一力系作用下处于平衡时，如将其刚化为刚体，其平衡状态保持不变。

此公理提供了将变形体看成刚体的条件。如在图 A.15 中，将平衡的绳索刚化为刚性杆，其平衡状态不变。

刚体的平衡条件是变形体平衡的必要条件而非充分条件。如图 A.16 所示，在绳索上的作用力满足二力平衡条件，但绳索不一定平衡。

图 A.15　变形体刚化

图 A.16　变形体平衡

A.2　物体的受力分析

A.2.1　约束与约束反力

在空间的位移不受任何限制的物体称为自由体。如图 A.17 所示的飞行的飞机。位移受到限制的物体称为非自由体。如图 A.18 所示的曲柄冲压机，冲头只能沿铅垂方向平动，飞轮只能绕轴转动，冲头和飞轮是非自由体。工程结构中的构件或机械中的零件都是非自由体。

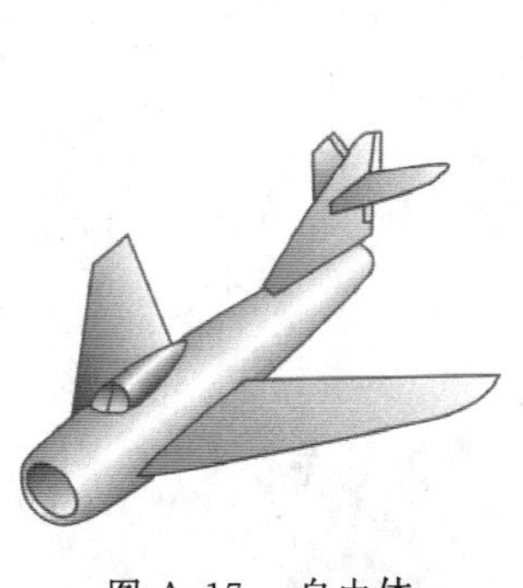

图 A.17　自由体

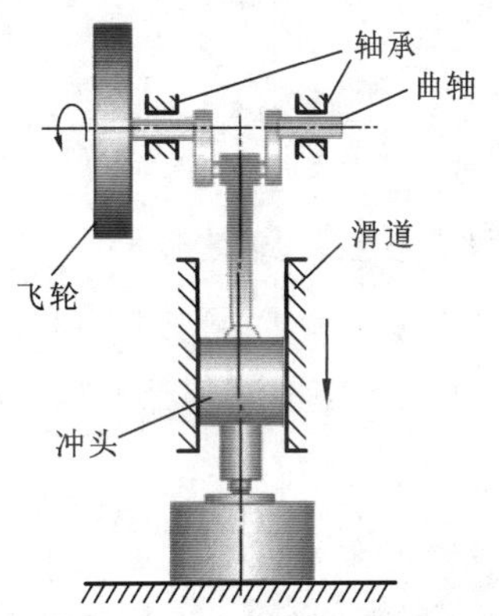

图 A.18　曲柄冲压机

对非自由体的某些位移起限制作用的周围物体称为约束。图 A.18 中，滑道是冲头的约束；轴承是飞轮和曲轴的约束。图 A.19 中，支座 A、B 是桥梁的约束。

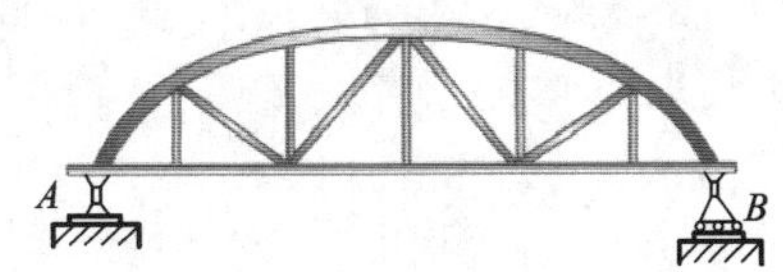

图 A.19　桥梁结构

约束作用于被约束物体上的力称为约束反力，简称为约束力。约束力的方向总是和所限制的位移方向相反，由此可确定约束力的方向和作用线位置。约束力的大小是未知的，在静力学中，可用平衡条件由主动力求出。

1. 光滑接触面约束

例如，支持物体的地面（图 A.20），啮合齿轮的齿面（图 A.21）都属这类约束。此类约束限制物体沿接触面法线向约束内部的位移，故其约束力沿接触面的公法线指向被约束物体，常称为法向约束力。

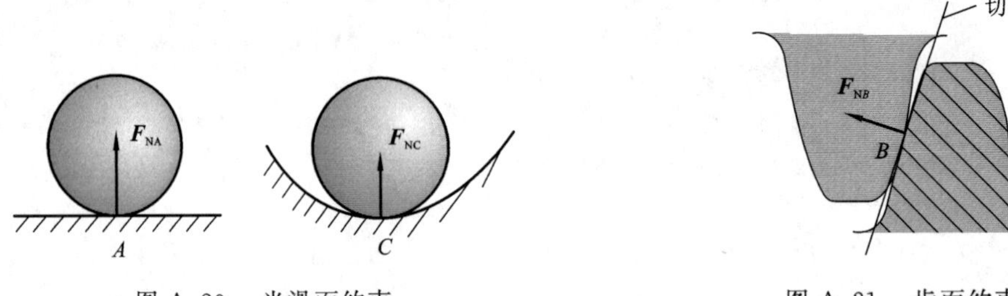

图 A.20　光滑面约束　　　　图 A.21　齿面约束

2. 柔索约束

由绳索、链条或胶带等构成的约束。由于柔索本身只能承受拉力，故约束力沿柔索而背离物体。如图 A.22 和图 A.23 所示的绳索约束和皮带约束。

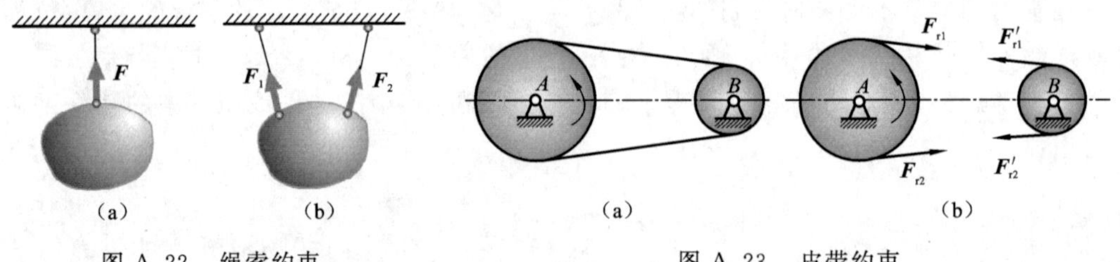

图 A.22　绳索约束　　　　图 A.23　皮带约束

3. 光滑圆柱铰链约束

用销钉连接两个钻有相同大小孔径的构件构成铰链约束。如其中一构件作为支座被固定，则称为铰链支座，其构造及简化图如图 A.24(a)、(b) 和图 A.25(a)、(b) 所示。

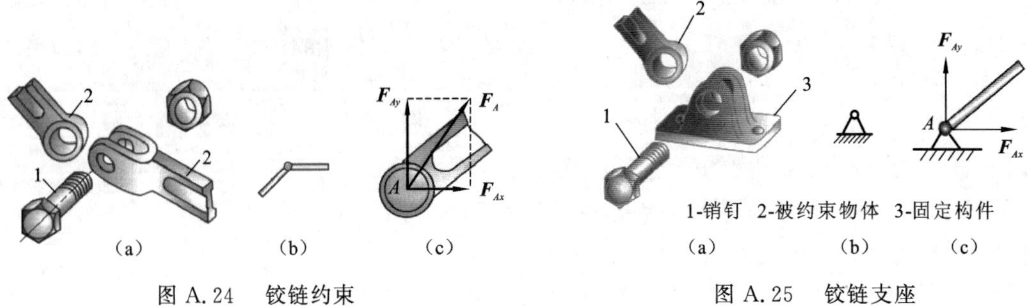

图 A.24　铰链约束　　　　图 A.25　铰链支座

铰链约束限制物体沿径向的位移，故其约束力在垂直于销钉轴线的平面内并通过销钉中心。由于该约束接触点位置不能预先确定，约束力方向也不能确定，常以两个正交分量 $\boldsymbol{F}_{Ax}$ 和 $\boldsymbol{F}_{Ay}$ 表示，如图 A. 24(c) 和图 A. 25(c) 所示。

在分析铰链约束力时，通常将销钉固连在某个构件上，简化成只有两个构件的结构。例如，在图 A. 26(a) 所示的三铰拱结构中，如将铰链 C 处的销钉固连在构件 II 上，则构件 I、II 互为约束。铰链约束力如图 A. 26(b) 所示。

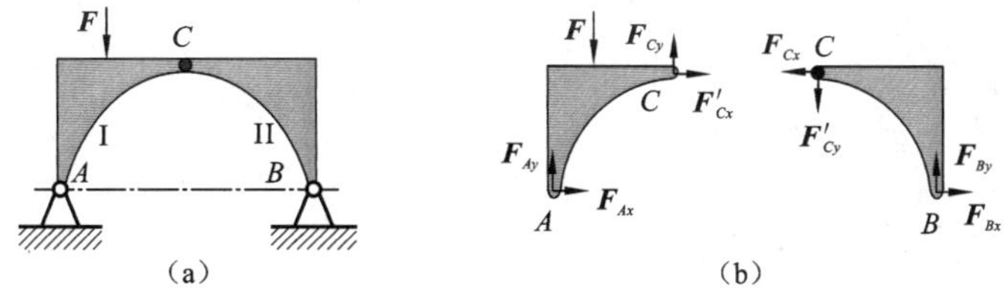

图 A. 26　铰链约束力

图 A. 27(a) 是由轴承和轴颈构成的轴承约束（径向轴承），其约束力的特征和铰链的约束力完全相同。如图 A. 27(b) 和(c) 所示。

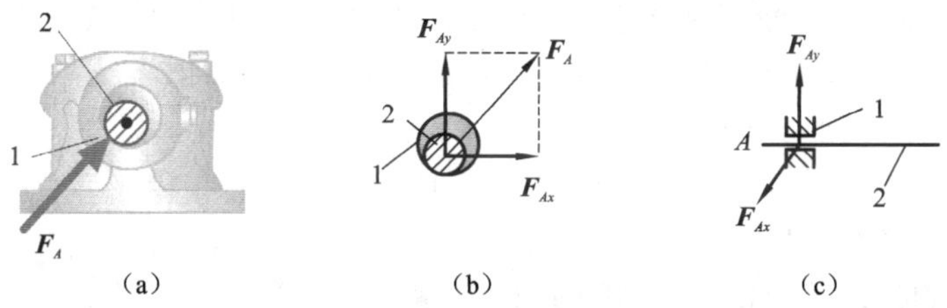

图 A. 27　轴承约束

4. 滚动支座约束

该约束由在铰链支座与光滑支承面间安装几个辊轴构成，亦称辊轴支座约束。其构造及简图如图 A. 28(a) 和(b) 所示。滚动支座的约束性质与光滑面约束相同，其约束力垂直于支承面，通过销钉中心，如图 A. 28(c) 所示。

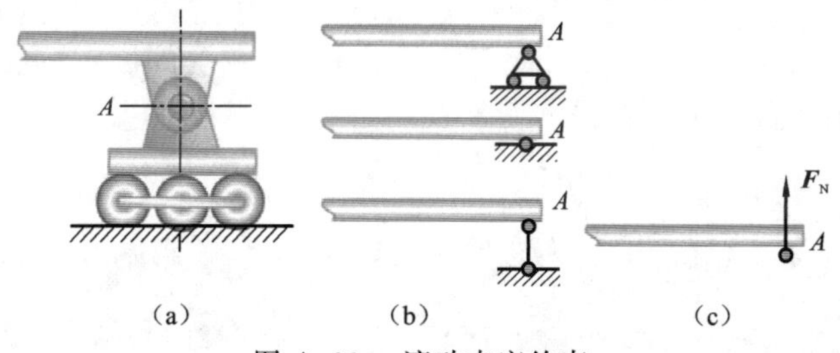

图 A. 28　滚动支座约束

5. 球形铰链约束

图 A. 29(a) 所示的圆球和球壳的连接构成球形铰链约束。此类约束限制构件的球心沿任何方向的位移。其约束力通过球心，但方向不能确定，常用图 A. 29(b) 所示的三个正交分量表示。

6. 止推轴承约束

如图 A.29 所示。此类轴承除限制轴的径向位移外，还限制其轴向位移。约束力由图 A.30 所示三个正交分量表示出。

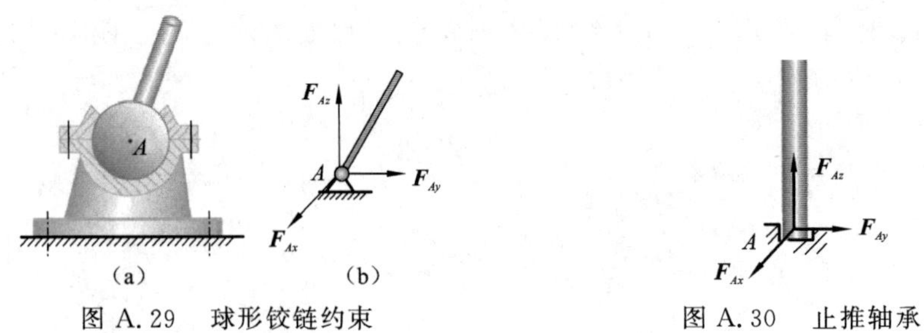

图 A.29 球形铰链约束　　图 A.30 止推轴承

A.2.2 画受力图

确定物体受了几个力，每个力的作用位置和方向，这一分析过程称为物体的受力分析。为了清晰地表出物体(即研究对象) 的受力情况，需将其从约束中分离出来，单独画出它的简图，这一步骤称为解除约束、取分离体。在分离体上表示物体受力情况的简图称为受力图。画受力图的步骤可概括如下：

(1) 根据题意选取研究对象，并用尽可能简明的轮廓把它单独画出，即取分离体。

(2) 画出作用在分离体上的全部主动力。

(3) 根据各类约束性质逐一画出约束力。

在进行物体的受力分析时，有时可利用简单的平衡条件，如二力平衡条件，三力平衡汇交定理以及作用反作用定律正确、简洁地画出物体的受力图。当所研究的问题由多个物体组成，也可取由几个物体组成的系统为研究对象，取分离体。此时，必须考虑作用力与反作用力；区分内力和外力。分离体内任何两部分间互相作用的力称为内力，它们成对出现，组成平衡力系，不必画出。

正确画出物体的受力图，是分析、解决力学问题的基础。下面举例说明画受力图的正确方法。

例 A.1 用力 $\boldsymbol{F}_T$ 拉动压路的碾子。已知碾子重 $\boldsymbol{F}_P$，并受到固定石块 A 的阻挡，如图 A.31(a) 所示。试画出碾子的受力图。

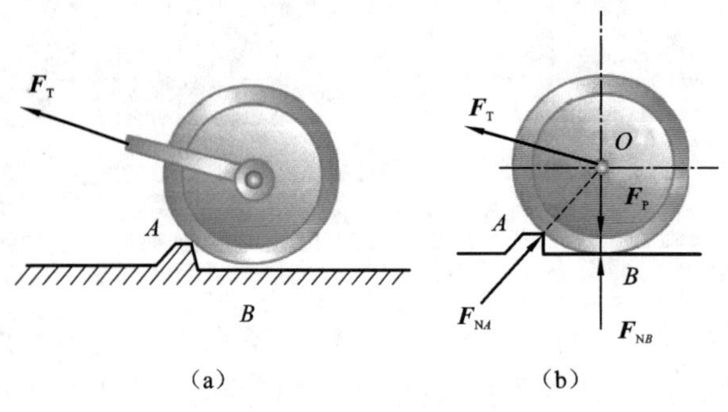

图 A.31 例 A.1 图

解　取碾子为研究对象。解除约束，画出碾子的轮廓图，如图 A.31(b)。

作用在碾子上的主动力有拉力 $\boldsymbol{F}_T$ 和重力 $\boldsymbol{F}_P$，碾子在 A、B 两点受到石块和地面的约束，约束力分别为 $\boldsymbol{F}_{NA}$ 和 $\boldsymbol{F}_{NB}$。不计摩擦，约束力都沿接触点的公法线而指向碾子的中心。碾子的受力如图 A.31(b) 所示。

在碾子即将越过石块的瞬时，其受力图有何变化呢?注意到：此时碾子将在 B 处脱离约束，约束力 $\boldsymbol{F}_{NB}$ 消失，即 $F_{NB}=0$。

例 A.2　水平梁 AB 在 A 端用铰链固定，B 端用斜杆 BC 支撑，斜杆在两端 B 和 C 都用铰链固定。梁上放一电动机[图 A.32(a)]。设梁重 $\boldsymbol{F}_{P1}$，电动机重 $\boldsymbol{F}_{P2}$，杆重不计。试分别画出杆 BC 和梁 AB 的受力图。

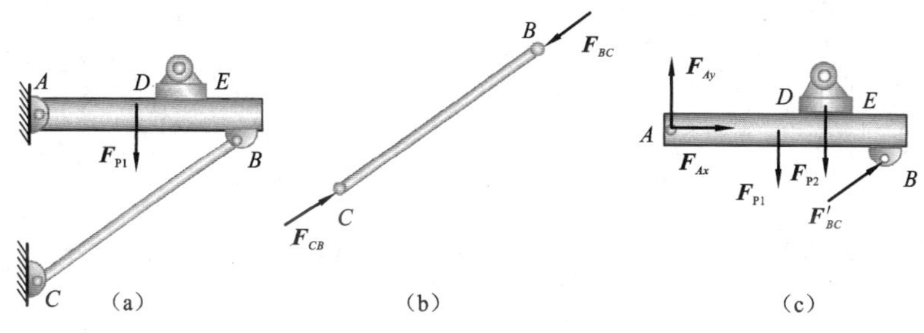

图 A.32　例 A.2 图

解　取杆 BC 为研究对象。由于杆重不计，只在两端受力而平衡，故为二力杆，有

$$\boldsymbol{F}_{CB}=-\boldsymbol{F}_{BC}$$

其受力如图 A.32(b) 所示。再取梁 AB 和电机为研究对象。主动力有梁的自重 $\boldsymbol{F}_{P1}$ 和电动机的重力 $\boldsymbol{F}_{P2}$。约束力有 $\boldsymbol{F}'_{BC}$，且 $\boldsymbol{F}'_{BC}=-\boldsymbol{F}_{BC}$。铰链 A 的约束力 $\boldsymbol{F}_A$ 方向未知，以 $\boldsymbol{F}_{Ax}$ 和 $\boldsymbol{F}_{Ay}$ 表示。梁和电机系统的受力如图 A.32(c) 所示。

A.3　力系的简化

A.3.1　平面汇交力系的简化

平面汇交力系是指各力的作用线在同一平面内且汇交于一点的力系。如图 A.33 所示的作用在型钢 MN 上的力系及图 A.34(b) 所示的力系。

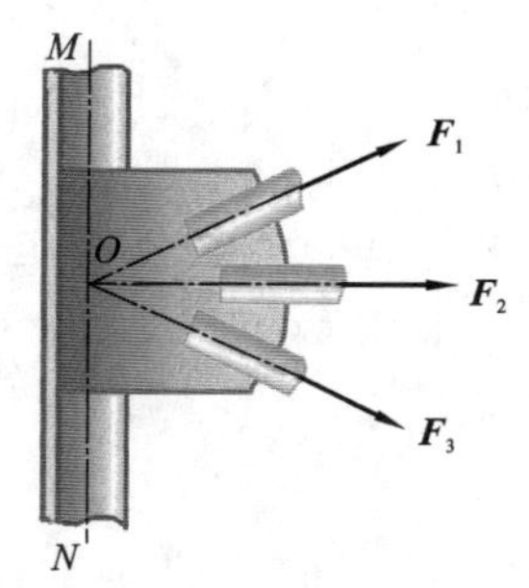

图A.33　作用在型钢上的力系

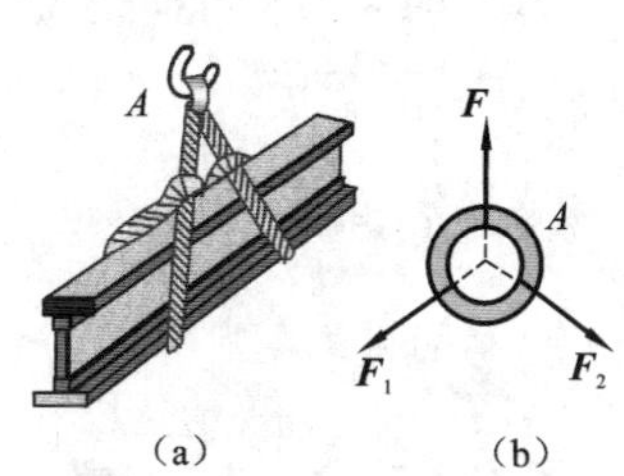

图 A.34　吊环的受力图

如图 A. 35(a) 所示，作用在刚体上的四个力 $\boldsymbol{F}_1$，$\boldsymbol{F}_2$，$\boldsymbol{F}_3$ 和 $\boldsymbol{F}_4$ 汇交于点 O。连续应用平行四边形法则，即可求出通过汇交点 O 的合力 $\boldsymbol{F}_R$。合力 $\boldsymbol{F}_R$ 的大小和方向也可用图 A. 35(b) 所示的力三角形法则或力多边形法则得到。后者，作出图示首尾相接的开口的力多边形 $abcde$，封闭边矢量 $\overrightarrow{ae}$ 即所求的合力。通过力多边形求合力的方法称为几何法。改变分力的作图顺序，力多边形改变，如图 A. 35(c) 所示，但其合力不变。

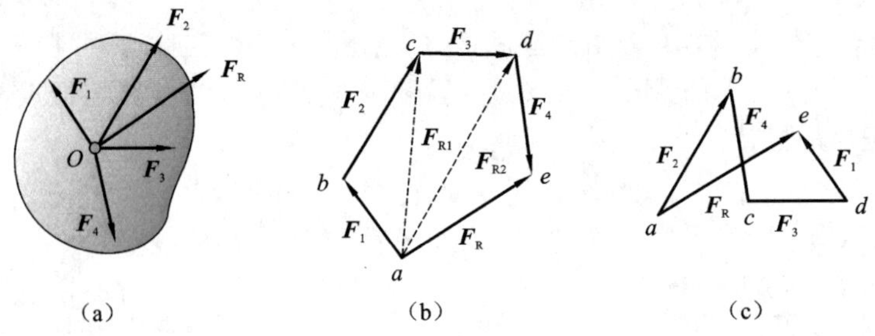

图 A. 35　平面汇交力系的几何法

平面汇交力系可合成为通过汇交点的合力，其大小和方向等于各分力的矢量和。即

$$\boldsymbol{F}_{\mathrm{R}}=\boldsymbol{F}_1+\boldsymbol{F}_2+\cdots+\boldsymbol{F}_n=\sum_{i=1}^{n}\boldsymbol{F}_i$$

简写为

$$\boldsymbol{F}_{\mathrm{R}}=\sum\boldsymbol{F} \tag{A.5}$$

如图 A. 36 所示。力 $\boldsymbol{F}$ 与正交轴 x，y 的夹角分别为 α，β。则力在 x，y 轴上的投影为

$$\left.\begin{aligned}F_x&=F\cos\alpha\\F_y&=F\cos\beta=F\sin\alpha\end{aligned}\right\} \tag{A.6}$$

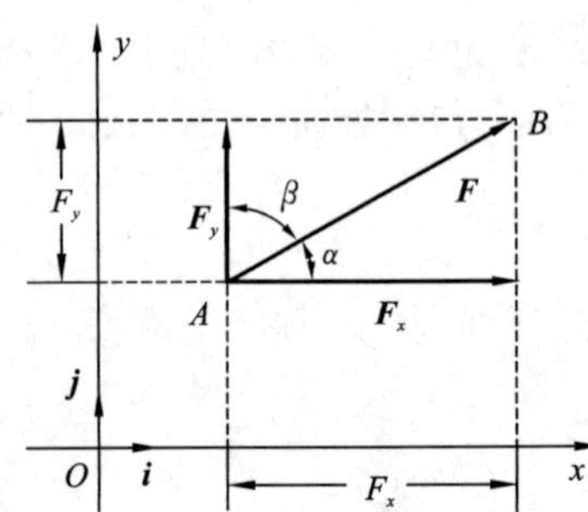

图 A. 36　力在坐标轴上的投影

力的投影是代数量。当力与投影轴正向夹角为锐角时，其值为正，当夹角为钝角时，其值为负。力 $\boldsymbol{F}$ 的分力与其投影之间有下列关系

$$\boldsymbol{F}_x=F_x\boldsymbol{i},\quad \boldsymbol{F}_y=F_y\boldsymbol{j}$$

其解析表达式为

$$\boldsymbol{F}=F_x\boldsymbol{i}+F_y\boldsymbol{j} \tag{A.7}$$

式中，$\boldsymbol{i}$，$\boldsymbol{j}$ 分别为 x，y 轴的单位矢量。如已知力 $\boldsymbol{F}$ 在平面内两正交轴上的投影 F_x 和 F_y，则由式(A. 5) 可求出力 $\boldsymbol{F}$ 的大小和方向余弦

$$\begin{aligned}F&=\sqrt{F_x^2+F_y^2}\\\cos(\boldsymbol{F},\boldsymbol{i})&=\frac{F_x}{F}\\\cos(\boldsymbol{F},\boldsymbol{j})&=\frac{F_y}{F}\end{aligned} \tag{A.8}$$

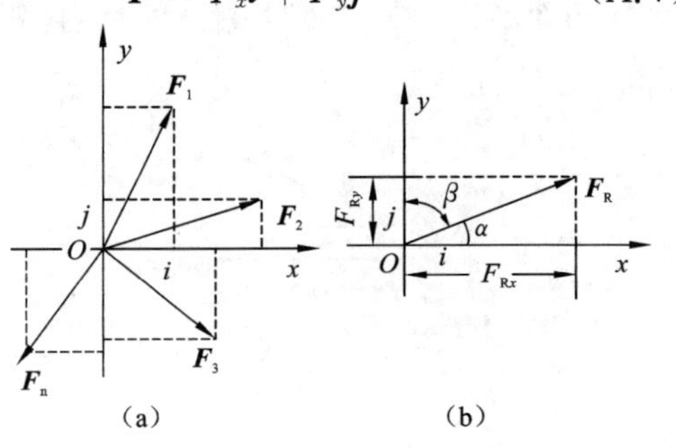

图 A. 37　平面汇交力系的合力

图 A. 37 所示力系的合力 $\boldsymbol{F}_R$ 的解析表达式为

$$\boldsymbol{F}_R = F_{Rx}\boldsymbol{i} + F_{Ry}\boldsymbol{j}$$

合力投影定理:合力在某轴上的投影等于各分力在同一轴上投影的代数和。将式(A.5)向 x,y 轴上投影,得

$$\left.\begin{aligned} F_{Rx} &= F_{1x} + F_{2x} + \cdots + F_{nx} = \sum F_{ix} \\ F_{Ry} &= F_{1y} + F_{2y} + \cdots + F_{ny} = \sum F_{iy} \end{aligned}\right\} \quad (A.9)$$

由式(A.8)可求出合力的大小和方向。这种方法称为解析法。下面举例说明。

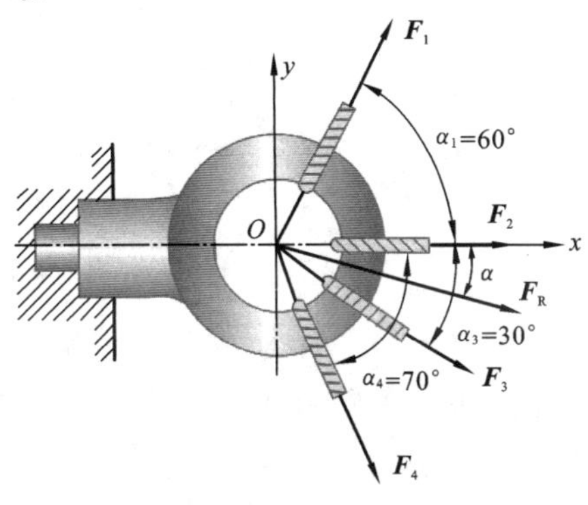

图 A.38

例 A.3 如图 A.38 所示,作用于吊环螺钉上的四个力 $\boldsymbol{F}_1$,$\boldsymbol{F}_2$,$\boldsymbol{F}_3$ 和 $\boldsymbol{F}_4$ 构成平面汇交力系。已知各力的大小和方向为 $F_1 = 360$ N,$\alpha_1 = 60°$;$F_2 = 550$ N,$\alpha_2 = 0°$;$F_3 = 380$ N,$\alpha_3 = 30°$;$F_4 = 300$ N,$\alpha_4 = 70°$。试用解析法求合力的大小和方向。

解 选取图示坐标系 xOy。由式(A.4)和式(A.5)得

$$\begin{aligned} F_{Rx} &= F_{1x} + F_{2x} + F_{3x} + F_{4x} = F_1\cos\alpha_1 + F_2\cos\alpha_2 + F_3\cos\alpha_3 + F_4\cos\alpha_4 \\ &= 360\cos60° + 550\cos0° + 380\cos30° + 300\cos70° = 1\,162(\text{N}) \end{aligned}$$

$$F_{Ry} = F_{1y} + F_{2y} + F_{3y} + F_{4y} = F_1\sin\alpha_1 + F_2\sin\alpha_2 - F_3\sin\alpha_3 - F_4\sin\alpha_4 = -160\ \text{N}$$

合力的大小和方向分别为

$$F_R = \sqrt{F_{Rx}^2 + F_{Ry}^2} = \sqrt{(1162)^2 + (-160)^2} = 1173(\text{N})$$

由

$$\tan\alpha = |F_{Ry}/F_{Rx}| = |-160/1162| = 0.133$$

得

$$\alpha = 7°54'$$

由于 F_{Rx} 为正,F_{Ry} 为负,故合力 $\boldsymbol{F}_R$ 在第四象限,指向如图 A.33 所示。

A.3.2 平面力偶系的简化

几个平面力偶作用在刚体上构成平面力偶系。由于平面力偶为代数量,平面力偶系可合成为一合力偶,合力偶矩等于各分力偶矩的代数和,即

$$M = \sum M_i \quad (A.10)$$

平面力偶系平衡的必要和充分条件是:力偶系中各力偶矩的代数和等于零,即

$$\sum M_i = 0 \quad (A.11)$$

一个独立的平衡方程,可解一个未知量。

A.3.3 力线平移定理

定理 作用在刚体上某点 A 的力 $\boldsymbol{F}$ 可平行移到任一点 B,平移时需附加一个力偶,附加力偶的力偶矩等于力 $\boldsymbol{F}$ 对平移点 B 的矩。如图 A.39 所示。

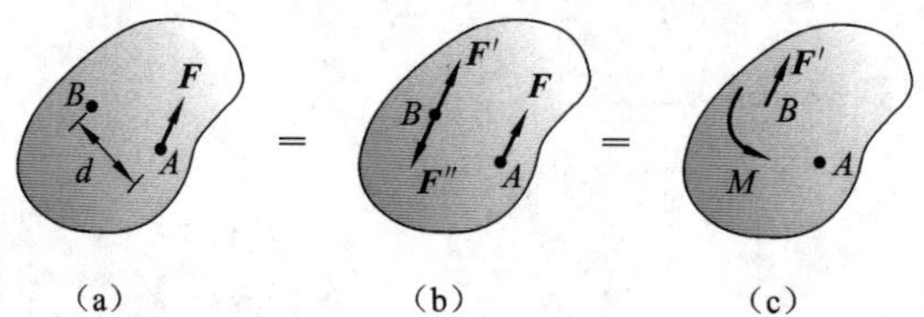

图 A.39　力的平移定理

证明　在点 B 上加一平衡力系$(\boldsymbol{F}',\boldsymbol{F}'')$，令 $\boldsymbol{F}'=-\boldsymbol{F}''=\boldsymbol{F}$。则力 $\boldsymbol{F}$ 与力系$(\boldsymbol{F}',\boldsymbol{F}'',\boldsymbol{F})$［图 A.39(b)］等效或与力系$[\boldsymbol{F},(\boldsymbol{F},\boldsymbol{F}'')]$［图 A.39(c)］等效。后者即为力 $\boldsymbol{F}$ 向 B 点平移的结果。附加力偶$(\boldsymbol{F},\boldsymbol{F}'')$ 的力偶矩

$$M=F\cdot d=M_B(\boldsymbol{F})$$

证毕。

该定理指出，一个力可等效于一个力和一个力偶，或一个力可分解为作用在同平面内的一个力和一个力偶。其逆定理表明，在同平面内的一个力和一个力偶可等效或合成一个力。

该定理既是复杂力系简化的理论依据，又是分析力对物体作用效果的重要方法。例如，单手攻丝时(图 A.40)，由于力系$(\boldsymbol{F}',M_O)$ 的作用，不仅加工精度低，而且丝锥易折断。

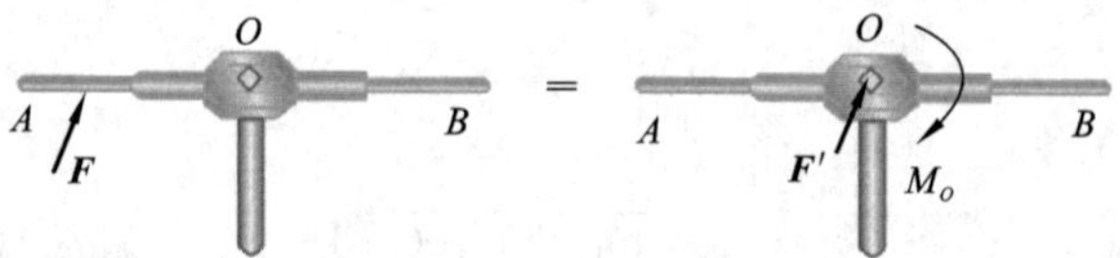

图 A.40　单手攻丝的作用力

A.3.4　平面任意力系的简化、主矢和主矩

力的作用线分布在同一平面内的力系称为平面任意力系，如图 A.41 和图 A.42 所示。

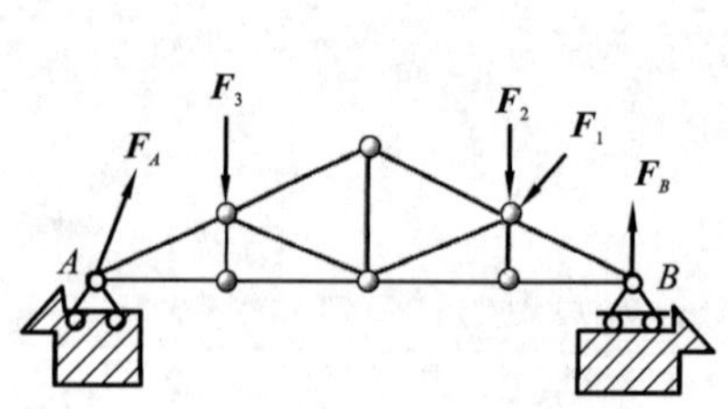

图 A.41　屋架上的力系

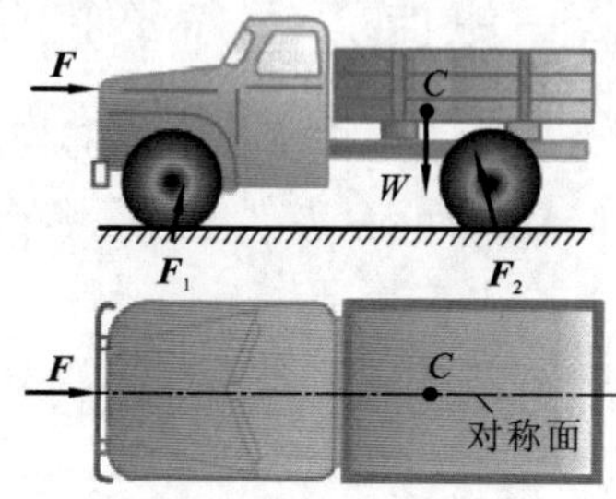

图 A.42　汽车上的力系

设力系 $\boldsymbol{F}_1,\boldsymbol{F}_2,\boldsymbol{F}_n$ 作用在物体上，如图 A.43(a) 所示。在力系作用面内任取一点 O(称为简化中心)，应用力线平移定理，将各力平移至点 O，得到如图 A.43(b) 所示的平面汇交力系和平面力偶系。再分别合成这两个简单力系得到通过简化中心的一个力和一个力偶矩为 M_O 的力偶，如图 A.43(c) 所示。

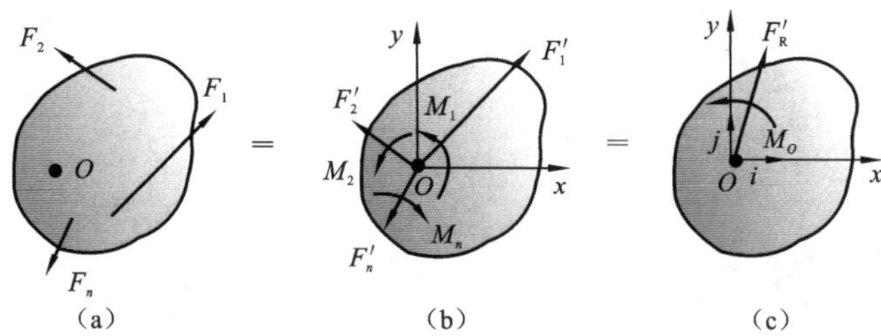

图 A.43 平面任意力系的简化

(1) 主矢:力系中各力的矢量和称为力系的主矢量,简称主矢,即

$$\boldsymbol{F}'_R = \sum \boldsymbol{F}_i \tag{A.12}$$

它与简化中心位置无关。

(2) 主矩:力系中各力对简化中心 O 之矩的代数和称为力系对简化中心的主矩,即

$$M_O = \sum M_O(\boldsymbol{F}_i) \tag{A.13}$$

它与简化中心的位置有关。

(3) 取坐标系 xOy,如图 A.43(b),则主矢和主矩的解析表达式分别为

$$\boldsymbol{F}'_R = \sum F_{ix}\boldsymbol{i} + \sum F_{iy}\boldsymbol{j} \tag{A.14}$$

$$M_O = \sum M_O(\boldsymbol{F}_i) = \sum (x_i F_{iy} - y_i F_{ix}) \tag{A.15}$$

式中,x_i、y_i 为力 $\boldsymbol{F}_i$ 作用点的坐标。

由上述讨论可知:平面任意力系向作用面内任一点简化,得到一个力和一个力偶。力的大小和方向等于力系的主矢,力偶的矩等于力系对简化中心的主矩。主矢与简化中心位置无关,而主矩与简化中心位置有关。平面任意力系向任选点简化的结果归结为计算力系的两个基本物理量 —— 主矢和主矩。

图 A.44(a) 所示的简化结果与原力系等效,将其直接向另一点 O' 简化,得到

$$M'_O = M_O + M_{O'}(\boldsymbol{F}'_R) \tag{A.16}$$

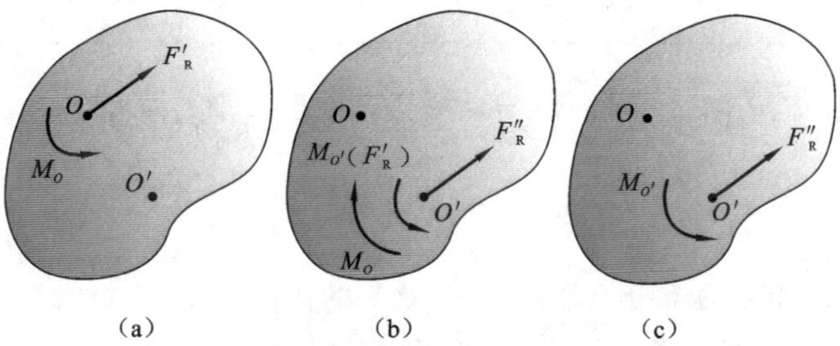

图 A.44 力系对不同简化中心的主矩

即力系对 O' 点的主矩等于力系对 O 点的主矩与通过 O 点的主矢对 O' 点之矩的代数和。

物体一端被约束固定,完全限制了物体在图示平面内的运动,构成固定端约束(或插入端约束)。如图 A.45(a) 和(b) 所示的对车刀和工件的约束。图 A.45(c) 为其约束简图。固定端约束的约束力是作用在接触面上的分布力系[图 A.46(a)]。将其向固定端处 A 简化得一力和一力偶,如图 A.46(b),力的大小、方向未知,以两个未知的正交分量表示。固

定端约束的约束力包括两个分力 $\boldsymbol{F}_{Ax}$，$\boldsymbol{F}_{Ay}$ 和一个力偶矩为 M_A 的约束力偶。如图 A.46(c)所示。

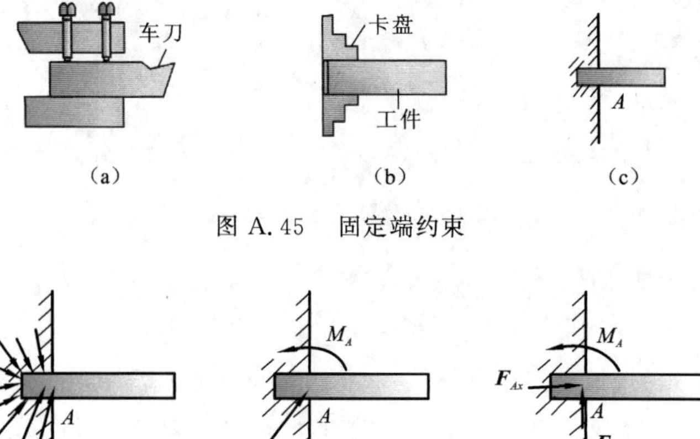

图 A.45　固定端约束

图 A.46　固定端约束力

将平面任意力系向作用面内一点简化，有三种可能结果：合力、合力偶和平衡。见表 A.1。

表 A.1　力系的简化结果

力系向任一点 O 简化			说明
主矢	主矩	简化结果	
$\boldsymbol{F}'_R=0$	$M_O=0$	平衡	平衡力系
	$M_O\neq 0$	合力偶	主矩与简化中心位置无关
$\boldsymbol{F}'_R\neq 0$	$M_O=0$	合力	合力作用线通过简化中心
	$M_O\neq 0$		合力作用线离简化中心距离 $d=\dfrac{M_O}{F_R}$

当力系有合力时，由图 A.47 可知 $M_O(\boldsymbol{F}_R)=F_R d=M_O$，而 $M_O=\sum M_O(\boldsymbol{F}_i)$。合并二式得平面任意力系合力矩定理

$$M_O(\boldsymbol{F}_R)=\sum M_O(\boldsymbol{F}_i) \tag{A.17}$$

即合力对某一点之矩等于力系中各力对同一点之矩的代数和。这与式(A.9)所述是一致的。

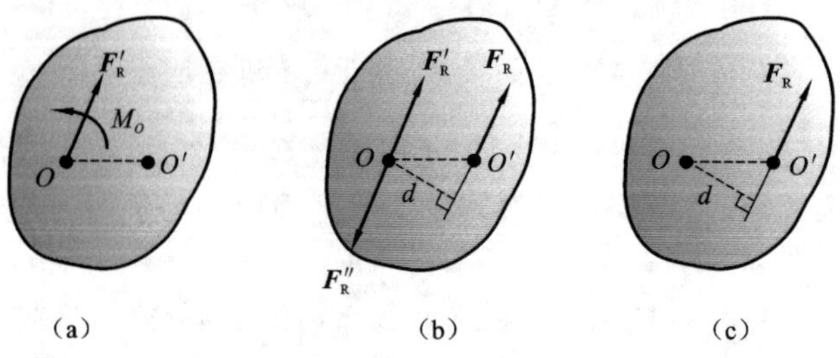

图 A.47　力系简化为一合力

例 A.4　重力坝受力如图 A.48(a) 所示。设 $P_1 = 450\ \mathrm{kN}$，$P_2 = 200\ \mathrm{kN}$，$F_1 = 300\ \mathrm{kN}$，$F_2 = 70\ \mathrm{kN}$。求力系的合力。

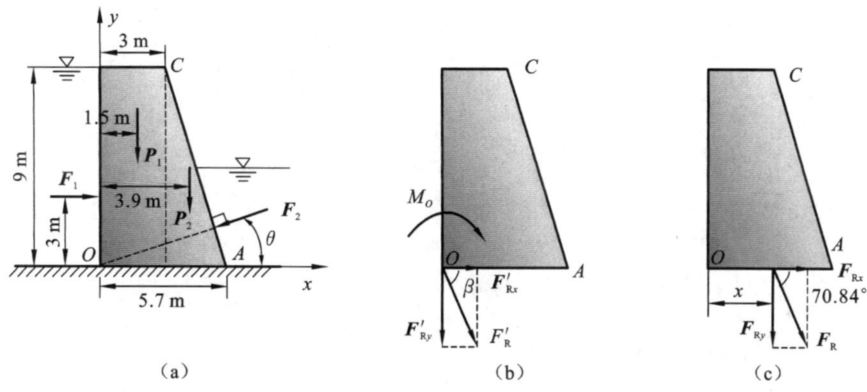

图 A.48　例 A.4 图

解　(1) 先将力系向点 O 简化，求主矢 $\boldsymbol{F}'_R$ 和主矩 M_O，如图 A.48(b)。由图 A.48(a) 计算主矢 F'_R 在 x、y 轴上的投影。

$$F'_{\mathrm{R}x} = \sum F_{ix} = F_1 - F_2\cos\theta = 232.9\ \mathrm{kN}$$

$$F'_{\mathrm{R}y} = \sum F_{iy} = -P_1 - P_2 - F_2\sin\theta = -670.1\ \mathrm{kN}$$

式中

$$\theta = \angle ACB = \arctan\frac{AB}{CB} = 16.7^\circ$$

主矢 $\boldsymbol{F}'_R$ 的大小

$$F'_R = \sqrt{\left(\sum F_{ix}\right)^2 + \left(\sum F_{iy}\right)^2} = 709.4\ \mathrm{kN},\quad \tan\beta = \frac{F'_{\mathrm{R}y}}{F'_{\mathrm{R}x}},\quad \beta = -70.84^\circ$$

因 $F'_{\mathrm{R}y}$ 为负，故主矢 $\boldsymbol{F}'_R$ 在第四象限内，与 x 轴的夹角为 70.84°。

力系的主矩

$$M_O = \sum M_O(F_i) = -3F_1 - 1.5P_1 - 3.9P_2 = -2.355\ \mathrm{kN\cdot m}\text{(顺时针)}$$

(2) 合力 F_{R} 的大小和方向与主矢 $\boldsymbol{F}'_{\mathrm{R}}$ 相同。其作用线位置根据合力矩定理求得[图 A.48(c)]，即

$$M_O = M_O(\boldsymbol{F}_{\mathrm{R}}) = M_O(\boldsymbol{F}_{\mathrm{R}x}) + M_O(\boldsymbol{F}_{\mathrm{R}y})$$

解得

$$x = \frac{M_O}{F_{\mathrm{R}y}} = 3.514\ \mathrm{m}$$

A.4　力系的平衡

A.4.1　空间力系的平衡

空间力系是物体受力最普遍和最一般的情形。

应用力线平移定理，将力系中各力向任意简化中心 O 平移，得到与原力系等效的空

间汇交力系和空间力偶系，如图 A.49(a)、(b)所示。再进一步合成这两个力系，得到一个力和一个力偶。如图 A.49(c)所示。力矢和力偶矩矢分别为

$$\boldsymbol{F}'_{\mathrm{R}} = \sum \boldsymbol{F}_i \tag{A.18}$$

$$\boldsymbol{M}_O = \sum \boldsymbol{M}_i = \sum \boldsymbol{M}_O(\boldsymbol{F}_i) \tag{A.19}$$

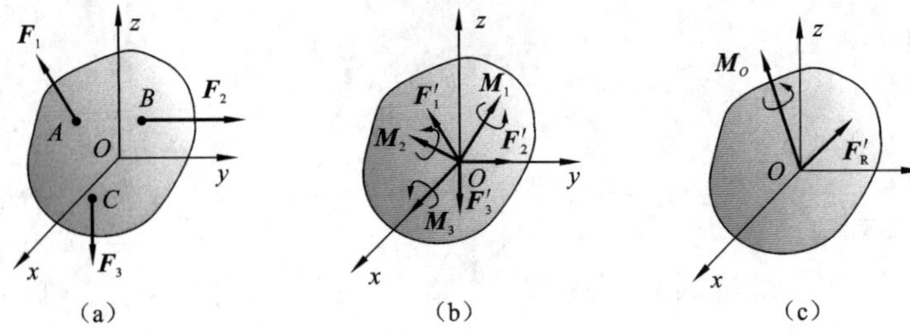

图 A.49　空间力系的简化

和平面任意力系一样，力系中各力的矢量和 $\sum \boldsymbol{F}_i$ 称为力系的主矢，各力对简化中心之矩的矢量和 $\sum \boldsymbol{M}_O(\boldsymbol{F}_i)$ 称为力系对简化中心的主矩。

由此得如下结论：空间力系对向任选点简化，可得一力和一力偶。力的大小、方向等于力系的主矢，作用线通过简化中心；而力偶的矩矢等于力系对简化中心的主矩。

主矢与简化中心位置无关，主矩则与简化中心位置有关。

空间力系平衡的必要和充分条件是：力系的主矢和对任一点的主矩都等于零，即

$$\boldsymbol{F}'_R = 0, \quad \boldsymbol{M}_O = 0$$

空间力系平衡的平衡方程为

$$\left.\begin{aligned} &\sum F_x = 0 \\ &\sum F_y = 0 \\ &\sum F_z = 0 \\ &\sum M_x(\boldsymbol{F}_i) = 0 \\ &\sum M_y(\boldsymbol{F}_i) = 0 \\ &\sum M_z(\boldsymbol{F}_i) = 0 \end{aligned}\right\} \tag{A.20}$$

即空间任意力系平衡的必要和充分条件是：力系中各力在三个坐标轴上投影的代数和分别等于零，各力对每个轴之矩的代数和也等于零。六个独立的平衡方程，解六个未知量。

A.4.2　平面任意力系的平衡

平面任意力系的平衡方程

$$\left.\begin{aligned} &\sum F_x = 0 \\ &\sum F_y = 0 \\ &\sum M_O(\boldsymbol{F}_i) = 0 \end{aligned}\right\} \tag{A.21}$$

即力系中各力在任选的坐标轴上投影的代数和分别等于零，各力对任意点之矩的代数和等于零。三个独立的平衡方程，可解三个未知量。

主矢和主矩分别等于零的条件还可用其他形式的平衡方程表示。

(1) 二矩式(图 A.50)

$$\left.\begin{aligned}\sum M_A(\boldsymbol{F}_i)&=0\\ \sum M_B(\boldsymbol{F}_i)&=0\\ \sum F_x&=0\end{aligned}\right\}\qquad (A.22)$$

其中 A,B 连线不能与 x 轴垂直。

(2) 三矩式(图 A.51)

$$\left.\begin{aligned}\sum M_A(\boldsymbol{F}_i)&=0\\ \sum M_B(\boldsymbol{F}_i)&=0\\ \sum M_C(\boldsymbol{F}_i)&=0\end{aligned}\right\}\qquad (A.23)$$

其中 A、B、C 三点不能共线。

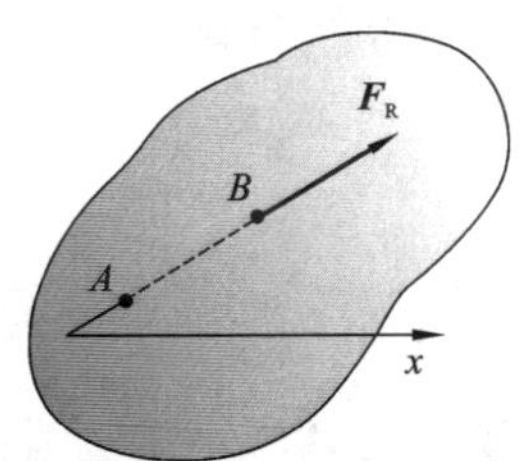

图 A.50　A、B 连线不能与 x 轴垂直

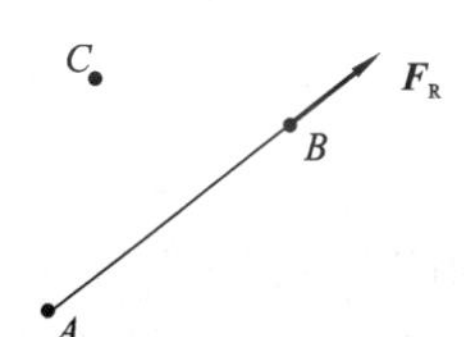

图 A.51　A、B、C 三点不能共线

求解平面任意力系平衡问题的方法和步骤：① 根据问题条件和要求，选取研究对象。② 分析研究对象的受力情况，画受力图。画出研究对象所受的全部主动力和约束力。③ 根据受力类型列写平衡方程。平面任意力系只有三个独立平衡方程。为计算简捷，应选取适当的坐标系和矩心，以使方程中未知量最少。④ 求未知量。校核和讨论计算结果。

例 A.5　外伸梁的尺寸及载荷如图 A.52 所示，试求铰链支座 A 及辊轴支座 B 的约束力。

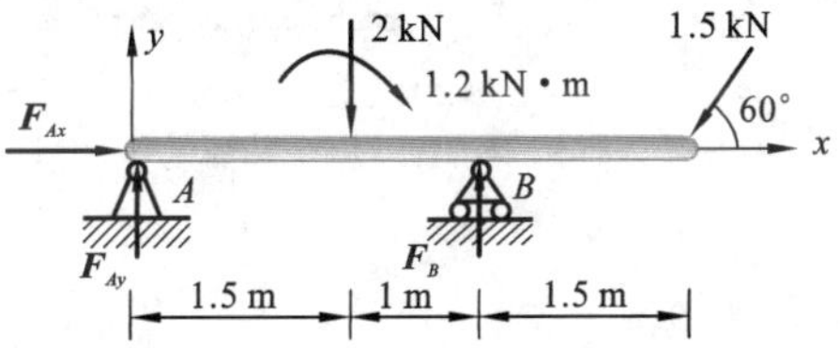

图 A.52　例 A.5 图

解　取 AB 梁为研究对象，受力如图 A.52 所示。建立图示坐标系，由平面任意力系的平衡方程

$$\sum F_x=0:\quad F_{Ax}-1.5\times\cos 60^\circ=0$$

$$\sum M_A(\boldsymbol{F}_i)=0:\quad F_B\times 2.5-1.2-2\times 1.5-1.5\times\sin 60^\circ\times(2.5+1.5)=0$$

$$\sum F_y=0:\quad F_{Ay}+F_B-2-1.5\times\sin 60^\circ=0$$

得

$$F_{Ax} = 0.75\ \text{kN}$$

$$F_B = \frac{1}{2.5} \times (1.2 + 3 + 1.5 \times \sin 60^\circ \times 4) = 3.75(\text{kN})$$

$$F_{Ay} = 2 + 1.5 \times \sin 60^\circ - 3.75 = -0.45(\text{kN})$$

式中，F_{Ay} 为负数，表示实际方向与假设的相反。为校核所得结果是否正确，可应用多余的平衡方程，如

$$\begin{aligned}\sum M_B(\boldsymbol{F}_i) &= 2 \times 1 - F_{Ay} \times 2.5 - 1.2 - 1.5 \times \sin 60^\circ \times 1.5 \\ &= 2 + 0.45 \times 2.5 - 1.2 - 1.5^2 \times \sin 60^\circ = 0\end{aligned}$$

A.4.3 物体系的平衡

物体系是指由几个物体通过约束组成的系统，在求解静定的物体系的平衡问题时，可以选每个物体为研究对象，列出全部平衡方程，然后求解，也可先取整个系统为研究对象，列出平衡方程，这样的方程因不包含内力，式中末知量较少，解出部分未知量后，再从系统中选取某些物体作为研究对象，列出另外的平衡方程，直至求出所有的未知量为止。在选择研究对象和列平衡方程时，应使每一个平衡方程中的未知量个数尽可能少，最好是只含有一个未知量，以避免求解联立方程。

综上所述，物体系的平衡特点有：

(1) 整体系统平衡，每个物体也平衡。可取整体或部分系统或单个物体为研究对象。

(2) 分清内力和外力。在受力图上不考虑内力。

(3) 灵活选取平衡对象和列写平衡方程。尽量减少方程中的未知量，简捷求解。

(4) 如系统由 n 个物体组成，而每个物体在平面任意力系作用下平衡，则有 $3n$ 个独立的平衡方程，可解 $3n$ 个未知量。可用不独立的方程校核计算结果。

例 A.6 已知梁 AB 和 BC 在 B 端铰接，C 为固定端(图 A.53)。若 $M = 20\ \text{kN} \cdot \text{m}$，$q = 15\ \text{kN/m}$，试求 A、B、C 三处的约束力。

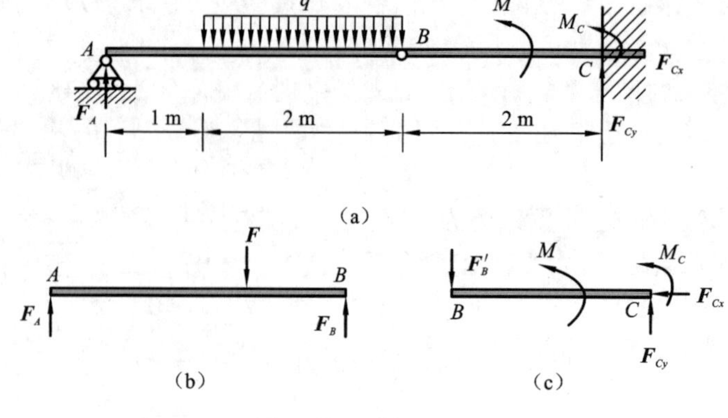

图 A.53 例 A.6 图

解 由整体受力图 A.53(a) 可知：$F_{Cx} = 0$。取梁 AB 为研究对象，受力如图 A.53(b)，均布载荷的合力 $F = 2q$。由平衡方程

$$\sum M_A(\boldsymbol{F}_i)=0:\quad 3F_B-2F=0$$

解得
$$F_B=\frac{2}{3}F=20\ \text{kN}$$

$$\sum M_B(\boldsymbol{F}_i)=0:\quad -3F_A+F=0$$

解得
$$F_A=\frac{F}{3}=10\ \text{kN}$$

再取梁 BC 为研究对象，受力如图 A.53(c)。由平衡方程

$$\sum M_C(\boldsymbol{F}_i)=0:\quad 2F'_B+M+M_C=0$$

解得
$$M_C=-2F'_B-M=-2\times 20-20=-60\ \text{kN}\cdot\text{m}$$

由

$$\sum M_B(\boldsymbol{F}_i)=0:\quad 2F_{Cy}+M+M_C=0$$

解得
$$F_{Cy}=\frac{-M_C-M}{2}=\frac{60-20}{2}=20\ \text{kN}$$

此题也可在求得 F_B 和 F_A 后，再取整体为研究对象，求 F_{Cy} 和 M_C。

例 A.7　平面构架由杆 AB、DE 及 DB 铰接而成[图 A.54(a)]。已知重力为 F_P，$DC=CE=AC=CB=2l$；定滑轮半径为 R，动滑轮半径为 r，且 $R=2r=l$，$\theta=45°$。试求：A、E 支座的约束力及 BD 杆所受的力。

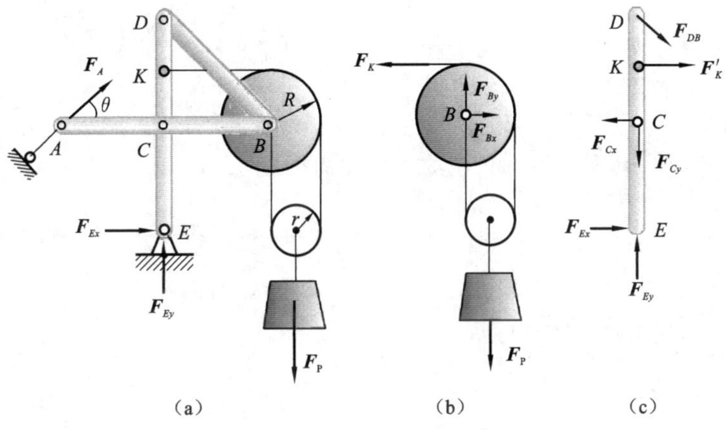

图 A.54　例 A.7 图

解　取整体为研究对象，受力如图 A.54(a)。由平衡方程

$$\sum M_E(\boldsymbol{F}_i)=0:\quad -F_A\cdot\sqrt{2}\cdot 2l-F_P\cdot\frac{5}{2}l=0$$

$$\sum F_x=0:\quad F_A\cos45°+F_{Ex}=0$$

$$\sum F_y=0:\quad F_A\sin45°+F_{Ey}-F_P=0$$

解得

$$F_A = -\frac{5\sqrt{2}}{8}F_P,\quad F_{Ex} = \frac{5}{8}F_P,\quad F_{Ey} = \frac{13}{8}F_P$$

为方便求解二力杆 BD 的受力，取图 A.54(b) 所示系统为研究对象。有

$$\sum M_B(\boldsymbol{F}_i) = 0:\quad -F_P \cdot r + F_K \cdot R = 0$$

得
$$F_K = \frac{F_P}{2}$$

再取 DE 杆为研究对象，受力如图 A.54(c)，由平衡方程

$$\sum M_C(\boldsymbol{F}_i) = 0:\quad -F_{DB} \cdot \cos 45° \cdot 2l - F'_K l + F_{Ex} \cdot 2l = 0$$

解得
$$F_{DB} = \frac{3\sqrt{2}}{8}F_P \quad (\text{杆 } BD \text{ 受拉})$$

习　题　A

A-1　画出题 A-1 图示物体系统的受力图。

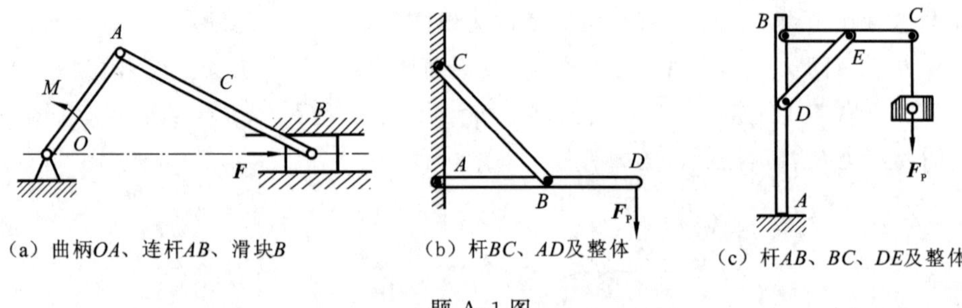

(a) 曲柄OA、连杆AB、滑块B　(b) 杆BC、AD及整体　(c) 杆AB、BC、DE及整体

题 A-1 图

A-2　画出题 A-2 图示铰链约束物体的受力图。

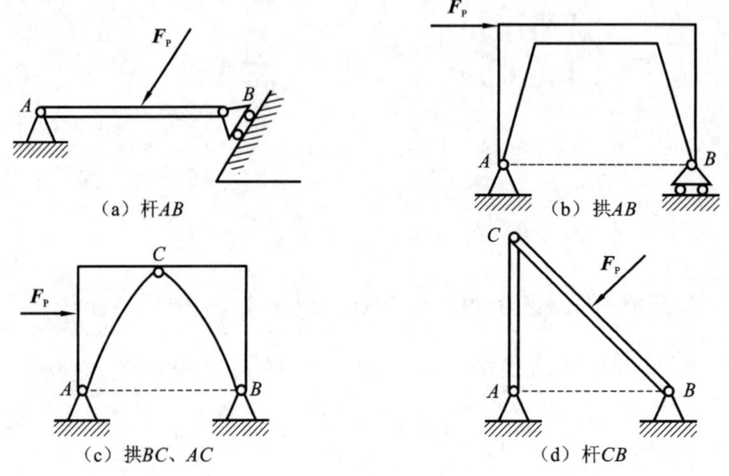

(a) 杆AB　(b) 拱AB　(c) 拱BC、AC　(d) 杆CB

题 A-2 图

A-3　铆接薄板在孔心 A，B 和 C 处受三力作用，如题 A-3 图所示。$F_1 = 100\ \text{N}$，沿铅

直方向；$F_3 = 50$ N，沿水平方向，并通过点 A；$F_2 = 50$ N，力的作用线也通过点 A，尺寸如图(单位 mm)。求此力系的合力。

A-4　物体重 $F_P = 20$ kN，用绳子挂在支架的滑轮 B 上，绳子的另一端接在绞 D 上，如题 A-4 图所示。转动绞，物体便能升起。设滑轮的大小、AB 与 CB 杆自重及摩擦略去不计，A，B，C 三处均为铰链连接。当物体处于平衡状态时，求拉杆 AB 和支杆 CB 所受的力。

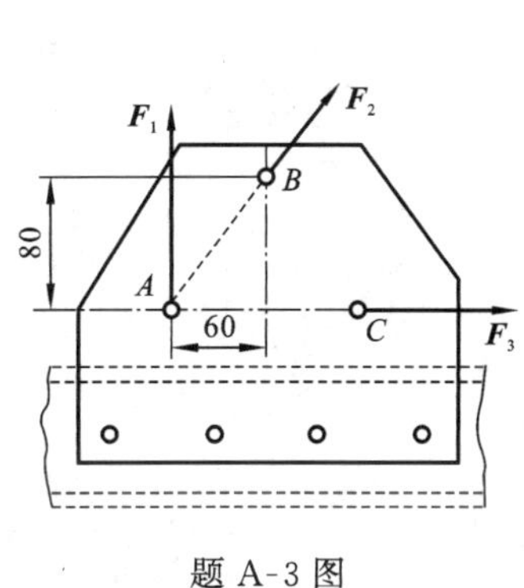

题 A-3 图

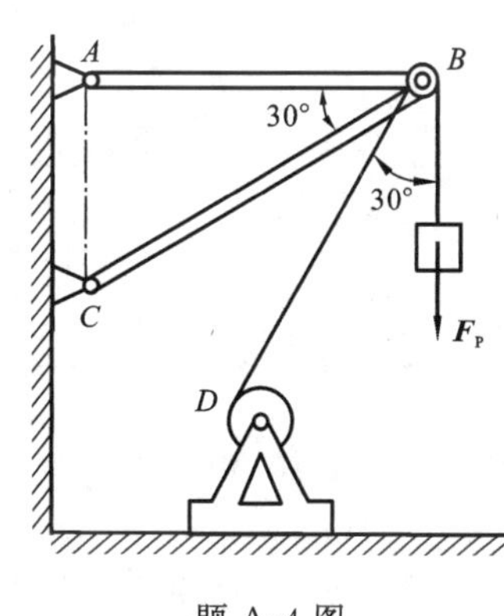

题 A-4 图

A-5　无重水平梁的支承和载荷如题 A-5 图(a)，(b) 所示。已知力 F、力偶矩为 M 的力偶和强度为 q 的均布载荷。求支座 A 和 B 处的约束力。

A-6　水平梁 AB 由铰链 A 和杆 BC 所支持，如题 A-6 图所示。在梁上 D 处用销子安装半径为 $r = 0.1$ m 的滑轮。有一跨过滑轮的绳子，其一端水平地系于墙上，另一端悬挂有重 $F_P = 1\ 800$ N 的重物。如 $AD = 0.2$ m，$BD = 0.4$ m，$\varphi = 45°$，且不计梁、杆、滑轮和绳的重量。求铰链 A 和杆 BC 对梁的约束力。

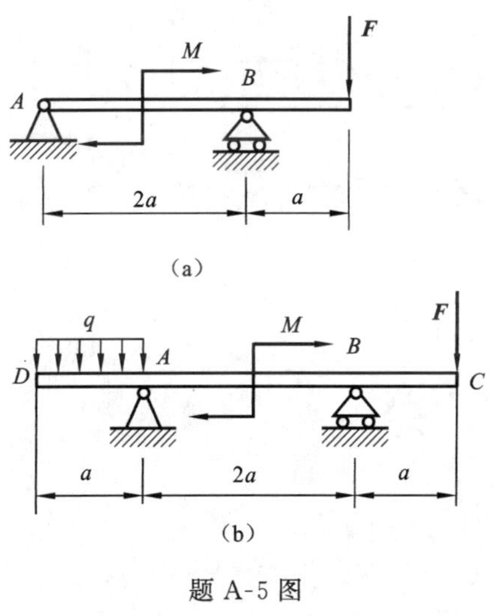

题 A-5 图

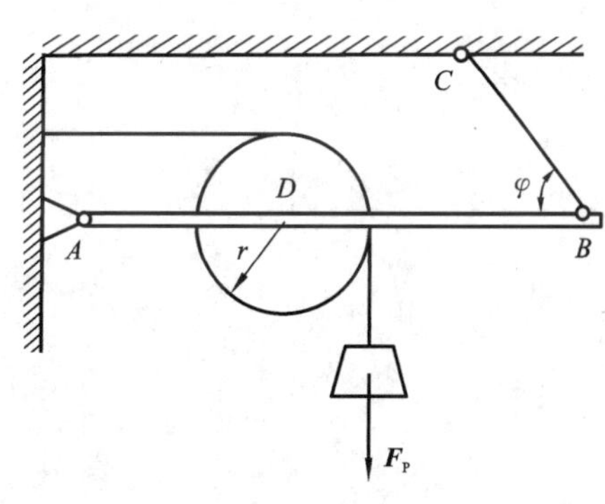

题 A-6 图

A-7　由 AC 和 CD 构成的组合梁通过铰链 C 连接。它的支承和受力如题 A-7 图所示。已知均布载荷强度 $q = 10$ kN/m，力偶矩 $M = 40$ kN·m，不计梁重。求支座 A，B，D 的

约束力和铰链 C 处所受的力。

A-8　在题 A-8 图示构架中，A,C,D,E 处为铰链连接，BD 杆上的销钉 B 置于 AC 杆的光滑槽内，力 $\boldsymbol{F}_{\mathrm{P}}=200\ \mathrm{N}$，力偶矩 $M=100\ \mathrm{N\cdot m}$，不计各构件重量，各尺寸如图所示，求 A,B,C 处所受的力。

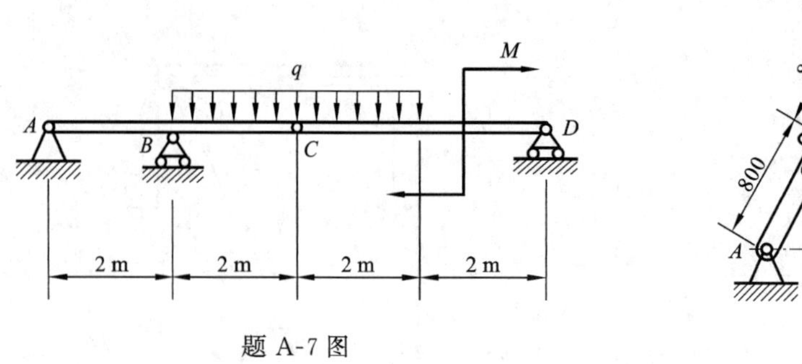

题 A-7 图

C
800
B
60 °
F_P
600
D
M
800
A
60 °
E

题 A-8 图

A-9　在题 A-9 图示构架中，载荷 $F_{\mathrm{P}}=10\ \mathrm{kN}$，$A$ 处为固定端，B,C,D 处为铰链。求固定端 A 处及 B,C 铰链处的约束力。

A-10　求如题 A-10 图所示多跨梁 A、C 支座的约束力。

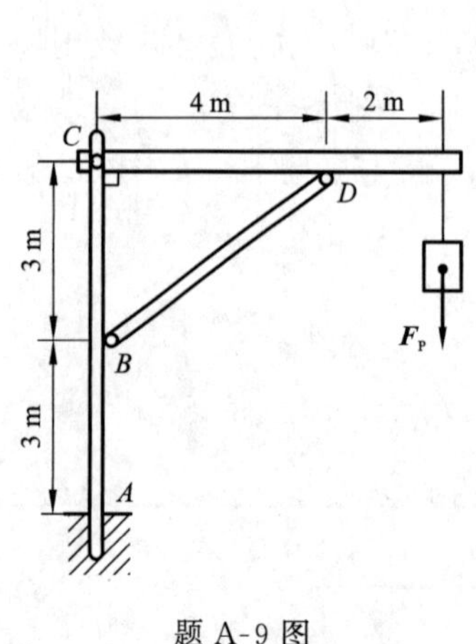

题 A-9 图

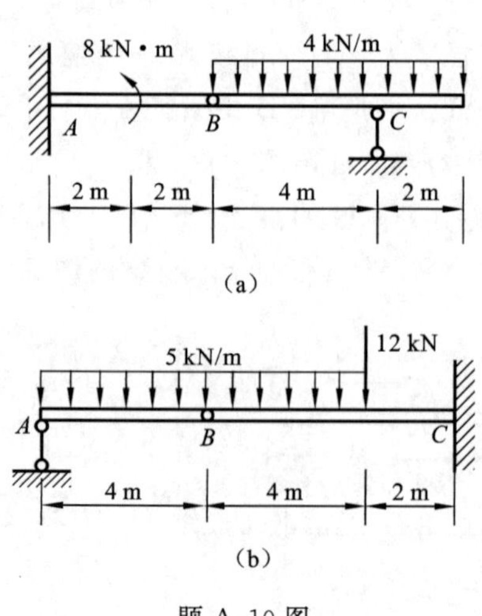

题 A-10 图

附录B 截面的几何性质

受力构件的承载能力，不仅与材料性能和加载方式有关，而且与构件截面的几何形状和尺寸有关，包括形心、静矩、惯性矩、惯性积、极惯性矩等，统称为截面的几何性质。

B.1 静矩和形心

B.1.1 静矩

设有一表示任意横截面的平面图形，其面积为A。在图形平面内建立直角坐标系 xOy 如图 B.1 所示，将该横截面剖分成无穷个小区域(图中未画出)，每个小区域的面积无穷小，设其中一个小区域的面积为 $\mathrm{d}A$，小区域近似成一点，其坐标为(x,y)。小区域的面积 $\mathrm{d}A$ 与小区域到 x 轴的距离 y 的乘积，称为微面积 $\mathrm{d}A$ 对 x 轴的静矩，

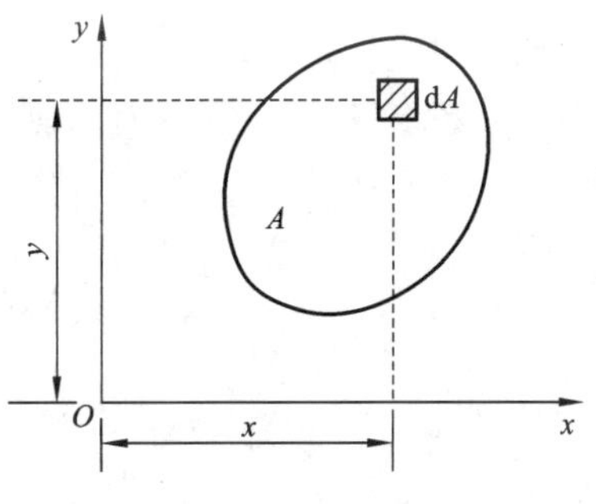

图 B.1 静矩的概念

$$\mathrm{d}S_x = y\mathrm{d}A$$

小区域的面积 $\mathrm{d}A$ 与小区域到 y 轴的距离 x 的乘积，称为微面积 $\mathrm{d}A$ 对 y 轴的静矩，

$$\mathrm{d}S_y = x\mathrm{d}A$$

所有微面积对 x 轴的静矩之和，称为截面(平面图形) 对 x 轴的静矩，用 S_x 表示；

$$S_x = \int_A y\mathrm{d}A \tag{B.1}$$

所有微面积对 y 轴的静矩之和，称为截面(平面图形) 对 y 轴的静矩，用 S_y 表示；

$$S_y = \int_A x\mathrm{d}A \tag{B.2}$$

静矩与坐标轴的位置有关，同一截面对不同坐标轴的静矩不同，静矩有正负之分，其单位是长度的 3 次方。

B.1.2 形心

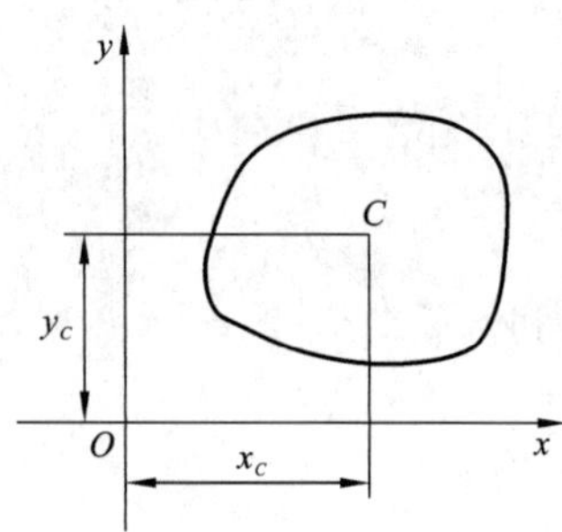

图 B.2 形心的概念

在平面图形平面内一定存在一点 $C(x_C, y_C)$ 使得下式成立

$$S_x = A \cdot y_C, \quad S_y = A \cdot x_C \tag{B.3}$$

则 C 点称为平面图形的形心。形心的坐标为

$$x_C = \frac{\int_A x\,\mathrm{d}A}{A}, \quad y_C = \frac{\int_A y\,\mathrm{d}A}{A} \tag{B.4}$$

可以证明：截面对其对称轴的静矩为零。由式(B.3)可知：形心必在对称轴上；若截面有两个对称轴，则形心必在两对称轴的交点。

式(B.3)可改写为

$$S_\xi = A \cdot h_\xi \tag{B.5}$$

式中，ξ 为平面图形内任意坐标轴，h_ξ 是平面图形形心到 ξ 轴的距离。

由此可知：截面对任意轴 ξ 的静矩等于截面面积 A 与截面形心到 ξ 轴距离的乘积。截面对某轴的静矩为零，则该轴一定通过截面形心；通过截面形心的轴称为形心轴，截面对形心轴的静矩一定为零。

例 B.1 求图 B.3 所示半圆形形心的位置。

解 建立直角坐标系如图 B.3 所示，将半圆形划分为无穷个细长条形区域，则图形对 x 轴的静矩为

$$S_x = \int_A y\,\mathrm{d}A = \int_0^r y(2\sqrt{r^2 - y^2})\,\mathrm{d}y$$

$$= -\int_0^r (r^2 - y^2)^{1/2}\,\mathrm{d}(r^2 - y^2)$$

$$= -\frac{2}{3}(r^2 - y^2)^{3/2}\Big|_0^r = \frac{2}{3}r^3$$

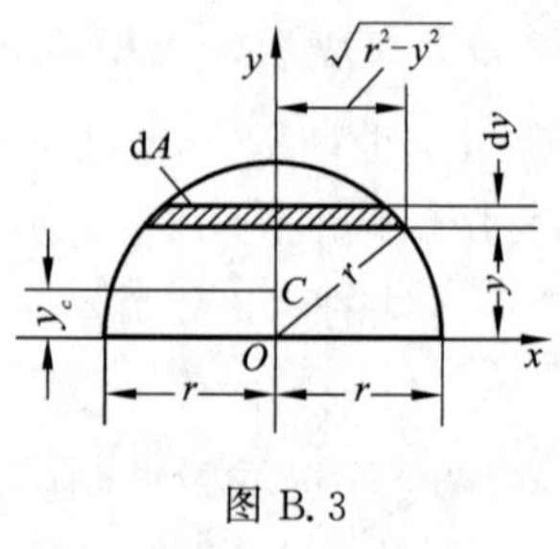

图 B.3

形心一定在横截面的对称轴 y 轴上，形心到 x 轴的距离为

$$y_c = \frac{S_x}{A} = \frac{2r^3/3}{\pi r^2/2} = \frac{4r}{3\pi}$$

B.1.3 组合图形的静矩和形心

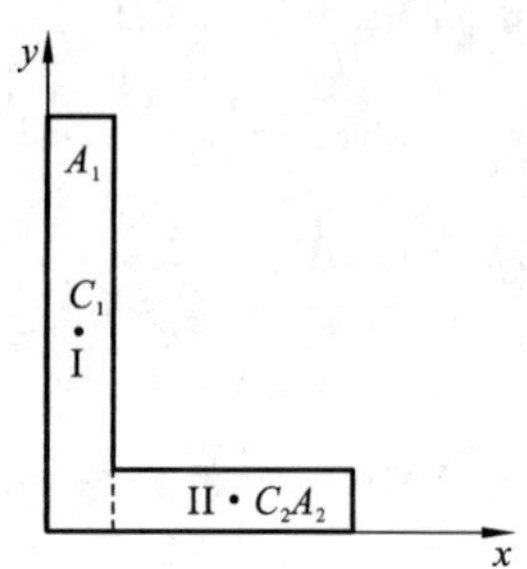

图 B.4 组合截面的形心

有些复杂图形可以看成是由简单图形(矩形，圆形等)组合而成，故称为组合图形。如图 B.4 所示的 L 形可看成是矩形 I 和矩形 II 所组成，矩形 I 的面积为 A_1，形心在 $C_1(x_{C1}, y_{C1})$，矩形 II 的面积为 A_2，形心在 $C_2(x_{C2}, y_{C2})$，则组合图形 L 形对 x 轴的静矩为：

$$S_x = \int_A y\,\mathrm{d}A = \int_{A_1+A_2} y\mathrm{d}A = \int_{A_1} y\mathrm{d}A + \int_{A_2} y\mathrm{d}A$$

$$= S_{x_1} + S_{x_2} = A_1 \cdot y_{C1} + A_2 \cdot y_{C2}$$

组合图形的面积为

$$A = A_1 + A_2$$

由多个图形组成的组合图形的静矩和面积为

$$S_x = \sum S_{x_i} = \sum A_i \cdot y_{ci}, \quad A = \sum A_i \tag{B.6}$$

利用式(B.4)即可求出组合图形的形心位置。

例 B.2　求图 B.5 所示 L 形形心的位置。

解　建立直角坐标系如图 B.5 所示，将 L 形看成是两个矩形所组成，则 L 形对 x 轴的静矩为

$$S_x = S_{x1} + S_{x2} = 10 \times 120 \times 60 + 70 \times 10 \times 5$$
$$= 75\ 500(\text{mm}^3)$$
$$S_y = S_{y1} + S_{y2} = 10 \times 120 \times 5 + 70 \times 10 \times 45$$
$$= 37\ 500(\text{mm}^3)$$
$$A = A_1 + A_2 = 10 \times 120 + 70 \times 10$$
$$= 1\ 900(\text{mm}^2)$$

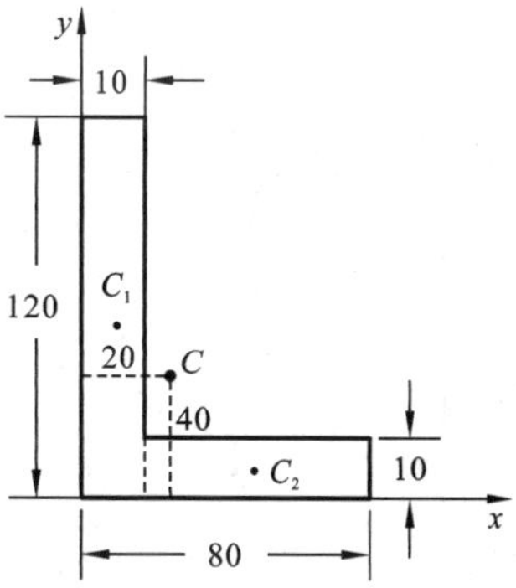

图 B.5　例 B.2 图

组合图形的形心坐标为

$$x_C = \frac{S_y}{A} = \frac{37\ 500}{1\ 900} = 20(\text{mm}), \quad y_C = \frac{S_x}{A} = \frac{75\ 500}{1\ 900} = 40(\text{mm})$$

B.2　惯　性　矩

设有一表示任意横截面的平面图形，其面积为 A。在图形平面内建立直角坐标系 xOy 如图 B.6 所示，将该横截面剖分成无穷个小区域(图中未画出)，每个小区域的面积无穷小，设其中一个小区域的面积为 $\text{d}A$，小区域近似成一点，其坐标为(x,y)。所有小区域的面积 $\text{d}A$ 与其到 x 轴的距离 y 的平方的乘积之和，称为平面图形对 x 轴的惯性矩，用 I_x 表示：

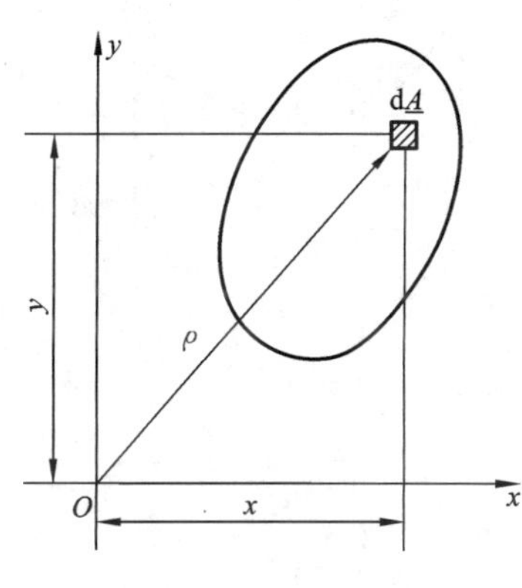

图 B.6　惯性矩的概念

$$I_x = \int_A y^2 \text{d}A \tag{B.7}$$

同样，平面图形对 y 轴的惯性矩为

$$I_y = \int_A x^2 \text{d}A \tag{B.8}$$

小区域的面积 $\text{d}A$ 与其到原点 O 的距离 ρ 的平方的乘积之和，称为平面图形对 O 点的极惯性矩，用 I_p 表示：

$$I_\text{p} = \int_A \rho^2 \text{d}A \tag{B.9}$$

由于有 $\rho^2 = x^2 + y^2$ 故有

$$I_{\mathrm{p}}=\int_A \rho^2 \mathrm{d}A=\int_A (x^2+y^2)\mathrm{d}A=\int_A x^2 \mathrm{d}A+\int_A y^2 \mathrm{d}A$$

即

$$I_{\mathrm{p}}=I_x+I_y \tag{B.10}$$

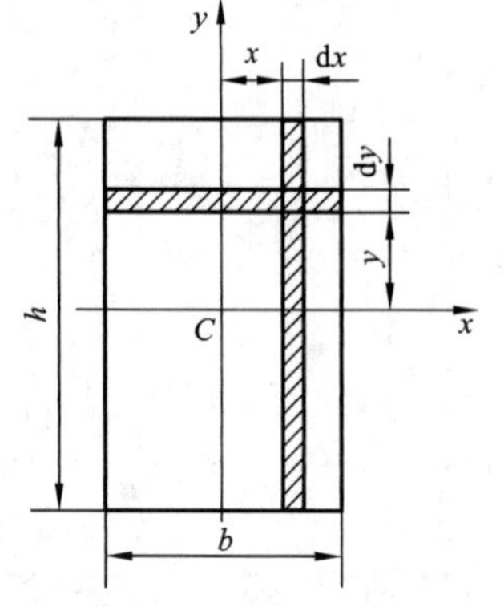

图 B.7　例 B.3 图

式(B.10)表明：截面对某点的极惯性矩等于截面对通过该点的两个正交轴的惯性矩之和。

例 B.3　计算图 B.7 所示矩形截面对其形心轴 x 和 y 轴的惯性矩 I_x 和 I_y。

解　将矩形划分为无数水平条形区域，每个条形区域的面积为

$$\mathrm{d}A=b\mathrm{d}y$$

$$I_x=\int_A y^2 \mathrm{d}A=\int_{-h/2}^{+h/2} by^2 \mathrm{d}y=\frac{1}{12}bh^3$$

同样可得

$$I_y=\int_A x^2 \mathrm{d}A=\int_{-b/2}^{+b/2} bx^2 \mathrm{d}y=\frac{1}{12}b^3 h$$

例 B.4　计算图 B.8 所示圆形截面对其形心轴 x 和 y 轴的惯性矩 I_x 和 I_y。

解　将圆形划分为无数水平条形区域，每个条形区域的面积为

$$\mathrm{d}A=2\sqrt{R^2-y^2}\mathrm{d}y$$

$$I_x=\int_A y^2 \mathrm{d}A=\int_{-R}^{R} y^2 2\sqrt{R^2-y^2}\mathrm{d}y$$

$$=\frac{1}{4}\pi R^4=\frac{1}{64}\pi D^4$$

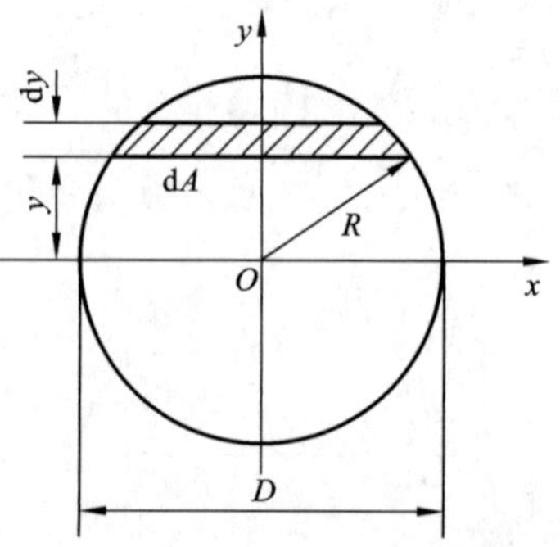

图 B.8　例 B.4 图

根据对称性，截面对 x 和 y 轴的惯性矩相等，即

$$I_y=I_x=\frac{1}{64}\pi D^4$$

例 B.5　计算图 B.9 所示圆形截面对其形心的极惯性矩。

解　将圆形截面剖分为无穷个环形微小区域，每个环形区域的面积为 $\mathrm{d}A=2\pi\rho\mathrm{d}\rho$，圆形截面对其形心轴的极惯性矩为

$$I_{\mathrm{p}}=\int_A \rho^2 \mathrm{d}A=\int_0^{D/2} \rho^2 2\pi\rho\mathrm{d}\rho=\frac{1}{2}\pi\rho^4\Big|_0^{D/2}=\frac{1}{32}\pi D^4$$

由于圆形截面的对称性，所以有 $I_x=I_y$，由式(B.10)立即可得

$$I_y=I_x=\frac{1}{2}I_{\mathrm{p}}=\frac{1}{64}\pi D^4$$

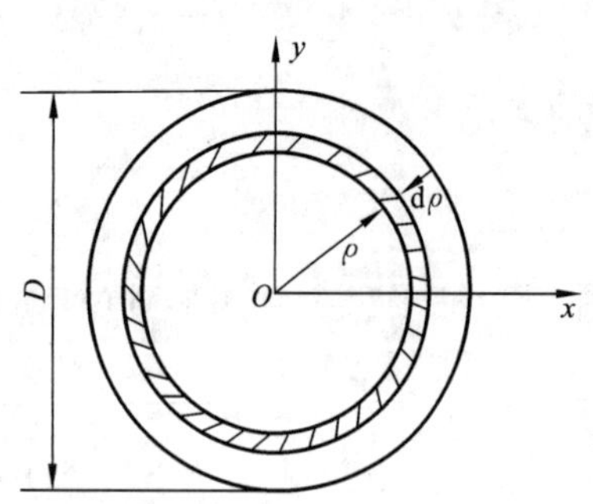

图 B.9　例 B.5 图

用上述方法可求出常用简单截面对其形心轴的惯性矩列于表 B.1 中。

表 B.1　常用简单截面对其形心轴的惯性矩

截面及形心 C	面积 A	惯性矩 I	惯性半径 i
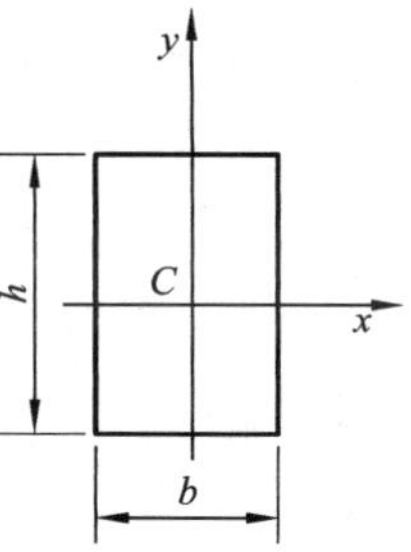	bh	$I_x=\frac{bh^3}{12}$ $I_y=\frac{hb^3}{12}$	$i_x=\frac{\sqrt{3}}{6}h$ $i_y=\frac{\sqrt{3}}{6}b$
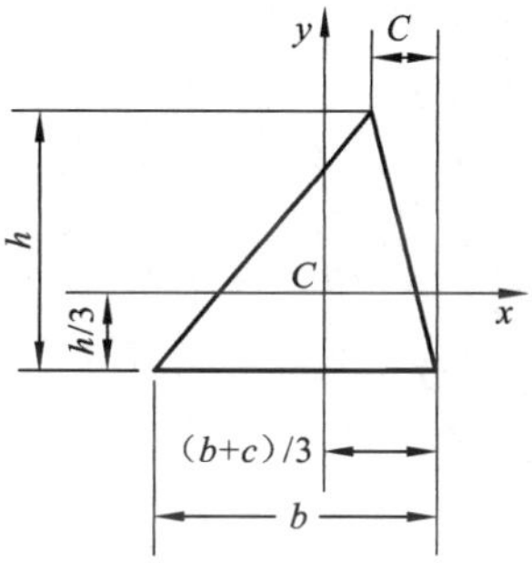	$\frac{bh}{2}$	$I_x=\frac{bh^3}{36}$ $I_y=\frac{hb}{36}(b^2-bc+c^2)$	$i_x=\frac{\sqrt{2}}{6}h$ $i_y=\sqrt{\frac{b^2-bc-c^2}{18}}$
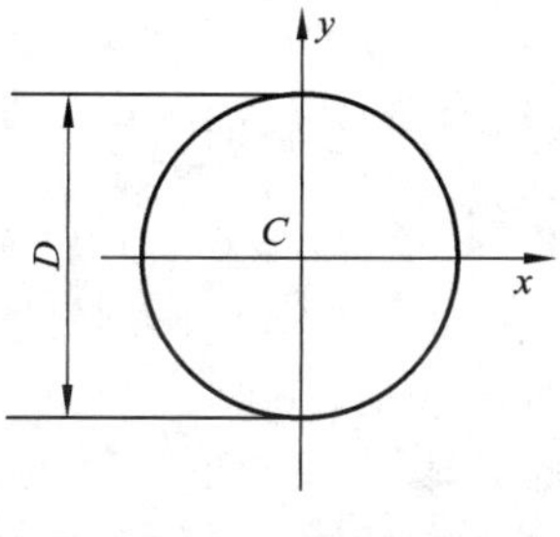	$\frac{\pi D^2}{4}$	$I_x=I_y=\frac{\pi D^4}{64}$	$i_x=i_y=\frac{D}{4}$
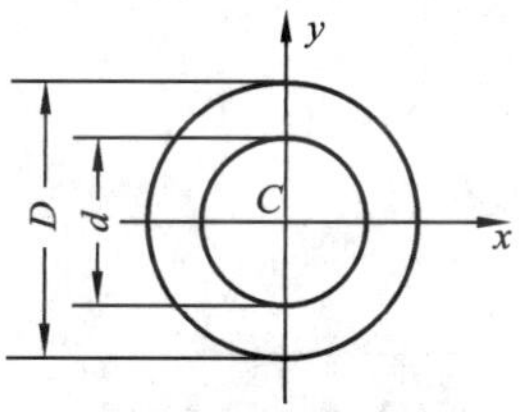	$\frac{\pi}{4}(D^2-d^2)$	$I_x=I_y$ $=\frac{\pi}{64}(D^4-d^4)$	$i_x=i_y=\frac{D}{4}\sqrt{1+\alpha^2}$
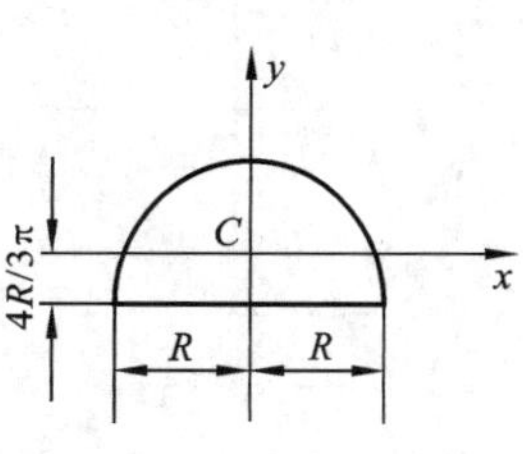	$\frac{\pi R^2}{2}$	$I_x=\left(\frac{\pi}{8}-\frac{8}{9\pi}\right)R^4$ $I_y=\frac{\pi R^4}{8}$	$i_x=\frac{R}{6\pi}\sqrt{9\pi^2-64}$ $i_y=\frac{R}{2}$

B.3 惯性矩的平行移轴公式

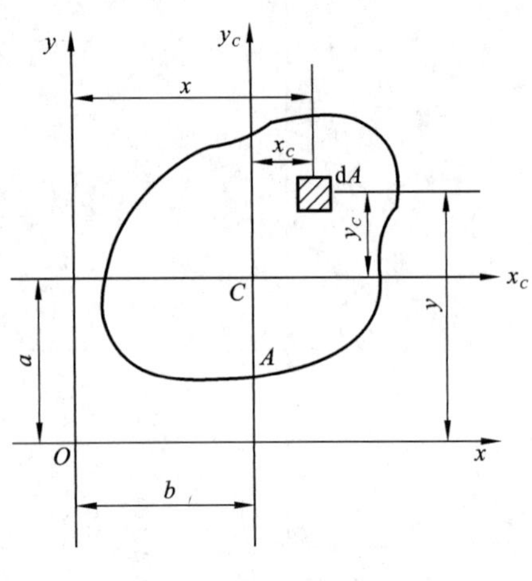

图 B.10 平行移轴公式

如图 B.10 所示，截面的面积为 A，形心在 C，截面对形心轴 x_C 和 y_C 的惯性矩为 I_{xC} 和 I_{yC}，另有一对轴 x 和 y，其中 x 轴与 x_C 平行，两轴的距离为 a；y 轴与 y_C 平行，两轴的距离为 b，截面对 x 和 y 轴的惯性矩为 I_x 和 I_y。

微面积 dA 在坐标系 x_CCy_C 中的坐标为 (x_C, y_C)，在坐标系 xOy 中的坐标为 (x, y)，注意到 $x = x_C + a, y = y_C + b$，有

$$
\begin{aligned}
I_x &= \int_A y^2 \mathrm{d}A = \int_A (y_C + a)^2 \mathrm{d}A \\
&= \int_A y_C{}^2 \mathrm{d}A + 2a\int_A y_C \mathrm{d}A + a^2\int_A \mathrm{d}A \\
&= I_{xC} + 2aS_{xC} + a^2 A
\end{aligned}
$$

式中，S_{xC} 是截面对形心轴 x_C 的静矩，其值为零，因此有

$$I_x = I_{xC} + a^2 A \tag{B.11}$$

同样有

$$I_y = I_{yC} + b^2 A \tag{B.12}$$

式(B.12)表明：截面对任一轴的惯性矩等于截面对平行于该轴的形心轴的惯性矩加上截面面积与两轴之间距离的平方的乘积。这就是惯性矩的平行移轴公式。

根据惯性矩的定义可知：组合图形对某轴的惯性矩等于其组成部分各简单图形对同一轴的惯性矩之和。利用平行移轴公式可计算组合图形的惯性矩。

例 B.6 计算图 B.11 所示工字形截面对其形心轴 x 的惯性矩 I_x，图中尺寸单位为 cm。

解 根据图形的对称性，截面的形心在截面的半高处。将工字形看成是由 I、II、III 三个矩形组合而成。由平行移轴公式，矩形 I 对形心轴 x 的惯性矩为

$$I_x^{\mathrm{I}} = \frac{1}{12} \times 6 \times 1^3 + 1 \times 6 \times 3.5^2 = 74(\mathrm{cm}^4)$$

矩形 II、III 对形心轴 x 的惯性矩分别为

$$I_x^{\mathrm{II}} = \frac{1}{12} \times 1 \times 6^3 = 18(\mathrm{cm}^4)$$

$$I_x^{\mathrm{III}} = I_x^{\mathrm{I}} = 74\ \mathrm{cm}^4$$

则工字形截面对形心轴 x 的惯性矩为

$$I_x = I_x^{\mathrm{I}} + I_x^{\mathrm{II}} + I_x^{\mathrm{III}} = 166\ \mathrm{cm}^4$$

此例也可将工字形看成是由一个 6×8 的大矩形切去两个 2.5×6 的小矩形，则工字形截面对形心轴 x 的惯性矩为

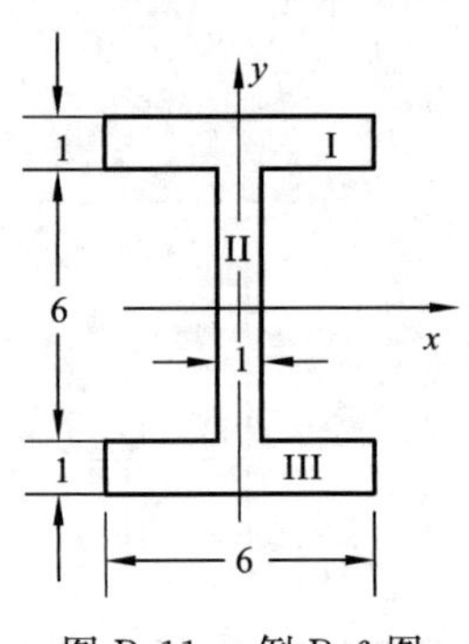

图 B.11 例 B.6 图

$$I_x = \frac{1}{12} \times 6 \times 8^3 - 2 \times \frac{1}{12} \times 2.5 \times 6^3 = 166(\text{cm}^4)$$

例 B.7　求图 B.12 所示 T 形截面对其形心轴 x_C 的惯性矩。

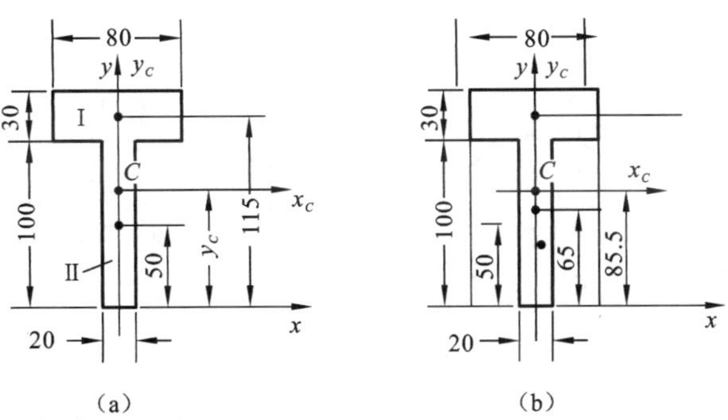

图 B.12　例 B.7 图

解　(1) 形心的位置。为了便于计算静矩，建立坐标系 xOy 如图 B.12(a) 所示，形心应在对称轴上，因此，形心的位置坐标为

$$x_C = 0$$

$$y_C = \frac{S_x}{A} = \frac{80 \times 30 \times 115 + 20 \times 100 \times 50}{80 \times 30 + 20 \times 100} = 85.5(\text{mm})$$

(2) 惯性矩[图 B.12(b)]。

$$I_{xC} = I_{xC}^{\mathrm{I}} + I_{xC}^{\mathrm{II}} = \frac{1}{12} \times 80 \times 30^3 + 80 \times 30 \times (115 - 85.5)^2 + \frac{1}{12} \times 20 \times 100^3$$
$$+ 100 \times 20 \times (85.5 - 50)^2$$
$$= 646 \times 10^4(\text{mm}^4)$$

B.4　惯性积与惯性积的平行移轴公式

B.4.1　截面惯性积

任意截面如图 B.13 所示，其面积为 A，xOy 为截面所在平面内的任意直角坐标系。在坐标为 (x,y) 的任一点处，取微面积 $\mathrm{d}A$，则下述面积分

$$I_{xy} = \int_A xy\,\mathrm{d}A \tag{B.13}$$

称为截面对坐标轴 x 与 y 的惯性积。

由以上定义可以看出，由于乘积 xy 可能为正，可能为负，所以，惯性积 I_{xy} 可能为正，可能为负，也可能为零。惯性积的量纲为长度的四次方，即 L^4。

当截面具有对称轴，且 x 与 y 轴之一(例如 x 轴) 位于该对称轴上时(图 B.14)，由截面的对称性可知，对于任一个坐标为 (x,y) 的微面积 $\mathrm{d}A$，在其对称位置必存在一面积相同、而坐标则为 $(x,-y)$ 的微面积 $\mathrm{d}A$，它们对坐标轴 x 与 y 的惯性积分别为 $xy\mathrm{d}A$ 与 $-xy\mathrm{d}A$，二者之和为零,因此,整个截面对 x 与 y 轴的惯性积必为零。由此得出结论:当坐标轴 x 或 y 位于对称轴上时,截面对 x 与 y 轴的惯性积必为零。

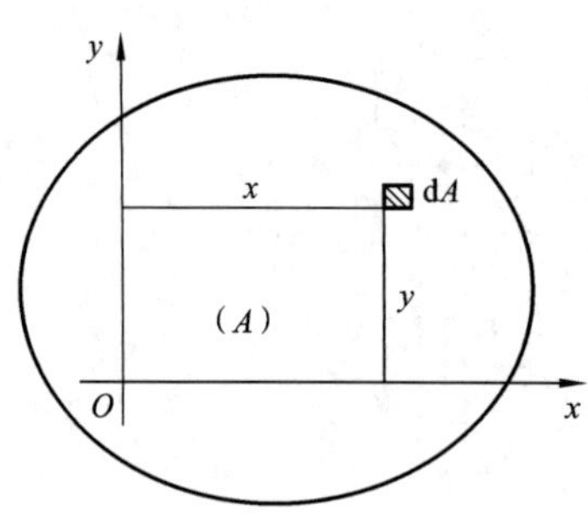

图 B.13　惯性积的概念

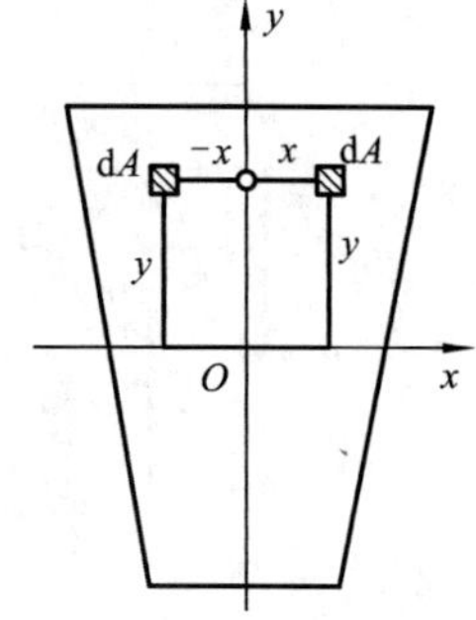

图B.14　对称结构的惯性积

B.4.2　惯性积的平行移轴公式

由惯性积的定义可知,同一截面对于不同互垂坐标轴的惯性积一般不同,本节研究截面对任一对互垂坐标轴以及与其平行的形心坐标轴的两个惯性积之间的关系。

考虑图 B.15 所示任意截面,坐标轴 x_0 与 y_0 为形心轴,坐标轴 x 及 y 分别与 x_0 与 y_0 轴平行。在 xOy 坐标系内,形心 C 的坐标为(x_C, y_C)。设截面对坐标轴 x_0 与 y_0 的惯性积为 $I_{x_0y_0}$,对坐标轴 x 与 y 的惯性积为 I_{xy},现在研究二者间的关系。根据惯性积的定义

$$I_{x_0y_0} = \int_A x_0 y_0 \mathrm{d}A \tag{①}$$

$$I_{xy} = \int_A xy \mathrm{d}A \tag{②}$$

由图 B.15 中可以看出

$$x = x_C + x_0, \quad y = y_C + y_0$$

将上述关系代入式 ②,并考虑到式 ①,得

$$I_{xy} = \int_A (x_C y_C + x_C y_0 + x_0 y_C + x_0 y_0) \mathrm{d}A$$

如上所述,x_0 与 y_0 轴为截面的形心轴,上式中的静矩 S_{x_0} 与 S_{y_0} 应为零。于是得出结论:

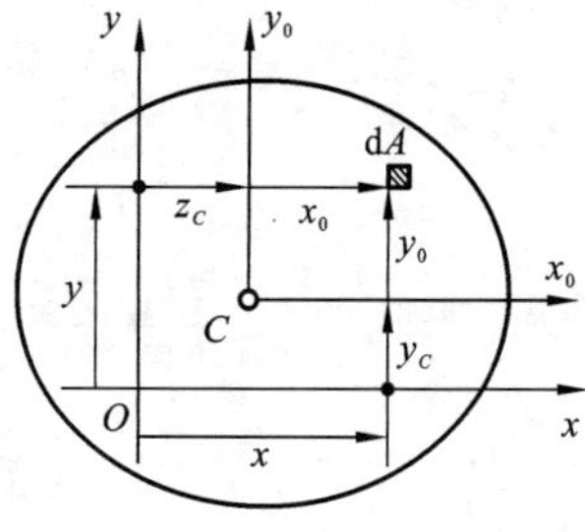

图 B.15　惯性积平行移轴定理

$$I_{xy} = I_{x_0y_0} + Ax_C y_C \tag{B.14}$$

即,截面对任一直角坐标轴 x 与 y 的惯性积 I_{xy},等于该截面对平行形心坐标轴 x_0 与 y_0 的惯性积 $I_{x_0y_0}$,加上其形心 C 的坐标积 $x_C y_C$ 与截面面积 A 之乘积。此公式称为惯性积的平行移轴公式。应注意的是,由于 x_C 与 y_C 代表形心 C 在 xOy 坐标系内的坐标,因而均为代数量。

例 B.8　图 B.16 所示直角三角形截面 COB,高为 h,底为 b,坐标轴 y 与 x 分别沿直角边 OB 与 OC,试计算该截面

对 y 与 x 轴的惯性积。

解　斜边 BC 的方程为

$$y = \frac{h(b-x)}{b}$$

所以，若取高为 dy、宽为 dx 的矩形区域为微面积，直角三角形截面对坐标轴 y 与 x 的惯性积为

$$I_{yz} = \int_0^b \int_0^{h(b-z)/b} yz\,\mathrm{d}y\mathrm{d}z = \frac{b^2h^2}{24}$$

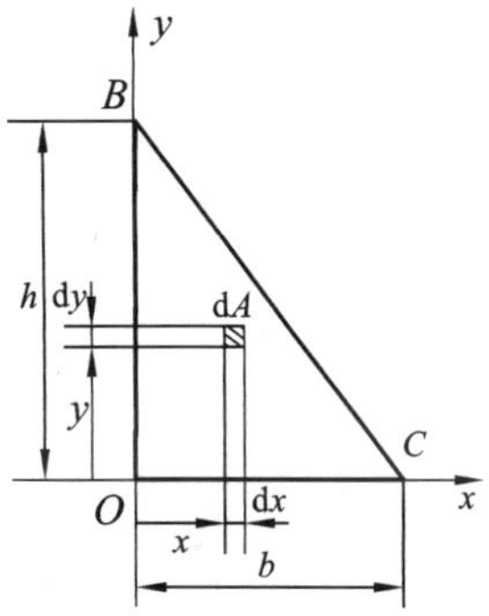

图 B.16

例 B.9　试计算图 B.17 所示截面对坐标轴 x 与 y 的惯性积。

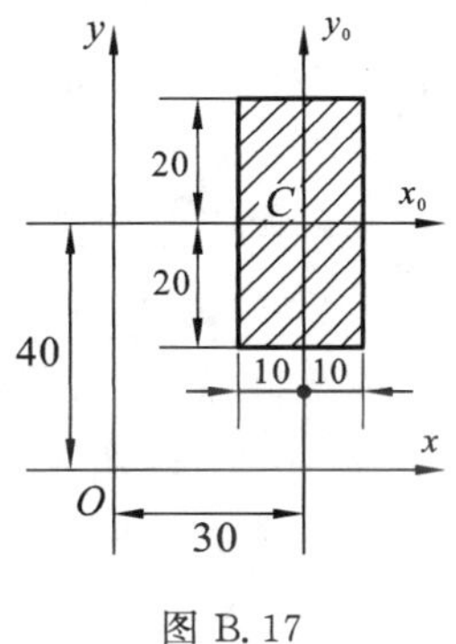

图 B.17

解　由图 B.17 可知，在 xOy 坐标系内，形心 C 的坐标为

$$y_C = 0.040\ \mathrm{m}$$

$$x_C = 0.030\ \mathrm{m}$$

又由于 y_0（或 x_0）轴是截面的对称轴，因而截面对形心轴 y_0 与 x_0 的惯性积为

$$I_{x_0y_0} = 0$$

所以，根据惯性积的平行移轴公式，得

$$I_{xy} = 0 + 0.040 \times 0.030 \times 0.020 \times 0.040 = 9.6 \times 10^{-7}\ (\mathrm{m}^4)$$

B.5　转轴公式与主惯性矩

B.5.1　转轴公式

图 B.18 所示任意截面，该截面对坐标轴 x 与 y 的惯性矩及惯性积分别为 I_x，I_y 与 I_{xy}，现在研究当坐标轴旋转 α 角后，截面对新坐标轴 x_1 与 y_1 的惯性矩 I_{x_1}，I_{y_1} 与惯性积 $I_{x_1y_1}$，α 角以坐标 y 为始边并以逆时针转向者为正。

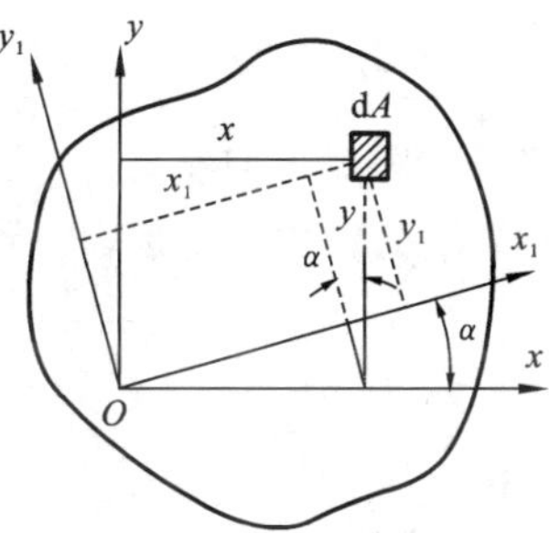

图 B.18　转轴公式

从图中可以看出，坐标的转换关系为

$$x_1 = x\cos\alpha + y\sin\alpha$$

$$y_1 = y\cos\alpha - x\sin\alpha$$

可见，截面对坐标轴 x_1 与 y_1 的惯性积为

$$\begin{aligned} I_{x_1y_1} &= \int_A x_1y_1\,\mathrm{d}A = \int_A (x\cos\alpha + y\sin\alpha)(y\cos\alpha - x\sin\alpha)\,\mathrm{d}A \\ &= \cos2\alpha\int_A xy\,\mathrm{d}A + \frac{\sin2\alpha}{2}\left(\int_A y^2\,\mathrm{d}A - \int_A x^2\,\mathrm{d}A\right) \end{aligned}$$

于是得

$$I_{x_1y_1}=-\frac{I_x-I_y}{2}\sin2\alpha+I_{xy}\cos2\alpha \tag{B.15}$$

同理可得

$$\left.\begin{array}{l}I_{x_1}\\I_{y_1}\end{array}\right\}=\frac{I_x+I_y}{2}\pm\frac{I_x-I_y}{2}\cos2\alpha\mp I_{xy}\sin2\alpha \tag{B.16}$$

式(B.15)与(B.16)分别称为惯性积与惯性矩的转轴公式。

B.5.2 主轴与主惯性矩

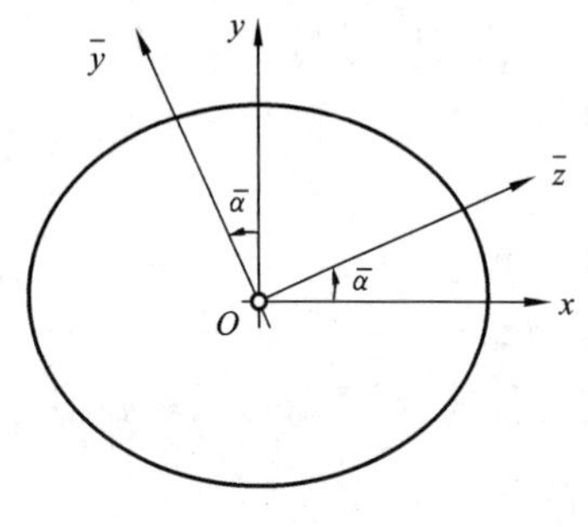

图 B.19 主形心轴

式(B.15)反映了惯性积随坐标轴旋转的变化规律。由该式可以看出:当 $\alpha=0°$ 时,$I_{y_1x_1}=I_{yx}$;而当 $\alpha=90°$ 时,$I_{y_1x_1}=-I_{yx}$。这说明,当坐标轴由 $\alpha=0°$ 旋转至 $\alpha=90°$ 的过程中,惯性积的正负号发生改变。由此可见,在以 O 点为共同原点的所有坐标系中,一定存在一个特殊的坐标系 $\bar{y}O\bar{x}$(图 B.19),截面对坐标轴 $\bar{y}$ 与 $\bar{x}$ 的惯性积 $I_{\bar{y}\bar{x}}$ 为零。原点位于 O 并使惯性积为零的坐标轴 $\bar{y}$ 与 $\bar{z}$,称为截面 O 点的主轴,截面对主轴的惯性矩,称为主惯性矩。如果坐标系的原点位于截面形心,则相应的主轴与主惯性矩,分别称为主形心轴和主形心惯性矩。

设主轴的方位角为 $\bar{\alpha}$,则由式(B.15)并令 $I_{y_1x_1}$ 为零,得

$$I_{xy}=\frac{I_x-I_y}{2}\sin2\bar{\alpha}+I_{xy}\cos2\bar{\alpha}=0$$

于是得

$$\tan2\bar{\alpha}=\frac{2I_{xy}}{I_x-I_y} \tag{B.17}$$

由此式可确定主轴 $\bar{y}$ 的方位。

主轴的方位确定后,将所得 $\bar{\alpha}$ 值代入式(B.16),即得截面的主惯性矩为

$$\left.\begin{array}{l}I_{\bar{x}}\\I_{\bar{y}}\end{array}\right\}=\frac{I_x+I_y}{2}\pm\frac{I_x-I_y}{2}\cos2\bar{\alpha}\mp I_{xy}\sin2\bar{\alpha} \tag{B.18}$$

还应指出,当截面具有对称轴时,则该对称轴以及垂直于该轴的形心轴均为主形心轴,因为截面对此互垂形心轴的惯性积为零。

例 B.10 图 B.20(a)所示直角三角形截面,高为 h,底为 b,且 $h=2b$。试确定截面的主形心轴与主形心惯性矩。

解 (1) 计算 I_{x_0},I_{y_0} 与 $I_{x_0y_0}$。

形心 C 的位置及参考坐标系 xOy 与 x_0Oy_0 如图 B.20(b)所示。截面对坐标轴 x_0 与 y_0 的惯性矩分别为

$$I_{y_0}=\frac{hb^3}{36}=\frac{b^4}{18},\quad I_{x_0}=\frac{bh^3}{36}=\frac{2b^4}{9}$$

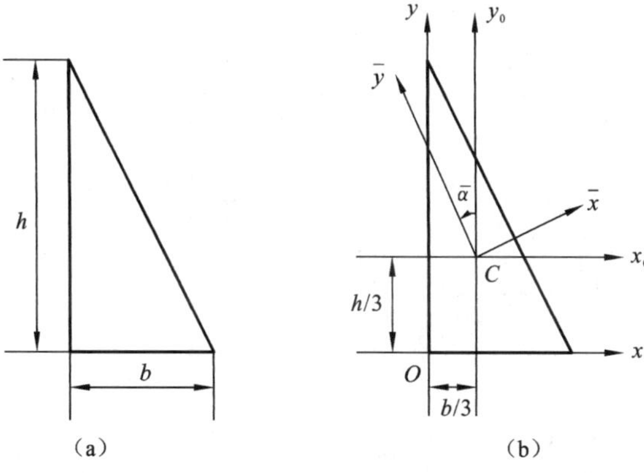

图 B.20　例 B.10 图

由惯性积的平行移轴公式与例 B.8 可知，截面对坐标轴 x_0 与 y_0 的惯性积为

$$I_{x_0y_0}=I_{xy}-x_Cy_CA=\frac{b^2h^2}{24}-x_Cy_CA=-\frac{b^4}{18}$$

(2) 确定主形心轴 $\bar{y}$,$\bar{z}$ 的方位。

由式(B.17) 可知，

$$\tan 2\bar{\alpha}=\frac{-2I_{x_0y_0}}{I_{x_0}-I_{y_0}}=\frac{-2(-b^4/18)}{2b^4/9-b^4/18}=\frac{2}{3}$$

由此得主形心轴 $\bar{y}$ 的方位角为

$$\bar{\alpha}=16°51'$$

(3) 计算主形心惯性矩。

由式(B.18)，得

$$\left.\begin{array}{l}I_{\bar{x}}\\I_{\bar{y}}\end{array}\right\}=\frac{I_x+I_y}{2}\pm\frac{I_x-I_y}{2}\cos 2\bar{\alpha}\mp I_{xy}\sin 2\bar{\alpha}$$

$$\left.\begin{array}{l}I_{\bar{x}}\\I_{\bar{y}}\end{array}\right\}=\frac{1}{2}\left(\frac{2b^4}{9}+\frac{b^4}{18}\right)\pm\frac{1}{2}\left(\frac{2b^4}{9}-\frac{b^4}{18}\right)\cos 33°41'\mp\left(-\frac{b^4}{18}\right)\sin 33°41'$$

由此得截面的主形心惯性矩为

$$I_{\bar{x}}=0.239b^4,\quad I_{\bar{y}}=0.0387\,b^4$$

习　题　B

B-1　试求如题 B-1 图所示各截面的阴影线面积对 x 轴的静矩。

B-2　计算题 B-2 图示图形对 x、y 轴的静矩和形心坐标值，x_C、y_C。

B-3　如题 B-3 图所示，一矩形 $b=2h/3$，从左右两侧切去半圆形($d=h/2$)，试求：

(1) 切去部分面积占原面积的百分比；

(2) 切后的惯性矩 I'_x 与原矩形的惯性矩 I_x 之比。

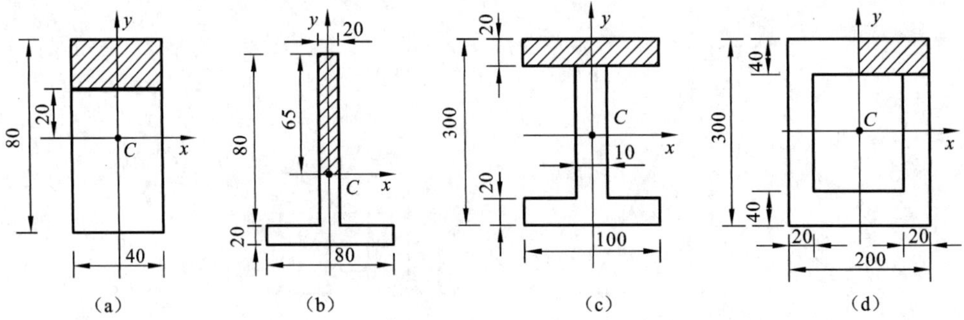

题 B-1 图

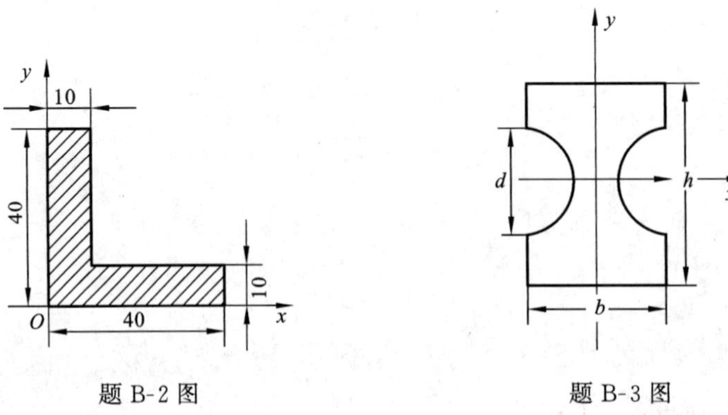

题 B-2 图　　题 B-3 图

B-4　对题 B-4 图(a) 所示矩形截面，求：

(1) 截面对水平形心轴 x_C 的惯性矩 I_{xC}；

(2) 若去掉图(a) 中的虚线围成的部分，求去掉后的截面与原截面对 x_C 轴的惯性矩之比；

(3) 若将去掉部分移到上下边缘，组成图(b) 所示的工字形截面，求图(b) 的工字形截面与原截面对 x_C 轴的惯性矩之比。

B-5　题 B-5 图示由两个 20a 号槽钢组成的组合截面，如欲使此两截面对两对称轴的惯性矩 I_x 和 I_y 相等，则两槽钢的间距 a 应为多少？

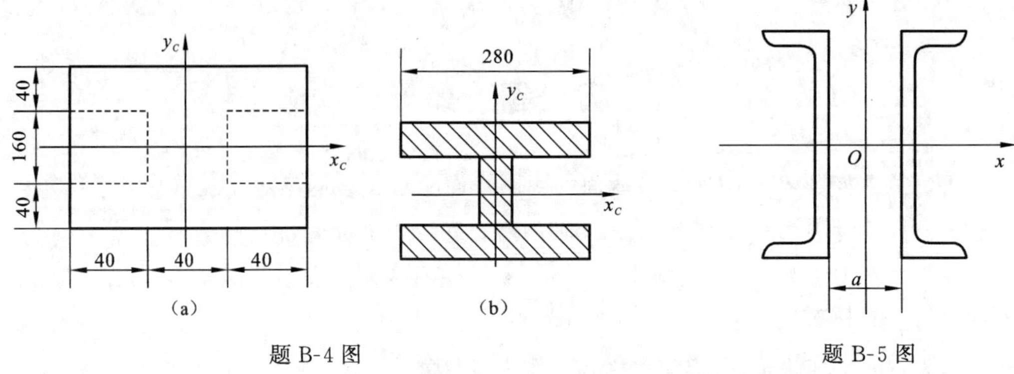

题 B-4 图　　题 B-5 图

B-6　试计算如题 B-6 图所示截面对水平形心轴 x 的惯性矩。

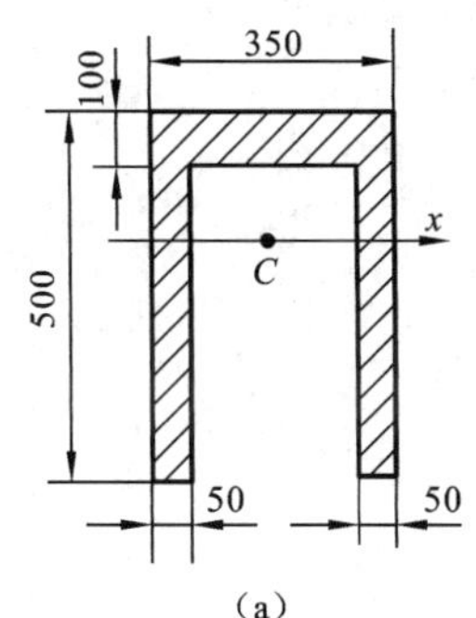

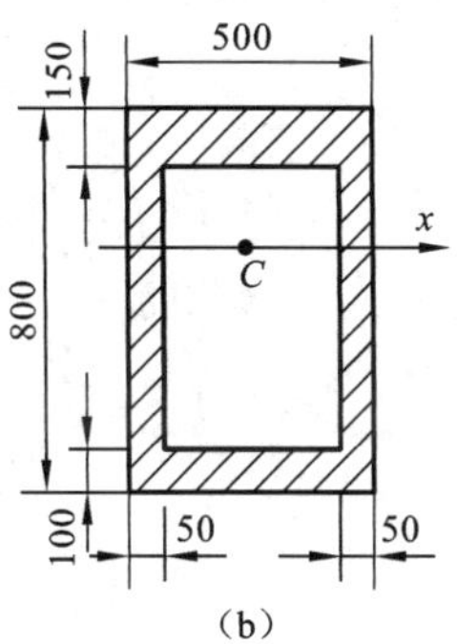

题 B-6 图

B-7　求题 B-7 图示截面的惯性积 I_{xy}。

B-8　确定题 B-8 图示图形的主形心轴和主形心惯性矩。

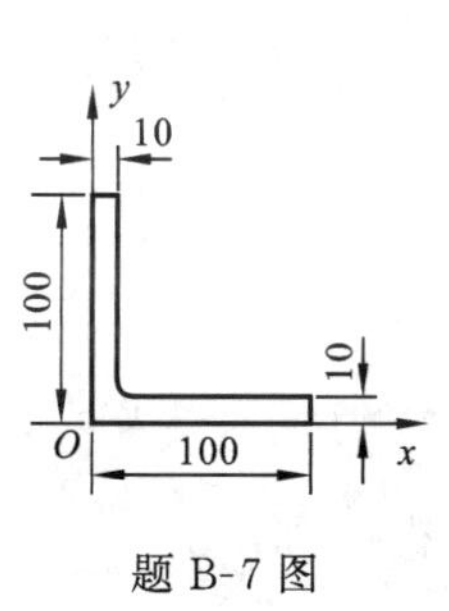

题 B-7 图

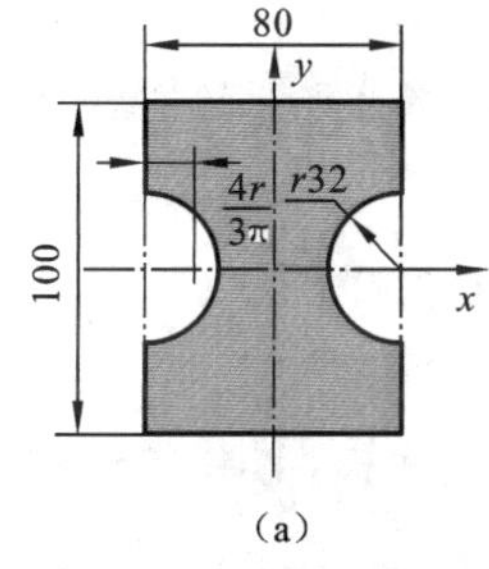

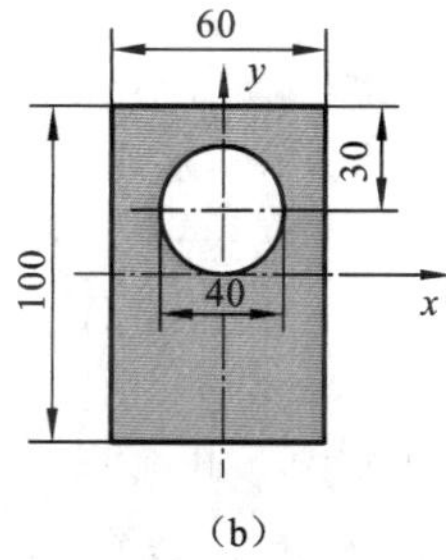

题 B-8 图

附录C 电测法和应变分析

从 19 世纪英国工程师汤姆孙在铺设海底电缆时发现材料的电阻-应变效应，到 1921 年世界上第一个电阻应变计的诞生，应变计电测技术得到飞速发展。应变计电测技术（简称为电测法）是一种确定构件表面应力状态的实验应力分析方法。

C.1 电测法的基本原理

C.1.1 应变计的工作原理

设长为 l，截面积为 A 的金属导线，电阻率为 ρ，其原始电阻为 $R=\rho\dfrac{l}{A}$，当导线沿其轴线方向受力而发生变形时，其电阻值也随着发生变化。两边取对数并微分，得

$$\frac{\mathrm{d}R}{R}=\frac{\mathrm{d}\rho}{\rho}+\frac{\mathrm{d}l}{l}-\frac{\mathrm{d}A}{A} \tag{C.1}$$

式中，线应变 $\varepsilon=\dfrac{\mathrm{d}l}{l}$，$\mathrm{d}A$ 是导线截面积的变化，$\dfrac{\mathrm{d}A}{A}=-2\mu\varepsilon$。

研究表明，金属导线受力变形时，在弹性范围内，$\dfrac{\mathrm{d}\rho}{\rho}\propto\varepsilon$，因而其电阻的相对变化率$\dfrac{\mathrm{d}R}{R}$与导线的线应变 ε 成正比，导线进入塑性后，$\dfrac{\mathrm{d}\rho}{\rho}$ 近似为常量。

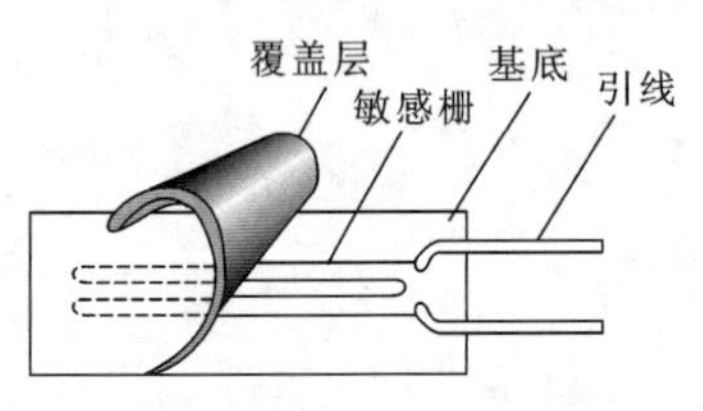

图 C.1　丝绕式应变计

由此可以设想，若将一根金属丝粘贴在构件表面上，当构件产生变形时，金属丝也将随着一起变形，于是构件表面的应变量直接转换为金属丝电阻的相对变化。电阻应变计就是利用金属丝的这种电阻应变效应制成的传感元件。如图 C.1 所示，常用的应变计一般由敏感栅、引线、基底和覆盖层组成，敏感栅用粘结剂粘在基底和覆盖层之间。

电阻应变计的种类很多，根据敏感栅材料可分为金属、半导体及金属或金属氧化物浆

料等三类。如图 C.2 所示，金属应变计可分为丝式应变计、箔式应变计和薄膜应变计。

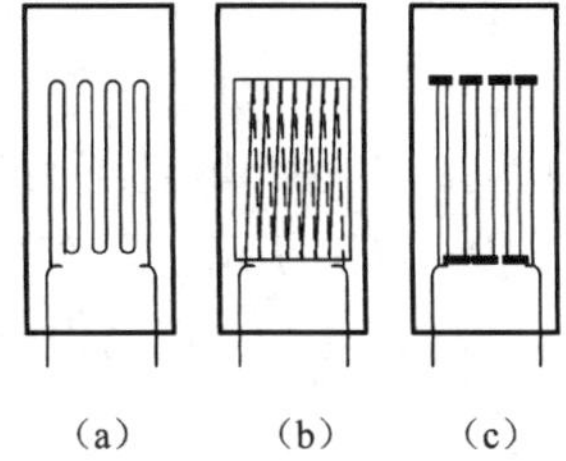

图 C.2　金属应变计

应变计的电阻值一般为 60 Ω、120 Ω、200 Ω 等。应变计的灵敏系数是指：当应变计粘贴在处于单向应力状态的试件表面上，且纵向与应力方向平行时，应变计的电阻变化率与试样表面贴片处沿应力方向的应变的比值，即

$$K = \frac{\Delta R}{R}/\varepsilon \tag{C.2}$$

式中，K 为应变计的灵敏系数，$\frac{\Delta R}{R}$ 为应变计的电阻变化率，ε 为试样表面测点处与应变计敏感栅纵线方向平行的应变。

C.1.2　直流电桥

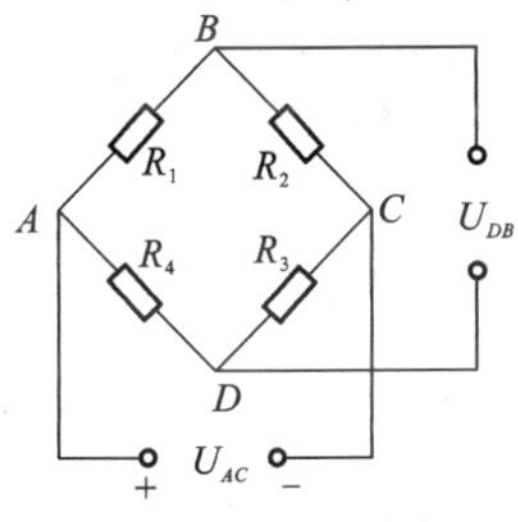

图 C.3　直流电桥

使用应变计测量应变时，通常采用电阻应变仪来测量应变计阻值的微小变化。电阻应变测量一般采用直流电桥，如图 C.3 所示。

设各桥臂电阻分别为 R_1, R_2, R_3, R_4，其中的任一个桥臂电阻都可以是应变计电阻。电桥的 A, C 为输入端，接直流电源，输入电压为 U_{AC}；B, D 为输出端，输出电压为

$$\begin{aligned} U_{BD} &= U_{AB} - U_{AD} = \frac{R_1 U_{AC}}{R_1 + R_2} - \frac{R_4 U_{AC}}{R_3 + R_4} \\ &= \left[\frac{R_1 R_3 - R_2 R_4}{(R_1 + R_2)(R_3 + R_4)}\right] U_{AC} \end{aligned} \tag{C.3}$$

由上式可知，当 $R_1 R_3 = R_2 R_4$ 时，输出电压 U_{BD} 为零，称这时电桥平衡。

设处于初始平衡状态的电桥，当各桥臂相应的电阻增量为 $\Delta R_1, \Delta R_2, \Delta R_3, \Delta R_4$ 时，且由于 $\Delta R_i \ll R_i$ 可略去高阶微量，则由式(C.3) 得到电桥输出电压为

$$U_{BD} = \frac{R_1 R_2}{(R_1 + R_2)^2}\left(\frac{\Delta R_1}{R_1} - \frac{\Delta R_2}{R_2} + \frac{\Delta R_3}{R_3} - \frac{\Delta R_4}{R_4}\right) U_{AC} \tag{C.4}$$

如果四个桥臂电阻都是应变计，它们的灵敏系数 K 均相同，则将关系式$\frac{\Delta R_i}{R_i} = K\varepsilon_i$ 代入上式，便得到等臂电桥的输出电压为

$$U_{BD} = \frac{K U_{AC}}{4}(\varepsilon_1 - \varepsilon_2 + \varepsilon_3 - \varepsilon_4) \tag{C.5}$$

式中，$\varepsilon_1, \varepsilon_2, \varepsilon_3, \varepsilon_4$ 分别为 R_1, R_2, R_3, R_4 所感受的应变。这是个近似公式，所产生的误差是很小的，可忽略不计。

C.1.3　温度补偿

当温度发生变化时，也会引起应变计敏感栅电阻的改变。显然在测量中必须消除温度效应的影响，其措施是进行温度补偿。进行温度补偿是利用电桥的基本特性来实现的。取

一应变计作为补偿应变计(简称为补偿片),将它贴在一块与构件材料相同但不受力的试件(称为补偿块)上,并将补偿块放在被测构件附近,处于同一温度场中。贴在构件上的应变计为工作应变计(简称为工作片)。电桥连接时,使工作片 R_1 和补偿片 R_2 在相邻的两桥臂中,如图 C.3 所示。由于工作片、补偿片粘贴部位的温度始终相同,因此其电阻 R_1,R_2 由温度引起的阻值改变也相同。由电桥基本特性可知,环境温度变化引起的虚假应变被消除了,即消除了温度的影响。另一种方法不需要另加补偿块和补偿片,而是在同一被测试件上粘贴几个工作应变计,将它们适当接入电桥中。当试件受力且测点环境温度变化时,每个应变计的应变中都包含外力和温度变化引起的应变。在应变仪的读数应变中温度变化所引起的虚假应变可相互抵消,而得到所要测量的真实应变。

C.1.4 全桥接线法

在测量电桥的四个桥臂上全部接电阻应变计,称为全桥接线法(或全桥线路),如图 C.4 所示。对于等臂电桥,此时应变仪的读数应变由式(C.5) 给出,即

$$\varepsilon_d = \varepsilon_1 - \varepsilon_2 + \varepsilon_3 - \varepsilon_4 \tag{C.6}$$

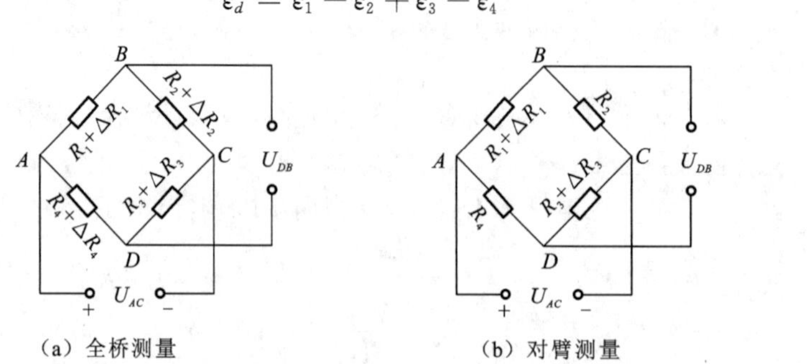

图 C.4　全桥接线法

实际测量时,可有以下两种情况:① 全桥测量,电桥的四个桥臂上都接工作应变计;② 对臂测量,电桥相对两桥臂接工作应变计,另外相对两桥臂接温度补偿应变计。

C.1.5 半桥接线法

若在测量电桥的桥臂 AB 和 BC 上接电阻应变计,而另外两桥臂 AD 和 DC 接电阻应变仪的内部固定电阻 R,则称为半桥接线法(或半桥线路),如图 C.5 所示。由于桥臂 AD 和 DC 接固定电阻,不感受应变,因此对于等臂电桥,按式(C.5) 可得到应变仪的读数应变为

$$\varepsilon_d = \varepsilon_1 - \varepsilon_2 \tag{C.7}$$

实际测量时,可有以下两种情况:① 半桥测量,电桥的两个桥臂 AB 和 BC 上均接工作应变计;② 单臂测量,电桥的桥臂 AB 接工作应变计(工作片),而另一桥臂 BC 接温度补偿应变计(补偿片)。

C.1.6 串联和并联接线法

在应变测量中,若采用多个应变计时,也可将应变计串联或并联起来接入测量电桥,图 C.6(a) 所示为串联半桥接线法,图 C.6(b) 所示则为并联半桥接线法。串联和并

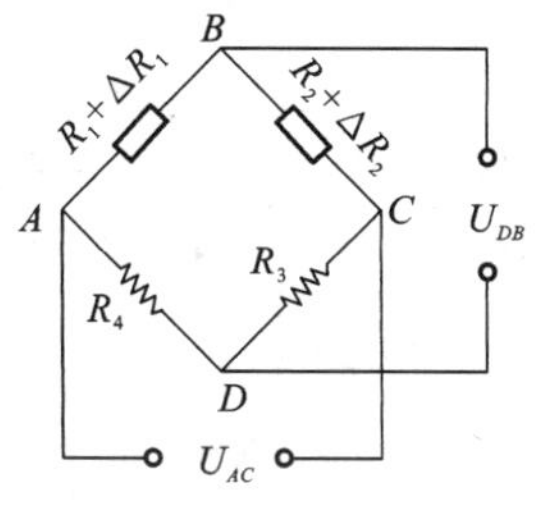

（a）半桥测量

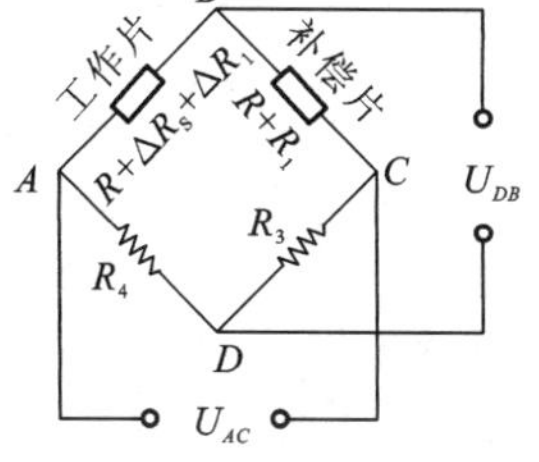

（b）单臂测量

图 C.5　半桥接线法

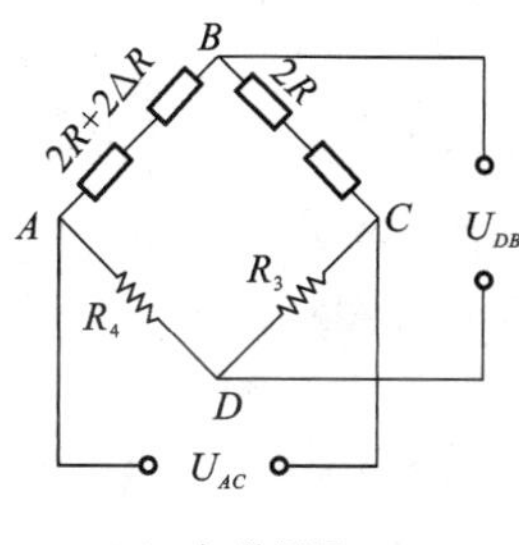

（a）串联测量

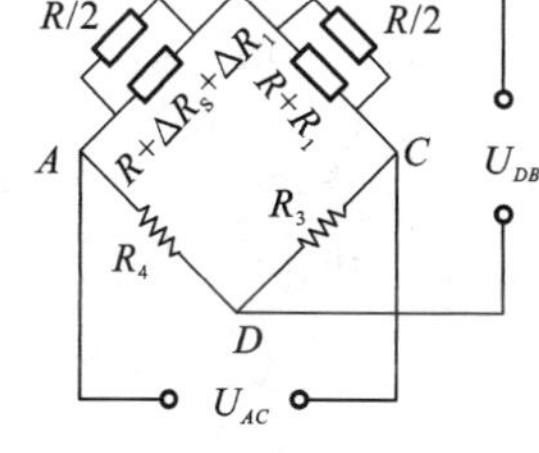

（b）并联测量

图 C.6　串联和并联接法

联接线都不会增加读数应变。被测点的实际应变值若为 ε，电阻应变仪的读数应变为 ε_d，则桥臂系数

$$B = \varepsilon_d / \varepsilon \tag{C.8}$$

在实际测量时，必须根据测量的目的和要求在构件上正确选择测点的位置。在很多情况下，这个应变可能是由多个内力因素造成的。在结构分析和强度计算中，往往需要确定其中某一种内力产生的应变，而排除其余应变。因此在应变测量中，我们必须根据测量目的，分析构件中的应力应变分布，合理选择贴片位置、方位和数量，利用电桥的特性，合理地把应变计接入电桥，以便测量所需要的应变，并消除误差源的影响，补偿温度效应，以尽可能高的灵敏度测出被测量。

例 C.1　如图 C.7 所示，矩形截面杆件受一偏心拉力 F_P，偏心距为 e。设拉力引起的应变为 ε_P；偏心引起的最大弯曲应变为 $\varepsilon_{\max}$。用不同的布片、组桥方式分离和测定杆件的轴向应变 ε_P、最大弯曲应变 $\varepsilon_{\max}$ 及桥臂系数 B。根据应变的测量值可进一步确定截面的最大弯曲应力 $\sigma_{\max}$ 及截面弯矩 M。

解　根据胡克定律 $\sigma = E\varepsilon$，被测点的弯曲应力为

$$\sigma_{\max} = E\varepsilon_{\max}$$

由最大弯曲正应力公式，截面的弯矩为

$$M_A = W\sigma_{\max} = WE\varepsilon_{\max}$$

拉杆的应力和内力分别为

$$\sigma_P = E\varepsilon_P, \quad F_N = S_0 E\varepsilon_P$$

式中，S_0 为杆的横截面积。

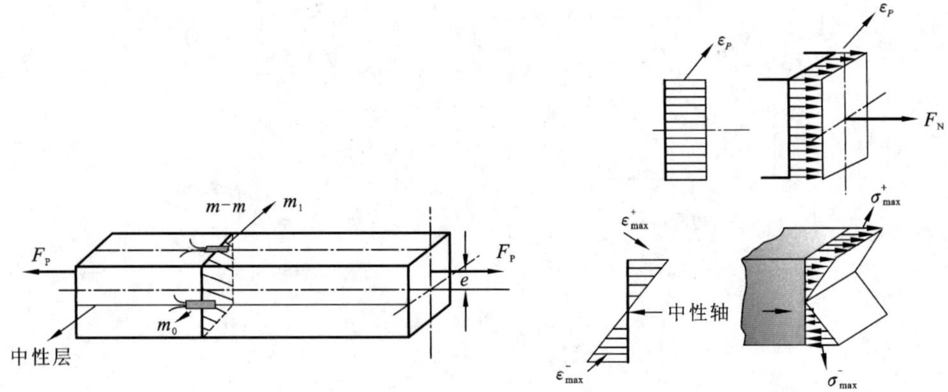

图 C.7　偏心拉杆及截面应力分布

(1) 单臂测量。测定拉应变ε_P，在杆的中性轴上贴一枚工作片m_0，R_2为补偿片，R_3、R_4为常电阻，进行单臂测量。m_0因不受弯曲应变的影响。测量结果

$$\Delta U_{DB}=\frac{EK_S}{4}\varepsilon_1,\quad \varepsilon_d=\varepsilon_1=\varepsilon_P$$

布片位置恰当，单臂测量可以将轴力和弯矩自动分离开来，但测量的灵敏度不能提高。

(2) 半桥测量。测定杆的最大弯曲应变ε_{max}，在m-m截面的上、下表面各贴一枚工作片m_1、m_2。与之相应的工作应变为ε_1、ε_2。二者感受的应变由两部分组成

$$\varepsilon_1=\varepsilon_P+\varepsilon_{max},\quad \varepsilon_2=\varepsilon_P-\varepsilon_{max}$$

m_1、m_2进行半桥测量。其结果为

$$\Delta U_{DB}=\frac{EK_S}{4}(\varepsilon_1-\varepsilon_2)=\frac{EK_S}{4}[\varepsilon_P+\varepsilon_{max}-(\varepsilon_P-\varepsilon_{max})]=\frac{EK_S}{4}2\varepsilon_{max},\quad \varepsilon_d=2\varepsilon_{max}$$

ε_P在这里被消除，使轴力F_N和弯矩M分离开来。

(3) 对臂测量。测定杆的拉应变ε_P，上、下表面的两枚工作片m_1、m_2。感受的应变由两部分组成

$$\varepsilon_{shang}=\varepsilon_P+\varepsilon_{max},\quad \varepsilon_{xia}=\varepsilon_P-\varepsilon_{max}$$

m_1、m_2进行对臂测量，其结果为

$$\Delta U_{DB}=\frac{EK_S}{4}(\varepsilon_1+\varepsilon_3)=\frac{EK_S}{4}(\varepsilon_{shang}+\varepsilon_{xia})=\frac{EK_S}{4}[\varepsilon_P+\varepsilon_{max}+(\varepsilon_P-\varepsilon_{max})]=\frac{EK_S}{4}2\varepsilon_P$$

$$\varepsilon_d=2\varepsilon_P$$

轴力F_N和弯矩M两种内力得以分离。

(4) 全桥测量。测定杆的弯曲应变ε_{max}，在上表面贴两枚工作片m_1、m_3；下表面贴两枚工作片m_2、m_4，各应变片感受的应变都由两部分组成

$$\varepsilon_1=\varepsilon_P+\varepsilon_{max},\quad \varepsilon_2=\varepsilon_P-\varepsilon_{max},\quad \varepsilon_3=\varepsilon_P+\varepsilon_{max},\quad \varepsilon_4=\varepsilon_P-\varepsilon_{max}$$

将各电阻片依次接入桥臂，组全桥进行测量的结果为

$$\Delta U_{DB}=\frac{EK_S}{4}[\varepsilon_1-(-\varepsilon_2)+\varepsilon_3-(-\varepsilon_4)]=4\,\frac{EK_S}{4}\varepsilon_{max},\quad \varepsilon_d=4\varepsilon_{max}$$

两种内力得以分离。各种组桥方式应力、内力的测量结果如图 C.8 所示。

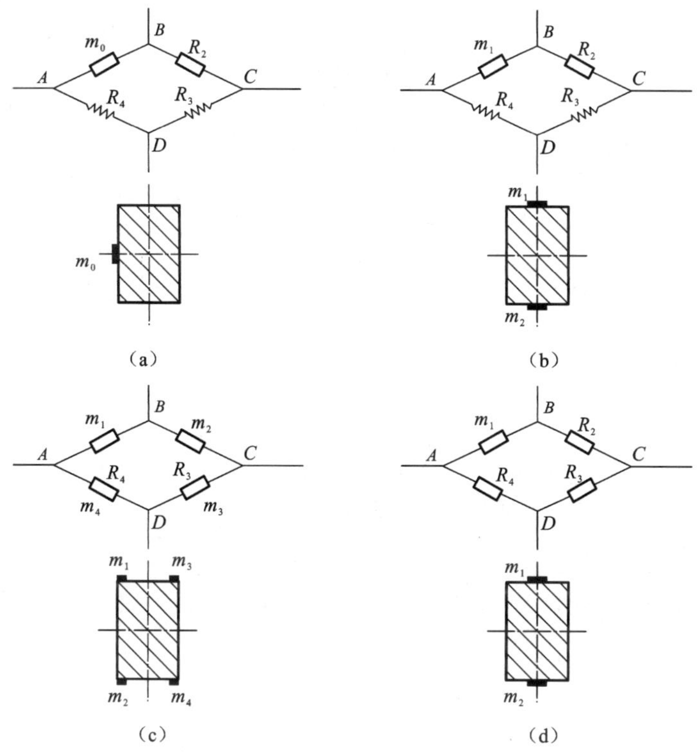

图 C.8　偏心拉杆不同的组桥方式

例 C.2　如图 C.9 所示，圆轴在扭矩 M_x 作用下为纯剪应力状态，最大切应力为 τ_{max}。主应力 σ_1、σ_3 分别沿 45° 和135°。因为电阻片只能测正应变、不能测切应变，所以电阻片只能沿主应力的方向粘贴。

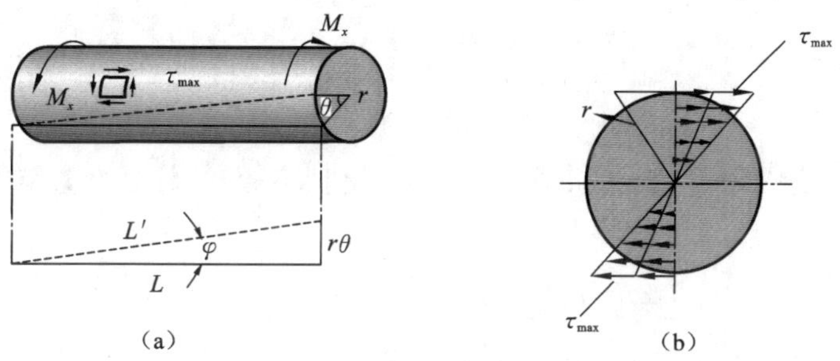

图 C.9　圆轴扭转及截面应力分布

解　(1) 单臂测量[图 C.10(a)]。为测定切应力 τ_{max} 和扭矩 M_x，沿轴表面的 45° 方向贴一枚工作片 R_1，相应的应变为 ε_1。单臂测量的结果为

$$\Delta U_{DB} = \frac{EK_S}{4}\varepsilon_1, \quad \varepsilon_d = \varepsilon_1 = \varepsilon_{45^\circ}$$

结果表明测量灵敏度没有提高。由平面应力、应变分析知道

$$\varepsilon_{45^\circ} = \frac{\tau}{E}(1+\mu)$$

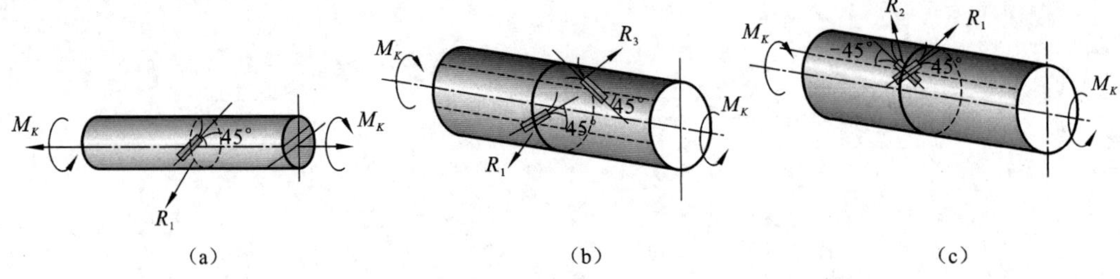

(a) (b) (c)

图 C.10 圆轴扭转布片

最大切应力则为

$$\tau_{\max} = \frac{E\varepsilon_{45^\circ}}{1+\mu}$$

相应的扭矩为

$$M_x = W_P \cdot \tau_{\max} = \frac{EW_P}{1+\mu}\varepsilon_{45^\circ}$$

式中,E 为材料的弹性模量,μ 为材料泊松比,W_P 为圆轴截面的抗扭截面系数。

(2) 对臂测量[图 C.10(b)]。沿截面直径两端点的45°方向各贴一枚工作片 R_1、R_3,与之对应的应变为

$$\varepsilon_1 = \varepsilon_3 = \varepsilon_{45^\circ} = \frac{\tau}{E}(1+\mu)$$

R_1、R_3 组成对臂测量后,测量结果为

$$\Delta U_{DB} = \frac{EK_S}{4}(\varepsilon_1 + \varepsilon_2) = \frac{EK_S}{4}2\varepsilon_{45^\circ}, \quad \varepsilon_d = 2\varepsilon_{45^\circ}$$

桥臂系数 $B=2$。表明半桥测量的灵敏度是单臂测量的 2 倍。切应力则为

$$\tau_{\max} = \frac{E}{1+\mu}\varepsilon_{45^\circ} = \frac{E}{1+\mu}\frac{\varepsilon_d}{2}$$

相应的扭矩为

$$M_x = \frac{EW_P}{1+\mu}\varepsilon_{45^\circ} = \frac{EW_P}{1+\mu}\frac{\varepsilon_d}{2}$$

(3) 半桥测量[图 C.10(c)]。沿轴表面的 45° 和135° 方各贴一枚工作片 R_1、R_2,与之对应的线应变为

$$\varepsilon_1 = \varepsilon_{45^\circ} = \frac{\tau}{E}(1+\mu), \quad \varepsilon_2 = -\varepsilon_1 = -\frac{\tau}{E}(1+\mu)$$

R_1、R_2 组成对臂测量后,测量结果为

$$\Delta U_{DB} = \frac{EK_S}{4}(\varepsilon_1 - \varepsilon_2) = \frac{EK_S}{4}2\varepsilon_{45^\circ}, \quad \varepsilon_d = 2\varepsilon_{45^\circ}$$

桥臂系数 $B=2$。测量灵敏度也是单臂测量的 2 倍。同样,最大切应力为

$$\tau_{\max} = \frac{E}{1+\mu}\varepsilon_{45^\circ} = \frac{E}{1+\mu}\frac{\varepsilon_d}{2}$$

相应的扭矩为

$$M_x = \frac{EW_P}{1+\mu}\varepsilon_{45^\circ} = \frac{EW_P}{1+\mu}\frac{\varepsilon_d}{2}$$

上述实例说明，不同的组桥方法不但可以提高测量灵敏度，而且可以将不同性质的应变(或内力)分离开来。一点的应变测出后，根据轴力、弯矩以及扭矩与主应力及切应力的关系，既可求出相应的内力值。所以灵活掌握各种组桥方式是电测法的重点。

C.2 应变分析

构件内任一点处在不同方位截面的应力一般不同，与此相似，构件内任一点处在不同方位的应变一般也不相同。当构件表面某点处不承受表面外力时，则该点处于平面应力状态。现研究平面应力状态下一点处的应变。

C.2.1 应变状态概念

应变状态概念与应力状态概念相对应。

(1) 凡提到应变，必须指明是哪一点，沿哪个方向。

(2) 一点应变状态，即指通过一点不同方向上的应变情况；或指所有方向上应变分量的集合，应变分析就是研究一点不同方向上应变的变化规律。

(3) 与空间一般应力状态的9个应力分量相对应，空间一般应变状态也有9个应变分量：$\varepsilon_x,\gamma_{xy},\gamma_{xz},\varepsilon_y,\gamma_{yz},\gamma_{yx},\varepsilon_z,\gamma_{zx},\gamma_{zy}$。同样有 $\gamma_{xy}=\gamma_{yx},\gamma_{yz}=\gamma_{zy},\gamma_{zx}=\gamma_{zx}$，同理可以应用解析法或应变圆法找到某一空间方位上的三个主应变 $\varepsilon_1,\varepsilon_2,\varepsilon_3$(同样约定 $\varepsilon_1\geqslant\varepsilon_2\geqslant\varepsilon_3$)。

对于各向同性材料，应力主轴与应变主轴是重合的。

C.2.2 平面应变分析

(1) 平面内的位移分量与应变分量。

图C.11(a)、(b)示出 $x\sim y$ 平面内物体受力后各材料质点位移与变形情况。

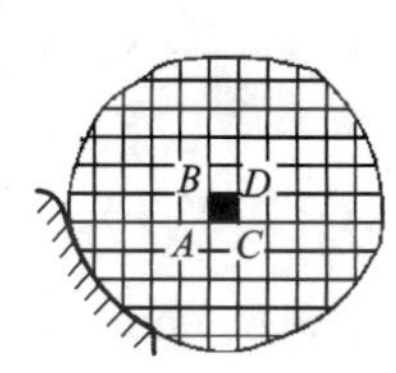

(a) 负载前，在物体上画出的微小单元，如A点的微元体ABCD

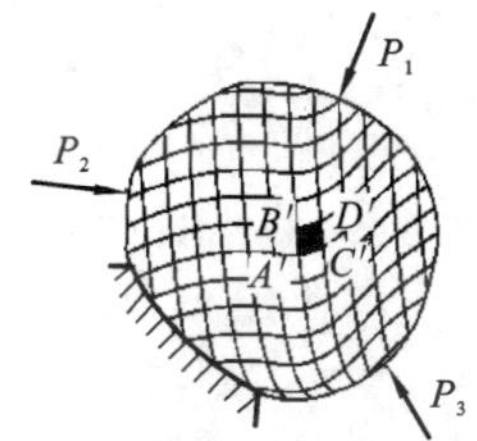

(b) 物体受力后产生变形，各点有了位移，各线段有了变形，ABCD变形后成为A'B'C'D'

图C.11

在平面应变情况下，$A(x,y)$ 点有 x,y 方向上的位移分量 $u(x,y),v(x,y)$。微元体 $ABCD$ 在 x,y 方向上有线应变分量 $\varepsilon_x,\varepsilon_y$(相应于 $\overline{AC},\overline{AB}$ 的线应变)，切应变 γ_{xy}(相应于直角 $\angle BAC$ 的改变量)。

(2) 平面应变分析。

已知：在 $x\sim y$ 平面内的应变分量 $\varepsilon_x,\varepsilon_y,\gamma_{xy}$[图C.12(a)]。

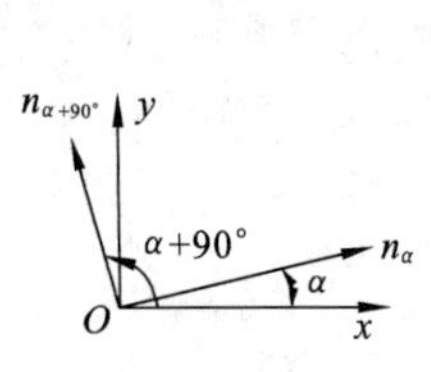

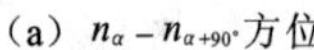
(a) $n_\alpha - n_{\alpha+90°}$ 方位

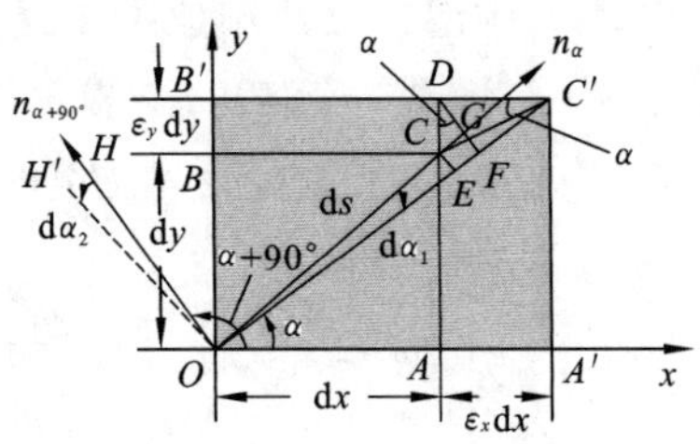

(b) 由 $\varepsilon_x, \varepsilon_y$ 引起的 $\varepsilon_\alpha, \gamma_\alpha$

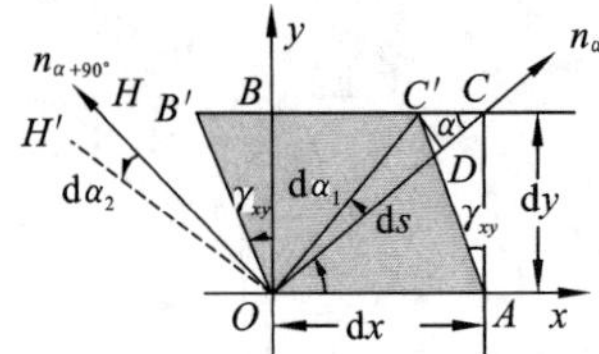

(c) 由 γ_{xy} 引起的 $\varepsilon_\alpha, \gamma_\alpha$

图 C.12

求解：通过该点与 x 轴成 α 倾角的 $n_\alpha \sim n_{\alpha+90°}$ 方位上的应变分量 $\varepsilon_\alpha, \varepsilon_{\alpha+90°}, \gamma_\alpha$。在小变形条件下：

(a) 由 $\varepsilon_x, \varepsilon_y$ 引起的 $\varepsilon_\alpha, \gamma_\alpha$[图 C.12(b)]。

$$\varepsilon_\alpha = \frac{\overline{C'E}}{\overline{EO}} = \frac{\overline{C'E}}{\overline{CO}} = \frac{1}{\mathrm{d}s}(\overline{C'F} + \overline{FE}) = \frac{1}{\mathrm{d}s}(\overline{DC'}\cos\alpha + \overline{CD}\sin\alpha)$$

$$= \frac{1}{\mathrm{d}s}(\varepsilon_x \mathrm{d}x\cos\alpha + \varepsilon_y \mathrm{d}y\sin\alpha) = (\varepsilon_x\cos\alpha)\cdot\frac{\mathrm{d}x}{\mathrm{d}s} + (\varepsilon_y\sin\alpha)\cdot\frac{\mathrm{d}x}{\mathrm{d}s} \quad ①$$

$$= \varepsilon_x\cos^2\alpha + \varepsilon_y\sin^2\alpha$$

$$\gamma_\alpha = \mathrm{d}\alpha_1 - \mathrm{d}\alpha_2 \quad ②$$

$$\mathrm{d}\alpha_1 = -\frac{\overline{CE}}{\overline{OC}}, \quad \overline{CE} = \overline{GF} = \overline{DF} - \overline{DG} = (\varepsilon_x\mathrm{d}x)\sin\alpha - (\varepsilon_y\mathrm{d}y)\cos\alpha$$

$$\mathrm{d}\alpha_1 = -\left(\varepsilon_x\sin\alpha\frac{\mathrm{d}x}{\mathrm{d}s} - \varepsilon_y\cos\alpha\frac{\mathrm{d}y}{\mathrm{d}s}\right) = -(\varepsilon_x - \varepsilon_y)\sin\alpha\cos\alpha$$

$$\mathrm{d}\alpha_2 = -(\varepsilon_x - \varepsilon_y)\sin(\alpha + 90°)\cos(\alpha + 90°) = (\varepsilon_x - \varepsilon_y)\sin\alpha\cos\alpha$$

所以
$$\gamma_\alpha = -2(\varepsilon_x - \varepsilon_y)\sin\alpha\cos\alpha = -(\varepsilon_x - \varepsilon_y)\sin2\alpha \quad ③$$

(b) 由 γ_{xy} 引起的 $\varepsilon_\alpha, \gamma_\alpha$[图 C.12(c)]。

$$\varepsilon_\alpha = -\frac{\overline{CD}}{\overline{OC}} = -\frac{\overline{C'C}\cos\alpha}{\mathrm{d}s} = -(-\gamma_{xy}\mathrm{d}y)\cdot\frac{\cos\alpha}{\mathrm{d}s}$$

$$= \gamma_{xy}\sin\alpha\cos\alpha = \frac{1}{2}\gamma_{xy}\sin2\alpha \quad ④$$

$$\mathrm{d}\alpha_1 = \frac{\overline{C'D}}{\overline{OC}} = \frac{\overline{C'C}\sin\alpha}{\mathrm{d}s} = (-\gamma_{xy}\mathrm{d}y)\cdot\frac{\sin\alpha}{\mathrm{d}s} = -\gamma_{xy}\sin^2\alpha$$

$$\mathrm{d}\alpha_2 = -\gamma_{xy}\sin^2(\alpha + 90°) = -\gamma_{xy}\cos^2\alpha$$

所以 $\gamma_\alpha = d\alpha_1 - d\alpha_2 = \gamma_{xy}(\cos^2\alpha - \sin^2\alpha) = \gamma_{xy}\cos 2\alpha$ ⑤

(c) 由 ε_x,ε_y 和 γ_{xy} 共同引起的 ε_α,$\varepsilon_{\alpha+90^\circ}$,$\gamma_\alpha$。

式 ①+④ 得

$$\begin{aligned}\varepsilon_\alpha &= \varepsilon_x\cos^2\alpha + \varepsilon_y\sin^2\alpha + \frac{1}{2}\gamma_{xy}\sin 2\alpha \\ &= \frac{1}{2}(\varepsilon_x + \varepsilon_y) + \frac{1}{2}(\varepsilon_x - \varepsilon_y)\cos 2\alpha + \frac{1}{2}\gamma_{xy}\sin 2\alpha\end{aligned} \tag{C.9}$$

让 $\alpha + 90^\circ$ 替换式(C.9)中的 α

$$\varepsilon_{\alpha+90^\circ} = \frac{1}{2}(\varepsilon_x + \varepsilon_y) - \frac{1}{2}(\varepsilon_x - \varepsilon_y)\cos 2\alpha - \frac{1}{2}\gamma_{xy}\sin 2\alpha$$

式 ③+⑤,并写成 $\frac{1}{2}\gamma_\alpha$形式

$$\frac{1}{2}\gamma_\alpha = -\frac{1}{2}(\varepsilon_x - \varepsilon_y)\sin 2\alpha + \frac{\gamma_{xy}}{2}\cos 2\alpha \tag{C.10}$$

(3) 主应变及主应变方向。

$n_\alpha \sim n_{\alpha+90^\circ}$ 方向上的应变公式与平面一般应力状态中 $n_\alpha \sim n_{\alpha+90^\circ}$ 斜面上的应力公式完全相似。其对应关系如表 C.1 所示。

表 C.1 应力应变的对应关系

应力	σ_x	σ_y	τ_{xy}	σ_α	$\sigma_{\alpha+90^\circ}$	τ_α
应变	ε_x	ε_y	$-\frac{1}{2}\gamma_{xy}$	ε_α	$\varepsilon_{\alpha+90^\circ}$	$-\frac{1}{2}\gamma_\alpha$

应变圆与应力圆对照(图 C.13):

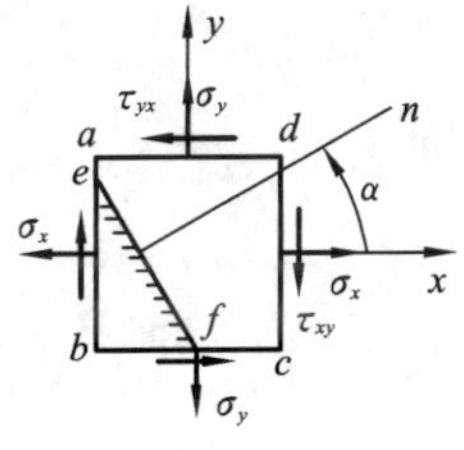

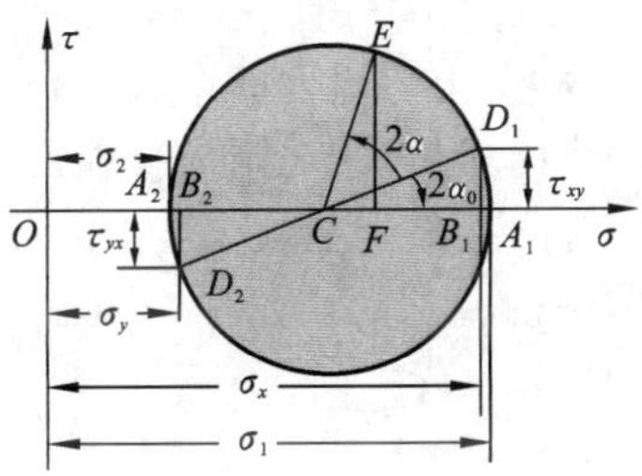

(a) 平面一般应力状态及其应力圆

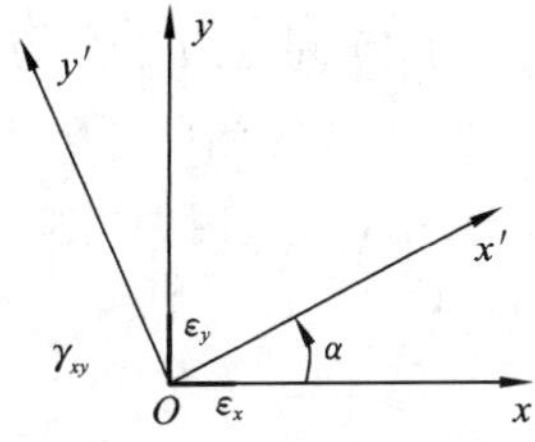

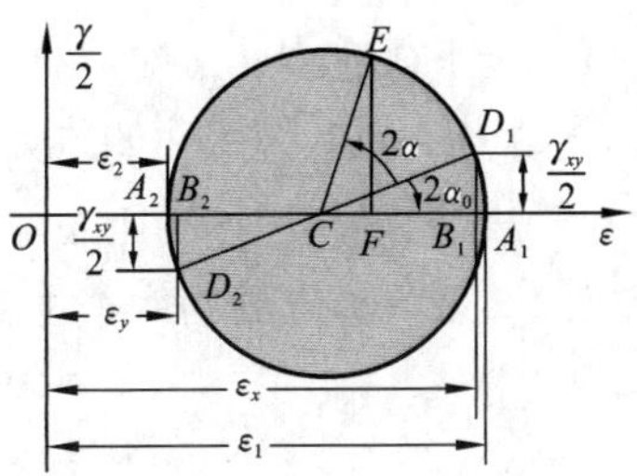

(b) 平面一般应变状态及其应变圆

图 C.13

(a) 平面一般应力状态。

主方向

$$\tan 2\alpha_0 = -\frac{2\tau_{xy}}{\sigma_x - \sigma_y}$$

主应力

$$\sigma = \frac{1}{2}(\sigma_x + \sigma_y) \pm \frac{1}{2}\sqrt{(\sigma_x - \sigma_y)^2 + 4\tau_{xy}^2}$$

对图示平面应力状态　$\sigma_1 = \sigma_{极大}$　$\sigma_2 = \sigma_{极小}$　$\sigma_3 = 0$

(b) 平面一般应变状态

主方向

$$\tan 2\alpha_0 = -\frac{\gamma_{xy}}{\varepsilon_x - \varepsilon_y} \tag{C.11}$$

主应变

$$\varepsilon_{\substack{极大\\极小}} = \frac{1}{2}(\varepsilon_x + \varepsilon_y) \pm \frac{1}{2}\sqrt{(\varepsilon_x - \varepsilon_y)^2 + \gamma_{xy}{}^2} \tag{C.12}$$

对图示平面应变状态　$\varepsilon_1 = \varepsilon_{极大}$，　$\varepsilon_2 = \varepsilon_{极小}$，　$\varepsilon_3 = 0$

其余对应关系类推。

C.3　应变测量与应力计算

实际测试时，应根据测试的目的和要求，对被测构件进行应力分析，确定测点的位置。然后根据测点的应力状态及温度补偿等要求，考虑应变片的布片及接线方案。下面讨论利用电阻应变片测量构件表层应力的基本原理。

C.3.1　单轴应力状态

当构件的测点处于单向应力状态时，只需在测点处沿主应力方向(亦即主应变方向)粘贴一个电阻应变片，然后，用电阻应变仪测定其应变 ε，并按胡克定律

$$\sigma = E\varepsilon$$

求得其主应力，也即测点处的主应力。如图 C.7 所示，悬臂梁指定截面最大弯曲应变 ε_{max} 的测量。

C.3.2　主应力方向已知的平面应力状态

当构件的测点处于平面应力状态时，且其主应力方向(亦即主应变方向)可通过理论分析或其他实验方法加以确定，则可在测点处沿两个主应力方向粘贴电阻应变片，应用温度补偿片或自动补偿法，测得相应的两个主应变 ε_1 和 ε_2。然后，应用平面应力状态下的广义胡克定律，经整理后，可得测点处的两个主应力为

$$\sigma_1 = \frac{E}{1-v^2}(\varepsilon_1 + v\varepsilon_2)$$

$$\sigma_2 = \frac{E}{1-v^2}(\varepsilon_2 + v\varepsilon_1)$$

如图 C.10 所示，圆轴扭转的应变、内力测量。

C.3.3　主应力方向未知的平面应力状态

若构件的测点处于平面应力状态时，而其主应力方向尚为未知。这样就无法直接测定该点处的两个主应变。为此，可通过测定该点处任意三个不同方位的线应变，据此以确定主应变及其方向。

如图 C.14(a) 所示，已知一平面应力状态，该点相应的三个应变分量为 ε_x，ε_y 和 γ_{xy}。为测量该点的主应变及方向，先分别测量该点处和 x 轴分别成 α_a，α_b，α_c 的任意三个方向的线应变 ε_a，ε_b 和 ε_c，如图 C.14(b) 所示。由式(C.9) 可得

$$\varepsilon_a = \varepsilon_x \cos^2\alpha_a + \varepsilon_y \sin^2\alpha_a + \gamma_{xy}\sin\alpha_a\cos\alpha_a \quad ①$$

$$\varepsilon_b = \varepsilon_x \cos^2\alpha_b + \varepsilon_y \sin^2\alpha_b + \gamma_{xy}\sin\alpha_b\cos\alpha_b \quad ②$$

$$\varepsilon_c = \varepsilon_x \cos^2\alpha_c + \varepsilon_y \sin^2\alpha_c + \gamma_{xy}\sin\alpha_c\cos\alpha_c \quad ③$$

联立求解以上三式，求出 ε_a，ε_b 和 ε_c 后，即可求出主应变。

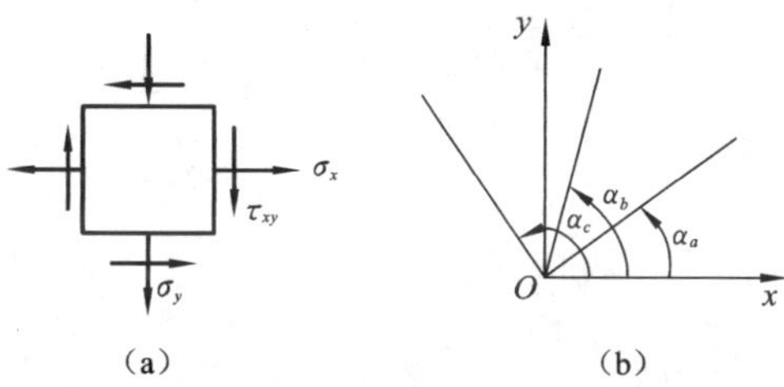

图 C.14

在实际测量中，为便于计算与使用，通常选取 $\alpha_a = 0°$，$\alpha_b = 45°$，$\alpha_c = 90°$[图 C.15(a)]，或选取 $\alpha_a = 0°$，$\alpha_b = 60°$，$\alpha_c = 120°$[图 C.15(b)]，并分别按所选方位粘贴三个电阻应变片，形成所谓应变花，前者称为三轴直角应变花，后者称为三轴等角应变花，这是两种常用的应变花。

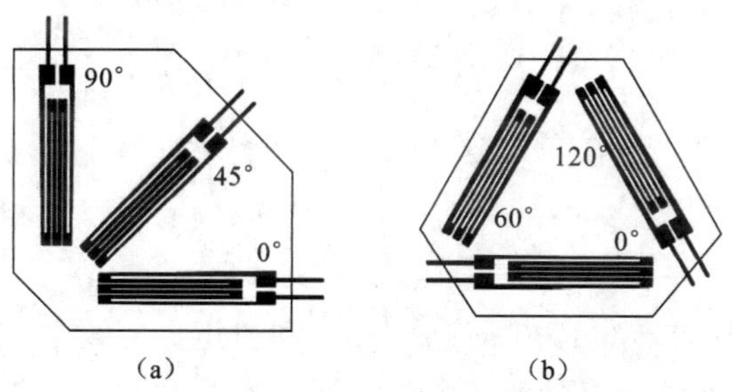

图 C.15

当采用三轴直角应变花时，将测量所得的 $\varepsilon_{0°}$，$\varepsilon_{45°}$ 和 $\varepsilon_{90°}$ 之值代入式 ①②③ 中可得

$$\varepsilon_x = \varepsilon_a \quad ④$$

$$\varepsilon_y = \varepsilon_c \quad ⑤$$

$$\gamma_{xy} = 2\varepsilon_b - (\varepsilon_a + \varepsilon_c) \tag{⑥}$$

当采用三轴等角应变花时，将测量所得应变值代入式 ①②③ 则得

$$\varepsilon_x = \varepsilon_a \tag{⑦}$$

$$\varepsilon_y = \frac{2}{3}(\varepsilon_b + \varepsilon_c) - \frac{\varepsilon_a}{3} \tag{⑧}$$

$$\gamma_{xy} = \frac{2}{\sqrt{3}}(\varepsilon_b - \varepsilon_c) \tag{⑨}$$

代入式(C.11)和(C.12)可求出两个主应变值和方向。

例 C.3 如图 C.16 所示，薄壁圆管一端固定，另一端自由。在自由端装有与圆管轴线垂直的加力杆，该杆呈水平状态。载荷 F_P 作用于加力杆的自由端。此时，薄壁圆管发生弯曲和扭转的组合变形。设圆管的外径为 D，内径为 d，载荷作用点至圆管轴线的距离为 a。

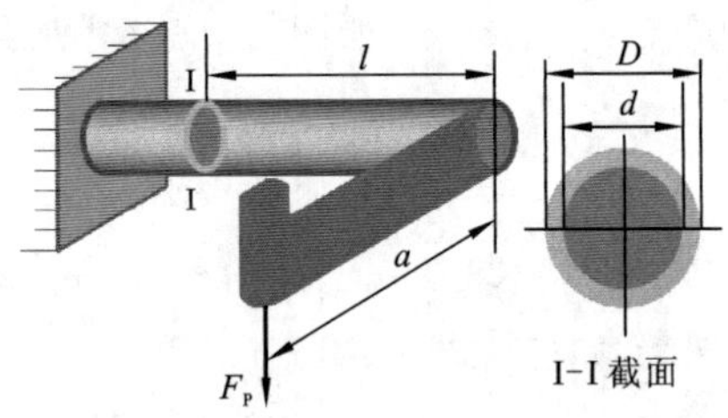

图 C.16 薄壁圆管主应力测量装置图

分析：为了测量内力分量，有多种接桥方式选择。由于不知道主应力的方向，所以在距圆管自由端为 l 的横截面的上、下表面 B 和 D 处各对称地贴有一个 45° 应变花(或 60° 应变花)。其中中间的一片均沿着圆管的母线方向，称为 0° 片，其余两片与母线各成 45° 或 －45°，具体布置如图 C.17 所示。

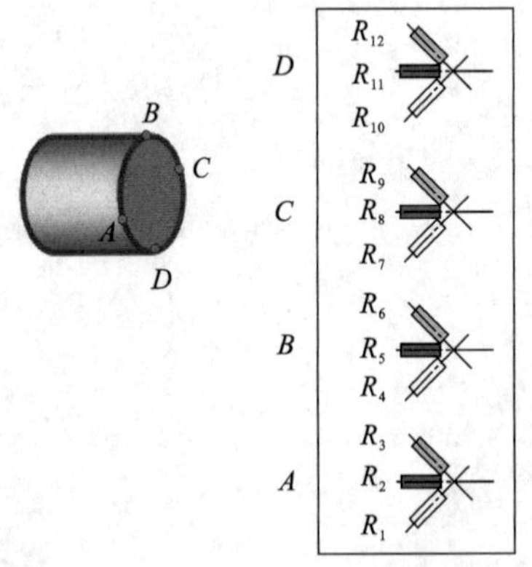

图 C.17 电阻应变片粘贴位置及方向

在线弹性范围、小变形条件下，构件在组合变形时的应力与应变通常是运用叠加原理来进行分析的。这样就可以运用电阻应变测量技术，合理地布设电阻应变计，运用电阻应变仪的电桥原理，按不同的桥路接法，分别进行组合变形时内力分量的测量。由电阻应变仪的电桥原理可知

$$\varepsilon_{AB} - \varepsilon_{BC} + \varepsilon_{CD} - \varepsilon_{DA} = \frac{U_{BC}}{UK/4} = \varepsilon_d \tag{⑩}$$

式中，ε_d 为应变仪读数值。从式 ⑩ 可见电桥的输出特性为：相邻桥臂输出异号，相对桥臂输出同号。

解 发生弯扭组合变形的构件横截面上产生弯矩 M、剪力 F_S 和扭矩 M_x 三种内力，相应的产生弯曲正应力 σ_M、弯曲剪应力 τ_Q 和扭转剪应力 τ_T 三种应力，理论分析表明 σ_M，τ_T，往往是引起构件强度失效的主要因素，所以本实验主要测量 σ_M，τ_T 和相应的 M 和 M_x。

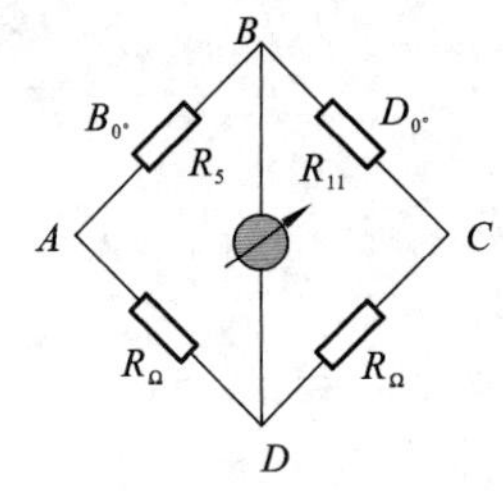

图 C.18 测量弯矩的电桥连线

(1) 弯矩 M 的测量。在弯扭组合变形时，薄壁圆管横截面上的顶点和底点的轴向应变最大，其绝对值相等，符

号相反。利用该处的电阻应变计 R_{B_0} 和 R_{D_0}。组成半桥温度互补偿桥路，如图 C.18 所示。图中 R_Ω 为应变仪内置的固定电阻。则有

$$\varepsilon_{AB} = \varepsilon_M + \varepsilon_t$$
$$\varepsilon_{BC} = -\varepsilon_M + \varepsilon_t \quad ⑪$$

式中，ε_M 为弯矩引起的应变绝对值；ε_t 为温差引起的应变。于是由式 ⑩ 可以得

$$\varepsilon_d = \varepsilon_{AB} - \varepsilon_{BC} = (\varepsilon_M + \varepsilon_t) - (-\varepsilon_M + \varepsilon_t) = 2\varepsilon_M$$

式中，2 为桥臂系数，即读数应变值与待测应变值之比，桥臂系数越大，说明精度越高。

设薄壁圆管的外径为 D，内径为 d，令系数 $\alpha = \dfrac{d}{D}$，则弯曲正应力 $\sigma_M = E\varepsilon_M$，弯矩则为

$$M = \sigma_M W_Z = \frac{\pi D^3 (1-\alpha^4)}{32} E\varepsilon_M \quad ⑫$$

式中，W_Z 为薄壁圆管抗弯截面模量；E 为薄壁圆管材料的弹性模量。

(2) 扭矩 M_x 的测量。发生弯扭组合变形时薄壁圆管的水平对称点 A、C 两点处于纯剪应力状态，由应力状态分析可知，其主应力 $\sigma_1 = -\sigma_3 = \tau_{\max}$，$\sigma_2 = 0$，主应力方向与管轴线方向成 $\pm 45°$，据此可以将电阻应变仪 (R_1)，(R_3)，(R_7)，(R_9)，组成全桥温度互补偿桥路，如图 C.19 所示。则有

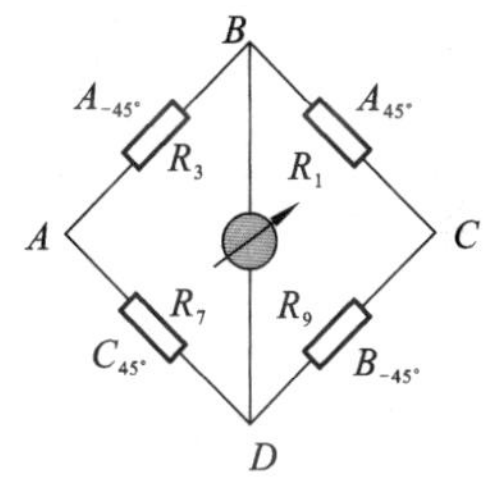

图 C.19 测量扭矩的电桥接线

$$\varepsilon_{AB} = \varepsilon_T + \varepsilon_Q + \varepsilon_t, \quad \varepsilon_{BC} = -\varepsilon_T + \varepsilon_Q + \varepsilon_t$$
$$\varepsilon_{CD} = \varepsilon_T - \varepsilon_Q + \varepsilon_t, \quad \varepsilon_{DA} = -\varepsilon_T - \varepsilon_Q + \varepsilon_t$$

于是由式 ⑩ 可以得

$$\varepsilon_d = \varepsilon_T + \varepsilon_Q + \varepsilon_t - (-\varepsilon_T + \varepsilon_Q + \varepsilon_t) + (\varepsilon_T - \varepsilon_Q + \varepsilon_t) - (-\varepsilon_T - \varepsilon_Q + \varepsilon_t) = 4\varepsilon_T$$

式中，ε_T，ε_Q 分别是扭矩和剪力引起的应变的绝对值；ε_T 即为主应变 $\varepsilon_{主}$；桥臂系数为 4。根据广义胡克定律知

$$\varepsilon_{主} = \frac{\sigma_1}{E} - \mu\frac{\sigma_3}{E} = \frac{\tau_{\max}}{E}(1+\mu) \quad ⑬$$

故扭转切应力 $\tau_{\max}$ 为

$$\tau_{\max} = \frac{M_x}{W_P} = \frac{E\varepsilon_{主}}{1+\mu} = \frac{E}{4(1+\mu)}\varepsilon_d \quad ⑭$$

扭矩则为

$$M_x = \tau_{\max} W_P = \frac{\pi D^3 E\varepsilon_d (1-\alpha^4)}{64(1+\mu)} \quad ⑮$$

式中，μ 为材料的泊松比；W_P 为薄壁圆管的抗扭截面模量。

例 C.4 如图 C.20(a) 所示，一薄壁梁段壁厚 δ，截面中心线为 $a \times b$ 的矩形。已知该梁段承受轴力 F_N，剪力 F_S，扭矩 T 和弯矩 M。试用电测法测量这 4 个内力分量。

要求给出布片方案，画出桥路并写出各内力分量与读数应变的关系式。尽量选用测量计算简单、精度高的方案。

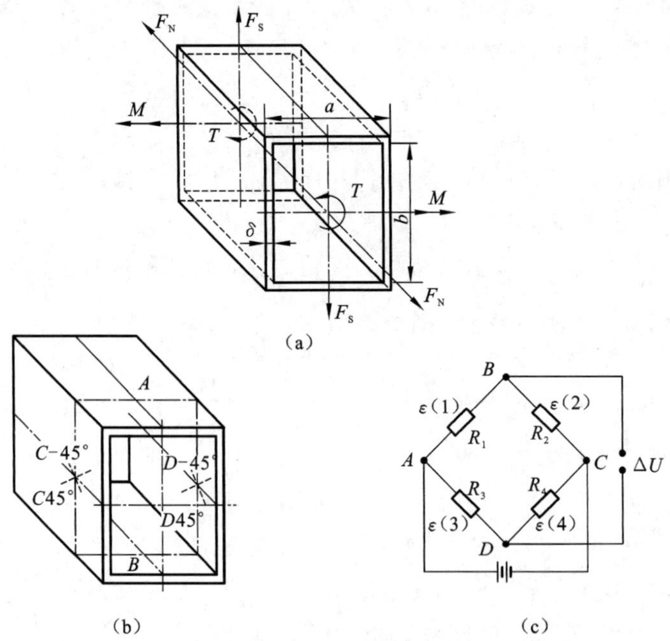

图 C.20　薄型梁的内力测量

解　(1) 布片方案。根据布片方案和桥路设计原则：各内力的应力解耦，应变片贴在各内力的最大应力处以抵消测量误差。很显然，梁内存在 4 种应力，分别为沿轴向的 σ_M，σ_{F_N}。其中根据 $\sigma_M=\dfrac{My}{I_z}$ 可知，σ_M 在上下表面处最大，故两应变片应贴在上下表面处。除此之外，还有沿周向的切应力 τ_T 和 τ_{F_S}。扭转切应力 τ_T 沿周向分布均匀，弯曲切应力 τ_{F_S} 最大值发生在中性轴与左右两侧边的交点，故应变片应贴在交点处，且沿 45° 方向布片，具体布片方案见图 C.20(b) 所示。

(2) 桥路设计与计算公式。截面的几何性质如下。

截面面积

$$A=2(a+b)\delta \qquad ①$$

截面惯性矩为

$$I_z=\frac{1}{12}[(a+\delta)(b+\delta)^3-(a-\delta)(b-\delta)^3] \qquad ②$$

弯曲截面模量

$$W_z=\frac{I_z}{\dfrac{b}{2}+\delta} \qquad ③$$

截面中心线所围成的面积

$$A_0=ab \qquad ④$$

截面中性轴 z 以上部分对应的静矩

$$S_z^0 = \frac{1}{2}ab\delta + \frac{1}{4}b^2\delta \quad ⑤$$

(a) 轴力测量(全桥连接法)。桥路连接如图 C.20(c) 所示，有

$$\varepsilon_{(1)} = \varepsilon_A = \varepsilon_{F_N} + \varepsilon_M + \varepsilon_t, \quad \varepsilon_{(2)} = \varepsilon_{(3)} = \varepsilon_t, \quad \varepsilon_{(4)} = \varepsilon_B = \varepsilon_{F_N} - \varepsilon_M + \varepsilon_t \quad ⑥$$

式中，ε_t 为温度补偿应变；ε_{F_N} 和 ε_M 分别是轴力和弯矩引起的应变。

故读数应变为

$$\varepsilon_d = \varepsilon_{(1)} + \varepsilon_{(4)} - \varepsilon_{(2)} - \varepsilon_{(3)} = 2\varepsilon_{F_N} = \frac{2F_N}{EA} \quad ⑦$$

再根据轴力计算公式得

$$F_N = \frac{EA\varepsilon_d}{2}$$

(b) 弯矩测量(半桥连接法)。

$$\varepsilon_{(1)} = \varepsilon_A = \varepsilon_{F_N} + \varepsilon_M + \varepsilon_t, \quad \varepsilon_{(2)} = \varepsilon_B = \varepsilon_{F_N} - \varepsilon_M + \varepsilon_t \quad ⑧$$

读数应变为

$$\varepsilon_d = \varepsilon_{(1)} - \varepsilon_{(2)} = 2\varepsilon_{F_N} = \frac{2M}{EW_z} \quad ⑨$$

弯矩计算公式为

$$M = \frac{EW_z\varepsilon_d}{2}$$

(c) 扭矩测量(全桥链接法)。

$$\varepsilon_{(1)} = \varepsilon_{C-45^\circ}, \quad \varepsilon_{(2)} = \varepsilon_{C45^\circ}, \quad \varepsilon_{(3)} = \varepsilon_{D-45^\circ}, \varepsilon_{(4)} = \varepsilon_{D45^\circ} \quad ⑩$$

读数应变为

$$\varepsilon_d = \varepsilon_{(1)} + \varepsilon_{(4)} - \varepsilon_{(2)} - \varepsilon_{(3)} = \varepsilon_{C-45^\circ} + \varepsilon_{D45^\circ} - \varepsilon_{C45^\circ} - \varepsilon_{D-45^\circ} = 4\varepsilon_T \quad ⑪$$

由应变转轴公式

$$\varepsilon_\alpha = \frac{1}{2}(\varepsilon_x + \varepsilon_y) + \frac{1}{2}(\varepsilon_x - \varepsilon_y)\cos 2\alpha + \frac{\gamma_{xy}}{2}\sin 2\alpha \quad ⑫$$

得

$$\varepsilon_{\mathrm{T}} = \frac{1}{2}\gamma_T$$

扭矩计算公式为

$$\varepsilon_d = 2\gamma_T = \frac{2\tau_T}{G} = \frac{2}{G} \cdot \frac{M_x}{2A_0\delta} = \frac{M_x}{GA_0\delta} \quad ⑬$$

即有

$$M_x = GA_0\delta\varepsilon_d$$

式中，A_0 是薄壁梁中心线所围成的面积。

(d) 剪力测量(全桥连接法)。

$$\varepsilon_{(1)} = \varepsilon_{C-45^\circ}, \quad \varepsilon_{(2)} = \varepsilon_{C45^\circ}, \quad \varepsilon_{(3)} = \varepsilon_{D45^\circ}, \quad \varepsilon_{(4)} = \varepsilon_{D-45^\circ} \quad ⑭$$

读数应变为

$$\varepsilon_d = \varepsilon_{(1)} + \varepsilon_{(4)} - \varepsilon_{(2)} - \varepsilon_{(3)} = \varepsilon_{C-45^\circ} + \varepsilon_{D45^\circ} - \varepsilon_{C45^\circ} - \varepsilon_{D-45^\circ} = 4\varepsilon_{F_S} \qquad ⑮$$

同上根据应变转轴公式,有

$$\varepsilon_{F_S} = \frac{1}{2}\gamma_{F_S}$$

剪力计算公式为

$$\varepsilon_d = 2\gamma_{F_S} = \frac{2\tau_{F_S}}{G} = \frac{F_S S_z^0}{GI_z\delta} \qquad ⑯$$

即可得剪力为

$$F_S = \frac{GI_z\delta\varepsilon_d}{S_z^0}$$

习 题 C

C-1　有一轴向拉伸板条试件,如题 C-1 图所示,其截面积为 A,泊松比为 μ,在试件中段的两侧,沿纵向、横向分别各粘贴一枚电阻应变片(R_1,R_2,R_3,R_4)并有温度补偿片 R_5,R_6 两个。请用电测法测量材料弹性模量 E,要求组桥能自动消除偏心受载的影响且提高测量灵敏度。请设计几种组桥方案。(画出电桥接线图、应变仪读数 ε_d 和 E 的表达式)。

C-2　如题C-2图所示矩形截面悬臂梁,材料弹性模量E已知,自由端受横向力F_1和轴向力 F_2 共同作用,梁上粘贴 4 个水平方向应变片,已知相关几何参数梁高 h,宽 b,两处距离 a,试给出:(1) 用全桥接法给出测量 F_1 的接桥电路及相应求解过程。(2) 如另外增加两个补偿片 R_5 和 R_6,给出测量 F_2 的接桥电路及相应的求解过程。

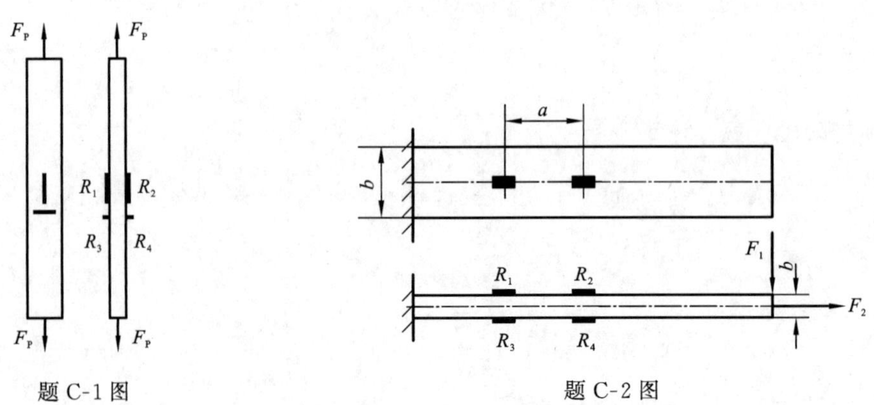

题 C-1 图　　　　题 C-2 图

C-3　悬臂梁截面为正方形,边长为 a,在距右端为 L 处截面的上下表面沿纵向各粘贴一枚相同的电阻应变片 R_1、R_2,在载荷 F_P 作用,如题 C-3 图所示,并有温度补偿片 R_3,R_4。(1) 试组桥分别测定弯曲应变 ε_M 与压应变 ε_P,绘出桥路接线;(2) 写出测量应变与应变仪读数 ε_d 的关系;(3) 已知材料弹性模量为 E,请根据测量结果确定载荷 F_P 的大小及其与杆轴线间的夹角 α。

C-4　拐臂结构受力状态如题C-4图所示,已知几何尺寸、材料弹性常数,欲测 F_z,请在图中画出应变片粘贴位置,组桥方案,写出 F_z 与测量电桥读数应变 ε_d 之间的关系式。

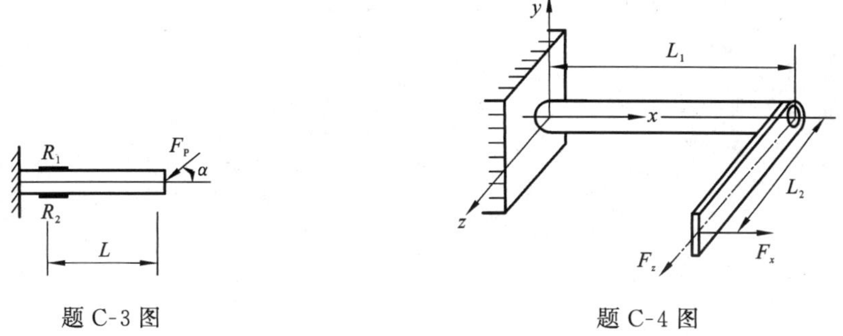

题 C-3 图　　　　　　题 C-4 图

C-5　在假定实验加载设备已知的情况下，试设计题 C-5 图所示测定工字梁主应力的实验。

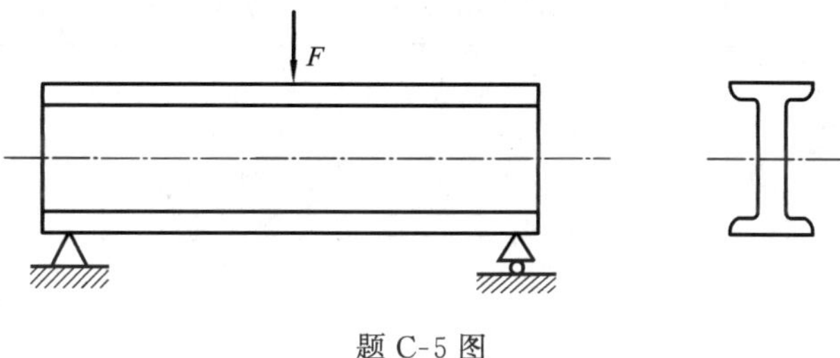

题 C-5 图

附录D

型　钢　表

表 D.1　热轧普通槽钢（摘自 GB707—1988）

h—— 高度　　r_1—— 腿端圆弧半径

b—— 腿宽　　I —— 惯性矩

d—— 腰厚　　W—— 截面系数

t—— 平均腿厚　　i —— 惯性半径

r—— 内圆弧半径　　z_0——$y-y$ 与 y_0-y_0 轴线间距离

型号	尺寸/mm						截面面积/mm²	理论重量/kg/m	参考数值							
									x-x			y-y			y_0-y_0	z_0
	h	b	d	t	r	r_1			W_x	I_x	i_x	W_y	I_y	i_y	I_{y0}	
									10^3 mm³	10^4 mm⁴	mm	10^3 mm³	10^4 mm⁴	mm	10^4 mm⁴	mm
5	50	37	4.5	7.0	7.0	3.5	693	5.44	10.4	26.0	19.4	3.55	8.30	11.0	20.9	13.5
6.3	63	40	4.8	7.5	7.5	3.8	845	6.63	16.1	50.8	24.5	4.50	11.9	11.9	28.4	13.6
8	80	43	5.0	8.0	8.0	4.0	1 024	8.04	25.3	101	31.5	5.79	16.6	12.7	37.4	14.3
10	100	48	5.3	8.5	8.5	4.2	1 274	10.00	39.7	198	39.5	7.80	25.6	14.1	54.9	15.2
12.6	126	53	5.5	9.0	9.0	4.5	1 569	12.37	62.1	391	49.5	10.2	38.0	15.7	77.1	15.9
14a	140	58	6.0	9.5	9.5	4.8	1 851	14.53	80.5	564	55.2	13.0	53.2	17.0	107	17.1
14b	140	60	8.0	9.5	9.5	4.8	2 131	16.73	87.1	609	53.5	14.1	61.1	16.9	121	16.7
16a	160	63	6.5	10.0	10.0	5.0	2 195	17.23	108	866	62.8	16.3	73.3	18.3	144	18.0
16	160	65	8.5	10.0	10.0	5.0	2 515	19.74	117	935	61.0	17.6	83.4	18.2	161	17.5
18a	180	68	7.0	10.5	10.5	5.2	2 569	20.17	141	1270	70.4	20.0	98.6	19.6	190	18.8
18	180	70	9.0	10.5	10.5	5.2	2 929	22.99	152	1370	68.4	21.5	111	19.5	210	18.4
20a	200	73	7.0	11.0	11.0	5.5	2 883	22.63	178	1780	78.6	24.2	128	21.1	244	20.1
20	200	75	9.0	11.0	11.0	5.5	3 283	25.77	191	1910	76.4	25.9	144	20.9	268	19.5

续表

型号	尺寸 /mm						截面面积 /mm²	理论重量 /kg/m	参考数值							
									x-x			y-y			y_0-y_0	z_0 mm
	h	b	d	t	r	r_1			W_x	I_x	i_x	W_y	I_y	i_y	I_{y0}	
									10^3 mm³	10^4 mm⁴	mm	10^3 mm³	10^4 mm⁴	mm	10^4 mm⁴	
22a	220	77	7.0	11.5	11.5	5.8	3 184	24.99	218	2390	86.7	28.2	158	22.3	298	21.0
22	220	79	9.0	11.5	11.5	5.8	3 624	28.45	234	2570	84.2	30.1	176	22.1	326	20.3
25a	250	78	7.0	12.0	12.0	6.0	3 491	27.47	270	3370	98.2	30.6	176	22.4	322	20.7
25b	250	80	9.0	12.0	12.0	6.0	3 991	31.39	282	3530	94.1	32.7	196	22.2	353	19.8
25c	250	82	11.0	12.0	12.0	6.0	4 491	35.32	295	3690	90.7	35.9	218	22.1	384	19.2
28a	280	82	7.5	12.5	12.5	6.2	4 002	31.42	340	4760	109	35.7	218	23.3	388	21.0
28b	280	84	9.5	12.5	12.5	6.2	4 562	35.81	366	5130	106	37.9	242	23.0	428	20.2
28c	280	86	11.5	12.5	12.5	6.2	5 122	40.21	393	5500	104	40.3	268	22.9	463	19.5
32a	320	88	8.0	14	14	7	4 870	38.22	475	7 600	125	46.5	305	25.0	552	22.4
32b	320	90	10.0	14	14	7	5 510	43.25	509	8 140	122	49.2	336	24.7	593	21.6
32c	320	92	12.0	14	14	7	6 150	48.28	543	8 690	119	52.6	374	24.7	643	20.9
36a	360	96	9.0	16	16	8	6 089	47.8	660	11 900	140	63.5	455	27.3	818	24.4
36b	360	98	11.0	16	16	8	6 809	53.45	703	12 700	136	66.9	497	27.0	880	23.7
36c	360	100	13.0	16	16	8	7 529	59.11	746	13 400	134	70.0	536	26.7	948	23.4
40a	400	100	10.5	18	18	9	7 505	58.91	879	17 600	153	78.8	592	28.1	1 070	24.9
40b	400	102	12.5	18	18	9	305	65.19	932	18 600	150	82.5	640	27.8	1 140	24.4
40c	400	104	14.5	18	18	9	9 105	71.47	986	19 700	147	86.2	688	27.5	1 220	24.2

表 D.2 热轧普通工字钢(摘自 GB 706—1988)

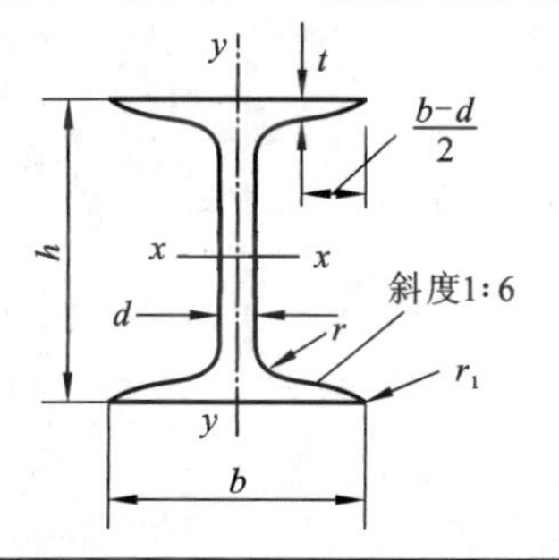

h—— 高度
b—— 腿宽
d—— 腰厚
t—— 平均腿厚
r—— 内圆弧半径
r_1—— 腿端圆弧半径
I —— 惯性矩
W—— 截面系数
i —— 惯性半径
S—— 半截面的静力矩

型号	尺寸 /mm						截面面积 /mm²	理论重量 /kg/m	参考数值						
									x-x				y-y		
	h	b	d	t	r	r_1			I_x	W_x	i_x	$i_x:S_x$	I_y	W_y	i_y
									10^4 mm⁴	10^3 mm³	mm	mm	10^3 mm⁴	10^3 mm	mm
10	100	68	4.5	7.6	6.5	3.3	1 430	11.2	245	49.0	41.4	85.9	33.0	9.72	15.2
12.6	126	74	5.0	8.4	7.0	3.5	1 810	14.2	488	77.5	52.0	108	46.9	12.7	16.1

续表

型号	尺寸/mm						截面面积/mm²	理论重量/kg/m	参考数值						
									x-x				y-y		
	h	b	d	t	r	r_1			I_x	W_x	i_x	$i_x:S_x$	I_y	W_y	i_y
									10^4 mm⁴	10^3 mm³	mm	mm	10^3 mm⁴	10^3 mm	mm
14	140	80	5.5	9.1	7.5	3.8	2 150	16.9	712	102	57.6	120	64.4	16.1	17.3
16	160	88	6.0	9.9	8.0	4.0	2 610	20.5	1 130	141	65.8	138	93.1	21.2	18.9
18	180	94	6.5	10.7	8.5	4.3	3 060	24.1	1 660	185	73.6	154	122	26.0	20.0
20a	200	100	7.0	11.4	9	4.5	3 550	27.9	2 370	237	81.5	172	158	31.5	21.2
20b	200	102	9.0	11.4	9	4.5	3 950	31.1	2 500	250	79.6	169	169	33.1	20.6
22a	220	110	7.5	12.3	9.5	4.8	4 200	33.0	3 400	309	89.9	189	225	40.9	23.1
22b	220	112	9.5	12.3	9.5	4.8	4 640	36.4	3 570	325	87.8	187	239	42.7	22.7
25a	250	116	8.0	13	10	5	4 850	38.1	5 020	402	102	216	280	48.3	24.0
25b	250	118	10.0	13	10	5	5 350	42.0	5 280	423	99.4	213	309	52.4	24.0
28a	280	122	8.5	13.7	10.5	5.3	5 545	43.4	7 110	508	113	246	345	56.6	25.0
28b	280	124	10.5	13.7	10.5	5.3	6 105	47.9	7 480	534	111	242	379	61.2	24.9
32a	320	130	9.5	15	11.5	5.8	6 705	52.7	11 100	692	128	275	460	70.8	26.2
32b	320	132	11.5	15	11.5	5.8	7 345	57.7	11 600	726	126	271	502	76.0	26.1
32c	320	134	13.5	15	11.5	5.8	7 995	62.8	12 200	760	123	267	544	81.2	26.1
36a	360	136	10	15.8	12	6	7 630	59.5	15 800	875	144	307	552	81.2	26.9
36b	360	138	12	15.8	12	6	8 350	65.6	16 500	919	141	303	582	84.3	26.4
36c	360	140	14	15.8	12	6	9 070	71.2	17 300	962	138	299	612	87.4	26.0
40a	400	142	10.5	16.5	12.5	6.3	8 610	67.6	21 700	1 090	159	341	660	93.2	27.7
40b	400	144	12.5	16.5	12.5	6.3	9 410	73.8	22 800	1 140	156	336	692	96.2	27.1
40c	400	146	14.5	16.5	12.5	6.3	10 200	80.1	23 900	1 190	152	332	727	99.6	26.5
45a	450	150	11.5	18	13.5	6.8	10 200	80.4	32 200	1 430	177	386	855	114	28.9
45b	450	152	13.5	18	13.5	6.8	11 100	87.4	33 800	1 500	174	380	894	118	28.4
45c	450	154	15.5	18	13.5	6.8	12 000	94.5	35 300	1 570	171	376	938	122	27.9
50a	500	158	12	20	14	7	11 900	93.6	46 500	1 860	197	428	1120	142	30.7
50b	500	160	14	20	14	7	12 900	101	48 600	1 940	194	424	1170	146	30.1
50c	500	162	16	20	14	7	13 900	109	50 600	2 080	190	418	1220	151	29.6
56a	560	166	12.5	21	14.5	7.3	13 525	106	65 600	2 340	220	477	1370	165	31.8
56b	560	168	14.5	21	14.5	7.3	14 645	115	68 500	2 450	216	472	1490	174	31.6
56c	560	170	16.5	21	14.5	7.3	15 785	124	71 400	2 550	213	467	1560	183	31.6
63a	630	176	13	22	15	7.5	15 490	121	93 900	2 980	246	542	1700	193	33.1
63b	630	178	15	22	15	7.5	16 750	131	98 100	3 160	242	535	1810	204	32.9
63c	630	180	17	22	15	7.5	18 010	141	102 000	3 300	238	529	1920	214	32.7

注：截面图和表中标注的圆弧半径 r、r_1 的数据，用于孔型设计。

附录E 主要符号表

表 E.1　主要符号表

符号	量的含义	符号	量的含义
A	面积	GI_P	扭转刚度
A_{bs}	挤压面积	h	高度
a	距离	I	惯性矩
b	宽度,距离	I_P	极惯性矩
d	直径、距离、力偶臂	I_{xy}	惯性积
D	直径	K	理论应力集中系数
e	偏心距	k	弹簧刚度系数
E	弹性模量	l	杆长
EA	拉(压)刚度	M, M_y, M_z	弯矩,力偶矩
EI	弯曲刚度	M_e	外力偶矩
F	力	M_x	扭矩
F_A、F_B	支座反力	m	质量
F_b	最大载荷、破坏载荷	M_O	力系对点 O 的主矩
F_{bs}	挤压力	$M_O(F)$	力 F 对点 O 之矩
F_N	轴力	M_e	力偶矩
F_P	载荷、外力	M_x, M_y, M_z	力对 x、y、z 轴之矩
F_{Pcr}	临界载荷	n	转速,安全系数,数目
F_R	合力、主矢	$[n_{st}]$	规定的稳定安全系数
F_S, F_{Sy}, F_{Sz}	剪力	n_s、n_b	安全系数
F_T	拉力	P	功率
F_x, F_y, F_z	x, y, z 方向的分为	p	应力
$[F_p]$	许用载荷	q	均布载荷集度
G	剪切弹性模量	R, r	半径

续表

符号	量的含义	符号	量的含义
S	静矩、面积	λ	长细比
T	温度	μ	泊松比
t	厚度,时间	ψ	截面收缩率
u	水平位移、轴向位移	σ	正应力
v_d	畸变能密度	σ_{-1}	对称循环时的疲劳极限
v_V	体积改变能密度	$\sigma_{0.2}$	条件屈服应力
v	应变能密度	σ^0	极限应力
V_ε	应变能	σ_0	名义应力
W	功、重量、弯曲截面模量	σ_b	强度极限
W_p	扭转截面模量	σ_{bs}	挤压应力
w	挠度	σ_c	压应力
α	夹角、内外径之比	σ_{cr}	临界应力
α_l	线膨胀系数	σ_e	弹性极限
β	角、表面加工质量系数	σ_p	比例极限
θ	梁横截面的转角、单位长度相对扭转角	$\sigma_1,\sigma_2,\sigma_3$	主应力
$[\theta]$	单位长度许用扭转角	σ_t	拉应力
φ	相对扭转角	σ_s	屈服应力
γ	切应变、角应变	σ_{bc}	抗压强度
Δ	变形、位移	σ_{bt}	抗拉强度
Δl	轴向变形、伸长	$[\sigma]$	许用应力
δ	延伸率	$[\sigma_{bs}]$	许用挤压应力
ε	正应变、线应变	$[\sigma_t]$	许用拉应力
ε'	横向线应变	$[\sigma_c]$	许用压应力
ε_e	弹性应变	τ	切应力
ε_p	塑性应变	τ_b	剪切极限应力
ε_V	体积应变	$[\tau]$	许用切应力
ρ	密度、曲率半径		

参考答案

1-1 D 1-2 D 1-3 A 1-4 B 1-5 C 1-6 $M_x = M_e$

1-7 $F_N = 200$ kN, $M_z = 3.33$ kN·m

1-8 $(\gamma)_a = 0$, $(\gamma)_b = 2\alpha$

2-1 D 2-2 D 2-3 A 2-4 B 2-5 C 2-6 C 2-7 A

2-8 A 2-9 D 2-10 A 2-11 C

2-12 (a) $F_{NAB} = 0, F_{NBC} = F$; (b) $F_{NAB} = 40$ kN, $F_{NBC} = 10$ kN, $F_{NCD} = -10$ kN

(c) $F_{NAB} = -2F, F_{NBC} = 0, F_{NCD} = 2F$

(d) $F_{NAB} = -10$ kN, $F_{NBC} = -30$ kN, $F_{NCD} = 10$ kN

2-13 (a) $\sigma_{max} = -191$ MPa; (b) $\sigma_{max} = -132.6$ MPa; (c) $\sigma_{max} = -127.3$ MPa

2-14 等边角钢∟ $70 \times 70 \times 5$

2-15 $[F_P] = 49.2$ kN

2-16 (1) $E = 70$ GPa, $\sigma_p = 230$ MPa, $\sigma_{0.2} = 325$ MPa

(2) $\varepsilon_p = 0.003, \varepsilon_e = 0.0047$

2-17 $\Delta l = 0.61$ mm, $\Delta d = -0.0036$ mm

2-18 $\sigma_{max} = 70.7$ MPa(压), $\Delta l = -0.461$ mm

2-19 (1) $F = 32$ kN, (2) $\sigma_{上} = 86$ MPa, $\sigma_{下} = -78$ MPa

2-20 $\sigma_{左} = -33.3$ MPa, $\sigma_{右} = -66.6$ MPa

2-21 $F_{Pmax} = 697.9$ kN

2-22 $\sigma_{CE} = 61.5$ MPa, $\sigma_{BD} = 102.25$ MPa,杆 BD 和 CE 是安全的

2-23 $[F_P] = 50$ kN

2-24 (a) $F_A = 2F/3, F_B = F/3, F_{Nmax} = 2F/3$;(b) $F_A = F_B = F$, $F_{Nmax} = F$

3-1 D 3-2 B 3-3 C 3-4 B 3-5 C

3-6 $d/h = 12/5$

3-7 $\tau = 75.5$ MPa, $\sigma_{bs} = 88.9$ MPa, $\sigma_{max} = 57.1$ MPa 连接强度足够

3-8 许用载荷 $[F_P] = 54$ kN

3-9 许用载荷 $[F_P] = 1\,257$ N

3-10 $d = 17.8$ mm

3-11 $\tau = 66.3$ MPa, $\sigma_{bs} = 102.1$ MPa, $\sigma = 159.2$ MPa

4-1 B 4-2 B 4-3 C 4-4 D 4-5 C

4-7 (2) 2.41 MPa, 4.82 MPa, 12.07 MPa; (3) 0.01045 rad

4-8 (1) 71.34 MPa; (2) 0.017 8 rad; (3) 35.67 MPa

4-9 $\tau_{AC\max} = 49.9\ \text{MPa}, \tau_{DB\max} = 21.3\ \text{MPa}, \varphi_{\max} = 1.77\ ^\circ/\text{m}$

4-10 $d = 44\ \text{mm}$

4-11 50%

4-12 216 kN·m

4-13 $D^3 = 8\varphi d^2$

4-14 (a) $M_A = M_B = M_e$; (b) $M_A = M_B = M_e/3$

4-15 $d_2 = 2d_1 = 2\sqrt[3]{\dfrac{16M_e}{9\pi[\tau]}}$

4-16 $M_{x1} = 1.32\ \text{kN}\cdot\text{m}, M_{x2} = 0.68\ \text{kN}\cdot\text{m}, \tau_{1\max} = 41\ \text{MPa}, \tau_{2\max} = 54.1\ \text{MPa}$

4-17 107 kW

5-1 D 5-2 B 5-3 D 5-4 C 5-5 A 5-6 A 5-7 C 5-8 C 5-9 D
5-10 A

5-11 (a) $F_{S1} = 0, M_1 = 0, F_{S2} = -qa, M_2 = -0.5qa^2, F_{S3} = -qa, M_3 = 0.5qa^2$

(b) $F_{S1} = 0, M_1 = F_Pa, F_{S2} = 0, M_2 = F_Pa, F_{S3} = -F_P, M_3 = F_Pa$, $F_{S4} = -F_P, M_4 = 0, F_{S5} = 0, M_5 = 0$

(c) $F_{S1} = -qa, M_1 = 0, F_{S2} = -qa, M_2 = -qa^2, F_{S3} = -qa, M_3 = qa^2$

(d) $F_{S1} = -qa, M_1 = -0.5qa^2, F_{S2} = -1.5qa, M_2 = -2qa^2$

5-12 (a) $F_{SC左} = -F_P, M_{C左} = 0.5F_Pa, F_{SC右} = -F_P, F_{SD左} = -F_P, F_{SD右} = 0, M_{C右} = F_Pa, M_{D左} = 0, M_{D右} = 0$

(b) $F_{SC左} = M_e/2a, M_{C左} = 0.5M_e, F_{SC右} = M_e/2a, M_{C右} = -0.5M_e$

5-14 (a) $F_{S,\max} = F_P, M_{\max} = F_Pa$

(b) $F_{S,\max} = 1.5qa, M_{\max} = qa^2$

(c) $F_{S,\max} = 1.25qa, M_{\max} = 1.5qa^2$

(d) $F_{S,\max} = qa, M_{\max} = 0.5qa^2$

(e) $F_{S,\max} = 9\ \text{kN}, M_{\max} = 14.25\ \text{kN}\cdot\text{m}$

(f) $F_{S,\max} = 9\ \text{kN}, M_{\max} = 16.25\ \text{kN}\cdot\text{m}$

5-15 (a) $F_{S,\max} = ql, M_{\max} = 0.5ql^2$

(b) $F_{S,\max} = 2F_P, M_{\max} = 2F_Pa$

(c) $F_{S,\max} = 3F_P, M_{\max} = 3F_Pl$

(d) $F_{S,\max} = 1.75qa, M_{\max} = 49qa^2/32$

(e) $F_{S,\max} = qa, M_{\max} = 0.5qa^2$

(f) $F_{S,\max} = 0.5qa, M_{\max} = qa^2$

5-20 $x = l/5$ 时，最合理

5-21　$a=0.207l$

6-1　D　6-2　A　6-3　C　6-4　B　6-5　CB　6-6　D　6-7　C　6-8　B　6-9　B

6-10　A

6-11　$\sigma_B=32$ MPa(拉)；$\sigma_{\text{tmax}}=60$ MPa；$\sigma_C=120$ MPa(压)

6-12　$\sigma_D=\sigma_{\max}=34.13$ MPa(压)；$\sigma_E=18.2$ MPa(压)；

$\sigma_F=0$；$\sigma_H=\sigma_{\max}=34.13$ MPa(拉)；$\sigma_{\max}=40.96$ MPa；$\sigma'_{\max}/\sigma_{\max}=3$

6-13　$q_1\leqslant 2.6$ kN/m；$q_2\leqslant 4.43$ kN/m；$q_3\leqslant 4.41$ kN/m

6-14　$q\leqslant 11.8$ kN/m

6-15　16 号工字钢

6-16　$a\geqslant 3l/13$

6-17　$\tau_{\max}=141.8$ MPa；$\tau_{\max}=18.1$ MPa

6-18　$[F_P]=3.75$ kN

6-19　$\sigma_{\text{tmax}}=60.4\text{ MPa}>[\sigma_t]$，$\sigma_{\text{cmax}}=45.3$ MPa，不安全

6-20　$b=510$ mm

6-21　$[F_P]=44.21$ kN

6-22　$[F_P]=3.94$ kN；$\sigma_{\max}=9.45$ MPa

6-23　$d_{\max}=115$ mm

6-24　$\dfrac{h}{b}=\sqrt{2}$；$d_{\min}=227$ mm

6-25　$\sigma_{\text{tmax}}=28.5$ MPa，$\sigma_{\text{cmax}}=52.9$ MPa

6-26　$[F_P]=4.2$ kN

6-27　$[q]=15.68$ kN/m

6-28　$\dfrac{\sigma_a}{\sigma_b}=\dfrac{4}{3}$

6-29　最大正应力为 $\sigma_{\max}=65.04$ MPa(压)

7-1　D　7-2　D　7-3　D　7-4　B　7-5　B　7-6　B

7-7　(a) $EI_z\dfrac{dy}{dx}=Mx$，$EI_zy=\dfrac{1}{2}Mx^2$，$y_B=\dfrac{Ml^2}{2EI_z}$，$\theta_B=\dfrac{Ml}{EI_z}$

(b) $EI\dfrac{dy}{dx}=-\dfrac{3qa^2x}{2}+\dfrac{1}{2}qax^2$，$EI_zy=-\dfrac{3qa^2x^2}{4}+\dfrac{1}{2}qax^3$　(AC 段)

$EI_z\dfrac{dy}{dx}=-2qa^2x+qax^2-\dfrac{1}{6}qx^3+\dfrac{qa^3}{6}$

$EI_zy=-qa^2x^2+\dfrac{1}{3}qax^3-\dfrac{1}{24}qx^4+\dfrac{qa^3}{6}x-\dfrac{qa^4}{24}$　(BC 段)

$\theta_B=-\dfrac{7qa^3}{6EI_z}$，$y_B=-\dfrac{41qa^4}{24EI_z}$

7-8　(a) $\theta_B=-\dfrac{5Fl^2}{2EI_z}$，$y_B=-\dfrac{7Pl^3}{2EI_z}$；(b) $\theta_B=-\dfrac{ql^3}{4EI_z}$，$y_B=-\dfrac{5ql^4}{24EI_z}$

(c) $\theta_B=\frac{5ql^3}{6EI_z}$, $y_B=-\frac{2ql^4}{3EI_z}$; (d) $\theta_B=-\frac{7qa^3}{6EI_z}$, $y_B=\frac{11qa^4}{12EI_z}$

7-9 $y_{\max}=-\frac{17ql^4}{16EI_{z1}}$

7-10 $d_{\min}=112\ \text{mm}$

7-11 16 号工字钢

7-12 $l\leqslant 10.3\ \text{m}$

7-14 (a) $F_N=\frac{F_PAa^2}{6I_z+Aa^2}$; (b) $F_N=\frac{6qa^2A}{3I_z+8Aa^2}$

7-15 16a 号槽钢

8-1 A 8-2 A 8-3 A 8-4 C

8-5 (a) $\tau_A=76.39\ \text{MPa}$, $\tau_B=25.46\ \text{MPa}$

(b) $\tau_A=1.44\ \text{MPa}$, $\sigma_A=-27\ \text{MPa}$, $\tau_B=1.44\ \text{MPa}$, $\sigma_B=27\ \text{MPa}$; $\tau_C=4.5\ \text{MPa}$

(c) $\tau_A=25.5\ \text{MPa}$, $\sigma_A=63.7\ \text{MPa}$, $\tau_B=25.5\ \text{MPa}$

(d) $\sigma_A=63.7\ \text{MPa}$, $\tau_B=50.9\ \text{MPa}$, $\sigma_B=63.7\ \text{MPa}$, $\tau_C=50.9\ \text{MPa}$, $\sigma_C=127.32\ \text{MPa}$

8-6 (a) $\sigma_{45^\circ}=-30\ \text{MPa}$, $\tau_{45^\circ}=70\ \text{MPa}$; (b) $\sigma_{30^\circ}=92.5\ \text{MPa}$, $\tau_{30^\circ}=12.99\ \text{MPa}$

(c) $\sigma_{30^\circ}=-17.5\ \text{MPa}$, $\tau_{45^\circ}=-56.29\ \text{MPa}$; (d) $\sigma_{135^\circ}=100\ \text{MPa}$, $\tau_{135^\circ}=0$

8-7 (a) $\sigma_1=81.1\ \text{MPa}$, $\sigma_2=0$, $\sigma_3=-11.1\ \text{MPa}$, $\tau_{\max}=46.1\ \text{MPa}$

(b) $\sigma_1=81.1\ \text{MPa}$, $\sigma_2=0$, $\sigma_3=-11.1\ \text{MPa}$, $\tau_{\max}=46.1\ \text{MPa}$

(c) $\sigma_1=124.03\ \text{MPa}$, $\sigma_2=0$, $\sigma_3=-4.03\ \text{MPa}$, $\tau_{\max}=64.03\ \text{MPa}$

(d) $\sigma_1=50\ \text{MPa}$, $\sigma_2=0$, $\sigma_3=-50\ \text{MPa}$, $\tau_{\max}=50\ \text{MPa}$

8-8 (a) $\sigma_1=80\ \text{MPa}$, $\sigma_2=54.2\ \text{MPa}$, $\sigma_3=-44.2\ \text{MPa}$, $\tau_{\max}=62\ \text{MPa}$

(b) $\sigma_1=100\ \text{MPa}$, $\sigma_2=-70\ \text{MPa}$, $\sigma_3=-100\ \text{MPa}$, $\tau_{\max}=100\ \text{MPa}$

8-9 $\sigma_1=232.5\ \text{MPa}$, $\sigma_2=0$, $\sigma_3=-107.5\ \text{MPa}$

8-10 $-3.547\leqslant\sigma_x\leqslant 19.547$

8-11 $M_x=\frac{E\pi d^2\varepsilon_{15^\circ}}{8(1+\mu)}$

8-12 $F_P=20\ \text{kN}$

8-13 按第一强度理论，应力状态(a)最危险，按第三强度理论，应力状态(c)最危险。

8-14 $\sigma_{r4}=120\ \text{MPa}$

8-15 $\sigma_{\max}=106.38\ \text{MPa}$, $\tau_{\max}=98.6\ \text{MPa}$, $\sigma_{r4}=\sqrt{\sigma^2+3\tau^2}=152.45\ \text{MPa}$

8-16 $[F_P]=6.38\ \text{kN}$

8-17 $\sigma_{r4}=62.5\ \text{MPa}<[\sigma]$

8-18 $d\geqslant 60.9\ \text{mm}$

8-19 $d\geqslant 69\ \text{mm}$

8-20　$\sigma_{r4} = 78.5\ \text{MPa} < [\sigma]$

9-1　切槽截面上 $\sigma_{\max} = 140\ \text{MPa}$

9-2　$b = 9\ \text{cm}; h = 18\ \text{cm}$

9-3　$b = 84\ \text{mm}; h = 126\ \text{mm}$

9-4　$\sigma_{\text{cmax}} = -0.721\ \text{MPa}, D = 4.17\ \text{m}$

9-5　$\sigma_A = -0.193\ \text{MPa}, \sigma_B = -0.0114\ \text{MPa}$

9-6　$d = 122\ \text{mm}$

9-7　$\sigma_{\text{tmax}} = 5.09\ \text{MPa}, \sigma_{\text{cmax}} = 5.29\ \text{MPa}$

9-8　I-I 截面上的最大正应力：$\sigma_{\text{tmax}} = 79.9\ \text{MPa}, \sigma_{\text{cmax}} = 118\ \text{MPa}; \sigma_A = 51.9\ \text{MPa}$

9-9　$\sigma_{r4} = 54.5\ \text{MPa}$

9-10　$\sigma_a = 7.1\ \text{MPa}, \sigma_b = -0.74\ \text{MPa}, \sigma_c = -8.58\ \text{MPa}; \alpha = 4.76^\circ$

10-1　B，C　10-2　C　10-3　A，C　10-4　D　10-5　C　10-6　C　10-7　A

10-8　$F_{\text{Pcr}} = 3293\ \text{kN}$

10-9　$F_{\text{Pcr}} = 2540\ \text{kN}$，$F_{\text{Pcr}} = 4680\ \text{kN}$，$F_{\text{Pcr}} = 4825\ \text{kN}$

10-10　$n = 8.25 > [n_{\text{st}}]$ 安全

10-11　$n = 3.08 > [n_{\text{st}}]$ 安全

10-12　$F_{\text{Pcr}} = 400\ \text{kN}$

10-13　(1)$F_{\text{Pcr}} = 121.3\ \text{kN}$；(2)$n = 1.7 < [n_{\text{st}}]$ 不安全

10-14　$a = 4.31\ \text{cm}, P_{\text{Pcr}} = 443\ \text{kN}$

10-15　$n = 3.3$

10-16　$\sigma_{\text{cr}} = 7.4\ \text{MPa}$

10-17　$n = 6.5 > [n_{\text{st}}]$ 安全

10-18　$[F_{\text{P}}] = 302\ \text{kN}$

10-19　$[F_{\text{P}}] = 15.5\ \text{kN}$

11-1　D　11-2　D　11-3　B　11-4　B　11-5　C　11-6　D　11-7　D　11-8　B

11-9　D　11-10　D

11-11　$\sigma_{\text{dmax}} = \gamma l\left(1 + \dfrac{a}{g}\right)$

11-12　$\sigma_{\text{dmax}} = 4.63\ \text{MPa}$

11-13　$\tau_{\text{dmax}} = 10\ \text{MPa}$

11-14　$\sigma_{\text{dmax}} = \dfrac{2Ql}{9W}\left(1 + \sqrt{\dfrac{243EIH}{2Ql^3}}\right)$，$f_{\frac{l}{2}} = \dfrac{22Ql^3}{1296EI}\left(1 + \sqrt{\dfrac{243EIH}{2Ql^3}}\right)$

11-15　$\sigma_{\text{dmax}} = \sqrt{\dfrac{3EIv^2Q}{gaW^2}}$

11-16　$\sigma_{\text{d}a} = \sqrt{\dfrac{8HWE}{\pi l d^2\left[\dfrac{3}{5}\left(\dfrac{d}{D}\right)^2 + \dfrac{2}{5}\right]}}$，$\sigma_{\text{d}b} = \sqrt{\dfrac{8HWE}{\pi l d^2}}$

11-17　(1) $\sigma_{st} = 0.0283\ \text{MPa}$；(2) $\sigma_{d} = 6.9\ \text{MPa}$；(3) $\sigma_{d} = 1.2\ \text{MPa}$

11-18　有弹簧时 $H = 384\ \text{mm}$，无弹簧时 $H = 9.56\ \text{mm}$

11-19　$F_{d} = 94.7\ \text{kN}$

11-20　$\sigma_{d\max} = \sqrt{\dfrac{3.05EIv^2Q}{glW^2}}$

12-1　C　12-2　D　12-3　A

12-4　(a) $V_{\varepsilon} = \dfrac{2F_{P}^{2}l}{\pi Ed^{2}}$；(b) $V_{\varepsilon} = \dfrac{7F_{P}{}^{2}l}{8\pi Ed^{2}}$

12-5　$V_{\varepsilon} = \dfrac{32M_{x}^{2}l}{GEd^{4}}$

12-6　(1) $V_{\varepsilon} = \dfrac{EA}{48a}\left[(9+8\sqrt{3})\Delta_{Ax}^{2} - 6\sqrt{3}\Delta_{Ax}\Delta_{Ay} + 3\Delta_{Ay}^{2}\right]$

(2) $V_{\varepsilon} = \dfrac{2aAB}{3}\left(\dfrac{\Delta_{Ay}-\sqrt{3}\Delta_{Ax}}{4a}\right)^{\frac{3}{2}} + \dfrac{\sqrt{3}aAB}{3}\left(\dfrac{\sqrt{3}\Delta_{Ax}}{3a}\right)^{\frac{3}{2}}$

12-7　$\Delta_{AB} = \pi F_{P}R^{3}\left(\dfrac{1}{EI} + \dfrac{3}{GI_{p}}\right)$

12-8　$\Delta_{CV} = \dfrac{2F_{P}a^{3}}{3EI} + \dfrac{F_{P}a^{3}}{GI_{p}}(\uparrow)$

12-9　$x_{B} = \dfrac{F_{P}R^{3}}{2EI}(\leftarrow)$，$y_{B} = 3.36\dfrac{F_{P}R^{3}}{EI}(\downarrow)$

12-10　$\delta_{y} = \dfrac{\pi F_{P}R^{3}}{4EI} + \dfrac{(3\pi-8)F_{P}R^{2}}{4GI_{p}}(\downarrow)$

12-11　$w_{C} = \dfrac{2F_{P}a^{3}}{3EI} + \dfrac{8\sqrt{2}F_{P}a}{EA}$，$\theta_{C} = \dfrac{5F_{P}a^{2}}{6EI} + \dfrac{4\sqrt{2}F_{P}}{EA}$

12-12　$\theta_{C} = \dfrac{5F_{P}a^{2}}{6EI}$(逆时针)

12-13　$\Delta_{A} = \dfrac{qa^{4}}{8EI} + \dfrac{qal^{3}}{3EI} + \dfrac{qla^{3}}{2GI_{p}}(\downarrow)$

A-3　$F_{R} = 161.2\ \text{N}$，$\angle(F_{R}, y) = 29°44'$

A-4　$F_{AB} = 54.64\ \text{kN}$，$F_{BC} = 74.64\ \text{kN}$

A-5　(a) $F_{Ax} = 0$，$F_{Ay} = -(F+M/a)/2$，$F_{B} = (3F+M/a)/2$

(b) $F_{Ax} = 0$，$F_{Ay} = -(F+M/a-5qa/2)/2$，$F_{B} = (3F+M/a-qa/2)/2$

A-6　$F_{Ax} = 2400\ \text{N}$，$F_{Ay} = 1200\ \text{N}$，$F_{BC} = 848.5\ \text{N}$

A-7　$F_{Ax} = 0$，$F_{Ay} = -15\ \text{kN}$，$F_{B} = 40\ \text{kN}$，$F_{C} = 5\ \text{kN}$，$F_{D} = 15\ \text{kN}$

A-8　$F_{Ax} = 267\ \text{N}$，$F_{Ay} = -87.5\ \text{N}$，$F_{B} = 550\ \text{N}$，$F_{Cx} = 209\ \text{N}$，$F_{Cy} = -187.5\ \text{N}$

A-9　$F_{Ax} = 0$，$F_{Ay} = 10\ \text{kN}$，$M_{A} = 60\ \text{kN}\cdot\text{m}$，$F_{B} = 25\ \text{kN}$，$F_{Cx} = 20\ \text{kN}$，$F_{Cy} = 5\ \text{kN}$

A-10　(a) $F_{Ax} = 0$，$F_{Ay} = 6\ \text{kN}$，$M_{A} = 16\ \text{kN}\cdot\text{m}$(逆时针)，$F_{C} = 18\ \text{kN}$

(b) $F_{A} = 10\ \text{kN}$，$F_{Cx} = 0$，$F_{Cy} = 42\ \text{kN}$，$M_{C} = 164\ \text{kN}\cdot\text{m}$(顺时针)

B-1 (a) $S_x = 24 \times 10^3\ \text{mm}^3$；(b) $S_x = 42.25 \times 10^3\ \text{mm}^3$；(c) $S_x = 280 \times 10^3\ \text{mm}^3$；

(d) $S_x = 520 \times 10^3\ \text{mm}^3$

B-2 $S_x = S_y = 9500\ \text{mm}^3$，$x_c = y_c = 13.4\ \text{mm}$

B-3 (1) 29.45%；(2) $I'_x / I_x = 94.5\%$

B-4 (1) $I_{xc} = 1.38 \times 10^8\ \text{mm}^4$；(2) 1.25；(3) 1.74

B-5 $a = 111\ \text{mm}$

B-6 (a) $I_x = 1.73 \times 10^9\ \text{mm}^4$ (b) $I_x = 1.557 \times 10^9\ \text{mm}^4$

B-7 $I_{xy} = 4.98 \times 10^5\ \text{mm}^4$

B-8 (a) $I_x = 5.843 \times 10^6\ \text{mm}^4$，$I_y = 1.792 \times 10^6\ \text{mm}^4$

(b) $I_x = 4.239 \times 10^6\ \text{mm}^4$，$I_y = 1.674 \times 10^6\ \text{mm}^4$

C-1 (1) 组成半桥：$E = F_P(1+\mu)/(A\varepsilon_d)$

(2) 组成全桥：$E = 2F_P(1+\mu)/(A\varepsilon_d)$

C-2 (1) $F_1 = \dfrac{EW_z}{2a}\varepsilon_d$；(2) $F_2 = \dfrac{EA}{2}\varepsilon_d$

C-3 (1) $\varepsilon_M = \dfrac{\varepsilon_d}{2}$，$\varepsilon_d = -2\varepsilon_N$；(2) $\varepsilon_N = -\dfrac{\varepsilon_d}{2}$

(3) $F_{Py} = \dfrac{E\varepsilon_M a^3}{6L}$，$F_{Px} = E\varepsilon_N a^2$，$\alpha = \arctan\dfrac{F_{Px}}{F_{Py}}$

C-4 $F_z = \dfrac{W_z E}{L}\varepsilon_d$，$L$ 为梁上两应变片间距离

C-5 主应力方向已知，只需沿两个主方向粘贴两个应变片就可以满足要求。如果主应力方向无法预先判定，则在梁中性层与边缘之间的位置粘贴一个“Y”形等角应变花，即可满足要求。

参考文献

陈传尧.1999.工程力学基础.武汉:华中理工大学出版社.

单辉祖.2004.材料力学教程.北京:高等教育出版社.

范钦珊,殷雅俊,唐靖林.2015.材料力学.第3版.北京:清华大学出版社.

范钦珊.2005.材料力学:北京:高等教育出版社.

(德)霍斯特·黑尔(Horst Herr).2013.工程力学.李科群,等译.北京:机械工业出版社.

(美)P. B. Ferdinand,等.2008.材料力学.第4版.英文缩编版.张燕,王红囡,彭丽.北京:清华大学出版社.

刘鸿文.1997.简明材料力学.北京:高等教育出版社.

梅风翔.2003.工程力学.北京:高等教育出版社.

孙训方,方孝淑,关来泰.2009.材料力学 I.5版.北京:高等教育出版社.

同济大学航空航天与力学学院基础力学教学研究部.2011.材料力学.2版.上海:同济大学出版社.

杨少红,刘燕.2016.工程力学实验教程.北京:科学出版社.

喻小明,李学罡.2014.工程力学.北京:人民交通出版社.

章向明,刘燕.2016.工程力学教程.3版.北京:科学出版社.

H. S. Irving ,M. P. James.2004.固体力学引论.第3版.北京:清华大学出版社.